U0831197

全国电力行业“十四五”规划教材

中国电力教育协会高校电气类精品教材

# 线性代数

主　编　张　杳

副主编　徐　屹　郭丽杰

编　写　刘洪伟　宋云飞

主　审　周　硕

中国电力出版社
CHINA ELECTRIC POWER PRESS

## 内 容 提 要

本书根据最新的高等学校理工类、经管类专业线性代数课程的教学基本要求编写而成，为全国电力行业“十四五”规划教材。

全书共8章，内容包括行列式、矩阵、向量空间、线性方程组、特征值与特征向量、二次型、线性空间、MATLAB数学实验等。其中第7章理科色彩较浓，供对数学要求较高的专业选用，第8章给出了用MATLAB进行相关计算的数学实验。本书理论叙述严谨、语言精练、概念明确，适当选取了线性代数在工程学、经济学等学科的应用实例；本书例题与习题丰富，每章习题分为A、B两类，同时配备了综合训练题，作为学生复习提高之用。

本书可以作为高等理工科院校非数学类专业本科生的教材，也可供工程技术人员参考，还可供非数学专业学生考研复习之用。

**图书在版编目（CIP）数据**

线性代数/张杰主编．—北京：中国电力出版社，2024.7（2025.8重印）．—ISBN 978-7-5198-8957-9

Ⅰ．O151.2

中国国家版本馆CIP数据核字第2024QV2220号

---

出版发行：中国电力出版社
地　　址：北京市东城区北京站西街19号（邮政编码100005）
网　　址：http://www.cepp.sgcc.com.cn
责任编辑：陈　硕
责任校对：黄　蓓　朱丽芳
装帧设计：赵姗姗
责任印制：吴　迪

---

印　　刷：三河市航远印刷有限公司
版　　次：2024年7月第一版
印　　次：2025年8月北京第三次印刷
开　　本：787毫米×1092毫米　16开本
印　　张：13.75
字　　数：321千字
定　　价：42.00元

---

# 前言

线性代数是一门讨论矩阵理论、有限维向量空间理论、线性变换理论和有限维线性方程组的学科。随着计算机科学与信息技术的迅速发展，非线性问题高精度的线性化与大型线性问题的可计算性正在逐步实现，使用线性观点看待问题，运用线件代数的语言描述、解决问题，日益成为数学最主要的应用之一。

本书吸取了同类教材在内容处理和结构体系构建等方面的有益经验，重视抽象概念的几何解释和应用，以让读者"领会数学思想，提高数学素养，增强数学能力"为教材编写原则。本书特点如下。

(1) 本书紧扣全国工科数学课程教学指导委员会制定的《〈线性代数〉课程教学基本要求》以及全国硕士研究生入学考试要求，扎实推进线性代数基本理论，使学生接受基础的线性代数训练，掌握基本的线性代数概念、理论和解题方法。

(2) 本书将计算方法的相关思想有机地融入教学内容，启发学生思考线性代数课程与实际问题的联系以及解决实际问题的方式。同时，本书在课程思政、数学文化的融入等方面做了有益的尝试。

(3) 本书密切关注基本理论的应用。一方面，根据章节教学内容引入线性代数的应用实例；另一方面，第 8 章给出线性代数问题的 MATLAB 求解程序，学生可以自己验证计算结果，进而推动数学建模和动手能力的培养。

本书在编者多年的教学改革与实践的基础之上编写而成，但限于编者水平，书中错误和疏漏之处在所难免，恳请各位专家、同行以及广大读者批评指正。

**编　者**

2024 年 7 月

# 目 录

第1章

# 行 列 式

行列式的概念是人们从解线性方程组的需要中建立起来的，其实质上是由一些数值排列成的数表按一定的规则计算得到的一个数，在数学、物理、工程技术等诸多领域中有着广泛的应用．在本书中，行列式是研究矩阵、向量组的线性相关性、线性方程组的一种重要工具．

本章主要介绍行列式的定义、性质、行列式的展开定理、求解线性方程组的 Cramer 法则以及行列式的应用．

## 1.1 $n$ 阶行列式的定义

### 1.1.1 2阶、3阶行列式

对于二元一次方程组

$$\begin{cases} a_{11}x_1+a_{12}x_2=b_1 \\ a_{21}x_1+a_{22}x_2=b_2 \end{cases} \tag{1-1}$$

当 $a_{11}a_{22}-a_{12}a_{21}\neq 0$ 时，由消元法求得的解为

$$x_1=\frac{b_1a_{22}-b_2a_{12}}{a_{11}a_{22}-a_{12}a_{21}},\quad x_2=\frac{a_{11}b_2-a_{21}b_1}{a_{11}a_{22}-a_{12}a_{21}}$$

为了便于记忆，引入记号 $\begin{vmatrix} a_{11} & a_{12} \\ a_{21} & a_{22} \end{vmatrix}$，称为**2 阶行列式**，用来表示代数和 $a_{11}a_{22}-a_{12}a_{21}$，记作

$$\begin{vmatrix} a_{11} & a_{12} \\ a_{21} & a_{22} \end{vmatrix}=a_{11}a_{22}-a_{12}a_{21}$$

称 $a_{ij}(i,j=1,2)$ 为这个行列式的元素，$a_{ij}$ 的两个下角标 $i$、$j$ 分别表示 $a_{ij}$ 所在的行和列的序号，称为行标和列标．

如果把 $a_{11}$、$a_{22}$ 的连线称为主对角线，把 $a_{12}$、$a_{21}$ 的连线称为次(副)对角线，则 2 阶行列式的值等于主对角线上元素的乘积减去次对角线上元素的乘积，这种算法称为**对角线法则**．

例如，$\begin{vmatrix} 2 & 3 \\ -1 & 5 \end{vmatrix}=2\times 5-3\times(-1)=13$.

由 2 阶行列式定义，二元一次方程组(1-1)的解可表示为

$$x_1=\frac{\begin{vmatrix} b_1 & a_{12} \\ b_2 & a_{22} \end{vmatrix}}{\begin{vmatrix} a_{11} & a_{12} \\ a_{21} & a_{22} \end{vmatrix}},\quad x_2=\frac{\begin{vmatrix} a_{11} & b_1 \\ a_{21} & b_2 \end{vmatrix}}{\begin{vmatrix} a_{11} & a_{12} \\ a_{21} & a_{22} \end{vmatrix}}$$

对于三元一次方程组

$$\begin{cases} a_{11}x_1+a_{12}x_2+a_{13}x_3=b_1 \\ a_{21}x_1+a_{22}x_2+a_{23}x_3=b_2 \\ a_{31}x_1+a_{32}x_2+a_{33}x_3=b_3 \end{cases} \tag{1-2}$$

由消元法可以得到

$$\begin{aligned}&(a_{11}a_{22}a_{33}+a_{12}a_{23}a_{31}+a_{13}a_{21}a_{32}-a_{13}a_{22}a_{31}-a_{12}a_{21}a_{33}-a_{11}a_{23}a_{32})x_1\\ =&b_1a_{22}a_{33}+a_{12}a_{23}b_3+a_{13}b_2a_{32}-a_{13}a_{22}b_3-a_{12}b_2a_{33}-b_1a_{23}a_{32}\end{aligned}$$

当 $x_1$ 的系数 $a_{11}a_{22}a_{33}+a_{12}a_{23}a_{31}+a_{13}a_{21}a_{32}-a_{13}a_{22}a_{31}-a_{12}a_{21}a_{33}-a_{11}a_{23}a_{32}$ 不为零时，可解得 $x_1$ 的值．为便于记忆，引入记号 $\begin{vmatrix} a_{11} & a_{12} & a_{13} \\ a_{21} & a_{22} & a_{23} \\ a_{31} & a_{32} & a_{33} \end{vmatrix}$，称为**3 阶行列式**，即

$$\begin{vmatrix} a_{11} & a_{12} & a_{13} \\ a_{21} & a_{22} & a_{23} \\ a_{31} & a_{32} & a_{33} \end{vmatrix}=a_{11}a_{22}a_{33}+a_{12}a_{23}a_{31}+a_{13}a_{21}a_{32}-a_{13}a_{22}a_{31}-a_{12}a_{21}a_{33}-a_{11}a_{23}a_{32}$$

例如，$\begin{vmatrix} 2 & 0 & 1 \\ 1 & 3 & 2 \\ 5 & 2 & 1 \end{vmatrix}=2\times3\times1+0\times2\times5+1\times1\times2-1\times3\times5-0\times1\times1-2\times2\times2=-15.$

由 3 阶行列式定义，三元一次方程组(1-2)的解可表示为 $x_1=\dfrac{D_1}{D}$，$x_2=\dfrac{D_2}{D}$，$x_3=\dfrac{D_3}{D}$，其中

$$D=\begin{vmatrix} a_{11} & a_{12} & a_{13} \\ a_{21} & a_{22} & a_{23} \\ a_{31} & a_{32} & a_{33} \end{vmatrix},\quad D_1=\begin{vmatrix} b_1 & a_{12} & a_{13} \\ b_2 & a_{22} & a_{23} \\ b_3 & a_{32} & a_{33} \end{vmatrix}$$

$$D_2=\begin{vmatrix} a_{11} & b_1 & a_{13} \\ a_{21} & b_2 & a_{23} \\ a_{31} & b_3 & a_{33} \end{vmatrix},\quad D_3=\begin{vmatrix} a_{11} & a_{12} & b_1 \\ a_{21} & a_{22} & b_2 \\ a_{31} & a_{32} & b_3 \end{vmatrix}$$

### 1.1.2 排列与逆序数

将 2 阶、3 阶行列式的定义推广，可引出 $n$ 阶行列式的定义．为此，先介绍排列与逆序数．

**定义 1.1** 把 $n$ 个互异的元素排成一列，叫做这 $n$ 个元素的一个**全排列**(简称**排列**)．$n$ 个互异元素的排列共有 $n!$ 种．

为了方便，今后把自然数 $1,2,3,\cdots,n$ 视为 $n$ 个不同元素的代表．用 $p_i$ 表示这 $n$ 个数中的一个元素（$i=1,2,\cdots,n$），且当 $i\neq j$ 时 $p_i\neq p_j$，于是 $p_1p_2\cdots p_n$ 便是 $1,2,3,\cdots,n$ 的一个排列．对排列 $p_1p_2\cdots p_n$，我们把排在元素 $p_i$ 前面且比 $p_i$ 大的数的元素个数 $t_i$，称为元素 $p_i$ 的**逆序数**，把这个排列中各元素的逆序数之和 $t_1+t_2+\cdots+t_n$，称为这个**排列的逆序数**，记为 $\tau(p_1p_2\cdots p_n)$.

**【例 1-1】** 求下列排列的逆序数：

(1) 32514； (2) 24153.

**解** (1) 在排列 32514 中：

3 排在首位，故 3 的逆序数是 0；

2 的前面比 2 大的数有一个(3)，故 2 的逆序数是 1；

5 是最大的，故 5 的逆序数是 0；

1 的前面比 1 大的数有三个(3,2,5)，故 1 的逆序数是 3；

4 的前面比 4 大的数有一个(5)，故 4 的逆序数是 1.

于是这个排列的逆序数为

$$\tau(32514)=0+1+0+3+1=5$$

(2) 同理，$\tau(24153)=0+0+2+0+2=4$.

称逆序数是奇数的排列为**奇排列**，逆序数是偶数的排列为**偶排列**．

可见，32514 是奇排列，24153 是偶排列．排列 $123\cdots n$ 的逆序数是 0，是偶排列，称此排列为**标准排列**（或**自然排列**）.

### 1.1.3 $n$ 阶行列式的定义

由 3 阶行列式的定义可以看出：

(1) 3 阶行列式的每一项都是取自不同行不同列的 3 个元素的乘积；

(2) 当每项中各元素的行标都取标准排列时，其列标都是 1,2,3 的一个排列，且每一个排列都对应 3 阶行列式的一项，所以 3 阶行列式共有 3! 项；

(3) 对于形如 $a_{1p_1}a_{2p_2}a_{3p_3}$ 的项，其正负符号与它的列标的排列 $p_1p_2p_3$ 的逆序数之间的关系为：当 $\tau(p_1p_2p_3)$ 为奇数时，该项取负号；当 $\tau(p_1p_2p_3)$ 为偶数时，该项取正号．

将其推广可得出 $n$ 阶行列式的定义．

**定义 1.2** 由 $n^2$ 个元素 $a_{ij}(i,j=1,2,\cdots,n)$ 组成的记号

$$\begin{vmatrix} a_{11} & a_{12} & \cdots & a_{1n} \\ a_{21} & a_{22} & \cdots & a_{2n} \\ \vdots & \vdots & & \vdots \\ a_{n1} & a_{n2} & \cdots & a_{nn} \end{vmatrix}$$

称为 **$n$ 阶行列式**，它表示所有取自不同行、不同列的 $n$ 个元素乘积 $a_{1p_1}a_{2p_2}\cdots a_{np_n}$ 的代数和．

各项的符号是：当该项各元素的行标按自然数顺序排列后，若对应的列标构成的排列是偶排列，则取正号；若对应的列标构成的排列是奇排列，则取负号，即

$$D=\begin{vmatrix} a_{11} & a_{12} & \cdots & a_{1n} \\ a_{21} & a_{22} & \cdots & a_{2n} \\ \vdots & \vdots & & \vdots \\ a_{n1} & a_{n2} & \cdots & a_{nn} \end{vmatrix}=\sum(-1)^{\tau(p_1p_2\cdots p_n)}a_{1p_1}a_{2p_2}\cdots a_{np_n}$$

其中，$\sum$表示对 $p_1p_2\cdots p_n$ 的所有排列取和．也可把行列式简记为 $\Delta(a_{ij})$，有时也将 $n$ 阶行列式记作 $D_n$.

注：由行列式的定义可知，$D$ 也可以写成 $\sum(-1)^{\tau(p_1p_2\cdots p_n)}a_{p_11}a_{p_22}\cdots a_{p_nn}$ 或 $\sum(-1)^{\tau(p_1p_2\cdots p_n)+\tau(q_1q_2\cdots q_n)}a_{p_1q_1}a_{p_2q_2}\cdots a_{p_nq_n}$.

当 $n=2,3$ 时，就是前面定义的 2 阶和 3 阶行列式，当 $n=1$ 时，规定 1 阶行列式 $|a|=a$.

**【例 1-2】** 计算 4 阶行列式

$$D=\begin{vmatrix} 0 & 0 & 0 & 1 \\ 0 & 0 & 2 & 0 \\ 0 & 3 & 0 & 0 \\ 4 & 0 & 0 & 0 \end{vmatrix}$$

**解**　这是一个 4 阶行列式，在展开式中应有 $4!=24$ 项．但在每项 $(-1)^{\tau(p_1p_2p_3p_4)}a_{1p_1}a_{2p_2}a_{3p_3}a_{4p_4}$ 中，只要有一个元素等于零，该项就是零，所以只需计算不含零元素的项．在该行列式中不为零的项只有 $(-1)^{\tau(4321)}1\cdot2\cdot3\cdot4=24$，所以 $D=24$.

**【例 1-3】** 计算 4 阶行列式

$$D=\begin{vmatrix} a_{11} & 0 & 0 & 0 \\ a_{21} & a_{22} & 0 & 0 \\ a_{31} & a_{32} & a_{33} & 0 \\ a_{41} & a_{42} & a_{43} & a_{44} \end{vmatrix}$$

**解**　只考虑 $(-1)^{\tau(p_1p_2p_3p_4)}a_{1p_1}a_{2p_2}a_{3p_3}a_{4p_4}$ 中不含零元素的项．

由于第一行中除 $a_{11}$ 外其他元素都是零，所以 $D$ 中除

$$(-1)^{\tau(1p_2p_3p_4)}a_{11}a_{2p_2}a_{3p_3}a_{4p_4} \tag{1-3}$$

外，其他项都是零．又由于第二行中除 $a_{21}$、$a_{22}$ 外其他元素都是零，而在式(1-3)的项中不能取 $p_2=1$，这是因为 $a_{11}$ 与 $a_{21}$ 是同列元素，所以 $D$ 中不等于零的项只能是

$$(-1)^{\tau(12p_3p_4)}a_{11}a_{22}a_{3p_3}a_{4p_4}$$

如此继续下去，可知 $D$ 中不等于零的项只能是

$$(-1)^{\tau(1234)}a_{11}a_{22}a_{33}a_{44}$$

由定义有

$$\begin{vmatrix} a_{11} & 0 & 0 & 0 \\ a_{21} & a_{22} & 0 & 0 \\ a_{31} & a_{32} & a_{33} & 0 \\ a_{41} & a_{42} & a_{43} & a_{44} \end{vmatrix}=a_{11}a_{22}a_{33}a_{44}$$

推广到 $n$ 阶行列式有 $\begin{vmatrix} a_{11} & 0 & 0 & \cdots & 0 \\ a_{21} & a_{22} & 0 & \cdots & 0 \\ a_{31} & a_{32} & a_{33} & \cdots & 0 \\ \vdots & \vdots & \vdots & & \vdots \\ a_{n1} & a_{n2} & a_{n3} & \cdots & a_{nn} \end{vmatrix} = a_{11}a_{22}\cdots a_{nn}$

这种主对角线(从左上角到右下角这条线)以上(下)的元素都是 0 的行列式,叫做**下(上)三角行列式**.

同理可求得上三角行列式

$$\begin{vmatrix} a_{11} & a_{12} & a_{13} & \cdots & a_{1n} \\ 0 & a_{22} & a_{23} & \cdots & a_{2n} \\ 0 & 0 & a_{33} & \cdots & a_{3n} \\ \vdots & \vdots & \vdots & & \vdots \\ 0 & 0 & 0 & \cdots & a_{nn} \end{vmatrix} = a_{11}a_{22}\cdots a_{nn}$$

特别地

$\begin{vmatrix} a_1 & 0 & \cdots & 0 \\ 0 & a_2 & \cdots & 0 \\ \vdots & \vdots & & \vdots \\ 0 & 0 & \cdots & a_n \end{vmatrix} = a_1a_2\cdots a_n$,称该行列式为**对角行列式**.

## 1.2 行列式的性质

因为 $n$ 阶行列式共有 $n!$ 项,故用定义计算高阶行列式计算量较大. 本节介绍行列式的性质,并利用行列式的性质计算行列式. 为进一步研究 $n$ 阶行列式的性质,先讨论对换的概念.

### 1.2.1 对换

**定义 1.3** 在一个排列中,将某两个元素的位置对调(其他元素不动)的变动叫做一个**对换**. 两个相邻元素的对换称为相邻对换.

**定理 1.1** 一个排列中的任意两个元素对换,排列改变奇偶性.

**证** 先证相邻对换的情形.

设排列为 $a_1\cdots a_l abb_1\cdots b_m$,对换 $a$ 与 $b$,变为 $a_1\cdots a_l bab_1\cdots b_m$. 显然 $a_1,\cdots,a_l;b_1,\cdots,b_m$ 这些元素的逆序数经过对换并不改变,而 $a,b$ 两元素的逆序数改变为:当 $a<b$ 时,经对换后 $a$ 的逆序数增加 1 而 $b$ 的逆序数不变;当 $a>b$ 时,经对换后 $a$ 的逆序数不变而 $b$ 的逆序数减少 1. 所以排列 $a_1\cdots a_l abb_1\cdots b_m$ 与排列 $a_1\cdots a_l bab_1\cdots b_m$ 的奇偶性不同.

再证一般对换的情形.

设排列为 $a_1\cdots a_l ab_1\cdots b_m bc_1\cdots c_n$,将 $b$ 与 $b_m,b_{m-1},\cdots,b_1$ 作 $m$ 次相邻对换,变成 $a_1\cdots a_l abb_1\cdots b_m c_1\cdots c_n$;再将 $a$ 与 $b,b_1,\cdots,b_m$ 作 $m+1$ 次相邻对换,变成 $a_1\cdots a_l bb_1\cdots b_m ac_1\cdots c_n$.

总之,经 $2m+1$ 次相邻对换,排列 $a_1\cdots a_l a b_1\cdots b_m b c_1\cdots c_n$ 变成排列 $a_1\cdots a_l b b_1\cdots b_m a c_1\cdots c_n$,所以这两个排列的奇偶性不同.

**推论 1.1** 奇排列变成标准排列的对换次数为奇数,偶排列变成标准排列的对换次数为偶数.

**证** 由定理 1.1 知对换的次数就是排列奇偶性的变化次数,而标准排列是偶排列,因此推论 1.1 成立.

### 1.2.2 $n$ 阶行列式的性质

设

$$D=\begin{vmatrix} a_{11} & a_{12} & \cdots & a_{1n} \\ a_{21} & a_{22} & \cdots & a_{2n} \\ \vdots & \vdots & & \vdots \\ a_{n1} & a_{n2} & \cdots & a_{nn} \end{vmatrix}$$

记

$$D^{\mathrm{T}}=\begin{vmatrix} a_{11} & a_{21} & \cdots & a_{n1} \\ a_{12} & a_{22} & \cdots & a_{n2} \\ \vdots & \vdots & & \vdots \\ a_{1n} & a_{2n} & \cdots & a_{nn} \end{vmatrix}$$

行列式 $D^{\mathrm{T}}$ 称为行列式 $D$ 的**转置行列式**,有时也将 $D^{\mathrm{T}}$ 写作 $D'$.

**性质 1.1** 行列式与它的转置行列式相等.

**证** 设 $D^{\mathrm{T}}$ 的 $i$ 行 $j$ 列元素为 $b_{ij}\ (i,j=1,2,\cdots,n)$,则

$$b_{ij}=a_{ji}\quad (i,j=1,2,\cdots,n)$$

由行列式定义有

$$\begin{aligned} D^{\mathrm{T}} &= \sum(-1)^{\tau(p_1p_2\cdots p_n)} b_{1p_1}b_{2p_2}\cdots b_{np_n} \\ &= \sum(-1)^{\tau(p_1p_2\cdots p_n)} a_{p_11}a_{p_22}\cdots a_{p_nn} \end{aligned}$$

其中,$p_1p_2\cdots p_n$ 是 $1,2,\cdots,n$ 的一个排列.将乘积项 $a_{p_11}a_{p_22}\cdots a_{p_nn}$ 中元素的次序调整,得到乘积项 $a_{1q_1}a_{2q_2}\cdots a_{nq_n}$.这相当于在各元素的第一个下标组成的排列 $p_1p_2\cdots p_n$ 经过若干次对换变成自然排列的同时,其第二个下标组成的自然排列变成新的排列 $q_1q_2\cdots q_n$.根据推论 1.1 知 $(-1)^{\tau(p_1p_2\cdots p_n)}a_{p_11}a_{p_22}\cdots a_{p_nn}=(-1)^{\tau(q_1q_2\cdots q_n)}a_{1q_1}a_{2q_2}\cdots a_{nq_n}$,故有

$$\begin{aligned} D^{\mathrm{T}} &= \sum(-1)^{\tau(p_1p_2\cdots p_n)} a_{p_11}a_{p_22}\cdots a_{p_nn} \\ &= \sum(-1)^{\tau(q_1q_2\cdots q_n)} a_{1q_1}a_{2q_2}\cdots a_{nq_n}=D \end{aligned}$$

由此性质可知,在行列式中,行与列具有相同的地位,因此凡是有关行的性质对列也同样成立.

**性质 1.2** 互换行列式的任意两行(列),行列式改变符号.

**证** 设行列式

$$D=\begin{vmatrix} a_{11} & a_{12} & \cdots & a_{1n} \\ \vdots & \vdots & & \vdots \\ a_{i1} & a_{i2} & \cdots & a_{in} \\ \vdots & \vdots & & \vdots \\ a_{j1} & a_{j2} & \cdots & a_{jn} \\ \vdots & \vdots & & \vdots \\ a_{n1} & a_{n2} & \cdots & a_{nn} \end{vmatrix},\quad D_1=\begin{vmatrix} a_{11} & a_{12} & \cdots & a_{1n} \\ \vdots & \vdots & & \vdots \\ a_{j1} & a_{j2} & \cdots & a_{jn} \\ \vdots & \vdots & & \vdots \\ a_{i1} & a_{i2} & \cdots & a_{in} \\ \vdots & \vdots & & \vdots \\ a_{n1} & a_{n2} & \cdots & a_{nn} \end{vmatrix}$$

其中,$D_1$ 是交换 $D$ 的 $i,j$ 两行得到的. 令 $b_{ik}=a_{jk}(k=1,2,\cdots,n)$,$b_{jk}=a_{ik}(k=1,2,\cdots,n)$,则

$$\begin{aligned} D_1 &= \sum(-1)^{\tau(p_1\cdots p_i\cdots p_j\cdots p_n)} a_{1p_1}\cdots b_{ip_i}\cdots b_{jp_j}\cdots a_{np_n} \\ &= \sum(-1)^{\tau(p_1\cdots p_i\cdots p_j\cdots p_n)} a_{1p_1}\cdots a_{jp_i}\cdots a_{ip_j}\cdots a_{np_n} \\ &= \sum(-1)^{\tau(p_1\cdots p_i\cdots p_j\cdots p_n)} a_{1p_1}\cdots a_{ip_j}\cdots a_{jp_i}\cdots a_{np_n} \end{aligned}$$

由定理 1.1 知

$$(-1)^{\tau(p_1\cdots p_i\cdots p_j\cdots p_n)}=-(-1)^{\tau(p_1\cdots p_j\cdots p_i\cdots p_n)}$$

故

$$D_1=-\sum(-1)^{\tau(p_1\cdots p_j\cdots p_i\cdots p_n)} a_{1p_1}\cdots a_{ip_j}\cdots a_{jp_i}\cdots a_{np_n}=-D$$

**推论 1.2** 若行列式 $D$ 中有两行(列)对应元素相同,则此行列式等于 0.

**证** 把元素相同的两行互换,有 $D=-D$,故 $D=0$.

**性质 1.3** 若行列式中某行(列)元素有公因数 $k$,则 $k$ 可以提到行列式外面,即

$$\begin{vmatrix} a_{11} & a_{12} & \cdots & a_{1n} \\ \vdots & \vdots & & \vdots \\ ka_{i1} & ka_{i2} & \cdots & ka_{in} \\ \vdots & \vdots & & \vdots \\ a_{n1} & a_{n2} & \cdots & a_{nn} \end{vmatrix}=k\begin{vmatrix} a_{11} & a_{12} & \cdots & a_{1n} \\ \vdots & \vdots & & \vdots \\ a_{i1} & a_{i2} & \cdots & a_{in} \\ \vdots & \vdots & & \vdots \\ a_{n1} & a_{n2} & \cdots & a_{nn} \end{vmatrix}$$

**证** 由行列式定义知

$$\begin{aligned} \begin{vmatrix} a_{11} & a_{12} & \cdots & a_{1n} \\ \vdots & \vdots & & \vdots \\ ka_{i1} & ka_{i2} & \cdots & ka_{in} \\ \vdots & \vdots & & \vdots \\ a_{n1} & a_{n2} & \cdots & a_{nn} \end{vmatrix} &= \sum(-1)^{\tau(p_1p_2\cdots p_n)} a_{1p_1}\cdots ka_{ip_i}\cdots a_{np_n} \\ &= k\sum(-1)^{\tau(p_1p_2\cdots p_n)} a_{1p_1}\cdots a_{ip_i}\cdots a_{np_n} \\ &= k\begin{vmatrix} a_{11} & a_{12} & \cdots & a_{1n} \\ \vdots & \vdots & & \vdots \\ a_{i1} & a_{i2} & \cdots & a_{in} \\ \vdots & \vdots & & \vdots \\ a_{n1} & a_{n2} & \cdots & a_{nn} \end{vmatrix} \end{aligned}$$

**推论 1.3** 若行列式中有两行(列)的对应元素成比例,则此行列式等于 0.

**【例 1-4】** 设 $\begin{vmatrix} a_{11} & a_{12} & a_{13} \\ a_{21} & a_{22} & a_{23} \\ a_{31} & a_{32} & a_{33} \end{vmatrix}=2$,求 $\begin{vmatrix} 2a_{11} & a_{12} & a_{13} \\ 6a_{21} & 3a_{22} & 3a_{23} \\ 2a_{31} & a_{32} & a_{33} \end{vmatrix}$.

解

$$\begin{vmatrix} 2a_{11} & a_{12} & a_{13} \\ 6a_{21} & 3a_{22} & 3a_{23} \\ 2a_{31} & a_{32} & a_{33} \end{vmatrix}=2\begin{vmatrix} a_{11} & a_{12} & a_{13} \\ 3a_{21} & 3a_{22} & 3a_{23} \\ a_{31} & a_{32} & a_{33} \end{vmatrix}=2\times 3\begin{vmatrix} a_{11} & a_{12} & a_{13} \\ a_{21} & a_{22} & a_{23} \\ a_{31} & a_{32} & a_{33} \end{vmatrix}=12$$

**性质 1.4** 若行列式的某一行(列)元素都是两数之和,例如第 $i$ 行的元素都是两数之和:

$$D=\begin{vmatrix} a_{11} & a_{12} & \cdots & a_{1n} \\ \vdots & \vdots & & \vdots \\ a_{i1}+b_{i1} & a_{i2}+b_{i2} & \cdots & a_{in}+b_{in} \\ \vdots & \vdots & & \vdots \\ a_{n1} & a_{n2} & \cdots & a_{nn} \end{vmatrix}$$

则 $D$ 等于以下两个行列式之和:

$$D=\begin{vmatrix} a_{11} & a_{12} & \cdots & a_{1n} \\ \vdots & \vdots & & \vdots \\ a_{i1} & a_{i2} & \cdots & a_{in} \\ \vdots & \vdots & & \vdots \\ a_{n1} & a_{n2} & \cdots & a_{nn} \end{vmatrix}+\begin{vmatrix} a_{11} & a_{12} & \cdots & a_{1n} \\ \vdots & \vdots & & \vdots \\ b_{i1} & b_{i2} & \cdots & b_{in} \\ \vdots & \vdots & & \vdots \\ a_{n1} & a_{n2} & \cdots & a_{nn} \end{vmatrix}$$

**性质 1.5** 把行列式的某行(列)的 $k$ 倍加到另一行(列),行列式的值不变,即

$$\begin{vmatrix} a_{11} & a_{12} & \cdots & a_{1n} \\ \vdots & \vdots & & \vdots \\ a_{i1} & a_{i2} & \cdots & a_{in} \\ \vdots & \vdots & & \vdots \\ a_{j1}+ka_{i1} & a_{j2}+ka_{i2} & \cdots & a_{jn}+ka_{in} \\ \vdots & \vdots & & \vdots \\ a_{n1} & a_{n2} & \cdots & a_{nn} \end{vmatrix}=\begin{vmatrix} a_{11} & a_{12} & \cdots & a_{1n} \\ \vdots & \vdots & & \vdots \\ a_{i1} & a_{i2} & \cdots & a_{in} \\ \vdots & \vdots & & \vdots \\ a_{j1} & a_{j2} & \cdots & a_{jn} \\ \vdots & \vdots & & \vdots \\ a_{n1} & a_{n2} & \cdots & a_{nn} \end{vmatrix}$$

利用行列式的性质可以简化行列式的计算.为方便起见,交换行列式 $i,j$ 两行(列),记作 $r_i\leftrightarrow r_j(c_i\leftrightarrow c_j)$;行列式第 $i$ 行(列)乘以 $k$,记作 $kr_i(kc_i)$;以数 $k$ 乘行列式第 $i$ 行(列)加到第 $j$ 行(列)上,记作 $r_j+kr_i(c_j+kc_i)$.

**【例 1-5】** 计算行列式

$$D=\begin{vmatrix} 1 & 2 & -3 & 4 \\ 2 & 3 & -4 & 7 \\ -1 & 1 & 5 & -8 \\ 1 & 3 & -6 & 9 \end{vmatrix}$$

**解**

$$D\xlongequal[r_4-r_1]{\substack{r_2-2r_1\\ r_3+r_1}}\begin{vmatrix}1&2&-3&4\\0&-1&2&-1\\0&3&2&-4\\0&1&-3&5\end{vmatrix}\xlongequal[r_4+r_2]{r_3+3r_2}\begin{vmatrix}1&2&-3&4\\0&-1&2&-1\\0&0&8&-7\\0&0&-1&4\end{vmatrix}$$

$$\xlongequal{r_3\leftrightarrow r_4}-\begin{vmatrix}1&2&-3&4\\0&-1&2&-1\\0&0&-1&4\\0&0&8&-7\end{vmatrix}\xlongequal{r_4+8r_3}-\begin{vmatrix}1&2&-3&4\\0&-1&2&-1\\0&0&-1&4\\0&0&0&25\end{vmatrix}$$

$$=-1\times(-1)\times(-1)\times 25=-25$$

**【例 1-6】** 计算行列式

$$D=\begin{vmatrix}a&b&c&d\\a&a+b&a+b+c&a+b+c+d\\a&2a+b&2a+3b+c&3a+3b+3c+d\\a&3a+b&3a+5b+c&5a+5b+5c+2d\end{vmatrix}$$

**解**

$$D\xlongequal[r_2-r_1]{\substack{r_4-r_3\\ r_3-r_2}}\begin{vmatrix}a&b&c&d\\0&a&a+b&a+b+c\\0&a&a+2b&2a+2b+2c\\0&a&a+2b&2a+2b+2c+d\end{vmatrix}\xlongequal[r_3-r_2]{r_4-r_3}\begin{vmatrix}a&b&c&d\\0&a&a+b&a+b+c\\0&0&b&a+b+c\\0&0&0&d\end{vmatrix}=a^2bd$$

**【例 1-7】** 计算行列式

$$D_n=\begin{vmatrix}x&a&a&\cdots&a\\a&x&a&\cdots&a\\\vdots&\vdots&\vdots&&\vdots\\a&a&a&\cdots&x\end{vmatrix}$$

**解**

$$D_n\xlongequal[c_1+c_n]{\substack{c_1+c_2\\ c_1+c_3\\ \cdots}}\begin{vmatrix}x+(n-1)a&a&a&\cdots&a\\x+(n-1)a&x&a&\cdots&a\\\vdots&\vdots&\vdots&&\vdots\\x+(n-1)a&a&a&\cdots&x\end{vmatrix}$$

$$=[x+(n-1)a]\begin{vmatrix}1&a&a&\cdots&a\\1&x&a&\cdots&a\\\vdots&\vdots&\vdots&&\vdots\\1&a&a&\cdots&x\end{vmatrix}$$

$$\xlongequal[r_n-r_1]{\substack{r_2-r_1\\ r_3-r_1\\ \cdots}}[x+(n-1)a]\begin{vmatrix}1&a&a&\cdots&a\\0&x-a&0&\cdots&0\\\vdots&\vdots&\vdots&&\vdots\\0&0&0&\cdots&x-a\end{vmatrix}$$

$$=[x+(n-1)a](x-a)^{n-1}$$

【例 1-8】计算行列式

$$D_n=\begin{vmatrix} 1 & 1 & 1 & \cdots & 1 \\ 2 & -1 & 0 & \cdots & 0 \\ 3 & 0 & -1 & \cdots & 0 \\ \vdots & \vdots & \vdots & \ddots & 0 \\ n & 0 & 0 & \cdots & -1 \end{vmatrix}$$

解

$$D_n \xlongequal[\substack{r_1+r_3 \\ \cdots \\ r_1+r_n}]{r_1+r_2} \begin{vmatrix} \frac{n(n+1)}{2} & 0 & 0 & \cdots & 0 \\ 2 & -1 & 0 & \cdots & 0 \\ 3 & 0 & -1 & \cdots & 0 \\ \vdots & \vdots & \vdots & \ddots & 0 \\ n & 0 & 0 & \cdots & -1 \end{vmatrix} = (-1)^{n-1}\frac{n(n+1)}{2}$$

## 1.3 行列式展开定理

一般来说，低阶行列式的计算比高阶行列式的计算要简便，为此，引入行列式展开定理，下面先介绍行列式的余子式和代数余子式的概念.

### 1.3.1 行列式按行（列）展开定理

**定义 1.4** 在 $n$ 阶行列式中，划去元素 $a_{ij}$ 所在的第 $i$ 行和第 $j$ 列，且其余元素仍按原相对位置排列所得的 $n-1$ 阶行列式 $M_{ij}$ 称为元素 $a_{ij}$ 的**余子式**，并称

$$A_{ij}=(-1)^{i+j}M_{ij}$$

为元素 $a_{ij}$ 的**代数余子式**.

**例如**，4 阶行列式 $\begin{vmatrix} 3 & 2 & 1 & 1 \\ 5 & 7 & 2 & 4 \\ 6 & 1 & 8 & 0 \\ 1 & 2 & 4 & 3 \end{vmatrix}$ 中，元素 $a_{23}=2$ 的余子式及代数余子式分别为

$$M_{23}=\begin{vmatrix} 3 & 2 & 1 \\ 6 & 1 & 0 \\ 1 & 2 & 3 \end{vmatrix}=-16, \quad A_{23}=(-1)^{2+3}M_{23}=-\begin{vmatrix} 3 & 2 & 1 \\ 6 & 1 & 0 \\ 1 & 2 & 3 \end{vmatrix}=16$$

**引理 1.1** 如果 $n$ 阶行列式 $D$ 中第 $i$ 行所有元素除 $a_{ij}$ 外都是零，那么行列式 $D$ 等于 $a_{ij}$ 与它的代数余子式 $A_{ij}$ 的乘积，即

$$D=a_{ij}A_{ij}$$

**证** 先证 $a_{ij}$ 位于第 $n$ 行第 $n$ 列的情形，此时

$$D=\begin{vmatrix} a_{11} & a_{12} & \cdots & a_{1n} \\ \vdots & \vdots & & \vdots \\ a_{n-1,1} & a_{n-1,2} & \cdots & a_{n-1,n} \\ 0 & 0 & \cdots & a_{nn} \end{vmatrix}=\sum(-1)^{\tau(p_1p_2\cdots p_n)}a_{1p_1}a_{2p_2}\cdots a_{np_n}$$

由于只有 $p_n=n$ 时，$a_{np_n}$ 才可能不为 0，于是

$$\begin{aligned} D &= \sum(-1)^{\tau(p_1p_2\cdots p_{n-1}n)}a_{1p_1}a_{2p_2}\cdots a_{n-1,p_{n-1}}a_{nn} \\ &= a_{nn}\sum(-1)^{\tau(p_1p_2\cdots p_{n-1}n)}a_{1p_1}a_{2p_2}\cdots a_{n-1,p_{n-1}} \\ &= a_{nn}M_{nn}=a_{nn}A_{nn} \end{aligned}$$

再证一般情形，此时

$$D=\begin{vmatrix} a_{11} & \cdots & a_{1j} & \cdots & a_{1n} \\ \vdots & & \vdots & & \vdots \\ 0 & \cdots & a_{ij} & \cdots & 0 \\ \vdots & & \vdots & & \vdots \\ a_{n1} & \cdots & a_{nj} & \cdots & a_{nn} \end{vmatrix}=(-1)^{n-i}\begin{vmatrix} a_{11} & \cdots & a_{1j} & \cdots & a_{1n} \\ \vdots & & \vdots & & \vdots \\ a_{i-1,1} & \cdots & a_{i-1,j} & \cdots & a_{i-1,n} \\ a_{i+1,1} & \cdots & a_{i+1,j} & \cdots & a_{i+1,n} \\ \vdots & & \vdots & & \vdots \\ a_{n1} & \cdots & a_{nj} & \cdots & a_{nn} \\ 0 & \cdots & a_{ij} & \cdots & 0 \end{vmatrix}$$

$$=(-1)^{(n-i)+(n-j)}\begin{vmatrix} a_{11} & \cdots & a_{1,j-1} & a_{1,j+1} & \cdots & a_{1n} & a_{1j} \\ \vdots & & \vdots & \vdots & & \vdots & \vdots \\ a_{i-1,1} & \cdots & a_{i-1,j-1} & a_{i-1,j+1} & \cdots & a_{i-1,n} & a_{i-1,j} \\ a_{i+1,1} & \cdots & a_{i+1,j-1} & a_{i+1,j+1} & \cdots & a_{i+1,n} & a_{i+1,j} \\ \vdots & & \vdots & \vdots & & \vdots & \vdots \\ 0 & \cdots & 0 & 0 & \cdots & 0 & a_{ij} \end{vmatrix}$$

$$=a_{ij}[(-1)^{(n-i)+(n-j)}M_{ij}]=a_{ij}[(-1)^{i+j}M_{ij}]=a_{ij}A_{ij}$$

**定理 1.2** 行列式等于它的任一行(列)的所有元素与它们对应的代数余子式的乘积之和，即

$$D=a_{i1}A_{i1}+a_{i2}A_{i2}+\cdots+a_{in}A_{in},\quad i=1,2,\cdots,n$$

或

$$D=a_{1j}A_{1j}+a_{2j}A_{2j}+\cdots+a_{nj}A_{nj},\quad j=1,2,\cdots,n$$

**证** $$D=\begin{vmatrix} a_{11} & a_{12} & \cdots & a_{1n} \\ \vdots & \vdots & & \vdots \\ a_{i1}+0+\cdots+0 & 0+a_{i2}+0+\cdots+0 & \cdots & 0+0+\cdots+a_{in} \\ \vdots & \vdots & & \vdots \\ a_{n1} & a_{n2} & \cdots & a_{nn} \end{vmatrix}$$

$$=\begin{vmatrix} a_{11} & a_{12} & \cdots & a_{1n} \\ \vdots & \vdots & & \vdots \\ a_{i1} & 0 & \cdots & 0 \\ \vdots & \vdots & & \vdots \\ a_{n1} & a_{n2} & \cdots & a_{nn} \end{vmatrix}+\begin{vmatrix} a_{11} & a_{12} & \cdots & a_{1n} \\ \vdots & \vdots & & \vdots \\ 0 & a_{i2} & \cdots & 0 \\ \vdots & \vdots & & \vdots \\ a_{n1} & a_{n2} & \cdots & a_{nn} \end{vmatrix}+\cdots+\begin{vmatrix} a_{11} & a_{12} & \cdots & a_{1n} \\ \vdots & \vdots & & \vdots \\ 0 & 0 & \cdots & a_{in} \\ \vdots & \vdots & & \vdots \\ a_{n1} & a_{n2} & \cdots & a_{nn} \end{vmatrix}$$

$$=a_{i1}A_{i1}+a_{i2}A_{i2}+\cdots+a_{in}A_{in},\quad i=1,2,\cdots,n$$

同理可证

$$D=a_{1j}A_{1j}+a_{2j}A_{2j}+\cdots+a_{nj}A_{nj},\quad j=1,2,\cdots,n$$

**推论 1.4** 行列式任一行(列)的所有元素与另一行(列)对应元素的代数余子式的乘积之和等于零,即

$$a_{i1}A_{j1}+a_{i2}A_{j2}+\cdots+a_{in}A_{jn}=0,\quad i\neq j,i,j=1,2,\cdots,n$$

$$a_{1i}A_{1j}+a_{2i}A_{2j}+\cdots+a_{ni}A_{nj}=0,\quad i\neq j,i,j=1,2,\cdots,n$$

**证** 把行列式 $D$ 按第 $j$ 行展开,有

$$a_{j1}A_{j1}+a_{j2}A_{j2}+\cdots+a_{jn}A_{jn}=\begin{vmatrix} a_{11} & a_{12} & \cdots & a_{1n} \\ \vdots & \vdots & & \vdots \\ a_{i1} & a_{i2} & \cdots & a_{in} \\ \vdots & \vdots & & \vdots \\ a_{j1} & a_{j2} & \cdots & a_{jn} \\ \vdots & \vdots & & \vdots \\ a_{n1} & a_{n2} & \cdots & a_{nn} \end{vmatrix}$$

把上式中 $a_{jk}$ 换成 $a_{ik}(k=1,2,\cdots,n)$,可得

$$a_{i1}A_{j1}+a_{i2}A_{j2}+\cdots+a_{in}A_{jn}=\begin{vmatrix} a_{11} & a_{12} & \cdots & a_{1n} \\ \vdots & \vdots & & \vdots \\ a_{i1} & a_{i2} & \cdots & a_{in} \\ \vdots & \vdots & & \vdots \\ a_{i1} & a_{i2} & \cdots & a_{in} \\ \vdots & \vdots & & \vdots \\ a_{n1} & a_{n2} & \cdots & a_{nn} \end{vmatrix}$$

当 $i\neq j$ 时,上式右端行列式中有两行元素对应相同,故此行列式为零,即

$$a_{i1}A_{j1}+a_{i2}A_{j2}+\cdots+a_{in}A_{jn}=0,\quad i\neq j$$

同理,按列进行展开,可得

$$a_{1i}A_{1j}+a_{2i}A_{2j}+\cdots+a_{ni}A_{nj}=0,\quad i\neq j$$

综合定理 1.2 及推论 1.4,有

$$\sum_{k=1}^{n}a_{ik}A_{jk}=D\boldsymbol{\delta}_{ij}=\begin{cases}D, & \text{当 } i=j, \\ 0, & \text{当 } i\neq j;\end{cases}$$

或

$$\sum_{k=1}^{n}a_{ki}A_{kj}=D\boldsymbol{\delta}_{ij}=\begin{cases}D, & \text{当 } i=j, \\ 0, & \text{当 } i\neq j;\end{cases}$$

其中,$\boldsymbol{\delta}_{ij}=\begin{cases}1, & \text{当 } i=j \\ 0, & \text{当 } i\neq j\end{cases}$.

**【例 1-9】** 计算行列式

$$D=\begin{vmatrix}3&1&-1&2\\-5&1&3&-2\\2&0&1&-1\\1&-5&-3&-3\end{vmatrix}$$

解

$$D\xlongequal[c_1-2c_3]{c_4+c_3}\begin{vmatrix}5&1&-1&1\\-11&1&3&1\\0&0&1&0\\7&-5&-3&-6\end{vmatrix}=1\cdot(-1)^{3+3}\begin{vmatrix}5&1&1\\-11&1&1\\7&-5&-6\end{vmatrix}$$

$$\xlongequal{r_2-r_1}\begin{vmatrix}5&1&1\\-16&0&0\\7&-5&-6\end{vmatrix}=-16\times(-1)^{2+1}\begin{vmatrix}1&1\\-5&-6\end{vmatrix}=-16$$

【例 1-10】计算行列式

$$D_n=\begin{vmatrix}x&y&0&\cdots&0&0\\0&x&y&\cdots&0&0\\\vdots&\vdots&\vdots&&\vdots&\vdots\\0&0&0&\cdots&x&y\\y&0&0&\cdots&0&x\end{vmatrix}$$

解 按行列式第一列展开,有

$$D_n=x(-1)^{1+1}\begin{vmatrix}x&y&\cdots&0&0\\0&x&\cdots&0&0\\\vdots&\vdots&&\vdots&\vdots\\0&0&\cdots&x&y\\0&0&\cdots&0&x\end{vmatrix}_{n-1}+y(-1)^{n+1}\begin{vmatrix}y&0&\cdots&0&0\\x&y&\cdots&0&0\\\vdots&\vdots&&\vdots&\vdots\\0&0&\cdots&y&0\\0&0&\cdots&x&y\end{vmatrix}_{n-1}$$

$$=x^n+(-1)^{n+1}y^n$$

【例 1-11】计算行列式

$$D_{2n}=\begin{vmatrix}a&&&&&&&b\\&a&&&&&b&\\&&\ddots&&&\iddots&&\\&&&a&b&&&\\&&&c&d&&&\\&&\iddots&&&\ddots&&\\&c&&&&&d&\\c&&&&&&&d\end{vmatrix}$$,$D_{2n}$ 中未写出的元素均为 0.

解 按行列式第一行展开,有

$$D_{2n}=a(-1)^{1+1}\begin{vmatrix} a & & & & & b & 0 \\ & \ddots & & & \iddots & & \\ & & a & b & & & \\ & & c & d & & & \\ & \iddots & & & \ddots & & \\ c & & & & & d & 0 \\ 0 & & & & & 0 & d \end{vmatrix}_{2n-1}+b(-1)^{2n+1}\begin{vmatrix} 0 & a & & & & b \\ & & \ddots & & \iddots & \\ & & & a & b & \\ & & & c & d & \\ & & \iddots & & \ddots & \\ & c & & & & d \\ c & & & & & 0 \end{vmatrix}_{2n-1}$$

$$=ad(-1)^{(2n-1)+(2n-1)}D_{2(n-1)}-bc(-1)^{2n-1+1}D_{2(n-1)}$$

$$=(ad-bc)D_{2(n-1)}$$

以此递推可得

$$D_{2n}=(ad-bc)D_{2(n-1)}=(ad-bc)^2D_{2(n-2)}=\cdots=(ad-bc)^{n-1}D_2$$

$$=(ad-bc)^{n-1}\begin{vmatrix} a & b \\ c & d \end{vmatrix}=(ad-bc)^n$$

【例 1-12】 证明

$$D_4=\begin{vmatrix} 1 & 1 & 1 & 1 \\ x_1 & x_2 & x_3 & x_4 \\ x_1^2 & x_2^2 & x_3^2 & x_4^2 \\ x_1^3 & x_2^3 & x_3^3 & x_4^3 \end{vmatrix}=(x_2-x_1)(x_3-x_1)(x_4-x_1)(x_3-x_2)(x_4-x_2)(x_4-x_3)$$

证

$$D_4\xlongequal[r_2-x_1r_1]{\substack{r_4-x_1r_3\\ r_3-x_1r_2}}\begin{vmatrix} 1 & 1 & 1 & 1 \\ 0 & (x_2-x_1) & (x_3-x_1) & (x_4-x_1) \\ 0 & x_2(x_2-x_1) & x_3(x_3-x_1) & x_4(x_4-x_1) \\ 0 & x_2^2(x_2-x_1) & x_3^2(x_3-x_1) & x_4^2(x_4-x_1) \end{vmatrix}$$

$$\xlongequal[\text{并提取公因式}]{\text{按第一列展开}}(x_2-x_1)(x_3-x_1)(x_4-x_1)\begin{vmatrix} 1 & 1 & 1 \\ x_2 & x_3 & x_4 \\ x_2^2 & x_3^2 & x_4^2 \end{vmatrix}$$

$$\xlongequal[r_2-x_2r_1]{r_3-x_2r_2}(x_2-x_1)(x_3-x_1)(x_4-x_1)\begin{vmatrix} 1 & 1 & 1 \\ 0 & x_3-x_2 & x_4-x_2 \\ 0 & x_3(x_3-x_2) & x_4(x_4-x_2) \end{vmatrix}$$

$$\xlongequal[\text{并提取公因式}]{\text{按第一列展开}}(x_2-x_1)(x_3-x_1)(x_4-x_1)(x_3-x_2)(x_4-x_2)\begin{vmatrix} 1 & 1 \\ x_3 & x_4 \end{vmatrix}$$

$$=(x_2-x_1)(x_3-x_1)(x_4-x_1)(x_3-x_2)(x_4-x_2)(x_4-x_3)$$

用数学归纳法可以证明

$$D_n=\begin{vmatrix} 1 & 1 & \cdots & 1 \\ x_1 & x_2 & \cdots & x_n \\ x_1^2 & x_2^2 & \cdots & x_n^2 \\ \vdots & \vdots & & \vdots \\ x_1^{n-1} & x_2^{n-1} & \cdots & x_n^{n-1} \end{vmatrix}=\prod_{1\leqslant j<i\leqslant n}(x_i-x_j)\qquad(n\geqslant 2)$$

其中,记号Ⅱ表示全体同类因子的乘积,称此行列式 $D_n$ 为 $n$ 阶范德蒙(Vandermonde)行列式.

【例 1-13】 计算行列式

$$\begin{vmatrix} a & b & c \\ a^2 & b^2 & c^2 \\ b+c & a+c & a+b \end{vmatrix}$$

解
$$\begin{vmatrix} a & b & c \\ a^2 & b^2 & c^2 \\ b+c & a+c & a+b \end{vmatrix} = \begin{vmatrix} a & b & c \\ a^2 & b^2 & c^2 \\ a+b+c & a+b+c & a+b+c \end{vmatrix}$$

$$=(a+b+c)\begin{vmatrix} a & b & c \\ a^2 & b^2 & c^2 \\ 1 & 1 & 1 \end{vmatrix} = (a+b+c)\begin{vmatrix} 1 & 1 & 1 \\ a & b & c \\ a^2 & b^2 & c^2 \end{vmatrix}$$

$$=(a+b+c)(b-a)(c-a)(c-b)$$

【例 1-14】 计算行列式

$$D_n = \begin{vmatrix} x+y & y & & & \\ x & x+y & y & & \\ & \ddots & \ddots & \ddots & \\ & & x & x+y & y \\ & & & x & x+y \end{vmatrix}$$ ,这里 $x \neq y$,未写出的元素均为 0.

解 将行列式按第一行展开,得

$$D_n = (x+y)D_{n-1} - y\begin{vmatrix} x & y & & & \\ 0 & x+y & y & & \\ & x & \ddots & \ddots & \\ & & \ddots & x+y & y \\ & & & x & x+y \end{vmatrix} = (x+y)D_{n-1} - xyD_{n-2}$$

于是有

$$D_n - xD_{n-1} = y(D_{n-1} - xD_{n-2}) = y^2(D_{n-2} - xD_{n-3}) = \cdots = y^{n-2}(D_2 - xD_1) = y^n$$

从而

$$D_n = xD_{n-1} + y^n = x^2D_{n-2} + xy^{n-1} + y^n = \cdots = x^n + x^{n-1}y + \cdots + xy^{n-1} + y^n = \frac{x^{n+1} - y^{n+1}}{x-y}$$

【例 1-15】 设 $D = \begin{vmatrix} 3 & 2 & -1 & 5 \\ 1 & 1 & 0 & -5 \\ -1 & 3 & 1 & 3 \\ 2 & -4 & -1 & -3 \end{vmatrix}$,求 $A_{11}+A_{12}+A_{13}+A_{14}$.

解 $A_{11}+A_{12}+A_{13}+A_{14}$ 等于用 1,1,1,1 替换 $D$ 的第 1 行所得的行列式,即

$$A_{11}+A_{12}+A_{13}+A_{14} = \begin{vmatrix} 1 & 1 & 1 & 1 \\ 1 & 1 & 0 & -5 \\ -1 & 3 & 1 & 3 \\ 2 & -4 & -1 & -3 \end{vmatrix} = \begin{vmatrix} 1 & 1 & 1 & 1 \\ 1 & 1 & 0 & -5 \\ -2 & 2 & 0 & 2 \\ 1 & -1 & 0 & 0 \end{vmatrix}$$

$$=\begin{vmatrix}1&1&-5\\-2&2&2\\1&-1&0\end{vmatrix}=\begin{vmatrix}1&2&-5\\-2&0&2\\1&0&0\end{vmatrix}=\begin{vmatrix}2&-5\\0&2\end{vmatrix}=4$$

## 1.3.2 拉普拉斯（Laplace）定理

定理 1.2 是将行列式按一行(列)展开，现在讨论行列式按几行(列)展开的问题，即拉普拉斯(Laplace)定理.

**定义 1.5** 在 $n(n>1)$阶行列式 $D$ 中，任意选定 $k$ 行 $k$ 列($k\leqslant n$)，位于这些行列的交叉处的 $k^2$ 个元素，按照原来的位置次序组成的 $k$ 阶行列式 $M$，称为行列式 $D$ 的一个 $k$ **阶子式**，在 $D$ 中划去 $k(1\leqslant k<n)$阶子式 $M$ 所在的第 $i_1,i_2,\cdots,i_k$ 行及第 $j_1,j_2,\cdots,j_k$ 列，剩下的元素按照原来的位置次序组成的 $n-k$ 阶行列式 $N$ 称为 $M$ 的**余子式**，$(-1)^{(i_1+i_2+\cdots i_k)+(j_1+j_2+\cdots j_k)}N$ 称为 $M$ 的**代数余子式**.

**例如**，行列式

$$\begin{vmatrix}a_{11}&a_{12}&a_{13}&a_{14}\\a_{21}&a_{22}&a_{23}&a_{24}\\a_{31}&a_{32}&a_{33}&a_{34}\\a_{41}&a_{42}&a_{43}&a_{44}\end{vmatrix}$$

中，选取第 2,3 行和第 2,4 列得 $D$ 的一个二阶子式

$$M=\begin{vmatrix}a_{22}&a_{24}\\a_{32}&a_{34}\end{vmatrix}$$

$M$ 的余子式及代数余子式分别为

$$N=\begin{vmatrix}a_{11}&a_{13}\\a_{41}&a_{43}\end{vmatrix},\quad (-1)^{(2+3)+(2+4)}N=-N$$

**定理 1.3 拉普拉斯（Laplace）定理** $n(n>1)$阶行列式等于某 $k(1\leqslant k<n)$行(列)中所有 $k$ 阶子式与它们对应的代数余子式的乘积之和.

**【例 1-16】** 用 Laplace 定理计算【例 1-11】的行列式.

**解** 按第 1 行与第 $2n$ 行展开得

$$D_{2n}=\begin{vmatrix}a&b\\c&d\end{vmatrix}\cdot(-1)^{1+2n+1+2n}\begin{vmatrix}a&&&&&&&b\\&a&&&&&b&\\&&\ddots&&&\iddots&&\\&&&a&b&&&\\&&&c&d&&&\\&&\iddots&&&\ddots&&\\&c&&&&&d&\\c&&&&&&&d\end{vmatrix}_{2n-2}$$

$$=(ad-bc)D_{2(n-1)}$$

以此递推可得

$$D_{2n}=(ad-bc)D_{2(n-1)}=(ad-bc)^2D_{2(n-2)}=\cdots=(ad-bc)^{n-1}D_2$$

$$=(ad-bc)^{n-1}\begin{vmatrix} a & b \\ c & d \end{vmatrix}=(ad-bc)^n$$

## 1.4 克拉默(Cramer)法则

设含有 $n$ 个未知数、$n$ 个方程的线性方程组为

$$\begin{cases} a_{11}x_1+a_{12}x_2+\cdots+a_{1n}x_n=b_1 \\ a_{21}x_1+a_{22}x_2+\cdots+a_{2n}x_n=b_2 \\ \quad\vdots \qquad\quad \vdots \qquad\qquad\quad \vdots \qquad\; \vdots \\ a_{n1}x_1+a_{n2}x_2+\cdots+a_{nn}x_n=b_n \end{cases} \tag{1-4}$$

称

$$D=\begin{vmatrix} a_{11} & a_{12} & \cdots & a_{1n} \\ a_{21} & a_{22} & \cdots & a_{2n} \\ \vdots & \vdots & & \vdots \\ a_{n1} & a_{n2} & \cdots & a_{nn} \end{vmatrix}$$

为方程组(1-4)的系数行列式．本节利用行列式解上述线性方程组．

**定理 1.4** (克拉默法则)若线性方程组(1-4)的系数行列式 $D\neq0$，则该方程组(1-4)有唯一解

$$x_1=\frac{D_1}{D},\quad x_2=\frac{D_2}{D},\quad \cdots,\quad x_n=\frac{D_n}{D} \tag{1-5}$$

其中，$D_j$ 是把 $D$ 中第 $j$ 列元素换成 $b_1,b_2,\cdots,b_n$ 所成的行列式，即

$$D_j=\begin{vmatrix} a_{11} & \cdots & a_{1,j-1} & b_1 & a_{1,j+1} & \cdots & a_{1n} \\ a_{21} & \cdots & a_{2,j-1} & b_2 & a_{2,j+1} & \cdots & a_{2n} \\ \vdots & & \vdots & \vdots & \vdots & & \vdots \\ a_{n1} & \cdots & a_{n,j-1} & b_n & a_{n,j+1} & \cdots & a_{nn} \end{vmatrix},\quad j=1,2,\cdots,n$$

**证** 首先证明式(1-5)是方程组(1-4)的解．为此将 $D_j$ 按第 $j$ 列展开得

$$D_j=b_1A_{1j}+b_2A_{2j}+\cdots+b_nA_{nj}$$

$$=\sum_{k=1}^{n}b_kA_{kj},\quad j=1,2,\cdots,n$$

将式(1-5)代入第 $i$ 个方程，得

$$a_{i1}\frac{D_1}{D}+a_{i2}\frac{D_2}{D}+\cdots+a_{in}\frac{D_n}{D}=\sum_{j=1}^{n}a_{ij}\frac{D_j}{D}=\frac{1}{D}\sum_{j=1}^{n}a_{ij}D_j$$

$$=\frac{1}{D}\sum_{j=1}^{n}\sum_{k=1}^{n}a_{ij}b_kA_{kj}=\frac{1}{D}\sum_{k=1}^{n}\Big(\sum_{j=1}^{n}a_{ij}A_{kj}\Big)b_k$$

$$=\frac{1}{D}\Big(\sum_{j=1}^{n}a_{ij}A_{ij}\Big)b_i=b_i,\quad i=1,2,\cdots,n$$

故式(1-5)是线性方程组(1-4)的解.

其次证明式(1-5)是线性方程组(1-4)的唯一解. 现设 $x_1=c_1, x_2=c_2, \cdots, x_n=c_n$ 是线性方程组(1-4)的任意一个解,把它们代入线性方程组(1-4),就得到 $n$ 个等式

$$a_{i1}c_1+a_{i2}c_2+\cdots+a_{in}c_n=b_i, \quad i=1,2,\cdots,n$$

以系数行列式 $D$ 中第 $j$ 列元素的代数余子式 $A_{1j}, A_{2j}, \cdots, A_{nj}$ 依次乘上面 $n$ 个等式,得

$$A_{ij}\sum_{k=1}^{n}a_{ik}c_k=b_iA_{ij}, \quad i=1,2,\cdots,n$$

它们还是 $n$ 个等式,再把这 $n$ 个等式左右分别相加,得

$$\sum_{i=1}^{n}A_{ij}\sum_{k=1}^{n}a_{ik}c_k=\sum_{i=1}^{n}b_iA_{ij}$$

即有

$$\sum_{k=1}^{n}\left(\sum_{i=1}^{n}a_{ik}A_{ij}\right)c_k=D_j$$

注意到

$$\sum_{i=1}^{n}a_{ik}A_{ij}=\begin{cases}D, & \text{当 } k=j\\ 0, & \text{当 } k\neq j\end{cases}$$

从而有 $Dc_j=D_j$,因为 $D\neq 0$,所以 $c_j=\dfrac{D_j}{D}$, $j=1,2,\cdots,n$.

这就说明若 $x_1=c_1, x_2=c_2, \cdots, x_n=c_n$ 是线性方程组(1-4)的解,则必有

$$c_1=\frac{D_1}{D}, c_2=\frac{D_2}{D}, \cdots, c_n=\frac{D_n}{D}$$

因而线性方程组(1-4)只有唯一解.

常数项全是零(即 $b_i=0, i=1,2,\cdots,n$)的线性方程组

$$\begin{cases}a_{11}x_1+a_{12}x_2+\cdots+a_{1n}x_n=0\\ a_{21}x_1+a_{22}x_2+\cdots+a_{2n}x_n=0\\ \quad\vdots \qquad\quad \vdots \qquad\qquad\quad \vdots \qquad \vdots\\ a_{n1}x_1+a_{n2}x_2+\cdots+a_{nn}x_n=0\end{cases} \tag{1-6}$$

称为**齐次线性方程组**. 显然齐次线性方程组总是有解的,事实上 $x_1=0, x_2=0, \cdots, x_n=0$ 就是方程组(1-6)的解,称为**零解**. 那么除零解之外,齐次线性方程组(1-6)是否有非零解?

**推论 1.5** 若齐次线性方程组(1-6)的系数行列式不等于零,则方程组(1-6)只有唯一零解.

**推论 1.6** 齐次线性方程组(1-6)有非零解的充分必要条件是它的系数行列式等于零.

**【例 1-17】** 求解线性方程组

$$\begin{cases}x_1+x_2+5x_3+2x_4=1\\ 2x_1+3x_2+11x_3+5x_4=2\\ 2x_1+x_2+3x_3+2x_4=-3\\ x_1+x_2+3x_3+4x_4=-3\end{cases}$$

**解** 由于该方程组的系数行列式为

$$D=\begin{vmatrix}1&1&5&2\\2&3&11&5\\2&1&3&2\\1&1&3&4\end{vmatrix}=\begin{vmatrix}1&1&5&2\\0&1&1&1\\0&-1&-7&-2\\0&0&-2&2\end{vmatrix}$$
$$=\begin{vmatrix}1&1&1\\-1&-7&-2\\0&-2&2\end{vmatrix}=\begin{vmatrix}1&1&1\\0&-6&-1\\0&-2&2\end{vmatrix}$$
$$=\begin{vmatrix}-6&-1\\-2&2\end{vmatrix}=-14\neq 0$$

故方程组有唯一解，又因为

$$D_1=\begin{vmatrix}1&1&5&2\\2&3&11&5\\-3&1&3&2\\-3&1&3&4\end{vmatrix}=28,\quad D_2=\begin{vmatrix}1&1&5&2\\2&2&11&5\\2&-3&3&2\\1&-3&3&4\end{vmatrix}=0$$
$$D_3=\begin{vmatrix}1&1&1&2\\2&3&2&5\\2&1&-3&2\\1&1&-3&4\end{vmatrix}=-14,\quad D_4=\begin{vmatrix}1&1&5&1\\2&3&11&2\\2&1&3&-3\\1&1&3&-3\end{vmatrix}=14$$

所以方程组的解为

$$x_1=\frac{D_1}{D}=\frac{28}{-14}=-2,\quad x_2=\frac{D_2}{D}=\frac{0}{-14}=0$$
$$x_3=\frac{D_3}{D}=\frac{-14}{-14}=1,\quad x_4=\frac{D_4}{D}=\frac{14}{-14}=-1$$

【例 1-18】 当 $\lambda$ 为何值时，齐次线性方程组

$$\begin{cases}\lambda x_1+x_2+x_3=0\\x_1+\lambda x_2+x_3=0\\x_1+x_2+\lambda x_3=0\end{cases}$$

有非零解？

解 方程组的系数行列式为

$$D=\begin{vmatrix}\lambda&1&1\\1&\lambda&1\\1&1&\lambda\end{vmatrix}=(\lambda+2)(\lambda-1)^2$$

根据推论 1.6 知，当 $D=0$ 时有非零解，所以当 $\lambda=-2$ 或 $\lambda=1$ 时，方程组有非零解 .

## 1.5 应 用 实 例

### 1.5.1 用行列式求平行四边形的面积

在平面解析几何中，以向量 $\boldsymbol{\alpha}_1=(a_{11},a_{12})$，$\boldsymbol{\alpha}_2=(a_{21},a_{22})$ 为邻边的平行四边形面积为

$$S=\|\boldsymbol{\alpha}_1\|\cdot\|\boldsymbol{\alpha}_2\|\sin\theta$$

其中，$\|\boldsymbol{\alpha}_1\|$，$\|\boldsymbol{\alpha}_2\|$ 依次为向量 $\boldsymbol{\alpha}_1,\boldsymbol{\alpha}_2$ 的长度；$\theta$ 为向量 $\boldsymbol{\alpha}_1,\boldsymbol{\alpha}_2$ 的夹角.

于是

$$\begin{aligned}S&=\|\boldsymbol{\alpha}_1\|\cdot\|\boldsymbol{\alpha}_2\|\sin\theta\\&=\|\boldsymbol{\alpha}_1\|\cdot\|\boldsymbol{\alpha}_2\|\sqrt{1-\frac{(a_{11}a_{21}+a_{12}a_{22})^2}{(\|\boldsymbol{\alpha}_1\|\cdot\|\boldsymbol{\alpha}_2\|)^2}}\\&=\sqrt{(\|\boldsymbol{\alpha}_1\|\cdot\|\boldsymbol{\alpha}_2\|)^2-(a_{11}a_{21}+a_{12}a_{22})^2}\\&=\sqrt{(a_{11}^2+a_{12}^2)(a_{21}^2+a_{22}^2)-(a_{11}a_{21}+a_{12}a_{22})^2}\\&=|a_{11}a_{22}-a_{12}a_{21}|\end{aligned}$$

即 2 阶行列式 $\begin{vmatrix}a_{11}&a_{12}\\a_{21}&a_{22}\end{vmatrix}$ 的绝对值等于以向量 $\boldsymbol{\alpha}_1=(a_{11},a_{12})$，$\boldsymbol{\alpha}_2=(a_{21},a_{22})$ 为邻边的平行四边形面积.

## 1.5.2 用行列式求三角形的面积

若平面内不共线的三点的坐标分别为 $A(x_1,y_1)$，$B(x_2,y_2)$，$C(x_3,y_3)$，则 $\triangle ABC$ 的面积为 $\frac{1}{2}\begin{vmatrix}x_1&y_1&1\\x_2&y_2&1\\x_3&y_3&1\end{vmatrix}$ 的绝对值.

特殊情况下，有：

(1) 若三角形的一点是原点，例如 $A(x_1,y_1)$，$B(x_2,y_2)$，$C(0,0)$，则 $\triangle ABC$ 的面积为 $\frac{1}{2}\begin{vmatrix}x_1&y_1&1\\x_2&y_2&1\\0&0&1\end{vmatrix}$ 的绝对值，即 $\frac{1}{2}\begin{vmatrix}x_1&y_1\\x_2&y_2\end{vmatrix}$ 的绝对值.

(2) 平面内三点 $A(x_1,y_1)$，$B(x_2,y_2)$，$C(x_3,y_3)$ 共线的充要条件是 $\begin{vmatrix}x_1&y_1&1\\x_2&y_2&1\\x_3&y_3&1\end{vmatrix}=0$.

【例 1-19】 计算由点 $(-2,-2)$，$(0,3)$，$(4,-1)$ 确定的三角形的面积.

**解** 由于 $\frac{1}{2}\begin{vmatrix}x_1&y_1&1\\x_2&y_2&1\\x_3&y_3&1\end{vmatrix}=\frac{1}{2}\begin{vmatrix}-2&-2&1\\0&3&1\\4&-1&1\end{vmatrix}=-14$，所以 $S=14$.

## 1.5.3 用行列式求四面体的体积

若四面体的四顶点坐标分别为 $A(x_1,y_1,z_1)$，$B(x_2,y_2,z_2)$，$C(x_3,y_3,z_3)$，$D(x_4,y_4,z_4)$，则四面体 $ABCD$ 的体积为 $\frac{1}{6}\begin{vmatrix}x_1&y_1&z_1&1\\x_2&y_2&z_2&1\\x_3&y_3&z_3&1\\x_4&y_4&z_4&1\end{vmatrix}$ 的绝对值.

【例 1-20】 求顶点在(0,0,0),(1,0,−2),(1,2,4),(7,1,0)的四面体的体积.

解 $D=\frac{1}{6}\begin{vmatrix} x_1 & y_1 & z_1 & 1 \\ x_2 & y_2 & z_2 & 1 \\ x_3 & y_3 & z_3 & 1 \\ x_4 & y_4 & z_4 & 1 \end{vmatrix}=\frac{1}{6}\begin{vmatrix} 0 & 0 & 0 & 1 \\ 1 & 0 & -2 & 1 \\ 1 & 2 & 4 & 1 \\ 7 & 1 & 0 & 1 \end{vmatrix}=-\frac{11}{3}$,所以 $V=|D|=\frac{11}{3}$.

### 1.5.4 求过已知点的多项式

【例 1-21】 求三次多项式 $f(x)$,使其满足

$$f(-1)=0,\quad f(1)=4,\quad f(2)=3,\quad f(3)=16$$

解 设三次多项式为 $f(x)=a_3x^3+a_2x^2+a_1x+a_0$,由已知得关于 $a_0,a_1,a_2,a_3$ 的方程组

$$\begin{cases} -a_3+a_2-a_1+a_0=0 \\ a_3+a_2+a_1+a_0=4 \\ 8a_3+4a_2+2a_1+a_0=3 \\ 27a_3+9a_2+3a_1+a_0=16 \end{cases}$$

由克拉默法则求得 $a_0=7,a_1=0,a_2=-5,a_3=2$,即所求多项式为

$$f(x)=2x^3-5x^2+7$$

## 习 题 一

**A 题**

1. 计算下列行列式

(1) $\begin{vmatrix} 1 & 3 \\ 3 & 2 \end{vmatrix}$; (2) $\begin{vmatrix} 1 & 2 & 1 \\ 3 & 1 & -1 \\ 1 & 0 & 2 \end{vmatrix}$.

2. 求下面排列的逆序数

(1) 42153; (2) 652143.

3. 选择 $i$ 与 $k$,使由 1 至 9 的排列

(1) $127i4569k$ 成偶排列; (2) $81i295k47$ 成奇排列.

4. 求 $f(x)=\begin{vmatrix} x & x & 1 & 0 \\ 1 & 2x & 1 & -1 \\ 4 & 2 & x & 1 \\ 1 & -1 & 1 & x \end{vmatrix}$ 中 $x^4$ 与 $x^3$ 的系数.

5. 计算下列行列式

(1) $\begin{vmatrix} 1 & 1 & -1 & 1 \\ 1 & 2 & 2 & -1 \\ 1 & 1 & -2 & 0 \\ 2 & 0 & 3 & -1 \end{vmatrix}$； (2) $\begin{vmatrix} 1 & 2 & 0 & 1 \\ 1 & 3 & 5 & 0 \\ 0 & 1 & 5 & 6 \\ 1 & 2 & 3 & 4 \end{vmatrix}$；

(3) $\begin{vmatrix} 2 & 1 & 1 & 1 \\ 1 & 2 & 1 & 1 \\ 1 & 1 & 2 & 1 \\ 1 & 1 & 1 & 2 \end{vmatrix}$； (4) $\begin{vmatrix} 1 & a & 0 & 0 \\ 0 & 1 & a & 0 \\ 0 & 0 & 1 & a \\ a & 0 & 0 & 1 \end{vmatrix}$.

6. 计算下列行列式

(1) $\begin{vmatrix} -ab & ac & ae \\ bd & -cd & de \\ bf & cf & -ef \end{vmatrix}$； (2) $\begin{vmatrix} a & b & a+b \\ b & a+b & a \\ a+b & a & b \end{vmatrix}$；

(3) $\begin{vmatrix} a_1 & -a_1 & 0 & 0 \\ 0 & a_2 & -a_2 & 0 \\ 0 & 0 & a_3 & -a_3 \\ 1 & 1 & 1 & 1 \end{vmatrix}$； (4) $\begin{vmatrix} a^2+\frac{1}{a^2} & a & \frac{1}{a} & 1 \\ b^2+\frac{1}{b^2} & b & \frac{1}{b} & 1 \\ c^2+\frac{1}{c^2} & c & \frac{1}{c} & 1 \\ d^2+\frac{1}{d^2} & d & \frac{1}{d} & 1 \end{vmatrix}$,(已知 $abcd=1$).

7. 计算下列行列式

(1) $D_n=\begin{vmatrix} 1 & 2 & 3 & \cdots & n \\ -1 & 1 & 0 & \cdots & 0 \\ -1 & 0 & 1 & \cdots & 0 \\ \vdots & \vdots & \vdots & & \vdots \\ -1 & 0 & 0 & \cdots & 1 \end{vmatrix}$； (2) $D_n=\begin{vmatrix} a & 0 & 0 & \cdots & 1 \\ 0 & a & 0 & \cdots & 0 \\ 0 & 0 & a & \cdots & 0 \\ \vdots & \vdots & \vdots & & \vdots \\ 1 & 0 & 0 & \cdots & a \end{vmatrix}$；

(3) $D_n=\begin{vmatrix} 1 & 1 & 1 & \cdots & 1 & 1 \\ 1 & -1 & 1 & \cdots & 1 & 1 \\ 1 & 1 & -1 & \cdots & 1 & 1 \\ \vdots & \vdots & \vdots & & \vdots & \vdots \\ 1 & 1 & 1 & \cdots & 1 & -1 \end{vmatrix}$； (4) $D_n=\begin{vmatrix} 0 & 1 & \cdots & 1 & 1 \\ 1 & 0 & \cdots & 1 & 1 \\ \vdots & \vdots & & \vdots & \vdots \\ 1 & 1 & \cdots & 0 & 1 \\ 1 & 1 & \cdots & 1 & 0 \end{vmatrix}$.

8. 计算下列行列式

(1) $D_n=\begin{vmatrix} 1 & a_1 & 0 & \cdots & 0 & 0 \\ 0 & 1 & a_2 & \cdots & 0 & 0 \\ 0 & 0 & 1 & \cdots & 0 & 0 \\ \vdots & \vdots & \vdots & & \vdots & \vdots \\ 0 & 0 & 0 & \cdots & 1 & a_{n-1} \\ a_n & 0 & 0 & \cdots & 0 & 1 \end{vmatrix}$；

(2) $D_{n+1}=\begin{vmatrix} a+x_1 & a & \cdots & a & a \\ a & a+x_2 & \cdots & a & a \\ \vdots & \vdots & & \vdots & \vdots \\ a & a & \cdots & a+x_n & a \\ a & a & \cdots & a & a \end{vmatrix}$;

(3) $D_n=\begin{vmatrix} 1 & 1 & \cdots & 1 \\ 2 & 2^2 & \cdots & 2^n \\ 3 & 3^2 & \cdots & 3^n \\ \vdots & \vdots & & \vdots \\ n & n^2 & \cdots & n^n \end{vmatrix}$;

(4) $D_n=\begin{vmatrix} 1+a_1 & 1 & 1 & \cdots & 1 \\ 1 & 1+a_2 & 1 & \cdots & 1 \\ \vdots & \vdots & \vdots & & \vdots \\ 1 & 1 & 1 & \cdots & 1+a_n \end{vmatrix}$, $a_i\neq 0$, $i=1,2,\cdots,n$.

9. 解关于未知数 $x$ 的方程

$$\begin{vmatrix} 1 & x & x^2 & \cdots & x^{n-1} \\ 1 & 1 & 1 & \cdots & 1 \\ 1 & 2 & 2^2 & \cdots & 2^{n-1} \\ \vdots & \vdots & \vdots & & \vdots \\ 1 & n-1 & (n-1)^2 & \cdots & (n-1)^{n-1} \end{vmatrix}=0$$

10. 已知$\begin{vmatrix} 2 & -3 & 2 & 1 \\ 1 & 1 & 0 & -5 \\ -1 & 3 & 1 & 3 \\ 2 & -4 & -1 & -3 \end{vmatrix}$,求(1) $A_{11}+A_{12}+A_{13}+A_{14}$;(2) $M_{11}+M_{12}+M_{13}+M_{14}$.

11. 问 $\lambda$ 取何值时,齐次线性方程组

$$\begin{cases} \lambda x_1+x_2+x_3=0 \\ x_1+\lambda x_2+x_3=0 \\ x_1+x_2+x_3=0 \end{cases}$$

有非零解?

12. 已知 $a,b,c$ 不全为 0,证明齐次线性方程组$\begin{cases} ax_2+bx_3+cx_4=0 \\ ax_1+x_2=0 \\ bx_1+x_3=0 \\ cx_1+x_4=0 \end{cases}$只有零解.

## B 题

1. 计算下列行列式

(1) $D=\begin{vmatrix} 103 & 100 & 204 \\ 199 & 200 & 396 \\ 301 & 300 & 600 \end{vmatrix}$；(2) $D=\begin{vmatrix} 25 & 29 & 14 & -11 \\ 1 & -1 & 2 & 3 \\ 1 & 1 & 4 & 9 \\ 1 & -1 & 8 & 27 \end{vmatrix}$.

2. 计算下列行列式

(1) $D_n=\begin{vmatrix} a_1 & -1 & 0 & 0 & \cdots & 0 & 0 \\ a_2 & x & -1 & 0 & \cdots & 0 & 0 \\ a_3 & 0 & x & -1 & \cdots & 0 & 0 \\ \vdots & \vdots & \vdots & \vdots & & \vdots & \vdots \\ a_{n-1} & 0 & 0 & 0 & \cdots & x & -1 \\ a_n & 0 & 0 & 0 & \cdots & 0 & x \end{vmatrix}$；

(2) $D_n=\begin{vmatrix} 2 & 1 & 0 & 0 & 0 & \cdots & 0 \\ 1 & 2 & 1 & 0 & 0 & \cdots & 0 \\ 0 & 1 & 2 & 1 & 0 & \cdots & 0 \\ 0 & 0 & 1 & 2 & 1 & \cdots & 0 \\ \vdots & \vdots & \vdots & \vdots & \vdots & & \vdots \\ 0 & 0 & 0 & 0 & 0 & \cdots & 2 \end{vmatrix}$；

(3) $D_n=\begin{vmatrix} 2 & 0 & \cdots & 0 & 2 \\ -1 & 2 & \cdots & 0 & 2 \\ \vdots & \vdots & & \vdots & \vdots \\ 0 & 0 & \cdots & 2 & 2 \\ 0 & 0 & \cdots & -1 & 2 \end{vmatrix}$.

3. 已知$\begin{vmatrix} 1 & 2 & 3 & 4 & 5 \\ 2 & 2 & 2 & 1 & 1 \\ 3 & 1 & 2 & 4 & 5 \\ 1 & 1 & 1 & 2 & 2 \\ 4 & 3 & 1 & 5 & 0 \end{vmatrix}=27$,求(1) $A_{41}+A_{42}+A_{43}$;(2) $A_{44}+A_{45}$.

第2章

# 矩　　阵

矩阵理论是线性代数的主要研究对象．矩阵的概念与运算法则是研究近代数学不可缺少的工具，矩阵理论及方法的应用遍及自然科学与工程技术的各个领域．本章主要介绍矩阵的概念及其运算、可逆矩阵、矩阵的初等变换与初等矩阵、矩阵的秩与分块矩阵等．

## 2.1 矩阵的概念与运算

### 2.1.1 矩阵的概念

【引例 1】 鸡兔同笼问题.

有鸡兔共 12 只，腿共 30 条，问分别有多少只鸡和兔？

解　设鸡有 $x$ 只，兔有 $y$ 只，则

$$\begin{cases}1\cdot x+1\cdot y=12\\2\cdot x+4\cdot y=30\end{cases}$$

考虑到方程组解的情况取决于未知量系数与常数项，因此将它们按照顺序组成一个矩形表

$$\begin{pmatrix}1 & 1 & 12\\2 & 4 & 30\end{pmatrix}$$

进行研究．更为一般地，可以引进矩阵的概念．

定义 2.1　由 $m\times n$ 个数 $a_{ij}(i=1,2,\cdots,m;j=1,2,\cdots,n)$ 排成的 $m$ 行 $n$ 列的数表

$$\begin{pmatrix}a_{11} & a_{12} & \cdots & a_{1n}\\a_{21} & a_{22} & \cdots & a_{2n}\\\vdots & \vdots & & \vdots\\a_{m1} & a_{m2} & \cdots & a_{mn}\end{pmatrix}\tag{2-1}$$

称为 $m$ 行 $n$ 列矩阵，简称 $m\times n$ 矩阵，常用大写字母 $\boldsymbol{A},\boldsymbol{B},\boldsymbol{C},\cdots$表示矩阵．

这 $m\times n$ 个数称为矩阵的元素，简称为元，$a_{ij}$ 叫做矩阵的第 $i$ 行第 $j$ 列元素．元素都是实数的矩阵称为实矩阵；元素是复数的矩阵称为复矩阵．本书除非特别声明，讨论的都是实矩阵．

矩阵(2-1)可以简写成

$$\boldsymbol{A}=(a_{ij})_{m\times n}\text{ 或 }\boldsymbol{A}=(a_{ij})$$

若矩阵只含有一个元素，则记 $\boldsymbol{A}=(a)=a$.

### 2.1.2 常用的特殊矩阵

(1) 同型矩阵. 两个矩阵的行数相等,列数也相等时,称它们是同型矩阵.

如果 $\boldsymbol{A}=(a_{ij})$ 与 $\boldsymbol{B}=(b_{ij})$ 是同型矩阵,并且它们的对应元素相等,即

$$a_{ij}=b_{ij}, i=1,2,\cdots,m; j=1,2,\cdots,n$$

则称矩阵 $\boldsymbol{A}$ 与矩阵 $\boldsymbol{B}$ 相等,记作 $\boldsymbol{A}=\boldsymbol{B}$.

(2) 零矩阵. 元素都是零的矩阵称为零矩阵,记作 $\boldsymbol{O}_{m\times n}$ 或 $\boldsymbol{O}$.

(3) 行矩阵. 只有一行的矩阵 $\boldsymbol{A}=[a_1 \quad a_2 \quad \cdots \quad a_n]$ 称为行矩阵.

列矩阵. 只有一列的矩阵 $\boldsymbol{A}=\begin{bmatrix} a_1 \\ a_2 \\ \vdots \\ a_n \end{bmatrix}$ 称为列矩阵.

(4) 方阵. 行数和列数都等于 $n$ 的矩阵 $\boldsymbol{A}$ 称为 $n$ 阶矩阵或 $n$ 阶方阵.

$n$ 阶方阵 $\boldsymbol{A}$ 的从左上角到右下角那条线(主对角线)上的元素叫做 $\boldsymbol{A}$ 的主对角线元素.

(5) 上三角(矩)阵. 称主对角线下方元素全是零的方阵为上三角(矩)阵,如

$$\begin{bmatrix} 1 & 2 & 3 \\ 0 & 3 & 4 \\ 0 & 0 & 1 \end{bmatrix}$$

下三角(矩)阵. 称主对角线上方元素全是零的方阵为下三角(矩)阵,如

$$\begin{bmatrix} 1 & 0 & 0 \\ 2 & 3 & 0 \\ 3 & 4 & 1 \end{bmatrix}$$

(6) 对角(矩)阵. 非主对角线元素全部为零的方阵叫做对角(矩)阵,如

$$\begin{bmatrix} a & 0 & 0 \\ 0 & b & 0 \\ 0 & 0 & c \end{bmatrix}$$

(7) 单位(矩)阵. 称 $n$ 阶方阵

$$\boldsymbol{E}_n=\begin{bmatrix} 1 & 0 & \cdots & 0 \\ 0 & 1 & \cdots & 0 \\ \vdots & \vdots & & \vdots \\ 0 & 0 & \cdots & 1 \end{bmatrix}$$

为 $n$ 阶单位(矩)阵,记作 $\boldsymbol{E}_n$ 或 $\boldsymbol{E}$. 这种方阵的特点是其主对角线元素全是1,其余元素全是零.

(8) 数量(矩)阵. 称 $n$ 阶对角矩阵

$$\begin{bmatrix} k & 0 & \cdots & 0 \\ 0 & k & \cdots & 0 \\ \vdots & \vdots & & \vdots \\ 0 & 0 & \cdots & k \end{bmatrix}$$

为 $n$ 阶**数量(矩)阵或纯量(矩)阵**.

### 2.1.3 矩阵的运算

1. 矩阵的加法

**定义 2.2** 设有两个 $m\times n$ 矩阵 $\boldsymbol{A}=(a_{ij})$,$\boldsymbol{B}=(b_{ij})$,那么矩阵 $\boldsymbol{A}$ 与 $\boldsymbol{B}$ 的和,记作 $\boldsymbol{A}+\boldsymbol{B}$,规定为

$$\boldsymbol{A}+\boldsymbol{B}=\begin{pmatrix} a_{11}+b_{11} & a_{12}+b_{12} & \cdots & a_{1n}+b_{1n} \\ a_{21}+b_{21} & a_{22}+b_{22} & \cdots & a_{2n}+b_{2n} \\ \vdots & \vdots & & \vdots \\ a_{m1}+b_{m1} & a_{m2}+b_{m2} & \cdots & a_{mn}+b_{mn} \end{pmatrix}$$

例如

$$\begin{pmatrix} 1 & 2 \\ 2 & 2 \\ 3 & 1 \end{pmatrix}+\begin{pmatrix} 1 & 4 \\ 3 & 1 \\ 4 & 1 \end{pmatrix}=\begin{pmatrix} 2 & 6 \\ 5 & 3 \\ 7 & 2 \end{pmatrix}$$

设 $\boldsymbol{A}=(a_{ij})_{m\times n}$,称矩阵 $(-a_{ij})_{m\times n}$ 为 $\boldsymbol{A}$ 的**负矩阵**,记为 $-\boldsymbol{A}$,即

$$-\boldsymbol{A}=\begin{pmatrix} -a_{11} & -a_{12} & \cdots & -a_{1n} \\ -a_{21} & -a_{22} & \cdots & -a_{2n} \\ \vdots & \vdots & & \vdots \\ -a_{m1} & -a_{m2} & \cdots & -a_{mn} \end{pmatrix}$$

有了负矩阵的概念,就可以定义两个 $m\times n$ 矩阵 $\boldsymbol{A}$,$\boldsymbol{B}$ **的差**为

$$\boldsymbol{A}-\boldsymbol{B}=\boldsymbol{A}+(-\boldsymbol{B})=\begin{pmatrix} a_{11}-b_{11} & a_{12}-b_{12} & \cdots & a_{1n}-b_{1n} \\ a_{21}-b_{21} & a_{22}-b_{22} & \cdots & a_{2n}-b_{2n} \\ \vdots & \vdots & & \vdots \\ a_{m1}-b_{m1} & a_{m2}-b_{m2} & \cdots & a_{mn}-b_{mn} \end{pmatrix}$$

矩阵加法满足下列运算规律(设 $\boldsymbol{A}$,$\boldsymbol{B}$,$\boldsymbol{C}$ 都是 $m\times n$ 矩阵):

(1) $\boldsymbol{A}+\boldsymbol{B}=\boldsymbol{B}+\boldsymbol{A}$;

(2) $(\boldsymbol{A}+\boldsymbol{B})+\boldsymbol{C}=\boldsymbol{A}+(\boldsymbol{B}+\boldsymbol{C})$;

(3) $\boldsymbol{A}+\boldsymbol{O}_{m\times n}=\boldsymbol{A}$;

(4) $\boldsymbol{A}+(-\boldsymbol{A})=\boldsymbol{O}_{m\times n}$.

2. 数与矩阵相乘

**定义 2.3** 设 $\boldsymbol{A}=(a_{ij})_{m\times n}$,$k$ 是一个数,$k$ 与 $\boldsymbol{A}$ 的乘积记作 $k\boldsymbol{A}$ 或 $\boldsymbol{A}k$,规定为

$$k\boldsymbol{A}=\boldsymbol{A}k=\begin{pmatrix} ka_{11} & ka_{12} & \cdots & ka_{1n} \\ ka_{21} & ka_{22} & \cdots & ka_{2n} \\ \vdots & \vdots & & \vdots \\ ka_{m1} & ka_{m2} & \cdots & ka_{mn} \end{pmatrix}$$

**数与矩阵相乘**,简称为**数乘**.

数与矩阵相乘满足以下运算规律($\boldsymbol{A},\boldsymbol{B}$ 都是 $m\times n$ 矩阵;$k,l$ 为实数):

(1) $(kl)\boldsymbol{A}=k(l\boldsymbol{A})$;

(2) $(k+l)\boldsymbol{A}=k\boldsymbol{A}+l\boldsymbol{A}$;

(3) $k(\boldsymbol{A}+\boldsymbol{B})=k\boldsymbol{A}+k\boldsymbol{B}$;

(4) $1\cdot\boldsymbol{A}=\boldsymbol{A}$.

矩阵的加法与数乘运算统称为矩阵的**线性运算**.

3. 矩阵与矩阵相乘

**定义 2.4** 设 $\boldsymbol{A}=(a_{ij})$ 是一个 $m\times s$ 矩阵,$\boldsymbol{B}=(b_{ij})$ 是一个 $s\times n$ 矩阵,那么规定**矩阵 $\boldsymbol{A}$ 与矩阵 $\boldsymbol{B}$ 的乘积**是一个 $m\times n$ 矩阵 $\boldsymbol{C}=(c_{ij})$.

其中,矩阵 $\boldsymbol{C}$ 的元素 $c_{ij}$ 为矩阵 $\boldsymbol{A}$ 的第 $i$ 行的各元素与矩阵 $\boldsymbol{B}$ 的第 $j$ 列的对应元素乘积之和,即

$$c_{ij}=a_{i1}b_{1j}+a_{i2}b_{2j}+\cdots+a_{is}b_{sj},\quad i=1,2,\cdots,m;j=1,2,\cdots,n \tag{2-2}$$

$c_{ij}$ 是矩阵 $\boldsymbol{C}$ 的第 $i$ 行、第 $j$ 列元素,并把此乘积记作

$$\boldsymbol{C}=\boldsymbol{AB}$$

对于【引例 1】,线性方程组 $\begin{cases}1\cdot x+1\cdot y=12\\2\cdot x+4\cdot y=30\end{cases}$ 可以改写成

$$\begin{pmatrix}1&1\\2&4\end{pmatrix}\begin{pmatrix}x\\y\end{pmatrix}=\begin{pmatrix}12\\30\end{pmatrix}$$

**【例 2-1】** 求矩阵

$$\boldsymbol{A}=\begin{pmatrix}1&0&2&1\\2&3&-1&1\end{pmatrix}\quad 与\quad \boldsymbol{B}=\begin{pmatrix}1&0&1\\-1&1&3\\2&0&1\\1&3&4\end{pmatrix}$$

的乘积 $\boldsymbol{AB}$.

**解** 因为 $\boldsymbol{A}$ 是 $2\times4$ 矩阵,$\boldsymbol{B}$ 是 $4\times3$ 矩阵,$\boldsymbol{A}$ 的列数等于 $\boldsymbol{B}$ 的行数,所以矩阵 $\boldsymbol{A}$ 与 $\boldsymbol{B}$ 可以相乘,其乘积 $\boldsymbol{AB}$ 是一个 $2\times3$ 矩阵,按式(2-2)有

$$\boldsymbol{AB}=\begin{pmatrix}1&0&2&1\\2&3&-1&1\end{pmatrix}\begin{pmatrix}1&0&1\\-1&1&3\\2&0&1\\1&3&4\end{pmatrix}=\begin{pmatrix}6&3&7\\-2&6&14\end{pmatrix}$$

**注:** 此时,$\boldsymbol{BA}$ 不存在.

**【例 2-2】** 设 $\boldsymbol{A}=(1\quad3\quad2)$,$\boldsymbol{B}=\begin{pmatrix}1\\2\\-1\end{pmatrix}$,求 $\boldsymbol{AB}$ 及 $\boldsymbol{BA}$.

**解**

$$\boldsymbol{AB}=(1\quad3\quad2)\begin{pmatrix}1\\2\\-1\end{pmatrix}=1\times1+3\times2+2\times(-1)=5$$

$$BA=\begin{pmatrix}1\\2\\-1\end{pmatrix}[1\quad 3\quad 2]=\begin{pmatrix}1\times1 & 1\times3 & 1\times2\\2\times1 & 2\times3 & 2\times2\\(-1)\times1 & (-1)\times3 & (-1)\times2\end{pmatrix}=\begin{pmatrix}1 & 3 & 2\\2 & 6 & 4\\-1 & -3 & -2\end{pmatrix}$$

注：此时 $\boldsymbol{AB}\neq\boldsymbol{BA}$，且 $\boldsymbol{AB}$ 等于 $\boldsymbol{BA}$ 的主对角元素的加和.

【例 2-3】 设矩阵 $\boldsymbol{A}=\begin{pmatrix}1 & 2\\-1 & -2\end{pmatrix}$，$\boldsymbol{B}=\begin{pmatrix}2 & -2\\-1 & 1\end{pmatrix}$，$\boldsymbol{C}=\begin{pmatrix}4 & -4\\-2 & 2\end{pmatrix}$求 $\boldsymbol{AB}$，$\boldsymbol{BA}$，$\boldsymbol{AC}$.

解

$$\boldsymbol{AB}=\begin{pmatrix}1 & 2\\-1 & -2\end{pmatrix}\begin{pmatrix}2 & -2\\-1 & 1\end{pmatrix}=\begin{pmatrix}0 & 0\\0 & 0\end{pmatrix}$$

$$\boldsymbol{BA}=\begin{pmatrix}2 & -2\\-1 & 1\end{pmatrix}\begin{pmatrix}1 & 2\\-1 & -2\end{pmatrix}=\begin{pmatrix}4 & 8\\-2 & -4\end{pmatrix}$$

$$\boldsymbol{AC}=\begin{pmatrix}1 & 2\\-1 & -2\end{pmatrix}\begin{pmatrix}4 & -4\\-2 & 2\end{pmatrix}=\begin{pmatrix}0 & 0\\0 & 0\end{pmatrix}$$

由【例 2-3】可以得到：

(1) 矩阵乘法一般不满足交换律．如果对某特定的矩阵 $\boldsymbol{A}$，$\boldsymbol{B}$ 有 $\boldsymbol{AB}=\boldsymbol{BA}$，则称 $\boldsymbol{A}$ 与 $\boldsymbol{B}$ 乘积可换．

(2) 矩阵乘法一般不满足消去律．即由 $\boldsymbol{AB}=\boldsymbol{AC}$ 不能得出 $\boldsymbol{B}=\boldsymbol{C}$，同样由 $\boldsymbol{BA}=\boldsymbol{CA}$ 不能得出 $\boldsymbol{B}=\boldsymbol{C}$.

(3) 两个非零矩阵的乘积可能是零矩阵．因此一般不能由 $\boldsymbol{AB}=\boldsymbol{O}$ 得出 $\boldsymbol{A}=\boldsymbol{O}$ 或 $\boldsymbol{B}=\boldsymbol{O}$.

矩阵的乘法满足下列运算规律(假设下列运算都是可行的)：

(1) $(\boldsymbol{AB})\boldsymbol{C}=\boldsymbol{A}(\boldsymbol{BC})$；

(2) $\boldsymbol{A}(\boldsymbol{B}+\boldsymbol{C})=\boldsymbol{AB}+\boldsymbol{AC}$，$(\boldsymbol{A}+\boldsymbol{B})\boldsymbol{C}=\boldsymbol{AC}+\boldsymbol{BC}$；

(3) $k(\boldsymbol{AB})=(k\boldsymbol{A})\boldsymbol{B}=\boldsymbol{A}(k\boldsymbol{B})$($k$ 是数)；

(4) $\boldsymbol{E}_m\boldsymbol{A}=\boldsymbol{AE}_n=\boldsymbol{A}$($\boldsymbol{A}$ 是 $m\times n$ 矩阵)；

(5) $\boldsymbol{O}_{p\times m}\boldsymbol{A}=\boldsymbol{O}_{p\times n}$，$\boldsymbol{AO}_{n\times q}=\boldsymbol{O}_{m\times q}$($\boldsymbol{A}$ 是 $m\times n$ 矩阵).

4. 方阵的幂

**定义 2.5** 设 $\boldsymbol{A}$ 是 $n$ 阶方阵，$k$ 为正整数，称 $k$ 个 $\boldsymbol{A}$ 的乘积为 **$\boldsymbol{A}$ 的 $k$ 次乘幂**，简称为 $\boldsymbol{A}$ 的 $k$ 次幂，记为 $\boldsymbol{A}^k$. 规定

$$\boldsymbol{A}^1=\boldsymbol{A},\quad \boldsymbol{A}^2=\boldsymbol{AA},\quad \cdots,\quad \boldsymbol{A}^k=\boldsymbol{A}^{k-1}\boldsymbol{A}$$

方阵的幂满足下列运算规律($\boldsymbol{A}$ 为方阵，$k$，$l$ 为非负整数)：

(1) $\boldsymbol{A}^k\boldsymbol{A}^l=\boldsymbol{A}^{k+l}$；

(2) $(\boldsymbol{A}^k)^l=\boldsymbol{A}^{kl}$.

【例 2-4】 设 $\boldsymbol{A}=[1\quad 3\quad 2]$，$\boldsymbol{B}=\begin{pmatrix}1\\2\\-1\end{pmatrix}$，求$(\boldsymbol{BA})^n$.

解

$$(\boldsymbol{BA})^n=\overbrace{(\boldsymbol{BA})(\boldsymbol{BA})(\boldsymbol{BA})(\boldsymbol{BA})\cdots(\boldsymbol{BA})(\boldsymbol{BA})}^{n}$$

$$=\boldsymbol{B}\overbrace{(\boldsymbol{AB})(\boldsymbol{AB})(\boldsymbol{AB})(\boldsymbol{A}\cdots\boldsymbol{B})(\boldsymbol{AB})}^{n-1}\boldsymbol{A}$$
$$=(\boldsymbol{AB})^{n-1}(\boldsymbol{BA})$$
$$=5^{n-1}\times\begin{pmatrix}1&3&2\\2&6&4\\-1&-3&-2\end{pmatrix}$$
$$=\begin{pmatrix}5^{n-1}&3\times5^{n-1}&2\times5^{n-1}\\2\times5^{n-1}&6\times5^{n-1}&4\times5^{n-1}\\-5^{n-1}&-3\times5^{n-1}&-2\times5^{n-1}\end{pmatrix}$$

【例 2-5】 设 $\boldsymbol{A}=\begin{pmatrix}1&3&2\\0&1&1\\0&0&1\end{pmatrix}$,求 $\boldsymbol{A}^n(n>2)$.

解
$$\boldsymbol{A}=\begin{pmatrix}1&3&2\\0&1&1\\0&0&1\end{pmatrix}=\begin{pmatrix}1&0&0\\0&1&0\\0&0&1\end{pmatrix}+\begin{pmatrix}0&3&2\\0&0&1\\0&0&0\end{pmatrix}=\boldsymbol{E}+\boldsymbol{B}$$
$$\boldsymbol{A}^n=(\boldsymbol{E}+\boldsymbol{B})^n=\boldsymbol{C}_n^0\boldsymbol{B}^0\boldsymbol{E}^n+\boldsymbol{C}_n^1\boldsymbol{B}^1\boldsymbol{E}^{n-1}+\boldsymbol{C}_n^2\boldsymbol{B}^2\boldsymbol{E}^{n-2}+\cdots+\boldsymbol{C}_n^n\boldsymbol{B}^n\boldsymbol{E}^0$$
$$\boldsymbol{B}^2=\begin{pmatrix}0&0&3\\0&0&0\\0&0&0\end{pmatrix},\boldsymbol{B}^3=\begin{pmatrix}0&0&0\\0&0&0\\0&0&0\end{pmatrix},\boldsymbol{B}^4=\cdots=\boldsymbol{B}^n=\begin{pmatrix}0&0&0\\0&0&0\\0&0&0\end{pmatrix}$$
$$\boldsymbol{A}^n=\boldsymbol{E}+n\boldsymbol{B}+\frac{n(n-1)}{2}\boldsymbol{B}^2=\begin{pmatrix}1&3n&\frac{3n^2+n}{2}\\0&1&n\\0&0&1\end{pmatrix}$$

5. 矩阵的转置

**定义 2.6** 把矩阵 $\boldsymbol{A}$ 的行换成同序数的列得到一个新的矩阵,称其为 $\boldsymbol{A}$ 的**转置矩阵**,记作 $\boldsymbol{A}^{\mathrm{T}}$ 或 $\boldsymbol{A}'$.

例如,矩阵 $\boldsymbol{A}=\begin{pmatrix}1&2&0\\3&-1&1\end{pmatrix}$ 的转置矩阵为 $\boldsymbol{A}^{\mathrm{T}}=\begin{pmatrix}1&3\\2&-1\\0&1\end{pmatrix}$.

矩阵的转置满足下列运算规律(假设下列运算都是可行的):

(1) $(\boldsymbol{A}^{\mathrm{T}})^{\mathrm{T}}=\boldsymbol{A}$;

(2) $(\boldsymbol{A}+\boldsymbol{B})^{\mathrm{T}}=\boldsymbol{A}^{\mathrm{T}}+\boldsymbol{B}^{\mathrm{T}}$;

(3) $(k\boldsymbol{A})^{\mathrm{T}}=k\boldsymbol{A}^{\mathrm{T}}$($k$ 是数);

(4) $(\boldsymbol{AB})^{\mathrm{T}}=\boldsymbol{B}^{\mathrm{T}}\boldsymbol{A}^{\mathrm{T}}$,显然,对于三个矩阵还有 $(\boldsymbol{ABC})^{\mathrm{T}}=\boldsymbol{C}^{\mathrm{T}}\boldsymbol{B}^{\mathrm{T}}\boldsymbol{A}^{\mathrm{T}}$.

这里仅证明(4). 设 $\boldsymbol{A}=(a_{ij})_{m\times s}$,$\boldsymbol{B}=(b_{ij})_{s\times n}$,记 $\boldsymbol{AB}=(c_{ij})_{m\times n}$,$\boldsymbol{B}^{\mathrm{T}}\boldsymbol{A}^{\mathrm{T}}=(d_{ij})_{n\times m}$,于是按式(2-2),有

$$c_{ji}=a_{j1}b_{1i}+a_{j2}b_{2i}+\cdots+a_{js}b_{si}$$

而 $\boldsymbol{B}^{\mathrm{T}}$ 的第 $i$ 行为 $(b_{1i},\cdots,b_{si})$，$\boldsymbol{A}^{\mathrm{T}}$ 的第 $j$ 列为 $(a_{j1},\cdots,a_{js})^{\mathrm{T}}$，因此

$$d_{ij}=b_{1i}a_{j1}+b_{2i}a_{j2}+\cdots+b_{si}a_{js}$$

所以

$$d_{ij}=c_{ji},\quad i=1,2,\cdots,n;j=1,2,\cdots,m$$

即 $\boldsymbol{B}^{\mathrm{T}}\boldsymbol{A}^{\mathrm{T}}=(\boldsymbol{AB})^{\mathrm{T}}$.

【例 2-6】 已知 $\boldsymbol{A}=\begin{pmatrix}2&0&-1\\1&3&2\end{pmatrix}$，$\boldsymbol{B}=\begin{pmatrix}1&1\\1&2\\1&3\end{pmatrix}$，求 $(\boldsymbol{AB})^{\mathrm{T}}$.

解法 1 因为

$$\boldsymbol{AB}=\begin{pmatrix}2&0&-1\\1&3&2\end{pmatrix}\begin{pmatrix}1&1\\1&2\\1&3\end{pmatrix}\begin{pmatrix}1\\2\\3\end{pmatrix}=\begin{pmatrix}1&-1\\6&13\end{pmatrix}$$

所以 $(\boldsymbol{AB})^{\mathrm{T}}=\begin{pmatrix}1&6\\-1&13\end{pmatrix}$.

解法 2

$$(\boldsymbol{AB})^{\mathrm{T}}=\boldsymbol{B}^{\mathrm{T}}\boldsymbol{A}^{\mathrm{T}}=\begin{pmatrix}1&1&1\\1&2&3\end{pmatrix}\begin{pmatrix}2&1\\0&3\\-1&2\end{pmatrix}=\begin{pmatrix}1&6\\-1&13\end{pmatrix}$$

设 $\boldsymbol{A}$ 为 $n$ 阶方阵，如果满足 $\boldsymbol{A}^{\mathrm{T}}=\boldsymbol{A}$，即

$$a_{ij}=a_{ji},\quad i,j=1,2,\cdots,n$$

则称 $\boldsymbol{A}$ 为**对称矩阵**．对称矩阵的特点是：它的元素以主对角线为对称轴对应相等．

例如，$\boldsymbol{A}=\begin{pmatrix}12&6&1\\6&8&0\\1&0&6\end{pmatrix}$ 为对称矩阵．设 $\boldsymbol{A}$ 为 $n$ 阶方阵，如果满足 $\boldsymbol{A}^{\mathrm{T}}=-\boldsymbol{A}$，即

$$a_{ij}=-a_{ji},\quad i,j=1,2,\cdots,n$$

则称 $\boldsymbol{A}$ 为**反对称矩阵**．反对称矩阵的特点是：它的主对角线元素均为 0，其他元素以主对角线为轴对应互为相反数．

例如，$\boldsymbol{A}=\begin{pmatrix}0&-6&1\\6&0&2\\-1&-2&0\end{pmatrix}$ 为反对称矩阵．

6. 方阵的行列式

**定义 2.7** 由 $n$ 阶方阵 $\boldsymbol{A}$ 的元素所构成的行列式（各元素的位置不变），称为**方阵 $\boldsymbol{A}$ 的行列式**，记作 $|\boldsymbol{A}|$，或 $\det\boldsymbol{A}$.

例如，$\boldsymbol{A}=\begin{pmatrix}1&3&1\\1&4&0\\0&1&3\end{pmatrix}$，则 $|\boldsymbol{A}|=\begin{vmatrix}1&3&1\\1&4&0\\0&1&3\end{vmatrix}=\begin{vmatrix}1&3&1\\0&1&-1\\0&1&3\end{vmatrix}=4$.

方阵的行列式运算满足下列运算规律（设 $\boldsymbol{A},\boldsymbol{B}$ 为 $n$ 阶方阵，$k$ 为实数）：

(1) $|k\boldsymbol{A}|=k^n|\boldsymbol{A}|$；

(2) $|\boldsymbol{AB}|=|\boldsymbol{A}|\cdot|\boldsymbol{B}|$；

(3) $|\boldsymbol{A}^{\mathrm{T}}|=|\boldsymbol{A}|$.

以上等式证明从略．称公式$|\boldsymbol{AB}|=|\boldsymbol{A}|\cdot|\boldsymbol{B}|$为行列式乘法公式．

【例 2-7】 设$\boldsymbol{A}=k_1\boldsymbol{E}_n$，$\boldsymbol{B}=k_2\boldsymbol{E}_n$，其中$k_1$，$k_2$是实数，求$|\boldsymbol{A}|+|\boldsymbol{B}|$及$|\boldsymbol{A}+\boldsymbol{B}|$.

解

$$|\boldsymbol{A}|+|\boldsymbol{B}|=|k_1\boldsymbol{E}_n|+|k_2\boldsymbol{E}_n|=k_1^n|\boldsymbol{E}_n|+k_2^n|\boldsymbol{E}_n|=k_1^n+k_2^n$$

$$|\boldsymbol{A}+\boldsymbol{B}|=|k_1\boldsymbol{E}_n+k_2\boldsymbol{E}_n|=|(k_1+k_2)\boldsymbol{E}_n|=(k_1+k_2)^n|\boldsymbol{E}_n|=(k_1+k_2)^n$$

由【例 2-7】可以看出，一般来说，$|\boldsymbol{A}+\boldsymbol{B}|\neq|\boldsymbol{A}|+|\boldsymbol{B}|$.

对$n$阶方阵$\boldsymbol{A}$，$\boldsymbol{B}$，一般来说，$\boldsymbol{AB}\neq\boldsymbol{BA}$，但是，由行列式乘法公式知$|\boldsymbol{AB}|=|\boldsymbol{BA}|$.

7. 共轭矩阵

当$\boldsymbol{A}=(a_{ij})$为复矩阵时，用$\overline{a}_{ij}$表示$a_{ij}$的共轭复数，记

$$\overline{\boldsymbol{A}}=(\overline{a}_{ij})$$

$\overline{\boldsymbol{A}}$称为$\boldsymbol{A}$的共轭矩阵.

共轭矩阵满足下列运算规律(设$\boldsymbol{A}$，$\boldsymbol{B}$为复矩阵，$\lambda$为复数，且下列运算都是可行的)：

(1) $\overline{\boldsymbol{A}+\boldsymbol{B}}=\overline{\boldsymbol{A}}+\overline{\boldsymbol{B}}$；

(2) $\overline{\lambda\boldsymbol{A}}=\overline{\lambda}\,\overline{\boldsymbol{A}}$；

(3) $\overline{\boldsymbol{AB}}=\overline{\boldsymbol{A}}\,\overline{\boldsymbol{B}}$.

## 2.2 可 逆 矩 阵

### 2.2.1 可逆矩阵的定义和性质

**定义 2.8** 设$\boldsymbol{A}$是$n$阶方阵，若存在$n$阶方阵$\boldsymbol{B}$，使

$$\boldsymbol{AB}=\boldsymbol{BA}=\boldsymbol{E}$$

则称$\boldsymbol{A}$是可逆(矩)阵，称$\boldsymbol{B}$是$\boldsymbol{A}$的逆(矩)阵，记作$\boldsymbol{B}=\boldsymbol{A}^{-1}$.

可逆矩阵是一类重要的方阵，在使用记号$\boldsymbol{A}^{-1}$之前，必须首先弄清$\boldsymbol{A}$是否可逆，在无法断定$\boldsymbol{A}$是可逆矩阵的情况下，记号$\boldsymbol{A}^{-1}$没有意义．

可逆矩阵有如下性质：

(1) 可逆阵$\boldsymbol{A}$的逆矩阵是唯一的．

(2) 若$\boldsymbol{A}$可逆，则$\boldsymbol{A}^{-1}$亦可逆，且$(\boldsymbol{A}^{-1})^{-1}=\boldsymbol{A}$.

(3) 若$\boldsymbol{A}$可逆，数$k\neq0$，则$k\boldsymbol{A}$可逆，且$(k\boldsymbol{A})^{-1}=\dfrac{1}{k}\boldsymbol{A}^{-1}$.

(4) 若$\boldsymbol{A}$，$\boldsymbol{B}$是同阶可逆阵，则$\boldsymbol{AB}$也可逆，且$(\boldsymbol{AB})^{-1}=\boldsymbol{B}^{-1}\boldsymbol{A}^{-1}$.

(5) 若$\boldsymbol{A}$可逆，则$\boldsymbol{A}^{\mathrm{T}}$可逆，且$(\boldsymbol{A}^{\mathrm{T}})^{-1}=(\boldsymbol{A}^{-1})^{\mathrm{T}}$.

这里只证明(1)和(4).

(1) 证　若$\boldsymbol{B}_1$，$\boldsymbol{B}_2$均为$\boldsymbol{A}$的逆矩阵，即

$$\boldsymbol{AB}_1=\boldsymbol{B}_1\boldsymbol{A}=\boldsymbol{E},\quad \boldsymbol{AB}_2=\boldsymbol{B}_2\boldsymbol{A}=\boldsymbol{E}$$

则有

$$B_1=B_1E=B_1(AB_2)=(B_1A)B_2=EB_2=B_2$$

这说明 $A$ 的逆阵是唯一的.

(4) 证 因为

$$(AB)(B^{-1}A^{-1})=A(BB^{-1})A^{-1}=AA^{-1}=E$$

$$(B^{-1}A^{-1})(AB)=B^{-1}(A^{-1}A)B=B^{-1}B=E$$

所以 $AB$ 是可逆的,逆阵为 $B^{-1}A^{-1}$,即 $(AB)^{-1}=B^{-1}A^{-1}$.

现在的问题是:对于给定的方阵 $A$,如何判断它是否可逆? 若可逆,其逆阵 $A^{-1}$ 如何求出?

## 2.2.2 方阵可逆的充分必要条件、用伴随矩阵法求逆矩阵

设 $n$ 阶方阵

$$A=\begin{pmatrix} a_{11} & a_{12} & \cdots & a_{1n} \\ a_{21} & a_{22} & \cdots & a_{2n} \\ \vdots & \vdots & & \vdots \\ a_{n1} & a_{n2} & \cdots & a_{nn} \end{pmatrix}$$

称 $|A|$ 中诸元素 $a_{ij}$ 的代数余子式 $A_{ij}$ 所组成的 $n$ 阶方阵

$$\begin{pmatrix} A_{11} & A_{21} & \cdots & A_{n1} \\ A_{12} & A_{22} & \cdots & A_{n2} \\ \vdots & \vdots & & \vdots \\ A_{1n} & A_{2n} & \cdots & A_{nn} \end{pmatrix}$$

为方阵 $A$ 的伴随矩阵,记为 $A^*$ 或 $adjA$.

注意:$A^*$ 中第 $i$ 行第 $j$ 列处的元素是 $A_{ji}$,而不是 $A_{ij}$.

**引理 2.1** 设 $A$ 是 $n$ 阶方阵,则

$$A^*A=AA^*=|A|E_n$$

证 $$A^*A=\begin{pmatrix} A_{11} & A_{21} & \cdots & A_{n1} \\ A_{12} & A_{22} & \cdots & A_{n2} \\ \vdots & \vdots & & \vdots \\ A_{1n} & A_{2n} & \cdots & A_{nn} \end{pmatrix}\begin{pmatrix} a_{11} & a_{12} & \cdots & a_{1n} \\ a_{21} & a_{22} & \cdots & a_{2n} \\ \vdots & \vdots & & \vdots \\ a_{n1} & a_{n2} & \cdots & a_{nn} \end{pmatrix}$$

$$=\begin{pmatrix} \sum\limits_{k=1}^{n}a_{k1}A_{k1} & 0 & \cdots & 0 \\ 0 & \sum\limits_{k=1}^{n}a_{k2}A_{k2} & \cdots & 0 \\ \vdots & \vdots & & \vdots \\ 0 & 0 & \cdots & \sum\limits_{k=1}^{n}a_{kn}A_{kn} \end{pmatrix}=\begin{pmatrix} |A| & 0 & \cdots & 0 \\ 0 & |A| & \cdots & 0 \\ \vdots & \vdots & & \vdots \\ 0 & 0 & \cdots & |A| \end{pmatrix}$$

$$=|A|E_n$$

同理 $\boldsymbol{AA}^* = |\boldsymbol{A}|\boldsymbol{E}$，故有

$$\boldsymbol{AA}^* = \boldsymbol{A}^*\boldsymbol{A} = |\boldsymbol{A}|\boldsymbol{E}$$

**定理 2.1** 设 $\boldsymbol{A}$ 是 $n$ 阶方阵，则 $\boldsymbol{A}$ 可逆的充要条件是 $|\boldsymbol{A}| \neq 0$. 当 $|\boldsymbol{A}| \neq 0$ 时

$$\boldsymbol{A}^{-1} = \frac{1}{|\boldsymbol{A}|}\boldsymbol{A}^*$$

证 设 $\boldsymbol{A}$ 是可逆阵，则 $\boldsymbol{AA}^{-1} = \boldsymbol{E}$. 由行列式乘法公式得 $|\boldsymbol{A}||\boldsymbol{A}^{-1}| = |\boldsymbol{E}| = 1$，从而 $|\boldsymbol{A}| \neq 0$.

设 $|\boldsymbol{A}| \neq 0$，则由 $\boldsymbol{AA}^* = \boldsymbol{A}^*\boldsymbol{A} = |\boldsymbol{A}|\boldsymbol{E}$ 得

$$\boldsymbol{A}\left(\frac{1}{|\boldsymbol{A}|}\boldsymbol{A}^*\right) = \left(\frac{1}{|\boldsymbol{A}|}\boldsymbol{A}^*\right)\boldsymbol{A} = \boldsymbol{E}$$

从而 $\boldsymbol{A}$ 可逆，且

$$\boldsymbol{A}^{-1} = \frac{1}{|\boldsymbol{A}|}\boldsymbol{A}^*$$

由定理 2.1，可得下述推论.

**推论 2.1** 设 $\boldsymbol{A}, \boldsymbol{B}$ 均是 $n$ 阶方阵，若 $\boldsymbol{AB} = \boldsymbol{E}$（或 $\boldsymbol{BA} = \boldsymbol{E}$），则 $\boldsymbol{B} = \boldsymbol{A}^{-1}$.

证 $|\boldsymbol{A}| \cdot |\boldsymbol{B}| = |\boldsymbol{E}| = 1$，故 $|\boldsymbol{A}| \neq 0$，因此，$\boldsymbol{A}$ 可逆.

$$\boldsymbol{B} = \boldsymbol{EB} = (\boldsymbol{A}^{-1}\boldsymbol{A})\boldsymbol{B} = \boldsymbol{A}^{-1}(\boldsymbol{AB}) = \boldsymbol{A}^{-1}\boldsymbol{E} = \boldsymbol{A}^{-1}$$

推论 2.1 使验证逆矩阵的运算减少一半，即由 $\boldsymbol{AB} = \boldsymbol{E}$（或 $\boldsymbol{BA} = \boldsymbol{E}$）就可以判定 $\boldsymbol{B}$ 是 $\boldsymbol{A}$ 的逆阵.

设 $\boldsymbol{A}$ 为 $n$ 阶方阵，当 $|\boldsymbol{A}| = 0$ 时，称 $\boldsymbol{A}$ 为**奇异(方)阵**；若 $|\boldsymbol{A}| \neq 0$，则称 $\boldsymbol{A}$ 为**非奇异(方)阵**.

当 $|\boldsymbol{A}| \neq 0$ 时，还可以定义

$$\boldsymbol{A}^0 = \boldsymbol{E}_n, \quad \boldsymbol{A}^{-k} = (\boldsymbol{A}^{-1})^k$$

其中，$k$ 为正整数，这样，当 $|\boldsymbol{A}| \neq 0$，$\lambda, \mu$ 为整数时，有

$$\boldsymbol{A}^\lambda \boldsymbol{A}^\mu = \boldsymbol{A}^{\lambda+\mu}, (\boldsymbol{A}^\lambda)^\mu = \boldsymbol{A}^{\lambda\mu}$$

【例 2-8】 设矩阵 $\boldsymbol{A} = \begin{pmatrix} a_{11} & a_{12} \\ a_{21} & a_{22} \end{pmatrix}$，且 $|\boldsymbol{A}| \neq 0$，求 $\boldsymbol{A}^{-1}$.

解 $|\boldsymbol{A}| = \begin{vmatrix} a_{11} & a_{12} \\ a_{21} & a_{22} \end{vmatrix} = a_{11}a_{22} - a_{12}a_{21} \neq 0$，故 $\boldsymbol{A}$ 可逆.

$$\boldsymbol{A}^* = \begin{pmatrix} A_{11} & A_{21} \\ A_{12} & A_{22} \end{pmatrix} = \begin{pmatrix} a_{22} & -a_{12} \\ -a_{21} & a_{11} \end{pmatrix}$$

$$\boldsymbol{A}^{-1} = \frac{\boldsymbol{A}^*}{|\boldsymbol{A}|} = \frac{1}{a_{11}a_{22} - a_{12}a_{21}}\begin{pmatrix} a_{22} & -a_{12} \\ -a_{21} & a_{11} \end{pmatrix}$$

例如，$\begin{pmatrix} 2 & 5 \\ 1 & 4 \end{pmatrix}^{-1} = \frac{1}{3}\begin{pmatrix} 4 & -5 \\ -1 & 2 \end{pmatrix} = \begin{pmatrix} \frac{4}{3} & -\frac{5}{3} \\ -\frac{1}{3} & \frac{2}{3} \end{pmatrix}$.

【例 2-9】 求方阵

$$A=\begin{pmatrix}1&2&1\\1&3&4\\0&1&5\end{pmatrix}$$

的逆矩阵.

解 因为

$$|A|=\begin{vmatrix}1&2&1\\1&3&4\\0&1&5\end{vmatrix}=2\neq 0$$

所以 $A$ 可逆,而

$$A_{11}=\begin{vmatrix}3&4\\1&5\end{vmatrix}=11,\quad A_{21}=-\begin{vmatrix}2&1\\1&5\end{vmatrix}=-9,\quad A_{31}=\begin{vmatrix}2&1\\3&4\end{vmatrix}=5$$

$$A_{12}=-\begin{vmatrix}1&4\\0&5\end{vmatrix}=-5,\quad A_{22}=\begin{vmatrix}1&1\\0&5\end{vmatrix}=5,\quad A_{32}=-\begin{vmatrix}1&1\\1&4\end{vmatrix}=3$$

$$A_{13}=\begin{vmatrix}1&3\\0&1\end{vmatrix}=1,\quad A_{23}=-\begin{vmatrix}1&2\\0&1\end{vmatrix}=-1,\quad A_{33}=\begin{vmatrix}1&2\\1&3\end{vmatrix}=1$$

从而得

$$A^*=\begin{pmatrix}11&-9&5\\-5&5&-3\\1&-1&1\end{pmatrix}$$

故

$$A^{-1}=\frac{1}{|A|}A^*=\begin{pmatrix}\frac{11}{2}&-\frac{9}{2}&\frac{5}{2}\\-\frac{5}{2}&\frac{5}{2}&-\frac{3}{2}\\\frac{1}{2}&-\frac{1}{2}&\frac{1}{2}\end{pmatrix}$$

设 $\varphi(x)=a_0+a_1x+a_2x^2++a_{m-1}x^{m-1}+a_mx^m$ 为关于 $x$ 的多项式,$A$ 为 $n$ 阶方阵,称

$$\varphi(A)=a_0E+a_1A+a_2A^2+\cdots+a_{m-1}A^{m-1}+a_mA^m$$

为关于方阵 $A$ 的**矩阵多项式**.

【例 2-10】 设 $A$ 是 $n$ 阶方阵,满足 $A^2-A-2E=O$,求 $A^{-1}$ 和 $(A+2E)^{-1}$.

解 因为 $A^2-A-2E=O$,所以 $A^2-A=2E$,即 $A\left(\frac{A-E}{2}\right)=E$,可得 $A$ 可逆,且 $A^{-1}=\frac{1}{2}(A-E)$.

又因为 $A^2-A-2E=O$ 可以写成 $A^2-A-6E=-4E$,即

$$(A+2E)(A-3E)=-4E$$

可得

$$(A+2E)^{-1}=-\frac{A-3E}{4}$$

不难看出，$A^2-A-2E=(A-2E)(A+E)=(A+E)(A-2E)$，即矩阵多项式的因式分解是满足矩阵乘法交换律的.

【例 2-11】 设 $A$ 为 3 阶方阵，$A^*$ 为其伴随矩阵，已知 $|A|=\frac{1}{2}$，求 $\left|\left(\frac{1}{3}A\right)^{-1}-10A^*\right|$.

解

$$\begin{aligned}\left|\left(\frac{1}{3}A\right)^{-1}-10A^*\right| &= |3A^{-1}-10|A|A^{-1}| \\ &= |3A^{-1}-5A^{-1}| \\ &= |-2A^{-1}| \\ &= (-2)^3\frac{1}{|A|} \\ &= -16\end{aligned}$$

有关伴随矩阵的常用结论如下.

设 $A,B$ 均为 $n$ 阶方阵，$A^*,B^*$ 分别是 $A,B$ 的伴随矩阵，$A$ 为可逆矩阵，从而有：

(1) $AA^*=A^*A=|A|E$；

(2) $A^{-1}=\frac{A^*}{|A|}$；

(3) $A^*=|A|A^{-1}$；

(4) $(A^*)^{-1}=\frac{A}{|A|}=(A^{-1})^*$；

(5) $|A^*|=|A|^{n-1}$；

(6) $(-A)^*=(-1)^{n-1}A^*$；

(7) $(A^*)^*=|A|^{n-2}A$；

(8) $(AB)^*=B^*A^*$.

## 2.3 矩阵的初等变换与初等矩阵

### 2.3.1 矩阵的初等变换

先看一个解线性方程组的例子．解方程组

$$\begin{cases}-2x_1-3x_2+4x_3=6 & (1)\\ x_1+2x_2-x_3=-2 & (2)\\ 2x_1+2x_2-8x_3=-10 & (3)\end{cases} \tag{2-3}$$

采用熟知的加减消元法，有

$$\begin{cases}-2x_1-3x_2+4x_3=6 & (1)\\ x_1+2x_2-x_3=-2 & (2)\\ 2x_1+2x_2-8x_3=-10 & (3)\end{cases}$$

$$\xrightarrow[\frac{1}{2}\times(3)]{(1)\leftrightarrow(2)}\begin{cases}x_1+2x_2-x_3=-2 & (1)\\ -2x_1-3x_2+4x_3=6 & (2)\\ x_1+x_2-4x_3=-5 & (3)\end{cases}$$

$$\xrightarrow[(3)+(-1)\times(1)]{(2)+2\times(1)}\begin{cases}x_1+2x_2-x_3=-2 & (1)\\ x_2+2x_3=2 & (2)\\ -x_2-3x_3=-3 & (3)\end{cases}$$

$$\xrightarrow[(3)+(2)]{(1)+(-2)\times(2)}\begin{cases}x_1-5x_3=-6 & (1)\\ x_2+2x_3=2 & (2)\\ -x_3=-1 & (3)\end{cases}$$

$$\xrightarrow{(-1)\times(3)}\begin{cases}x_1-5x_3=-6 & (1)\\ x_2+2x_3=2 & (2)\\ x_3=1 & (3)\end{cases}$$

$$\xrightarrow[(2)+(-2)\times(3)]{(1)+5\times(3)}\begin{cases}x_1=-1\\ x_2=0\\ x_3=1\end{cases}$$

得方程组的解为：$x_1=-1, x_2=0, x_3=1$.

在解线性方程组(2-3)的过程中，对方程组实施了以下三种变换：

(1) 互换两个方程的位置；

(2) 用一个非零数乘以某一个方程；

(3) 把一个方程的倍数加到另一个方程上去．

对线性方程组进行这三种变换，不改变方程组的解．

线性方程组(2-3)由矩阵

$$\begin{pmatrix}-2 & -3 & 4 & 6\\ 1 & 2 & -1 & -2\\ 2 & 2 & -8 & -10\end{pmatrix}$$

确定对方程组(2-3)实施上述三种变换，用矩阵来表示为

$$\begin{pmatrix}-2 & -3 & 4 & 6\\ 1 & 2 & -1 & -2\\ 2 & 2 & -8 & -10\end{pmatrix}\xrightarrow[\frac{1}{2}\times r_3]{r_1\leftrightarrow r_2}\begin{pmatrix}1 & 2 & -1 & -2\\ -2 & -3 & 4 & 6\\ 1 & 1 & -4 & -5\end{pmatrix}\xrightarrow[r_3+(-1)\times r_1]{r_2+2\times r_1}\begin{pmatrix}1 & 2 & -1 & -2\\ 0 & 1 & 2 & 2\\ 0 & -1 & -3 & -3\end{pmatrix}$$

$$\xrightarrow[r_3+r_2]{r_1+(-2)\times r_2}\begin{pmatrix}1 & 0 & -5 & -2\\ 0 & 1 & 2 & 2\\ 0 & 0 & -1 & -1\end{pmatrix}\xrightarrow{(-1)\times r_3}\begin{pmatrix}1 & 0 & -5 & -2\\ 0 & 1 & 2 & 2\\ 0 & 0 & 1 & 1\end{pmatrix}$$

$$\xrightarrow[r_2+(-2)\times r_3]{r_1+5\times r_3}\begin{pmatrix}1 & 0 & 0 & -1\\ 0 & 1 & 0 & 0\\ 0 & 0 & 1 & 1\end{pmatrix}$$

**定义 2.9** 下面三种变换称为**矩阵的初等行变换**：

(1) 对调矩阵的两行(对调 $i, j$ 两行，记作 $r_i\leftrightarrow r_j$)；

(2) 以数 $k\neq 0$ 乘以矩阵的某一行中的所有元素(用数 $k$ 乘以第 $i$ 行,记作 $k\times r_i$);

(3) 把矩阵某一行所有元素的 $k$ 倍分别加到另一行对应的元素上去(第 $j$ 行的 $k$ 倍加到第 $i$ 行对应元素上,记作 $r_i+kr_j$).

把上述定义中的"行"换成"列",即得矩阵的初等列变换的定义(所有记号把"$r$"换成"$c$").

矩阵的初等行变换与初等列变换,统称为矩阵的初等变换.

易证,三种初等变换都是可逆的,且其逆变换是同一类型的初等变换.

变换 $r_i\leftrightarrow r_j$ 的逆变换就是其本身;变换 $k\times r_i$ 的逆变换为 $\frac{1}{k}\times r_i$(或记作 $r_i\div k$);变换 $r_i+kr_j$ 的逆变换为 $r_i+(-k)r_j$(或记作 $r_i-kr_j$).

## 2.3.2 矩阵之间的等价关系与行阶梯形矩阵

**定义 2.10** 如果矩阵 $\boldsymbol{A}$ 经过有限次初等变换变成矩阵 $\boldsymbol{B}$,则称矩阵 $\boldsymbol{A}$ 与 $\boldsymbol{B}$ 等价,记为 $\boldsymbol{A}\sim\boldsymbol{B}$.

矩阵之间的等价关系具有下列性质.

(1) 反身性:$\boldsymbol{A}\sim\boldsymbol{A}$;

(2) 对称性:若 $\boldsymbol{A}\sim\boldsymbol{B}$,则 $\boldsymbol{B}\sim\boldsymbol{A}$;

(3) 传递性:若 $\boldsymbol{A}\sim\boldsymbol{B}$,$\boldsymbol{B}\sim\boldsymbol{C}$,则 $\boldsymbol{A}\sim\boldsymbol{C}$.

矩阵初等变换的主要作用是在化简矩阵的同时保持其等价性. 对矩阵的化简主要是将矩阵化为行阶梯形矩阵、行最简形矩阵或标准形矩阵.

**定义 2.11** 如果矩阵 $\boldsymbol{A}$ 满足:

(1) 若 $\boldsymbol{A}$ 有零行,那么零行全部位于非零行的下方;

(2) 各个非零行的左起第一个非零元素的列序数由上至下严格递增.

则称矩阵 $\boldsymbol{A}$ 为行阶梯形矩阵.

例如

$$\boldsymbol{A}=\begin{pmatrix}7&2&1&0&1\\0&0&1&0&2\\0&0&0&0&5\end{pmatrix}$$

$$\boldsymbol{B}=\begin{pmatrix}3&1&0&2&1&5\\0&1&3&2&4&4\\0&0&0&0&7&6\\0&0&0&0&0&0\end{pmatrix}$$

都是行阶梯形矩阵. 为方便起见,也称零矩阵为行阶梯形矩阵.

【例 2-12】 利用矩阵的初等行变换,将

$$\boldsymbol{A}=\begin{pmatrix}3&2&3&4&5&9\\6&3&3&6&6&14\\0&1&3&2&6&10\\6&4&6&8&12&24\end{pmatrix}$$

化成行阶梯形矩阵．

解

$$A\xrightarrow[r_2-2\times r_1]{r_4-2\times r_1}\begin{pmatrix}3&2&3&4&5&9\\0&-1&-3&-2&-4&-4\\0&1&3&2&6&10\\0&0&0&0&2&6\end{pmatrix}$$

$$\xrightarrow{r_3+r_2}\begin{pmatrix}3&2&3&4&5&9\\0&-1&-3&-2&-4&-4\\0&0&0&0&2&6\\0&0&0&0&2&6\end{pmatrix}$$

$$\xrightarrow[r_4-r_3]{(-1)\times r_2}\begin{pmatrix}3&2&3&4&5&9\\0&1&3&2&4&4\\0&0&0&0&2&6\\0&0&0&0&0&0\end{pmatrix}$$

**定义 2.12** 如果矩阵 $\boldsymbol{A}$ 满足：

(1) $\boldsymbol{A}$ 是行阶梯矩阵；

(2) $\boldsymbol{A}$ 的非零行的左起第一个非零元素都是 1，且这些 1 分别是它们所在列的唯一的非零元素，称 $\boldsymbol{A}$ 为**行最简形矩阵**．

**定义 2.13** 如果矩阵 $\boldsymbol{A}$ 的左上角为一个单位矩阵，其余元素全为零，则称 $\boldsymbol{A}$ 为**标准形矩阵**．

一般地，任一矩阵都可以经过初等行变换化成行最简形矩阵．例如对【例 2-12】中的 $\boldsymbol{A}$，继续实施初等行变换可得

$$A\longrightarrow\begin{pmatrix}3&2&3&4&5&9\\0&1&3&2&4&4\\0&0&0&0&2&6\\0&0&0&0&0&0\end{pmatrix}$$

$$\xrightarrow[\frac{1}{2}\times r_3]{r_1-2\times r_2}\begin{pmatrix}3&0&-3&0&-3&1\\0&1&3&2&4&4\\0&0&0&0&1&3\\0&0&0&0&0&0\end{pmatrix}$$

$$\xrightarrow[r_2-4\times r_3]{\frac{1}{3}\times r_1}\begin{pmatrix}1&0&-1&0&-1&\frac{1}{3}\\0&1&3&2&0&-8\\0&0&0&0&1&3\\0&0&0&0&0&0\end{pmatrix}$$

$$\xrightarrow{r_1+r_3}\begin{pmatrix}1&0&-1&0&0&\frac{10}{3}\\0&1&3&2&0&-8\\0&0&0&0&1&3\\0&0&0&0&0&0\end{pmatrix}$$

如果不限定只使用初等行变换，而是初等行变换和列变换都可以使用，那么，任一矩阵都可以化成如下标准形矩阵：

$$\begin{pmatrix} 1 & 0 & \cdots & 0 & \cdots & 0 \\ 0 & 1 & \cdots & 0 & \cdots & 0 \\ \vdots & \vdots & & \vdots & & \vdots \\ 0 & 0 & \cdots & 1 & \cdots & 0 \\ 0 & 0 & \cdots & 0 & \cdots & 0 \\ \vdots & \vdots & & \vdots & & \vdots \\ 0 & 0 & \cdots & 0 & \cdots & 0 \end{pmatrix}_{m\times n}$$

标准形矩阵的特点为：其左上角是一个 $r$ 阶单位阵，其余元素（如果存在）都是零，这种矩阵可简化记为 $\begin{pmatrix} \boldsymbol{E}_r & \boldsymbol{O} \\ \boldsymbol{O} & \boldsymbol{O} \end{pmatrix}$. 于是

$$\boldsymbol{A} \xrightarrow{\text{初等变换}} \begin{pmatrix} \boldsymbol{E}_r & \boldsymbol{O} \\ \boldsymbol{O} & \boldsymbol{O} \end{pmatrix}_{m\times n}$$

标准形矩阵由 $m,n,r$ 三个数唯一确定，其中 $r$ 就是行阶梯形矩阵中非零行的行数．

注意：$\begin{pmatrix} \boldsymbol{E}_n \\ \boldsymbol{O} \end{pmatrix}$ $(\boldsymbol{E}_m \quad \boldsymbol{O})$ 及 $\boldsymbol{E}_n$ 都是标准形矩阵 $\begin{pmatrix} \boldsymbol{E}_r & \boldsymbol{O} \\ \boldsymbol{O} & \boldsymbol{O} \end{pmatrix}$ 的特殊形式．

【例 2-13】 利用矩阵的初等行变换，将

$$\boldsymbol{A} = \begin{pmatrix} 1 & 2 & 1 \\ 1 & 3 & 4 \\ 0 & 1 & 5 \end{pmatrix}$$

化成行阶梯形矩阵和行最简行矩阵．

解

$$\boldsymbol{A} \xrightarrow{r_2 - r_1} \begin{pmatrix} 1 & 2 & 1 \\ 0 & 1 & 3 \\ 0 & 1 & 5 \end{pmatrix} \xrightarrow{r_3 - r_2} \begin{pmatrix} 1 & 2 & 1 \\ 0 & 1 & 3 \\ 0 & 0 & 2 \end{pmatrix} \text{（行阶梯形矩阵）}$$

$$\xrightarrow[r_2 + \left(-\frac{3}{2}\right) \times r_3]{r_1 + \left(-\frac{1}{2}\right) \times r_3} \begin{pmatrix} 1 & 2 & 0 \\ 0 & 1 & 0 \\ 0 & 0 & 2 \end{pmatrix} \text{（行阶梯形矩阵）}$$

$$\xrightarrow[\frac{1}{2} \times r_3]{r_1 - 2r_2} \begin{pmatrix} 1 & 0 & 0 \\ 0 & 1 & 0 \\ 0 & 0 & 1 \end{pmatrix} \text{（行最简形矩阵、标准形矩阵）}$$

## 2.3.3 初等矩阵

1. 初等矩阵的概念

**定义 2.14** 由单位矩阵经过一次初等变换得到的方阵称为**初等矩阵**，也称为初等阵．

初等阵共有以下三类.

(1) 把单位阵中第 $i,j$ 两行(列)对调,得到初等矩阵

$$\boldsymbol{E}(i,j)=\begin{pmatrix}1&&&&&&&&&&\\&\ddots&&&&&&&&&\\&&1&&&&&&&&\\&&&0&\cdots&\cdots&\cdots&1&&&\\&&&\vdots&1&&&\vdots&&&\\&&&\vdots&&\ddots&&\vdots&&&\\&&&\vdots&&&1&\vdots&&&\\&&&1&\cdots&\cdots&\cdots&0&&&\\&&&&&&&&1&&\\&&&&&&&&&\ddots&\\&&&&&&&&&&1\end{pmatrix}\begin{matrix}\\ \\ \\ \leftarrow 第\ i\ 行\\ \\ \\ \\ \leftarrow 第\ j\ 行\\ \\ \\ \\ \end{matrix}$$

(2) 以数 $k\neq 0$ 乘单位阵的第 $i$ 行(列),得到初等矩阵

$$\boldsymbol{E}(i(k))=\begin{pmatrix}1&&&&&&\\&\ddots&&&&&\\&&1&&&&\\&&&k&&&\\&&&&1&&\\&&&&&\ddots&\\&&&&&&1\end{pmatrix}\begin{matrix}\\ \\ \\ \leftarrow 第\ i\ 行\\ \\ \\ \\ \end{matrix}$$

(3) 以数 $k$ 乘单位阵的第 $j$ 行($i$ 列)加到第 $i$ 行($j$ 列)得到初等矩阵

$$\boldsymbol{E}(i,j(k))=\begin{pmatrix}1&&&&&&\\&\ddots&&&&&\\&&1&\cdots&k&&\\&&&\ddots&\vdots&&\\&&&&1&&\\&&&&&\ddots&\\&&&&&&1\end{pmatrix}\begin{matrix}\\ \\ \leftarrow 第\ i\ 行\\ \\ \leftarrow 第\ j\ 行\\ \\ \\ \end{matrix}$$

2. 初等矩阵的性质

初等矩阵具有下列性质.

(1) 初等矩阵都是可逆阵,并且初等矩阵的逆矩阵还是初等矩阵.

$$\boldsymbol{E}^{-1}(i,j)=\boldsymbol{E}(i,j)$$

$$\boldsymbol{E}^{-1}(i(k))=\boldsymbol{E}\left(i\left(\frac{1}{k}\right)\right)\ (k\neq 0)$$

$$\boldsymbol{E}^{-1}(i,j(k))=\boldsymbol{E}(i,j(-k))$$

(2) 初等矩阵的转置矩阵还是初等矩阵.

$$\boldsymbol{E}^{\mathrm{T}}(i,j)=\boldsymbol{E}(i,j)$$

$$E^{T}(i(k))=E(i(k))$$
$$E^{T}(i,j(k))=E(j,i(k))$$

(3) 设$\boldsymbol{A}$是一个$m\times n$矩阵,对$\boldsymbol{A}$施行一次初等行变换,其结果等于在$\boldsymbol{A}$的左边乘以相应的$m$阶初等矩阵,对$\boldsymbol{A}$施行一次初等列变换,其结果等于在$\boldsymbol{A}$的右边乘以相应的$n$阶初等矩阵.

例如

$$\boldsymbol{A}=\begin{pmatrix}1&2&3&1\\0&1&4&-1\\2&6&4&8\end{pmatrix}$$

$$\boldsymbol{E}_3(1,3)\boldsymbol{A}=\begin{pmatrix}2&6&4&8\\0&1&4&-1\\1&2&3&1\end{pmatrix}$$

$$\boldsymbol{E}_3(1(2))\boldsymbol{A}=\begin{pmatrix}2&4&6&2\\0&1&4&-1\\2&6&4&8\end{pmatrix}$$

$$\boldsymbol{E}_3(3,1(-2))\boldsymbol{A}=\begin{pmatrix}1&2&3&1\\0&1&4&-1\\0&2&-2&6\end{pmatrix}$$

$$\boldsymbol{A}\boldsymbol{E}_4(2,3(-2))=\begin{pmatrix}1&2&-1&1\\0&1&2&-1\\2&6&-8&8\end{pmatrix}$$

总结如下:

以$\boldsymbol{E}_m(i,j)$左乘矩阵$\boldsymbol{A}$,其结果相当于交换$\boldsymbol{A}$的$i,j$两行,以$\boldsymbol{E}_n(i,j)$右乘矩阵$\boldsymbol{A}$,其结果相当于交换$\boldsymbol{A}$的第$i,j$两列,即

$$\boldsymbol{E}_m(i,j)\boldsymbol{A}=\boldsymbol{B}\Leftrightarrow\boldsymbol{A}\xrightarrow{r_i\leftrightarrow r_j}\boldsymbol{B}$$
$$\boldsymbol{A}\boldsymbol{E}_n(i,j)=\boldsymbol{B}\Leftrightarrow\boldsymbol{A}\xrightarrow{c_i\leftrightarrow c_j}\boldsymbol{B}$$

以$\boldsymbol{E}_m(i(k))$左乘矩阵,其结果相当于以数$k$乘$\boldsymbol{A}$的第$i$行,以$\boldsymbol{E}_n(i,j)$右乘矩阵$\boldsymbol{A}$,其结果相当于以数$k$乘$\boldsymbol{A}$的第$i$列,即

$$\boldsymbol{E}_m(i(k))\boldsymbol{A}=\boldsymbol{B}\Leftrightarrow\boldsymbol{A}\xrightarrow{kr_i}\boldsymbol{B}$$
$$\boldsymbol{A}\boldsymbol{E}_n(i(k))=\boldsymbol{B}\Leftrightarrow\boldsymbol{A}\xrightarrow{kc_i}\boldsymbol{B}$$

以$\boldsymbol{E}_m(i,j(k))$左乘矩阵$\boldsymbol{A}$,其结果相当于把$\boldsymbol{A}$的第$j$行乘$k$加到第$i$行,以$\boldsymbol{E}_n(i,j(k))$右乘矩阵$\boldsymbol{A}$,其结果相当于把$\boldsymbol{A}$的第$i$列乘$k$加到第$j$列,即

$$\boldsymbol{E}_m(i,j(k))\boldsymbol{A}=\boldsymbol{B}\Leftrightarrow\boldsymbol{A}\xrightarrow{r_i+kr_j}\boldsymbol{B}$$
$$\boldsymbol{A}\boldsymbol{E}_n(i,j(k))=\boldsymbol{B}\Leftrightarrow\boldsymbol{A}\xrightarrow{c_j+kc_i}\boldsymbol{B}$$

注意: 以$\boldsymbol{E}_n(i,j(k))$右乘矩阵$\boldsymbol{A}$,其结果相当于把$\boldsymbol{A}$的第$i$列(不是第$j$列)乘$k$加到

第 $j$ 列(不是第 $i$ 列).

3. 矩阵等价的充要条件

首先,利用初等矩阵刻画一下可逆阵.

**定理 2.2** $n$ 阶矩阵 $\boldsymbol{A}$ 可逆的充要条件是存在有限个初等矩阵 $\boldsymbol{P}_1,\boldsymbol{P}_2,\cdots,\boldsymbol{P}_k$,使

$$\boldsymbol{A}=\boldsymbol{P}_1\boldsymbol{P}_2\cdots\boldsymbol{P}_k$$

证 充分性. 设有初等矩阵 $\boldsymbol{P}_1,\boldsymbol{P}_2,\cdots,\boldsymbol{P}_k$, 使

$$\boldsymbol{A}=\boldsymbol{P}_1\boldsymbol{P}_2\cdots\boldsymbol{P}_k$$

因初等矩阵是可逆阵,且可逆阵之积还是可逆阵,所以 $\boldsymbol{A}$ 可逆.

必要性. 设 $\boldsymbol{A}$ 是可逆阵,则 $\boldsymbol{A}$ 与单位阵 $\boldsymbol{E}_n$ 等价,从而单位阵 $\boldsymbol{E}_n$ 与 $\boldsymbol{A}$ 等价,经有限次初等变换可以将 $\boldsymbol{E}_n$ 变成 $\boldsymbol{A}$. 即存在有限个初等阵 $\boldsymbol{P}_1,\boldsymbol{P}_2,\cdots\boldsymbol{P}_l,\boldsymbol{P}_{l+1},\cdots,\boldsymbol{P}_k$,使

$$\boldsymbol{P}_1\boldsymbol{P}_2\cdots\boldsymbol{P}_l\boldsymbol{E}_n\boldsymbol{P}_{l+1}\cdots\boldsymbol{P}_k=\boldsymbol{A}$$

因此

$$\boldsymbol{A}=\boldsymbol{P}_1\boldsymbol{P}_2\cdots\boldsymbol{P}_k$$

**推论 2.2** 两个 $m\times n$ 矩阵 $\boldsymbol{A},\boldsymbol{B}$ 等价的充要条件是存在 $m$ 阶可逆阵 $\boldsymbol{P}$ 及 $n$ 阶可逆阵 $\boldsymbol{Q}$,使 $\boldsymbol{PAQ}=\boldsymbol{B}$.

证 必要性. 由 $\boldsymbol{A}$ 与 $\boldsymbol{B}$ 等价的定义知,存在有限个 $m$ 阶初等矩阵 $\boldsymbol{P}_1,\boldsymbol{P}_2,\cdots,\boldsymbol{P}_s$ 及有限个 $n$ 阶初等矩阵 $\boldsymbol{Q}_1,\boldsymbol{Q}_2,\cdots,\boldsymbol{Q}_t$,使

$$\boldsymbol{P}_1\boldsymbol{P}_2\cdots\boldsymbol{P}_s\boldsymbol{A}\boldsymbol{Q}_1\boldsymbol{Q}_2\cdots\boldsymbol{Q}_t=\boldsymbol{B}$$

令

$$\boldsymbol{P}=\boldsymbol{P}_1\boldsymbol{P}_2\cdots\boldsymbol{P}_s,\quad \boldsymbol{Q}=\boldsymbol{Q}_1\boldsymbol{Q}_2\cdots\boldsymbol{Q}_t$$

由定理 2.2 知,$\boldsymbol{P}$ 是 $m$ 阶可逆矩阵,$\boldsymbol{Q}$ 是 $n$ 阶可逆矩阵,且 $\boldsymbol{PAQ}=\boldsymbol{B}$.

充分性. 因 $\boldsymbol{P},\boldsymbol{Q}$ 可逆,由定理 2.2 知,存在有限个初等矩阵 $\boldsymbol{P}_1,\boldsymbol{P}_2,\cdots,\boldsymbol{P}_s,\boldsymbol{Q}_1,\boldsymbol{Q}_2,\cdots,\boldsymbol{Q}_t$,使

$$\boldsymbol{P}=\boldsymbol{P}_1\boldsymbol{P}_2\cdots\boldsymbol{P}_s,\quad \boldsymbol{Q}=\boldsymbol{Q}_1\boldsymbol{Q}_2\cdots\boldsymbol{Q}_t$$

从而,由 $\boldsymbol{PAQ}=\boldsymbol{B}$ 知

$$\boldsymbol{P}_1\boldsymbol{P}_2\cdots\boldsymbol{P}_s\boldsymbol{A}\boldsymbol{Q}_1\boldsymbol{Q}_2\cdots\boldsymbol{Q}_t=\boldsymbol{B}$$

这表明,$\boldsymbol{A}$ 可经有限次初等变换化成 $\boldsymbol{B}$,所以 $\boldsymbol{A}$ 与 $\boldsymbol{B}$ 等价.

4. 利用初等行变换求逆矩阵

设 $\boldsymbol{A}$ 是 $n$ 阶可逆阵,于是存在初等阵 $\boldsymbol{P}_1,\boldsymbol{P}_2,\cdots,\boldsymbol{P}_s$,使

$$\boldsymbol{P}_1\boldsymbol{P}_2\cdots\boldsymbol{P}_s\boldsymbol{A}=\boldsymbol{E}\tag{2-4}$$

故

$$\boldsymbol{P}_1\boldsymbol{P}_2\cdots\boldsymbol{P}_s\boldsymbol{E}=\boldsymbol{A}^{-1}\tag{2-5}$$

式(2-4)和式(2-5)表明,若经过一系列初等行变换可将 $\boldsymbol{A}$ 变换成 $\boldsymbol{E}$,则施行同样的一系列初等行变换可将 $\boldsymbol{E}$ 变成 $\boldsymbol{A}^{-1}$. 于是,对矩阵 $(\boldsymbol{A}\vdots\boldsymbol{E})$(它是在 $A$ 的右边添写一个 $n$ 阶单位阵得到 $n\times 2n$ 矩阵)施行初等行变换,当其中的 $\boldsymbol{A}$ 化成 $\boldsymbol{E}$ 时,$\boldsymbol{E}$ 就化成了 $\boldsymbol{A}^{-1}$.

【例 2-14】 设 $\boldsymbol{A}=\begin{pmatrix}1&2&1\\1&3&4\\0&1&5\end{pmatrix}$,求 $\boldsymbol{A}^{-1}$.

**解** 由

$$(\boldsymbol{A} \vdots \boldsymbol{E})=\left(\begin{array}{ccc:ccc}1&2&1&1&0&0\\1&3&4&0&1&0\\0&1&5&0&0&1\end{array}\right)\xrightarrow{r_2-r_1}\left(\begin{array}{ccc:ccc}1&2&1&1&0&0\\0&1&3&-1&1&0\\0&1&5&0&0&1\end{array}\right)$$

$$\xrightarrow{r_3-r_2}\left(\begin{array}{ccc:ccc}1&2&1&1&0&0\\0&1&3&-1&1&0\\0&0&2&1&-1&1\end{array}\right)$$

$$\xrightarrow[r_2-\frac{3}{2}r_3]{r_1-\frac{1}{2}r_3}\left(\begin{array}{ccc:ccc}1&2&0&\frac{1}{2}&\frac{1}{2}&-\frac{1}{2}\\0&1&0&-\frac{5}{2}&\frac{5}{2}&-\frac{3}{2}\\0&0&2&1&-1&1\end{array}\right)$$

$$\xrightarrow[\frac{1}{2}r_3]{r_1-2r_2}\left(\begin{array}{ccc:ccc}1&0&0&\frac{11}{2}&-\frac{9}{2}&\frac{5}{2}\\0&1&0&-\frac{5}{2}&\frac{5}{2}&-\frac{3}{2}\\0&0&1&\frac{1}{2}&-\frac{1}{2}&\frac{1}{2}\end{array}\right)$$

故

$$\boldsymbol{A}^{-1}=\begin{pmatrix}\frac{11}{2}&-\frac{9}{2}&\frac{5}{2}\\-\frac{5}{2}&\frac{5}{2}&-\frac{3}{2}\\\frac{1}{2}&-\frac{1}{2}&\frac{1}{2}\end{pmatrix}$$

利用初等行变换求逆矩阵的方法，还可用于求矩阵 $\boldsymbol{A}^{-1}\boldsymbol{B}$. 由

$$\boldsymbol{A}^{-1}(\boldsymbol{A} \vdots \boldsymbol{B})=(\boldsymbol{E} \vdots \boldsymbol{A}^{-1}\boldsymbol{B})$$

可知，若对矩阵 $(\boldsymbol{A} \vdots \boldsymbol{B})$ 实行初等行变换，当把 $\boldsymbol{A}$ 变为 $\boldsymbol{E}$ 时，$\boldsymbol{B}$ 就变为 $\boldsymbol{A}^{-1}\boldsymbol{B}$.

【例 2-15】 求矩阵 $\boldsymbol{X}$，使 $\boldsymbol{AX}=\boldsymbol{B}$，其中

$$\boldsymbol{A}=\begin{pmatrix}1&2&1\\1&3&4\\0&1&5\end{pmatrix},\quad \boldsymbol{B}=\begin{pmatrix}1&0\\3&1\\2&1\end{pmatrix}$$

**解** 由【例 2-9】可知，$\boldsymbol{A}$ 可逆，则 $\boldsymbol{X}=\boldsymbol{A}^{-1}\boldsymbol{B}$.

$$(\boldsymbol{A} \vdots \boldsymbol{B})=\left(\begin{array}{ccc:cc}1&2&1&1&0\\1&3&4&3&1\\0&1&5&2&1\end{array}\right)\xrightarrow{r_2-r_1}\left(\begin{array}{ccc:cc}1&2&1&1&0\\0&1&3&2&1\\0&1&5&2&1\end{array}\right)\xrightarrow{r_3-r_2}\left(\begin{array}{ccc:cc}1&2&1&1&0\\0&1&3&2&1\\0&0&2&0&0\end{array}\right)$$

$$\xrightarrow[r_2-\frac{3}{2}r_3]{r_1-\frac{1}{2}r_3}\left(\begin{array}{ccc:cc}1&2&0&1&0\\0&1&0&2&1\\0&0&2&0&0\end{array}\right)\xrightarrow[\frac{1}{2}r_3]{r_1-2r_2}\left(\begin{array}{ccc:cc}1&0&0&-3&-2\\0&1&0&2&1\\0&0&1&0&0\end{array}\right)$$

因此

$$X=\begin{pmatrix}-3 & -2\\ 2 & 1\\ 0 & 0\end{pmatrix}$$

【例 2-16】 设矩阵 $A=\begin{pmatrix}1 & 0 & 0\\ 3 & 4 & 0\\ -1 & 2 & 3\end{pmatrix}$，且满足 $BA=A+2B$，求 $B$.

解 因 $BA=A+2B$，可得 $BA-2B=A$，即 $B(A-2E)=A$.
又因为

$$A-2E=\begin{pmatrix}1 & 0 & 0\\ 3 & 4 & 0\\ -1 & 2 & 3\end{pmatrix}-\begin{pmatrix}2 & 0 & 0\\ 0 & 2 & 0\\ 0 & 0 & 2\end{pmatrix}=\begin{pmatrix}-1 & 0 & 0\\ 3 & 2 & 0\\ -1 & 2 & 1\end{pmatrix}$$

可知，$(A-2E)^{-1}$ 存在，故 $B=A(A-2E)^{-1}$. 而

$$(A-2E\vdots E)=\left(\begin{array}{ccc:ccc}-1 & 0 & 0 & 1 & 0 & 0\\ 3 & 2 & 0 & 0 & 1 & 0\\ -1 & 2 & 1 & 0 & 0 & 1\end{array}\right)\xrightarrow[\substack{r_2-3r_1\\ r_3-1r_1}]{(-1)\times r_1}\left(\begin{array}{ccc:ccc}1 & 0 & 0 & -1 & 0 & 0\\ 0 & 2 & 0 & 3 & 1 & 0\\ 0 & 2 & 1 & -1 & 0 & 1\end{array}\right)$$

$$\xrightarrow[\frac{1}{2}\times r_2]{r_3-1r_2}\left(\begin{array}{ccc:ccc}1 & 0 & 0 & -1 & 0 & 0\\ 0 & 1 & 0 & \frac{3}{2} & \frac{1}{2} & 0\\ 0 & 0 & 1 & -4 & -1 & 1\end{array}\right)$$

故

$$(A-2E)^{-1}=\begin{pmatrix}-1 & 0 & 0\\ \frac{3}{2} & \frac{1}{2} & 0\\ -4 & -1 & 1\end{pmatrix}$$

从而

$$B=A(A-2E)^{-1}=\begin{pmatrix}1 & 0 & 0\\ 3 & 4 & 0\\ -1 & 2 & 3\end{pmatrix}\begin{pmatrix}-1 & 0 & 0\\ \frac{3}{2} & \frac{1}{2} & 0\\ -4 & -1 & 1\end{pmatrix}=\begin{pmatrix}-1 & 0 & 0\\ 3 & 2 & 0\\ -8 & -2 & 3\end{pmatrix}$$

【例 2-15】用初等行变换的方法求得 $X=A^{-1}B$，如果要求 $Y=CA^{-1}$，则可对矩阵 $\begin{pmatrix}A\\ C\end{pmatrix}$ 作初等列变换，使

$$\begin{pmatrix}A\\ C\end{pmatrix}\xrightarrow{\text{列变换}}\begin{pmatrix}E\\ CA^{-1}\end{pmatrix}$$

即可得 $Y=CA^{-1}$. 不过通常都习惯作初等行变换，那么可改为对 $(A^{\mathrm{T}},C^{\mathrm{T}})$ 作初等行变换，使

$$(A^{\mathrm{T}}\vdots C^{\mathrm{T}})\xrightarrow{\text{行变换}}(E\vdots (A^{\mathrm{T}})^{-1}C^{\mathrm{T}})$$

即可得 $Y^{\mathrm{T}}=(A^{-1})^{\mathrm{T}}C^{\mathrm{T}}=(A^{\mathrm{T}})^{-1}C^{\mathrm{T}}$，从而求得 $Y$.

# 2.4 矩阵的秩

由 2.3 节可知,任一矩阵 $\boldsymbol{A}$ 都可经初等变换化成标准形 $\begin{pmatrix} \boldsymbol{E}_r & \boldsymbol{O} \\ \boldsymbol{O} & \boldsymbol{O} \end{pmatrix}$,那么 $\begin{pmatrix} \boldsymbol{E}_r & \boldsymbol{O} \\ \boldsymbol{O} & \boldsymbol{O} \end{pmatrix}$ 是否由 $\boldsymbol{A}$ 唯一确定? 下面来回答这个问题.

## 2.4.1 矩阵的秩的概念

**定义 2.15** 在 $m\times n$ 矩阵 $\boldsymbol{A}$ 中,任取 $k$ 行与 $k$ 列($k\leqslant m,k\leqslant n$),位于这些行列交叉处的 $k^2$ 个元素,不改变它们在 $\boldsymbol{A}$ 中所处的位置次序而得的 $k$ 阶行列式,称为矩阵 $\boldsymbol{A}$ 的一个 $k$ **阶子式**.

矩阵 $\boldsymbol{A}$ 的 $k$ 阶子式共有 $C_m^k\cdot C_n^k$ 个.

**定义 2.16** 设在矩阵 $\boldsymbol{A}$ 中有一个不等于零的 $r$ 阶子式 $\boldsymbol{D}$,而所有 $r+1$ 阶子式(如果存在的话)全等于零,则称 $\boldsymbol{D}$ 为矩阵 $\boldsymbol{A}$ 的**一个最高阶非零子式**,矩阵 $\boldsymbol{A}$ 的最高阶非零子式的阶数称为**矩阵 $\boldsymbol{A}$ 的秩**,记为 $R(\boldsymbol{A})$,并规定零矩阵的秩等于 0.

**例如**

$$\boldsymbol{A}=\begin{pmatrix} 1 & 1 & 1 & 1 \\ 2 & 2 & 2 & 3 \\ 3 & 3 & 3 & 3 \end{pmatrix}$$

因为 $\boldsymbol{A}$ 有 2 阶非零子式 $\begin{vmatrix} 1 & 1 \\ 2 & 3 \end{vmatrix}\neq 0$,$\boldsymbol{A}$ 的 3 阶子式全为 0,所以 $R(\boldsymbol{A})=2$.

很明显,若 $\boldsymbol{A}$ 是 $m\times n$ 矩阵,则:

(1) $0\leqslant R(\boldsymbol{A})\leqslant \min\{m,n\}$;

(2) $R(\boldsymbol{A}^{\mathrm{T}})=R(\boldsymbol{A})$;

(3) $R(k\boldsymbol{A})=\begin{cases} 0, & k=0 \\ R(\boldsymbol{A}), & k\neq 0 \end{cases}$.

## 2.4.2 矩阵秩的求法

对于一般的矩阵,当行数与列数较高时,按定义求秩是很麻烦的. 然而对于行阶梯形矩阵来说,显然它的秩等于非零行的行数. 因此自然想到用初等行变换把矩阵化为行阶梯形矩阵,但两个等价矩阵的秩是否相等呢? 下面的定理对此做出了肯定的回答.

**定理 2.3** 矩阵经初等变换后,其秩不变.

**证** 对矩阵进行第一种和第二种初等变换,结论显然成立. 只需证明第三种初等变换不改变矩阵的秩. 现仅就初等行变换来进行证明,初等列变换的证明与之类似.

对于第三种初等行变换,设 $\boldsymbol{A}\xrightarrow{r_i+kr_j}\boldsymbol{B}$,$R(\boldsymbol{A})=r$,$R(\boldsymbol{B})=t$,则必有 $t\leqslant r$.

事实上，对于 $\boldsymbol{B}$ 的任意一个 $r+1$ 阶子式（如果存在），或者它就是 $\boldsymbol{A}$ 的某 $r+1$ 阶子式（即它不含第 $i$ 行），其值为零；或者它包含变动的第 $i$ 行，由行列式性质，可将它分解为 $\boldsymbol{A}$ 的一个 $r+1$ 阶子式与另一个 $r+1$ 阶行列式的 $k$ 倍之和．由秩的定义，前者的行列式等于零，后者的行列式又有两种可能：一种是它含有 $\boldsymbol{A}$ 的第 $j$ 行，此时它有两行相同，其值为零；另一种是不含 $\boldsymbol{A}$ 的第 $j$ 行，此时，它是 $\boldsymbol{A}$ 的一个 $r+1$ 阶子式，或经交换某两行后它等于 $\boldsymbol{A}$ 的一个 $r+1$ 阶子式，其值为零．总之，无论何种情况，其值都等于零．因此，$\boldsymbol{B}$ 中所有 $r+1$ 阶子式都等于零．同理，$\boldsymbol{B}$ 中高于 $r$ 阶的其他子式也都等于零，故 $t\leqslant r$．另一方面 $\boldsymbol{B}\xrightarrow{r_i+(-k)r_j}\boldsymbol{A}$，所以 $r\leqslant t$，从而 $r=t$．

根据这一定理，为求矩阵的秩，只需要把矩阵用初等行变换化成行阶梯形矩阵，行阶梯矩阵中非零行的行数，即是该矩阵的秩．

【例 2-17】 设

$$\boldsymbol{A}=\begin{bmatrix}3&-2&3&6&-1\\3&2&0&5&0\\2&0&1&5&-3\\1&6&-4&-1&4\end{bmatrix}$$

求矩阵 $\boldsymbol{A}$ 的秩，并求 $\boldsymbol{A}$ 的一个最高阶非零子式．

解 先求 $\boldsymbol{A}$ 的秩，对 $\boldsymbol{A}$ 做初等行变换化成行阶梯形矩阵：

$$\boldsymbol{A}\xrightarrow{r_1\leftrightarrow r_4}\begin{bmatrix}1&6&-4&-1&4\\3&2&0&5&0\\2&0&1&5&-3\\3&-2&3&6&-1\end{bmatrix}\xrightarrow[r_4-3r_1]{\substack{r_2-3r_1\\r_3-2r_1}}\begin{bmatrix}1&6&-4&-1&4\\0&-16&12&8&-12\\0&-12&9&7&-11\\0&-20&15&9&-13\end{bmatrix}$$

$$\xrightarrow{\left(-\frac{1}{4}\right)\times r_2}\begin{bmatrix}1&6&-4&-1&4\\0&4&-3&-2&3\\0&-12&9&7&-11\\0&-20&15&9&-13\end{bmatrix}\xrightarrow[r_4+5r_2]{r_3+3r_2}\begin{bmatrix}1&6&-4&-1&4\\0&4&-3&-2&3\\0&0&0&1&-2\\0&0&0&-1&2\end{bmatrix}$$

$$\xrightarrow{r_4+r_3}\begin{bmatrix}1&6&-4&-1&4\\0&4&-3&-2&3\\0&0&0&1&-2\\0&0&0&0&0\end{bmatrix}$$

因为行阶梯形矩阵有 3 个非零行，所以 $R(\boldsymbol{A})=3$．

再求 $\boldsymbol{A}$ 的一个 3 阶非零子式．记 $\boldsymbol{A}=[\boldsymbol{\alpha}_1\quad\boldsymbol{\alpha}_2\quad\boldsymbol{\alpha}_3\quad\boldsymbol{\alpha}_4\quad\boldsymbol{\alpha}_5]$，其中 $\boldsymbol{\alpha}_i\,(i=1,2,\cdots,5)$ 表示矩阵 $\boldsymbol{A}$ 的第 $i$ 列，则矩阵 $\boldsymbol{A}_0=[\boldsymbol{\alpha}_1\quad\boldsymbol{\alpha}_2\quad\boldsymbol{\alpha}_4]$的行阶梯形矩阵为

$$\begin{bmatrix}1&6&-1\\0&-4&1\\0&0&4\\0&0&0\end{bmatrix}$$

由此可知 $R(\boldsymbol{A}_0)=3$，故 $\boldsymbol{A}_0$ 中必有 3 阶非零子式．计算 $\boldsymbol{A}_0$ 的前三行构成的子式

$$\begin{vmatrix} 3 & -2 & 6 \\ 3 & 2 & 5 \\ 2 & 0 & 5 \end{vmatrix} = 16 \neq 0$$

因此这个子式便是 $\boldsymbol{A}$ 的一个最高阶非零子式．

设 $\boldsymbol{A}$ 是 $m \times n$ 矩阵，若 $R(\boldsymbol{A})=n$，则称 $\boldsymbol{A}$ 为列满秩阵；若 $R(\boldsymbol{A})=m$，则称 $\boldsymbol{A}$ 为行满秩阵．若 $\boldsymbol{A}$ 为 $n$ 阶方阵，且 $R(\boldsymbol{A})=n$，则称 $\boldsymbol{A}$ 为满秩方阵，且 $\boldsymbol{A}$ 的标准形为 $n$ 阶单位阵．

关于矩阵秩的其他结论如下(假设下列运算都是可行的).

(1) $R(\boldsymbol{A})=R(\boldsymbol{A}^{\mathrm{T}})=\boldsymbol{R}(\boldsymbol{A}\boldsymbol{A}^{\mathrm{T}})=R(\boldsymbol{A}^{\mathrm{T}}\boldsymbol{A})$；

(2) 若 $\boldsymbol{A}$ 与 $\boldsymbol{B}$ 等价，则 $R(\boldsymbol{A})=R(\boldsymbol{B})$；

(3) $\max\{R(\boldsymbol{A})+R(\boldsymbol{B})-n,\ 0\} \leqslant R(\boldsymbol{AB}) \leqslant \min\{R(\boldsymbol{A}),R(\boldsymbol{B})\}$($n$ 为 $\boldsymbol{A}$ 的列数)；特别的，当 $\boldsymbol{AB}=\boldsymbol{O}$ 时，$R(\boldsymbol{A})+R(\boldsymbol{B}) \leqslant n$.

(4) $R(\boldsymbol{A})+R(\boldsymbol{B}) \geqslant R(\boldsymbol{A}+\boldsymbol{B})$；

(5) 当 $\boldsymbol{A}$ 为 $n$ 阶方阵时，$R(\boldsymbol{A}^*)=\begin{cases} n, & R(\boldsymbol{A})=n \\ 1, & R(\boldsymbol{A})=n-1. \\ 0, & R(\boldsymbol{A})<n-1 \end{cases}$

【例 2-18】 设 $\boldsymbol{A}$ 为 $n$ 阶方阵，且 $\boldsymbol{A}^2-\boldsymbol{A}-2\boldsymbol{E}=\boldsymbol{O}$，$\boldsymbol{E}$ 为 $n$ 阶单位阵．证明：

$$R(2\boldsymbol{E}-\boldsymbol{A})+R(\boldsymbol{E}+\boldsymbol{A})=n$$

证　由 $\boldsymbol{A}^2-\boldsymbol{A}-2\boldsymbol{E}=\boldsymbol{O}$，得 $(\boldsymbol{A}-2\boldsymbol{E})(\boldsymbol{A}+\boldsymbol{E})=\boldsymbol{O}$. 所以

$$R(\boldsymbol{A}-2\boldsymbol{E})+R(\boldsymbol{A}+\boldsymbol{E}) \leqslant n$$

从而有

$$R(2\boldsymbol{E}-\boldsymbol{A})+R(\boldsymbol{E}+\boldsymbol{A}) \leqslant n$$

又因为

$$R(2\boldsymbol{E}-\boldsymbol{A})+R(\boldsymbol{E}+\boldsymbol{A}) \geqslant R(2\boldsymbol{E}-\boldsymbol{A}+\boldsymbol{E}+\boldsymbol{A})$$

即

$$\boldsymbol{R}(2\boldsymbol{E}-\boldsymbol{A})+R(\boldsymbol{E}+\boldsymbol{A}) \geqslant \boldsymbol{R}(3\boldsymbol{E})$$

从而有

$$R(2\boldsymbol{E}-\boldsymbol{A})+R(\boldsymbol{E}+\boldsymbol{A}) \geqslant n$$

所以

$$\boldsymbol{R}(2\boldsymbol{E}-\boldsymbol{A})+R(\boldsymbol{E}+\boldsymbol{A})=n$$

即证．

# 2.5 分 块 矩 阵

## 2.5.1 分块矩阵的概念

对于行数和列数较大的矩阵 $\boldsymbol{A}$，运算时常采用矩阵分块法，将大矩阵的运算化成小矩阵的运算．我们将矩阵 $\boldsymbol{A}$ 用若干条纵线和横线分成许多个小矩阵，每一个小矩阵称为 $\boldsymbol{A}$ 的子块，以子块为元素的形式上的矩阵称为分块矩阵．

例如，将 3×4 矩阵

$$\begin{pmatrix} a_{11} & a_{12} & a_{13} & a_{14} \\ a_{21} & a_{22} & a_{23} & a_{24} \\ a_{31} & a_{32} & a_{33} & a_{34} \end{pmatrix}$$

分成子块的分法很多，下面举出四种分块形式.

(1) $\left(\begin{array}{cc:cc} a_{11} & a_{12} & a_{13} & a_{14} \\ a_{21} & a_{22} & a_{23} & a_{24} \\ \hdashline a_{31} & a_{32} & a_{33} & a_{34} \end{array}\right)$　　(2) $\left(\begin{array}{c:cc:c} a_{11} & a_{12} & a_{13} & a_{14} \\ a_{21} & a_{22} & a_{23} & a_{24} \\ \hdashline a_{31} & a_{32} & a_{33} & a_{34} \end{array}\right)$

(3) $\left(\begin{array}{c:c:c:c} a_{11} & a_{12} & a_{13} & a_{14} \\ a_{21} & a_{22} & a_{23} & a_{24} \\ a_{31} & a_{32} & a_{33} & a_{34} \end{array}\right)$　　(4) $\left(\begin{array}{cccc} a_{11} & a_{12} & a_{13} & a_{14} \\ \hdashline a_{21} & a_{22} & a_{23} & a_{24} \\ \hdashline a_{31} & a_{32} & a_{33} & a_{34} \end{array}\right)$

分法(1)可记为

$$\boldsymbol{A} = \begin{pmatrix} \boldsymbol{A}_{11} & \boldsymbol{A}_{12} \\ \boldsymbol{A}_{21} & \boldsymbol{A}_{22} \end{pmatrix}$$

其中

$$\boldsymbol{A}_{11} = \begin{pmatrix} a_{11} & a_{12} \\ a_{21} & a_{22} \end{pmatrix}, \quad \boldsymbol{A}_{12} = \begin{pmatrix} a_{13} & a_{14} \\ a_{23} & a_{24} \end{pmatrix}$$

$$\boldsymbol{A}_{21} = (a_{31} \quad a_{32}), \quad \boldsymbol{A}_{22} = (a_{33} \quad a_{34})$$

即 $\boldsymbol{A}_{11}, \boldsymbol{A}_{12}, \boldsymbol{A}_{21}, \boldsymbol{A}_{22}$ 为 $\boldsymbol{A}$ 的子块，而 $\boldsymbol{A}$ 形式上成为以这些子块为元素的分块矩阵.

分法(2)、(3)、(4)的分块矩阵请读者写出.

## 2.5.2 分块矩阵的运算

分块矩阵的运算规则与普通矩阵的运算规则类似.

(1) 分块矩阵的加法. 设矩阵 $\boldsymbol{A}$ 与 $\boldsymbol{B}$ 的行数相同，列数相同，采用相同的分块法，有

$$\boldsymbol{A} = \begin{pmatrix} \boldsymbol{A}_{11} & \cdots & \boldsymbol{A}_{1r} \\ \vdots & & \vdots \\ \boldsymbol{A}_{s1} & \cdots & \boldsymbol{A}_{sr} \end{pmatrix}, \quad \boldsymbol{B} = \begin{pmatrix} \boldsymbol{B}_{11} & \cdots & \boldsymbol{B}_{1r} \\ \vdots & & \vdots \\ \boldsymbol{B}_{s1} & \cdots & \boldsymbol{B}_{sr} \end{pmatrix}$$

其中，$\boldsymbol{A}_{ij}$ 与 $\boldsymbol{B}_{ij}$ 为同型矩阵，则

$$\boldsymbol{A} + \boldsymbol{B} = \begin{pmatrix} \boldsymbol{A}_{11} + \boldsymbol{B}_{11} & \cdots & \boldsymbol{A}_{1r} + \boldsymbol{B}_{1r} \\ \vdots & & \vdots \\ \boldsymbol{A}_{s1} + \boldsymbol{B}_{s1} & \cdots & \boldsymbol{A}_{sr} + \boldsymbol{B}_{sr} \end{pmatrix}$$

(2) 分块矩阵的数乘. 设 $\boldsymbol{A} = \begin{pmatrix} A_{11} & \cdots & A_{1r} \\ \vdots & & \vdots \\ A_{s1} & \cdots & A_{sr} \end{pmatrix}$，$\lambda$ 为数，则

$$\lambda \boldsymbol{A} = \begin{pmatrix} \lambda \boldsymbol{A}_{11} & \cdots & \lambda \boldsymbol{A}_{1r} \\ \vdots & & \vdots \\ \lambda \boldsymbol{A}_{s1} & \cdots & \lambda \boldsymbol{A}_{sr} \end{pmatrix}$$

(3) 分块矩阵的乘法. 设 $\boldsymbol{A}$ 为 $m\times l$ 矩阵，$\boldsymbol{B}$ 为 $l\times n$ 矩阵，分块形式为

$$\boldsymbol{A}=\begin{pmatrix}\boldsymbol{A}_{11} & \cdots & \boldsymbol{A}_{1t}\\ \vdots & & \vdots\\ \boldsymbol{A}_{s1} & \cdots & \boldsymbol{A}_{st}\end{pmatrix},\quad \boldsymbol{B}=\begin{pmatrix}\boldsymbol{B}_{11} & \cdots & \boldsymbol{B}_{1r}\\ \vdots & & \vdots\\ \boldsymbol{B}_{t1} & \cdots & \boldsymbol{B}_{tr}\end{pmatrix}$$

其中，$\boldsymbol{A}_{i1},\boldsymbol{A}_{i2},\cdots,\boldsymbol{A}_{it}$ 的列数分别等于 $\boldsymbol{B}_{1j},\boldsymbol{B}_{2j},\cdots,\boldsymbol{B}_{tj}$ 的行数，则

$$\boldsymbol{AB}=\begin{pmatrix}\boldsymbol{C}_{11} & \cdots & \boldsymbol{C}_{1r}\\ \vdots & & \vdots\\ \boldsymbol{C}_{s1} & \cdots & \boldsymbol{C}_{sr}\end{pmatrix}$$

其中，$\boldsymbol{C}_{ij}=\sum\limits_{k=1}^{t}\boldsymbol{A}_{ik}\boldsymbol{B}_{kj}\quad(i=1,2,\cdots,s;j=1,2,\cdots,r)$.

(4) 分块矩阵的转置. 设 $\boldsymbol{A}=\begin{pmatrix}\boldsymbol{A}_{11} & \cdots & \boldsymbol{A}_{1r}\\ \vdots & & \vdots\\ \boldsymbol{A}_{s1} & \cdots & \boldsymbol{A}_{sr}\end{pmatrix}$，则 $\boldsymbol{A}^{\mathrm{T}}=\begin{pmatrix}\boldsymbol{A}_{11}^{\mathrm{T}} & \cdots & \boldsymbol{A}_{s1}^{\mathrm{T}}\\ \vdots & & \vdots\\ \boldsymbol{A}_{1r}^{\mathrm{T}} & \cdots & \boldsymbol{A}_{sr}^{\mathrm{T}}\end{pmatrix}$.

即分块矩阵的转置，不仅要把当作元素看待的子块进行行列互换，而且要把每个子块内部的元素进行行列互换.

【例 2-19】 设 $\boldsymbol{A}=\begin{pmatrix}1 & 0 & 0 & 0\\ 0 & 1 & 0 & 0\\ -1 & 2 & 1 & 0\\ 1 & 1 & 0 & 1\end{pmatrix}$，$\boldsymbol{B}=\begin{pmatrix}1 & 0 & 1 & 0\\ -1 & 2 & 0 & 1\\ 1 & 0 & 4 & 1\\ -1 & -1 & 2 & 0\end{pmatrix}$，求 $\boldsymbol{AB}$.

解　把 $\boldsymbol{A}$、$\boldsymbol{B}$ 分块成

$$\boldsymbol{A}=\left(\begin{array}{cc:cc}1 & 0 & 0 & 0\\ 0 & 1 & 0 & 0\\ \hdashline -1 & 2 & 1 & 0\\ 1 & 1 & 0 & 1\end{array}\right)=\begin{pmatrix}\boldsymbol{E} & \boldsymbol{O}\\ \boldsymbol{A}_{21} & \boldsymbol{E}\end{pmatrix}$$

$$\boldsymbol{B}=\left(\begin{array}{cc:cc}1 & 0 & 1 & 0\\ -1 & 2 & 0 & 1\\ \hdashline 1 & 0 & 4 & 1\\ -1 & -1 & 2 & 0\end{array}\right)=\begin{pmatrix}\boldsymbol{B}_{11} & \boldsymbol{E}\\ \boldsymbol{B}_{21} & \boldsymbol{B}_{22}\end{pmatrix}$$

则

$$\boldsymbol{AB}=\begin{pmatrix}\boldsymbol{E} & \boldsymbol{O}\\ \boldsymbol{A}_{21} & \boldsymbol{E}\end{pmatrix}\begin{pmatrix}\boldsymbol{B}_{11} & \boldsymbol{E}\\ \boldsymbol{B}_{21} & \boldsymbol{B}_{22}\end{pmatrix}=\begin{pmatrix}\boldsymbol{B}_{11} & \boldsymbol{E}\\ \boldsymbol{A}_{21}\boldsymbol{B}_{11}+\boldsymbol{B}_{21} & \boldsymbol{A}_{21}+\boldsymbol{B}_{22}\end{pmatrix}$$

而

$$\begin{aligned}\boldsymbol{A}_{21}\boldsymbol{B}_{11}+\boldsymbol{B}_{21}&=\begin{pmatrix}-1 & 2\\ 1 & 1\end{pmatrix}\begin{pmatrix}1 & 0\\ -1 & 2\end{pmatrix}+\begin{pmatrix}1 & 0\\ -1 & -1\end{pmatrix}\\ &=\begin{pmatrix}-3 & 4\\ 0 & 2\end{pmatrix}+\begin{pmatrix}1 & 0\\ -1 & -1\end{pmatrix}=\begin{pmatrix}-2 & 4\\ -1 & 1\end{pmatrix}\end{aligned}$$

$$\boldsymbol{A}_{21}+\boldsymbol{B}_{22}=\begin{pmatrix}-1 & 2\\ 1 & 1\end{pmatrix}+\begin{pmatrix}4 & 1\\ 2 & 0\end{pmatrix}=\begin{pmatrix}3 & 3\\ 3 & 1\end{pmatrix}$$

于是

$$AB=\left(\begin{array}{cc:cc}1&0&1&0\\-1&2&0&1\\ \hdashline -2&4&3&3\\-1&1&3&1\end{array}\right)$$

### 2.5.3 常用的三种分块方式

矩阵的分块方式有许多,常用的主要有三种:对角分块,按行分块和按列分块.

1. 分块对角矩阵

定义 2.17　设 $\boldsymbol{A}$ 为 $n$ 阶矩阵,若 $\boldsymbol{A}$ 的分块矩阵只有在对角线上有非零子块,其余子块都为零矩阵,且在对角线上的子块都是方阵,即

$$\boldsymbol{A}=\begin{pmatrix}\boldsymbol{A}_1&\boldsymbol{O}&\cdots&\boldsymbol{O}\\\boldsymbol{O}&\boldsymbol{A}_2&\cdots&\boldsymbol{O}\\\vdots&\vdots&&\vdots\\\boldsymbol{O}&\boldsymbol{O}&\cdots&\boldsymbol{A}_s\end{pmatrix}$$

其中,$\boldsymbol{A}_i(i=1,2,\cdots,s)$都是方阵,那么称 $\boldsymbol{A}$ 为分块对角矩阵.

分块对角矩阵具有下述性质:

(1) $\boldsymbol{A}^m=\begin{pmatrix}\boldsymbol{A}_1^m&\boldsymbol{O}&\cdots&\boldsymbol{O}\\\boldsymbol{O}&\boldsymbol{A}_2^m&\cdots&\boldsymbol{O}\\\vdots&\vdots&&\vdots\\\boldsymbol{O}&\boldsymbol{O}&\cdots&\boldsymbol{A}_s^m\end{pmatrix}$;

(2) $|\boldsymbol{A}|=|\boldsymbol{A}_1|\cdot|\boldsymbol{A}_2|\cdot\cdots\cdot|\boldsymbol{A}_s|$;

(3) 当$|\boldsymbol{A}_i|\neq0,i=1,2,\cdots,s$ 时,$\boldsymbol{A}$ 可逆,并且

$$\boldsymbol{A}^{-1}=\begin{pmatrix}\boldsymbol{A}_1^{-1}&\boldsymbol{O}&\cdots&\boldsymbol{O}\\\boldsymbol{O}&\boldsymbol{A}_2^{-1}&\cdots&\boldsymbol{O}\\\vdots&\vdots&&\vdots\\\boldsymbol{O}&\boldsymbol{O}&\cdots&\boldsymbol{A}_s^{-1}\end{pmatrix}$$

类似的(注意区别):

$$\begin{pmatrix}\boldsymbol{O}&\cdots&\boldsymbol{O}&\boldsymbol{A}_1\\\boldsymbol{O}&\cdots&\boldsymbol{A}_2&\boldsymbol{O}\\\vdots&&\vdots&\vdots\\\boldsymbol{A}_s&\cdots&\boldsymbol{O}&\boldsymbol{O}\end{pmatrix}^{-1}=\begin{pmatrix}\boldsymbol{O}&\cdots&\boldsymbol{O}&\boldsymbol{A}_s^{-1}\\\boldsymbol{O}&\cdots&\boldsymbol{A}_{s-1}^{-1}&\boldsymbol{O}\\\vdots&&\vdots&\vdots\\\boldsymbol{A}_1^{-1}&\cdots&\boldsymbol{O}&\boldsymbol{O}\end{pmatrix}$$

(4) $R(\boldsymbol{A})=\sum\limits_{i=1}^{s}R(\boldsymbol{A}_i)$

【例 2-20】 设 $\boldsymbol{A}=\begin{pmatrix}4&0&0\\0&4&1\\0&3&1\end{pmatrix}$,求 $\boldsymbol{A}^{-1}$.

解

$$A=\left(\begin{array}{c:cc}4&0&0\\ \hdashline 0&4&1\\ 0&3&1\end{array}\right)=\begin{pmatrix}A_1&O\\ O&A_2\end{pmatrix}$$

其中，$A_1=(4)$，$A_2=\begin{pmatrix}4&1\\3&1\end{pmatrix}$. 则 $A_1^{-1}=\left(\frac{1}{4}\right)$，$A_2^{-1}=\begin{pmatrix}1&-1\\-3&4\end{pmatrix}$.

所以

$$A^{-1}=\begin{pmatrix}A_1^{-1}&O\\ O&A_2^{-1}\end{pmatrix}=\begin{pmatrix}\frac{1}{4}&0&0\\ 0&1&-1\\ 0&-3&4\end{pmatrix}$$

【例 2-21】 设 $A=\begin{pmatrix}0&b_1&0&\cdots&0\\ 0&0&b_2&\cdots&0\\ \vdots&\vdots&\vdots&&\vdots\\ 0&0&0&\cdots&b_{n-1}\\ b_n&0&0&\cdots&0\end{pmatrix}$ $(b_i\neq0,i=1,2,\cdots,n)$，求 $A^{-1}$.

解 记

$$A=\begin{pmatrix}0&b_1&0&\cdots&0\\ 0&0&b_2&\cdots&0\\ \vdots&\vdots&\vdots&&\vdots\\ 0&0&0&\cdots&b_{n-1}\\ b_n&0&0&\cdots&0\end{pmatrix}=\begin{pmatrix}O&A_1\\ A_2&O\end{pmatrix}$$

其中，$A_1=\begin{pmatrix}b_1&0&\cdots&0\\ 0&b_2&\cdots&0\\ \vdots&\vdots&&\vdots\\ 0&0&\cdots&b_{n-1}\end{pmatrix}$，$A_2=(b_n)$. 则 $A_1^{-1}=\begin{pmatrix}b_1^{-1}&0&\cdots&0\\ 0&b_2^{-1}&\cdots&0\\ \vdots&\vdots&&\vdots\\ 0&0&\cdots&b_{n-1}^{-1}\end{pmatrix}$，$A_2^{-1}=(b_n^{-1})$.

可得

$$A^{-1}=\begin{pmatrix}O&A_2^{-1}\\ A_1^{-1}&O\end{pmatrix}=\begin{pmatrix}0&0&\cdots&0&b_n^{-1}\\ b_1^{-1}&0&\cdots&0&0\\ 0&b_2^{-1}&\cdots&0&0\\ \vdots&\vdots&&\vdots&\vdots\\ 0&0&\cdots&b_{n-1}^{-1}&0\end{pmatrix}$$

【例 2-22】 设 $D=\begin{pmatrix}A&B\\ O&C\end{pmatrix}$，其中 $A,C$ 均为 $n$ 阶可逆矩阵，求 $D^{-1}$.

解 设 $D^{-1}=\begin{pmatrix}M&N\\ P&Q\end{pmatrix}$，利用

$$DD^{-1}=\begin{pmatrix}\boldsymbol{A} & \boldsymbol{B}\\ \boldsymbol{O} & \boldsymbol{C}\end{pmatrix}\begin{pmatrix}\boldsymbol{M} & \boldsymbol{N}\\ \boldsymbol{P} & \boldsymbol{Q}\end{pmatrix}=\begin{pmatrix}\boldsymbol{E} & \boldsymbol{O}\\ \boldsymbol{O} & \boldsymbol{E}\end{pmatrix}$$

得

$$\begin{cases}\boldsymbol{AM}+\boldsymbol{BP}=\boldsymbol{E}\\ \boldsymbol{AN}+\boldsymbol{BQ}=\boldsymbol{O}\\ \boldsymbol{CP}=\boldsymbol{O}\\ \boldsymbol{CQ}=\boldsymbol{E}\end{cases}$$

由 $\boldsymbol{CP}=\boldsymbol{O}$,且 $\boldsymbol{C}$ 为可逆矩阵,得 $\boldsymbol{P}=\boldsymbol{O}$.

由 $\boldsymbol{CQ}=\boldsymbol{E}$,得 $\boldsymbol{Q}=\boldsymbol{C}^{-1}$.

由 $\boldsymbol{AM}+\boldsymbol{BP}=\boldsymbol{E}$,且 $\boldsymbol{A}$ 为可逆矩阵,$\boldsymbol{P}=\boldsymbol{O}$,得 $\boldsymbol{M}=\boldsymbol{A}^{-1}$.

由 $\boldsymbol{AN}+\boldsymbol{BQ}=\boldsymbol{O}$,且 $\boldsymbol{Q}=\boldsymbol{C}^{-1}$,得 $\boldsymbol{N}=-\boldsymbol{A}^{-1}\boldsymbol{BC}^{-1}$.

因此得

$$\boldsymbol{D}^{-1}=\begin{pmatrix}\boldsymbol{A}^{-1} & -\boldsymbol{A}^{-1}\boldsymbol{BC}^{-1}\\ \boldsymbol{O} & \boldsymbol{C}^{-1}\end{pmatrix}$$

同理可得,若 $\boldsymbol{A},\boldsymbol{C}$ 为可逆矩阵,则

(1) $\begin{pmatrix}\boldsymbol{A} & \boldsymbol{O}\\ \boldsymbol{B} & \boldsymbol{C}\end{pmatrix}^{-1}=\begin{pmatrix}\boldsymbol{A}^{-1} & \boldsymbol{O}\\ -\boldsymbol{C}^{-1}\boldsymbol{BA}^{-1} & \boldsymbol{C}^{-1}\end{pmatrix}$;

(2) $\begin{pmatrix}\boldsymbol{B} & \boldsymbol{A}\\ \boldsymbol{C} & \boldsymbol{O}\end{pmatrix}^{-1}=\begin{pmatrix}\boldsymbol{O} & \boldsymbol{C}^{-1}\\ \boldsymbol{A}^{-1} & -\boldsymbol{A}^{-1}\boldsymbol{BC}^{-1}\end{pmatrix}$;

(3) $\begin{pmatrix}\boldsymbol{O} & \boldsymbol{A}\\ \boldsymbol{C} & \boldsymbol{B}\end{pmatrix}^{-1}=\begin{pmatrix}-\boldsymbol{C}^{-1}\boldsymbol{BA}^{-1} & \boldsymbol{C}^{-1}\\ \boldsymbol{A}^{-1} & \boldsymbol{O}\end{pmatrix}$.

2. 按行分块和按列分块

设 $\boldsymbol{A}=\begin{pmatrix}a_{11} & a_{12} & \cdots & a_{1n}\\ a_{21} & a_{22} & \cdots & a_{2n}\\ \vdots & \vdots & & \vdots\\ a_{m1} & a_{m2} & \cdots & a_{mn}\end{pmatrix}$,$\boldsymbol{B}=\begin{pmatrix}b_{11} & b_{12} & \cdots & b_{1s}\\ b_{21} & b_{22} & \cdots & b_{2s}\\ \vdots & \vdots & & \vdots\\ b_{n1} & b_{n2} & \cdots & b_{ns}\end{pmatrix}$,$\boldsymbol{x}=\begin{pmatrix}k_1\\ k_2\\ \vdots\\ k_s\end{pmatrix}$. 记 $A$ 的第 $i$ 行为

$$\boldsymbol{\alpha}_i^{\mathrm{T}}=[a_{i1}\quad a_{i2}\quad \cdots\quad a_{in}],\quad i=1,2,\cdots,m$$

则

$$\boldsymbol{A}=\begin{pmatrix}\boldsymbol{\alpha}_1^{\mathrm{T}}\\ \boldsymbol{\alpha}_2^{\mathrm{T}}\\ \vdots\\ \boldsymbol{\alpha}_m^{\mathrm{T}}\end{pmatrix}$$

记 $\boldsymbol{B}$ 的第 $j$ 列为

$$\boldsymbol{\beta}_j=\begin{pmatrix}b_{1j}\\ b_{2j}\\ \vdots\\ b_{nj}\end{pmatrix},\quad j=1,2,\cdots,s$$

则

$$\boldsymbol{B}=[\boldsymbol{\beta}_1 \quad \boldsymbol{\beta}_2 \quad \cdots \quad \boldsymbol{\beta}_s]$$

则有

$$\boldsymbol{B}\boldsymbol{x}=[\boldsymbol{\beta}_1 \quad \boldsymbol{\beta}_2 \quad \cdots \quad \boldsymbol{\beta}_s]\begin{bmatrix}k_1\\k_2\\\vdots\\k_s\end{bmatrix}=k_1\boldsymbol{\beta}_1+k_2\boldsymbol{\beta}_2+\cdots+k_s\boldsymbol{\beta}_s$$

$$\boldsymbol{A}\boldsymbol{B}=\begin{bmatrix}\boldsymbol{\alpha}_1^{\mathrm{T}}\\\boldsymbol{\alpha}_2^{\mathrm{T}}\\\vdots\\\boldsymbol{\alpha}_m^{\mathrm{T}}\end{bmatrix}[\boldsymbol{\beta}_1 \quad \boldsymbol{\beta}_2 \quad \cdots \quad \boldsymbol{\beta}_s]=\begin{bmatrix}\boldsymbol{\alpha}_1^{\mathrm{T}}\boldsymbol{\beta}_1 & \boldsymbol{\alpha}_1^{\mathrm{T}}\boldsymbol{\beta}_2 & \cdots & \boldsymbol{\alpha}_1^{\mathrm{T}}\boldsymbol{\beta}_s\\\boldsymbol{\alpha}_2^{\mathrm{T}}\boldsymbol{\beta}_1 & \boldsymbol{\alpha}_2^{\mathrm{T}}\boldsymbol{\beta}_2 & \cdots & \boldsymbol{\alpha}_2^{\mathrm{T}}\boldsymbol{\beta}_s\\\vdots & \vdots & & \vdots\\\boldsymbol{\alpha}_m^{\mathrm{T}}\boldsymbol{\beta}_1 & \boldsymbol{\alpha}_m^{\mathrm{T}}\boldsymbol{\beta}_2 & \cdots & \boldsymbol{\alpha}_m^{\mathrm{T}}\boldsymbol{\beta}_s\end{bmatrix}$$

【例 2-23】 设 $\boldsymbol{\alpha}_1,\boldsymbol{\alpha}_2,\boldsymbol{\alpha}_3$ 均为 $3\times 1$ 矩阵，记矩阵 $\boldsymbol{A}=[\boldsymbol{\alpha}_1 \quad \boldsymbol{\alpha}_2 \quad \boldsymbol{\alpha}_3]$，$\boldsymbol{B}=[\boldsymbol{\alpha}_1+\boldsymbol{\alpha}_2+\boldsymbol{\alpha}_3 \quad \boldsymbol{\alpha}_1+2\boldsymbol{\alpha}_2+4\boldsymbol{\alpha}_3 \quad \boldsymbol{\alpha}_1+3\boldsymbol{\alpha}_2+9\boldsymbol{\alpha}_3]$，如果 $|\boldsymbol{A}|=1$，求 $|\boldsymbol{B}|$.

解

$$\begin{aligned}\boldsymbol{B}&=[\boldsymbol{\alpha}_1+\boldsymbol{\alpha}_2+\boldsymbol{\alpha}_3 \quad \boldsymbol{\alpha}_1+2\boldsymbol{\alpha}_2+4\boldsymbol{\alpha}_3 \quad \boldsymbol{\alpha}_1+3\boldsymbol{\alpha}_2+9\boldsymbol{\alpha}_3]\\&=[\boldsymbol{\alpha}_1 \; \boldsymbol{\alpha}_2 \; \boldsymbol{\alpha}_3]\begin{bmatrix}1&1&1\\1&2&3\\1&4&9\end{bmatrix}\\&=\boldsymbol{A}\boldsymbol{C}\end{aligned}$$

所以

$$|\boldsymbol{B}|=|\boldsymbol{A}\boldsymbol{C}|=|\boldsymbol{A}|\cdot|\boldsymbol{C}|=|\boldsymbol{C}|=2$$

### 2.5.4 四分块矩阵的初等变换

四分块矩阵的初等变换与普通矩阵的初等变换类似，也有以下三种类型.

(1) 交换分块矩阵的 $i,j$ 两行(列)分块，如

$$\begin{bmatrix}\boldsymbol{A}_{11} & \boldsymbol{A}_{12}\\\boldsymbol{A}_{21} & \boldsymbol{A}_{22}\end{bmatrix}\xrightarrow{r_1\leftrightarrow r_2}\begin{bmatrix}\boldsymbol{A}_{21} & \boldsymbol{A}_{22}\\\boldsymbol{A}_{11} & \boldsymbol{A}_{12}\end{bmatrix}$$

且有

$$\begin{bmatrix}\boldsymbol{A}_{21} & \boldsymbol{A}_{22}\\\boldsymbol{A}_{11} & \boldsymbol{A}_{12}\end{bmatrix}=\begin{bmatrix}\boldsymbol{O} & \boldsymbol{E}\\\boldsymbol{E} & \boldsymbol{O}\end{bmatrix}\begin{bmatrix}\boldsymbol{A}_{11} & \boldsymbol{A}_{12}\\\boldsymbol{A}_{21} & \boldsymbol{A}_{22}\end{bmatrix}$$

(2) 用一个可逆矩阵 $\boldsymbol{P}$ 左(右)乘分块矩阵的第 $i$ 行(列)，如

$$\begin{bmatrix}\boldsymbol{A}_{11} & \boldsymbol{A}_{12}\\\boldsymbol{A}_{21} & \boldsymbol{A}_{22}\end{bmatrix}\xrightarrow{\boldsymbol{P}\times r_2}\begin{bmatrix}\boldsymbol{A}_{11} & \boldsymbol{A}_{12}\\\boldsymbol{P}\boldsymbol{A}_{21} & \boldsymbol{P}\boldsymbol{A}_{22}\end{bmatrix}$$

且有

$$\begin{bmatrix}\boldsymbol{A}_{11} & \boldsymbol{A}_{12}\\\boldsymbol{P}\boldsymbol{A}_{21} & \boldsymbol{P}\boldsymbol{A}_{22}\end{bmatrix}=\begin{bmatrix}\boldsymbol{E} & \boldsymbol{O}\\\boldsymbol{O} & \boldsymbol{P}\end{bmatrix}\begin{bmatrix}\boldsymbol{A}_{11} & \boldsymbol{A}_{12}\\\boldsymbol{A}_{21} & \boldsymbol{A}_{22}\end{bmatrix}$$

(3) 用一个矩阵 $\boldsymbol{P}$ 左(右)乘分块矩阵的第 $i$ 行(列)后加到第 $j$ 行(列),如

$$\begin{pmatrix} \boldsymbol{A}_{11} & \boldsymbol{A}_{12} \\ \boldsymbol{A}_{21} & \boldsymbol{A}_{22} \end{pmatrix} \xrightarrow{r_2+\boldsymbol{P}\times r_1} \begin{pmatrix} \boldsymbol{A}_{11} & \boldsymbol{A}_{12} \\ \boldsymbol{PA}_{11}+\boldsymbol{A}_{21} & \boldsymbol{PA}_{12}+\boldsymbol{A}_{22} \end{pmatrix}$$

且有

$$\begin{pmatrix} \boldsymbol{A}_{11} & \boldsymbol{A}_{12} \\ \boldsymbol{PA}_{11}+\boldsymbol{A}_{21} & \boldsymbol{PA}_{12}+\boldsymbol{A}_{22} \end{pmatrix} = \begin{pmatrix} \boldsymbol{E} & \boldsymbol{O} \\ \boldsymbol{P} & \boldsymbol{E} \end{pmatrix} \begin{pmatrix} \boldsymbol{A}_{11} & \boldsymbol{A}_{12} \\ \boldsymbol{A}_{21} & \boldsymbol{A}_{22} \end{pmatrix}$$

可以看出,与初等矩阵和初等变换的关系一样,用初等矩阵去乘四分块矩阵只要四分块乘法能够进行,左乘就相当于对它做相应的广义初等行变换,右乘相当于做相应的广义初等列变换. 四分块乘法和矩阵初等变换的有效结合是矩阵运算中一种极为重要的手段,灵活巧妙的应用这种手段,会使某些矩阵问题较容易解决.

【例 2-24】 设 $\boldsymbol{A},\boldsymbol{B}$ 均为 $n$ 阶方阵,证明行列式的乘积公式

$$|\boldsymbol{AB}| = |\boldsymbol{A}|\cdot|\boldsymbol{B}|$$

证 作 $\begin{pmatrix} \boldsymbol{E} & \boldsymbol{A} \\ \boldsymbol{O} & \boldsymbol{E} \end{pmatrix}\begin{pmatrix} \boldsymbol{A} & \boldsymbol{O} \\ -\boldsymbol{E} & \boldsymbol{B} \end{pmatrix} = \begin{pmatrix} \boldsymbol{O} & \boldsymbol{AB} \\ -\boldsymbol{E} & \boldsymbol{B} \end{pmatrix}$.

一方面

$$\begin{vmatrix} \boldsymbol{O} & \boldsymbol{AB} \\ -\boldsymbol{E} & \boldsymbol{B} \end{vmatrix} = (-1)^{n^2}\cdot\begin{vmatrix} -\boldsymbol{E} & \boldsymbol{B} \\ \boldsymbol{O} & \boldsymbol{AB} \end{vmatrix} = (-1)^{n^2}\cdot|-\boldsymbol{E}|\cdot|\boldsymbol{AB}|$$
$$= (-1)^{n^2}\cdot(-1)^{n}\cdot|\boldsymbol{AB}| = |\boldsymbol{AB}|$$

另一方面,用矩阵 $\begin{pmatrix} \boldsymbol{E} & \boldsymbol{A} \\ \boldsymbol{O} & \boldsymbol{E} \end{pmatrix}$ 左乘矩阵 $\begin{pmatrix} \boldsymbol{A} & \boldsymbol{O} \\ -\boldsymbol{E} & \boldsymbol{B} \end{pmatrix}$ 表示把 $\begin{pmatrix} \boldsymbol{A} & \boldsymbol{O} \\ -\boldsymbol{E} & \boldsymbol{B} \end{pmatrix}$ 中第 2 行分块的 $\boldsymbol{A}$ 倍加到第 1 行上,它不改变行列式的值,所以

$$\left|\begin{pmatrix} \boldsymbol{E} & \boldsymbol{A} \\ \boldsymbol{O} & \boldsymbol{E} \end{pmatrix}\begin{pmatrix} \boldsymbol{A} & \boldsymbol{O} \\ -\boldsymbol{E} & \boldsymbol{B} \end{pmatrix}\right| = \begin{vmatrix} \boldsymbol{A} & \boldsymbol{O} \\ -\boldsymbol{E} & \boldsymbol{B} \end{vmatrix} = |\boldsymbol{A}|\cdot|\boldsymbol{B}|$$

故 $|\boldsymbol{AB}| = |\boldsymbol{A}|\cdot|\boldsymbol{B}|$,即证.

【例 2-25】 设 $\boldsymbol{A},\boldsymbol{B}$ 均为 $n$ 阶方阵,证明

$$\begin{vmatrix} \boldsymbol{A} & \boldsymbol{B} \\ \boldsymbol{B} & \boldsymbol{A} \end{vmatrix} = |\boldsymbol{A}+\boldsymbol{B}|\cdot|\boldsymbol{A}-\boldsymbol{B}|$$

证 因为

$$\begin{pmatrix} \boldsymbol{E} & \boldsymbol{O} \\ -\boldsymbol{E} & \boldsymbol{E} \end{pmatrix}\begin{pmatrix} \boldsymbol{A} & \boldsymbol{B} \\ \boldsymbol{B} & \boldsymbol{A} \end{pmatrix}\begin{pmatrix} \boldsymbol{E} & \boldsymbol{O} \\ \boldsymbol{E} & \boldsymbol{E} \end{pmatrix} = \begin{pmatrix} \boldsymbol{A}+\boldsymbol{B} & \boldsymbol{B} \\ \boldsymbol{O} & \boldsymbol{A}-\boldsymbol{B} \end{pmatrix}$$

两边同时取行列式得

$$\left|\begin{pmatrix} \boldsymbol{E} & \boldsymbol{O} \\ -\boldsymbol{E} & \boldsymbol{E} \end{pmatrix}\begin{pmatrix} \boldsymbol{A} & \boldsymbol{B} \\ \boldsymbol{B} & \boldsymbol{A} \end{pmatrix}\begin{pmatrix} \boldsymbol{E} & \boldsymbol{O} \\ \boldsymbol{E} & \boldsymbol{E} \end{pmatrix}\right| = \begin{vmatrix} \boldsymbol{A}+\boldsymbol{B} & \boldsymbol{B} \\ \boldsymbol{O} & \boldsymbol{A}-\boldsymbol{B} \end{vmatrix}$$

从而有

$$\begin{vmatrix} \boldsymbol{A} & \boldsymbol{B} \\ \boldsymbol{B} & \boldsymbol{A} \end{vmatrix} = \begin{vmatrix} \boldsymbol{A}+\boldsymbol{B} & \boldsymbol{B} \\ \boldsymbol{O} & \boldsymbol{A}-\boldsymbol{B} \end{vmatrix}$$
$$= |\boldsymbol{A}+\boldsymbol{B}|\cdot|\boldsymbol{A}-\boldsymbol{B}|$$

即证.

【例 2-26】 设 $\boldsymbol{A},\boldsymbol{B}$ 均为 $n$ 阶方阵，且 $R(\boldsymbol{A}+\boldsymbol{B})=r_1$，$R(\boldsymbol{A},\boldsymbol{B})=r_2$，$R\begin{pmatrix}\boldsymbol{A} & \boldsymbol{O}\\ \boldsymbol{O} & \boldsymbol{B}\end{pmatrix}=r_3$，比较 $r_1,r_2,r_3$ 的大小.

解 由 $\boldsymbol{A}+\boldsymbol{B}=(\boldsymbol{A},\boldsymbol{B})\begin{pmatrix}\boldsymbol{E}\\ \boldsymbol{E}\end{pmatrix}$ 可得

$$R(\boldsymbol{A}+\boldsymbol{B})\leqslant R(\boldsymbol{A},\boldsymbol{B})$$

又由 $(\boldsymbol{A},\boldsymbol{B})=(\boldsymbol{E},\boldsymbol{E})\begin{pmatrix}\boldsymbol{A} & \boldsymbol{O}\\ \boldsymbol{O} & \boldsymbol{B}\end{pmatrix}$ 可得

$$R(\boldsymbol{A},\boldsymbol{B})\leqslant R\begin{pmatrix}\boldsymbol{A} & \boldsymbol{O}\\ \boldsymbol{O} & \boldsymbol{B}\end{pmatrix}$$

因此 $r_1\leqslant r_2\leqslant r_3$.

## 2.6 应用实例

【例 2-27】 预测从事各种职业人数及发展趋势.

设某城市在互联网服务业、教培行业和新媒体行业的就业人员共有 40 万人，假定就业总人数在若干年内保持不变.

据调查在这 40 万就业人员中，目前约有 25 万人从事互联网服务业，10 万人从事教培行业，5 万人从事新媒体行业.

(1) 在互联网服务业人员中，每年约有 10%转为教培行业，10% 转为新媒体行业；

(2) 在教培行业人员中，每年约有 10%转为新媒体行业，20%转为互联网服务业；

(3) 在新媒体行业人员中，每年约有 10%转为互联网服务业，20%转为教培行业.

试预测 1 年和 2 年后从事各行业人员的人数以及从事各行业人员的人数的发展趋势.

解 用 $\boldsymbol{X}^{(i)}=\begin{pmatrix}x_1^{(i)}\\ x_2^{(i)}\\ x_3^{(i)}\end{pmatrix}$ 表示第 $i$ 年后，从事这三种职业的人员总数，则 $\boldsymbol{X}^{(0)}=\begin{pmatrix}25\\ 10\\ 5\end{pmatrix}$，所求问题为 $\boldsymbol{X}^{(1)},\boldsymbol{X}^{(2)}$ 以及 $\boldsymbol{X}^{(n)}$.

由题意，1 年后，从事互联网服务业、教培行业和新媒体行业的人员总数应为

$$\begin{cases}x_1^{(1)}=0.8x_1^{(0)}+0.1x_2^{(0)}+0.1x_3^{(0)}\\ x_2^{(1)}=0.1x_1^{(0)}+0.7x_2^{(0)}+0.2x_3^{(0)}\\ x_3^{(1)}=0.1x_1^{(0)}+0.2x_2^{(0)}+0.7x_3^{(0)}\end{cases}$$

即

$$\boldsymbol{X}^{(1)}=\begin{pmatrix}x_1^{(1)}\\ x_2^{(1)}\\ x_3^{(1)}\end{pmatrix}=\begin{pmatrix}0.8 & 0.1 & 0.1\\ 0.1 & 0.7 & 0.2\\ 0.1 & 0.2 & 0.7\end{pmatrix}\begin{pmatrix}x_1^{(0)}\\ x_2^{(0)}\\ x_3^{(0)}\end{pmatrix}=\boldsymbol{A}\begin{pmatrix}x_1^{(0)}\\ x_2^{(0)}\\ x_3^{(0)}\end{pmatrix}$$

其中，$\boldsymbol{A}=\begin{pmatrix}0.8&0.1&0.1\\0.1&0.7&0.2\\0.1&0.2&0.7\end{pmatrix}$.

以 $\boldsymbol{X}^{(0)}=\begin{pmatrix}25\\10\\5\end{pmatrix}$ 代入上式，得

$$\begin{pmatrix}x_1^{(1)}\\x_2^{(1)}\\x_3^{(1)}\end{pmatrix}=\begin{pmatrix}21.5\\10.5\\8\end{pmatrix}$$

即 1 年后从事各行业人员的人数分别为 21.5 万、10.5 万、8 万，以及

$$\boldsymbol{X}^{(2)}=\begin{pmatrix}x_1^{(2)}\\x_2^{(2)}\\x_3^{(2)}\end{pmatrix}=\begin{pmatrix}0.8&0.1&0.1\\0.1&0.7&0.2\\0.1&0.2&0.7\end{pmatrix}\begin{pmatrix}x_1^{(1)}\\x_2^{(1)}\\x_3^{(1)}\end{pmatrix}=\boldsymbol{A}^2\begin{pmatrix}x_1^{(0)}\\x_2^{(0)}\\x_3^{(0)}\end{pmatrix}=\begin{pmatrix}19.05\\11.1\\9.85\end{pmatrix}$$

2 年后从事各行业人员的人数分别为 19.05 万、11.1 万、9.85 万，进而推得

$$\boldsymbol{X}^{(n)}=\begin{pmatrix}x_1^{(n)}\\x_2^{(n)}\\x_3^{(n)}\end{pmatrix}=\boldsymbol{A}\begin{pmatrix}x_1^{(n-1)}\\x_2^{(n-1)}\\x_3^{(n-1)}\end{pmatrix}=\cdots=\boldsymbol{A}^n\begin{pmatrix}x_1^{(0)}\\x_2^{(0)}\\x_3^{(0)}\end{pmatrix}$$

$n$ 年之后从事各行业人员的人数由 $\boldsymbol{A}^n$ 决定．

【例 2-28】 应用矩阵编制 Hill 密码.

密码学在经济和军事方面都起着极其重要的作用．1929 年，希尔(Hill)通过矩阵理论对传输信息进行加密处理，提出了在密码学史上有重要地位的希尔加密算法，下面我们介绍一下这种算法的基本思想．

假设我们要发出“*attack*”这个消息，首先把每个字母 $a, b, c, d, \cdots, x, y, z$ 映射到数字 1, 2, 3, 4, …, 24, 25, 26. 例如 1 表示 $a$，3 表示 $c$，11 表示 $k$，20 表示 $t$，另外用 0 表示空格，用 27 表示句号等．于是可以用以下数集来表示消息“*attack*”：

$$\{1, 20, 20, 1, 3, 11\}$$

把这个消息按列写成矩阵的形式，即

$$\boldsymbol{M}=\begin{pmatrix}1&1\\20&3\\20&11\end{pmatrix}$$

第一步：“加密”工作．现在任选一个 3 阶的可逆矩阵，例如 $\boldsymbol{A}=\begin{pmatrix}1&2&3\\1&1&2\\0&1&2\end{pmatrix}$，于是可以把将要发出的消息或者矩阵经过乘以 $\boldsymbol{A}$ 变成“密码”$\boldsymbol{B}$ 后发出．

$$\boldsymbol{AM}=\begin{pmatrix}1&2&3\\1&1&2\\0&1&2\end{pmatrix}\begin{pmatrix}1&1\\20&3\\20&11\end{pmatrix}=\begin{pmatrix}101&40\\61&26\\60&25\end{pmatrix}=\boldsymbol{B}$$

第二步:"解密"工作．解密是加密的逆过程,这里要用到矩阵 $\boldsymbol{A}$ 的逆矩阵 $\boldsymbol{A}^{-1}$,这个可逆矩阵称为解密的钥匙,或称为"密匙",当然矩阵 $\boldsymbol{A}$ 是通信双方都知道的．即用

$$\boldsymbol{A}^{-1}=\begin{pmatrix}0 & 1 & -1\\ 2 & -2 & -1\\ -1 & 1 & 1\end{pmatrix}$$

从密码中解出明码:

$$\boldsymbol{A}^{-1}\boldsymbol{B}=\begin{pmatrix}0 & 1 & -1\\ 2 & -2 & -1\\ -1 & 1 & 1\end{pmatrix}\begin{pmatrix}101 & 40\\ 61 & 26\\ 60 & 25\end{pmatrix}=\begin{pmatrix}1 & 1\\ 20 & 3\\ 20 & 11\end{pmatrix}=\boldsymbol{M}$$

通过反查字母与数字的映射,即可得到消息"*attack*".

在实际应用中,可以选择不同的可逆矩阵,不同的映射关系,也可以把字母对应的数字进行不同的排列得到不同的矩阵,这样就有多种加密和解密的方式,从而保证了传递信息的秘密性．【例 2-28】展示了矩阵乘法与逆矩阵的应用,这种应用将线性代数与密码学紧密结合了起来．

【例 2-29】 矩阵在平面图形变换中的应用.

(1) 平移变换. 平移变换是指将点 $P(x,y)$移动到点 $P'(x',y')$的过程．

平移变换的坐标表示为

$$\begin{cases}x'=x+T_x\\ y'=y+T_y\end{cases}$$

相应的矩阵表示为

$$\begin{pmatrix}x'\\ y'\\ 1\end{pmatrix}=\begin{pmatrix}x+T_x\\ y+T_y\\ 1\end{pmatrix}=\begin{pmatrix}1 & 0 & T_x\\ 0 & 1 & T_y\\ 0 & 0 & 1\end{pmatrix}\begin{pmatrix}x\\ y\\ 1\end{pmatrix}$$

因此,二维平移变换矩阵为

$$\boldsymbol{T}=\begin{pmatrix}1 & 0 & T_x\\ 0 & 1 & T_y\\ 0 & 0 & 1\end{pmatrix}$$

其中,$T_x$,$T_y$ 为平移参数．

(2) 比例变换. 比例变换是指将点 $P(x,y)$相对于坐标原点 $O$,沿 $x$ 方向缩放 $S_x$ 倍,沿 $y$ 方向缩放 $S_y$ 倍得到点 $P'(x',y')$的过程．

比例变换的坐标表示为

$$\begin{cases}x'=x\cdot S_x\\ y'=y\cdot S_y\end{cases}$$

相应的矩阵表示为

$$\begin{pmatrix}x'\\ y'\\ 1\end{pmatrix}=\begin{pmatrix}x\cdot S_x\\ y\cdot S_y\\ 1\end{pmatrix}=\begin{pmatrix}S_x & 0 & 0\\ 0 & S_y & 0\\ 0 & 0 & 1\end{pmatrix}\begin{pmatrix}x\\ y\\ 1\end{pmatrix}$$

因此，二维比例变换矩阵为

$$T=\begin{pmatrix} S_x & 0 & 0 \\ 0 & S_y & 0 \\ 0 & 0 & 1 \end{pmatrix}$$

其中，$S_x$，$S_y$ 为比例系数.

# 习　题　二

## A题

1. 设 $\boldsymbol{A}=\begin{pmatrix} 5 & 3 \\ 0 & 1 \end{pmatrix}$，$\boldsymbol{B}=\begin{pmatrix} 1 & 0 \\ 3 & 3 \end{pmatrix}$，$\boldsymbol{C}=\begin{pmatrix} 1 & 1 \\ -1 & -1 \end{pmatrix}$，计算：(1) $\boldsymbol{A}+\boldsymbol{B}$；(2) $\boldsymbol{A}-\boldsymbol{B}$；(3) $\boldsymbol{A}+\boldsymbol{C}+2\boldsymbol{B}$.

2. 计算：

(1) $\begin{pmatrix} 1 & 2 & 3 \\ 1 & -2 & 3 \\ 0 & 5 & 1 \end{pmatrix}\begin{pmatrix} -1 \\ 2 \\ 1 \end{pmatrix}$；　(2) $(-1\quad 2\quad 1)\begin{pmatrix} 4 \\ 2 \\ 1 \end{pmatrix}$；　(3) $\begin{pmatrix} 4 \\ 2 \\ 1 \end{pmatrix}(-1\quad 2\quad 1)$；

(4) $\begin{pmatrix} 1 & -2 & -1 \\ 3 & 2 & 1 \\ -1 & 1 & 2 \end{pmatrix}\begin{pmatrix} 2 & & \\ & -1 & \\ & & 3 \end{pmatrix}$；　(5) $\begin{pmatrix} 2 & & \\ & -1 & \\ & & 3 \end{pmatrix}\begin{pmatrix} 1 & -2 & -1 \\ 3 & 2 & 1 \\ -1 & 1 & 2 \end{pmatrix}$.

3. 求下列矩阵的逆矩阵：

(1) $\begin{pmatrix} 1 & 1 \\ 2 & 3 \end{pmatrix}$；　(2) $\begin{pmatrix} 1 & 2 & -1 \\ 2 & 1 & -2 \\ 3 & 3 & -2 \end{pmatrix}$；　(3) $\begin{pmatrix} 1 & 1 & 1 & 1 \\ 0 & 1 & 1 & 1 \\ 0 & 0 & 1 & 1 \\ 0 & 0 & 0 & 1 \end{pmatrix}$；

(4) $\begin{pmatrix} 0 & 1 & 1 & 1 \\ 1 & 0 & 1 & 1 \\ 1 & 1 & 0 & 1 \\ 1 & 1 & 1 & 0 \end{pmatrix}$；　(5) $\begin{pmatrix} 5 & 2 & 0 & 0 \\ 2 & 1 & 0 & 0 \\ 0 & 0 & 5 & 3 \\ 0 & 0 & 3 & 2 \end{pmatrix}$；　(6) $\begin{pmatrix} 0 & 1 & 0 & \cdots & 0 \\ 0 & 0 & 2 & \cdots & 0 \\ \vdots & \vdots & \vdots & & \vdots \\ 0 & 0 & 0 & \cdots & n-1 \\ n & 0 & 0 & \cdots & 0 \end{pmatrix}$.

4. 解下列矩阵方程：

(1) $\begin{pmatrix} 2 & 1 \\ 3 & 2 \end{pmatrix}\boldsymbol{X}=\begin{pmatrix} 2 & 1 \\ 1 & 2 \end{pmatrix}$；

(2) $\boldsymbol{X}\begin{pmatrix} 1 & -1 & 1 \\ 1 & 1 & 0 \\ 2 & 1 & 1 \end{pmatrix}=\begin{pmatrix} 1 & 2 & -2 \\ 2 & 0 & 1 \\ 0 & -1 & 1 \end{pmatrix}$；

(3) $\begin{pmatrix} 0 & 1 & 0 \\ 1 & 0 & 0 \\ 0 & 0 & 1 \end{pmatrix}\boldsymbol{X}\begin{pmatrix} 1 & 0 & 0 \\ 0 & 0 & 1 \\ 0 & 1 & 0 \end{pmatrix}=\begin{pmatrix} 1 & -1 & 2 \\ -1 & 0 & -1 \\ 1 & -2 & 0 \end{pmatrix}$.

5. 设$\boldsymbol{A}=\begin{pmatrix}0&1&1\\1&1&0\\1&2&2\end{pmatrix}$,$\boldsymbol{AB}=\boldsymbol{A}+2\boldsymbol{B}$,求$\boldsymbol{B}$.

6. 设$\boldsymbol{A}$,$\boldsymbol{B}$均为3阶方阵,$\boldsymbol{E}$为3阶单位阵,已知$\boldsymbol{B}=\begin{pmatrix}2&0&2\\0&4&0\\2&0&2\end{pmatrix}$,$\boldsymbol{AB}=2\boldsymbol{A}+\boldsymbol{B}$,求$(\boldsymbol{A}-\boldsymbol{E})^{-1}$.

7. 设$\boldsymbol{A}$是$n$阶可逆矩阵,将$\boldsymbol{A}$的第$i$列和第$j$列对换得到的矩阵记为$\boldsymbol{B}$. 证明$\boldsymbol{B}$可逆,并推导$\boldsymbol{A}^{-1}$和$\boldsymbol{B}^{-1}$的关系.

8. 设$\boldsymbol{A}$是$n$阶可逆矩阵,将$\boldsymbol{A}$的第$i$列的2倍加到第$j$列得到的矩阵记为$\boldsymbol{B}$. 推导$\boldsymbol{A}^*$和$\boldsymbol{B}^*$的关系.

9. 设$\boldsymbol{A}$,$\boldsymbol{B}$均为2阶方阵,$\boldsymbol{A}^*$,$\boldsymbol{B}^*$分别为$\boldsymbol{A}$,$\boldsymbol{B}$的伴随矩阵,若$|\boldsymbol{A}|=2$,$|\boldsymbol{B}|=3$,求分块矩阵$\boldsymbol{C}=\begin{pmatrix}\boldsymbol{O}&\boldsymbol{A}\\\boldsymbol{B}&\boldsymbol{O}\end{pmatrix}$的伴随矩阵.

10. 设方阵$\boldsymbol{A}$满足$\boldsymbol{A}^2-3\boldsymbol{A}-2\boldsymbol{E}=\boldsymbol{O}$,证明:$\boldsymbol{A}$及$\boldsymbol{A}+2\boldsymbol{E}$都可逆,并求$\boldsymbol{A}^{-1}$及$(\boldsymbol{A}-2\boldsymbol{E})^{-1}$.

11. 设$\boldsymbol{A}$为3阶矩阵,$|\boldsymbol{A}|=\frac{1}{2}$,求$|(2\boldsymbol{A})^{-1}-4\boldsymbol{A}^*|$.

12. 设$\boldsymbol{A}=\begin{pmatrix}1&0&2\\0&1&0\\2&0&0\end{pmatrix}$,$\boldsymbol{C}=\begin{pmatrix}1&0&0\\0&1&0\\2&0&0\end{pmatrix}$,$\boldsymbol{B}$为3阶可逆阵,求

(1) $(\boldsymbol{A}+2\boldsymbol{E})^{-1}(\boldsymbol{A}^2-4\boldsymbol{E})$;

(2) $(\boldsymbol{B}^{-1}\boldsymbol{A})^{\mathrm{T}}(\boldsymbol{C}^{\mathrm{T}}\boldsymbol{B}-\boldsymbol{E})^{\mathrm{T}}+[(\boldsymbol{A}^{-1}\boldsymbol{B})^{\mathrm{T}}]^{-1}$.

13. 设$\boldsymbol{A}$为$n$阶可逆方阵,$\boldsymbol{A}^*$为$\boldsymbol{A}$的伴随矩阵,试证:

(1) $\boldsymbol{A}^*=|\boldsymbol{A}|\boldsymbol{A}^{-1}$;

(2) $(\boldsymbol{A}^*)^{-1}=\frac{1}{|\boldsymbol{A}|}\boldsymbol{A}=(\boldsymbol{A}^{-1})^*$;

(3) $(-\boldsymbol{A})^*=(-1)^{n-1}\boldsymbol{A}^*$;

(4) $|\boldsymbol{A}^*|=|\boldsymbol{A}|^{n-1}$.

14. 设$\boldsymbol{A}$为$n$阶方阵,$n$是奇数,$\boldsymbol{A}^{\mathrm{T}}\boldsymbol{A}=\boldsymbol{E}_n$,$|\boldsymbol{A}|=1$. 试证:$|\boldsymbol{E}_n-\boldsymbol{A}|=0$.

15. 设矩阵$\boldsymbol{A}$,$\boldsymbol{B}$及$\boldsymbol{A}+\boldsymbol{B}$都可逆,证明:$\boldsymbol{A}^{-1}+\boldsymbol{B}^{-1}$也可逆,并求其逆阵.

16. 设$\boldsymbol{A}$,$\boldsymbol{B}$为$n$阶方阵,满足$\boldsymbol{A}^{\mathrm{T}}\boldsymbol{A}=\boldsymbol{E}_n$,$\boldsymbol{B}^{\mathrm{T}}\boldsymbol{B}=\boldsymbol{E}_n$,且$|\boldsymbol{A}|+|\boldsymbol{B}|=0$,求$|\boldsymbol{A}+\boldsymbol{B}|$.

17. 计算$\begin{pmatrix}1&0&0&0\\0&1&0&0\\-1&2&1&0\\1&1&0&1\end{pmatrix}\begin{pmatrix}1&0&3&1\\0&1&2&-1\\0&0&-2&2\\0&0&0&-1\end{pmatrix}$.

18. 已知$\boldsymbol{A}=\begin{pmatrix}1&0&0\\0&1&3\\0&2&5\end{pmatrix}$,求$[(\boldsymbol{A}^*)^{\mathrm{T}}]^{-1}$.

19. 已知$A=\begin{pmatrix}0&1&0\\1&0&0\\0&0&1\end{pmatrix}^9\begin{pmatrix}1&0&0\\0&-2&0\\0&0&1\end{pmatrix}\begin{pmatrix}1&0&0\\0&1&1\\0&0&1\end{pmatrix}^6$，求$A^{-1}$.

20. 已知$A$，$B$均是3阶矩阵，将$A$中第3行的$-2$倍加到第2行得到矩阵$A_1$，将$B$中第1列和第2列对换得矩阵到$B_1$，又$A_1B_1=\begin{pmatrix}1&1&1\\1&0&2\\2&1&3\end{pmatrix}$，求$AB$.

## B题

1. 已知$AP=PB$，其中

$$B=\begin{pmatrix}1&0&0\\0&0&0\\0&0&-1\end{pmatrix},\quad P=\begin{pmatrix}1&0&0\\2&-1&0\\2&1&1\end{pmatrix}$$

求$A$及$A^9$.

2. 设$A$为$m\times n$阶矩阵，$P$为$m$阶可逆方阵，$Q$是$n$阶可逆阵，证明：$PA$，$AQ$，$PAQ$的秩都等于$A$的秩.

3. 已知$A$是$n$阶方阵，$E$是$n$阶单位矩阵，且$A^3=E$，求$\begin{pmatrix}O&-E\\A&O\end{pmatrix}^{98}$.

4. 设$A=\begin{pmatrix}3&4&0&0\\4&-3&0&0\\0&0&2&0\\0&0&2&2\end{pmatrix}$，求$|A^8|$及$A^4$.

5. 已知矩阵$A$的伴随矩阵$A^*=\begin{pmatrix}1&0&0&0\\0&1&0&0\\1&0&1&0\\0&-3&0&8\end{pmatrix}$，且$ABA^{-1}=BA^{-1}+3E$，求矩阵$B$.

6. 求$A=\begin{pmatrix}6&0&0&0&0&0\\0&0&0&0&1&2\\0&0&0&0&2&3\\0&1&0&0&0&0\\0&1&1&0&0&0\\0&1&1&1&0&0\end{pmatrix}$的逆矩阵.

7. $|A|$是$n$阶行列式，其中有一行(列)元素全是1，证明：这个行列式的全部代数余子式的和等于该行列式的值.

8. $A$为$n(n\geqslant 3)$阶非零实矩阵，$A_{ij}$为$|A|$中元素$a_{ij}$的代数余子式，试证明：

(1) $a_{ij}=A_{ij}\Leftrightarrow A^{\mathrm{T}}A=E$，且$|A|=1$；

(2) $a_{ij}=-A_{ij}\Leftrightarrow A^{\mathrm{T}}A=E$，且$|A|=-1$.

第3章

# 向量空间

向量空间的理论起源于对线性方程组的研究. 一大类应用数学问题可以抛开具体的背景抽象成向量,由其进一步抽象及一般化而发展起来的理论和方法,在线性代数研究中起着重要的作用. 本章主要介绍向量组的线性相关性,向量空间及向量的正交性的基本理论,这些内容为线性方程组求解方法的研究提供必要的理论根据.

## 3.1 $n$ 维向量

### 3.1.1 $n$ 维向量的定义

**定义 3.1** 数域 $F$ 中的 $n$ 个数 $a_1,a_2,\cdots,a_n$ 组成的有序数组

$$(a_1,a_2,\cdots,a_n)$$

称为数域 $F$ 上的一个 $n$ 维向量,其中,第 $i$ 个数 $a_i$ 称为这个向量的第 $i$ 个分量或坐标.

如果取数域 $F$ 为实数域,所得向量称为**实向量**,若 $F$ 为复数域,则所得向量为**复向量**. 如无特别说明,本书所指的向量均为实向量. 全体 $n$ 维实(复)向量构成的集合记作 $\boldsymbol{R}^n(\boldsymbol{C}^n)$.

一般将向量表示为 $\boldsymbol{\alpha},\boldsymbol{\beta},\boldsymbol{\gamma}$ 等,如 $\boldsymbol{\alpha}=(a_1,a_2,\cdots,a_n)$.

因为运算需要,有时将向量写成一行 $(a_1,a_2,\cdots,a_n)$,称该向量为**行向量**;有时将向量写成一列 $\begin{pmatrix}a_1\\a_2\\\vdots\\a_n\end{pmatrix}$,称该向量为**列向量**. 若 $\boldsymbol{\alpha}=\begin{pmatrix}a_1\\a_2\\\vdots\\a_n\end{pmatrix}$,则记 $\boldsymbol{\alpha}^{\mathrm{T}}=(a_1,a_2,\cdots,a_n)$. 行向量等同于一个行矩阵,列向量等同于一个列矩阵.

设 $\boldsymbol{\alpha}=(a_1,a_2,\cdots,a_n)$,$\boldsymbol{\beta}=(b_1,b_2,\cdots,b_n)$,当且仅当 $a_i=b_i(i=1,2,\cdots,n)$ 时,称**向量 $\boldsymbol{\alpha}$ 与 $\boldsymbol{\beta}$ 相等**,记作 $\boldsymbol{\alpha}=\boldsymbol{\beta}$.

分量都是 0 的向量,叫做**零向量**. 记为 $\boldsymbol{o}$,即 $\boldsymbol{o}=(0,0,\cdots,0)$.

称 $(-a_1,-a_2,\cdots,-a_n)$ 为向量 $\boldsymbol{\alpha}=(a_1,a_2,\cdots,a_n)$ 的**负向量**,记为 $-\boldsymbol{\alpha}$.

### 3.1.2 $n$ 维向量的线性运算

**定义 3.2** 设 $\boldsymbol{\alpha}=(a_1,a_2,\cdots,a_n)$,$\boldsymbol{\beta}=(b_1,b_2,\cdots,b_n)$,则**向量 $\boldsymbol{\alpha}$ 与向量 $\boldsymbol{\beta}$ 的和**定义为 $(a_1+b_1,a_2+b_2,\cdots,a_n+b_n)$,记作 $\boldsymbol{\alpha}+\boldsymbol{\beta}$,即

$$\boldsymbol{\alpha}+\boldsymbol{\beta}=(a_1+b_1,a_2+b_2,\cdots,a_n+b_n)$$

利用负向量,可定义**向量 $\boldsymbol{\alpha}$ 与向量 $\boldsymbol{\beta}$ 的差**为

$$\boldsymbol{\alpha}-\boldsymbol{\beta}=\boldsymbol{\alpha}+(-\boldsymbol{\beta})=(a_1-b_1,a_2-b_2,\cdots,a_n-b_n)$$

**定义 3.3** 设 $\boldsymbol{\alpha}=(a_1,a_2,\cdots,a_n)$,$k\in R$,则**数 $k$ 与向量 $\boldsymbol{\alpha}$ 的乘积**定义为$(ka_1,ka_2,\cdots,ka_n)$,记作 $k\boldsymbol{\alpha}$ 或 $\boldsymbol{\alpha}k$,即

$$k\boldsymbol{\alpha}=\boldsymbol{\alpha}k=(ka_1,ka_2,\cdots,ka_n)$$

向量的加法与向量的数乘运算统称为**向量的线性运算**. 对任意 $n$ 维向量 $\boldsymbol{\alpha},\boldsymbol{\beta},\boldsymbol{\gamma}$ 和数 $k,l$,向量的线性运算满足下述八条性质:

(1) $\boldsymbol{\alpha}+\boldsymbol{\beta}=\boldsymbol{\beta}+\boldsymbol{\alpha}$;

(2) $(\boldsymbol{\alpha}+\boldsymbol{\beta})+\boldsymbol{\gamma}=\boldsymbol{\alpha}+(\boldsymbol{\beta}+\boldsymbol{\gamma})$;

(3) $\boldsymbol{\alpha}+\boldsymbol{o}=\boldsymbol{\alpha}$;

(4) $\boldsymbol{\alpha}+(-\boldsymbol{\alpha})=\boldsymbol{o}$;

(5) $1\boldsymbol{\alpha}=\boldsymbol{\alpha},(-1)\boldsymbol{\alpha}=-\boldsymbol{\alpha},0\boldsymbol{\alpha}=\boldsymbol{o}$;

(6) $k(l\boldsymbol{\alpha})=(kl)\boldsymbol{\alpha}$;

(7) $k(\boldsymbol{\alpha}+\boldsymbol{\beta})=k\boldsymbol{\alpha}+k\boldsymbol{\beta}$;

(8) $(k+l)\boldsymbol{\alpha}=k\boldsymbol{\alpha}+l\boldsymbol{\alpha}$.

## 3.2 向量组的线性相关性

### 3.2.1 向量组的线性相关性的定义

**定义 3.4** 由若干个(有限、无限均可)维数相同的向量所构成的集合,称为**向量组**. 向量组通常是非空的集合.

**定义 3.5** 对于 $n$ 维向量组 $\boldsymbol{\beta},\boldsymbol{\alpha}_1,\boldsymbol{\alpha}_2,\cdots,\boldsymbol{\alpha}_m$,如果存在一组数 $l_1,l_2,\cdots,l_m$,使

$$\boldsymbol{\beta}=l_1\boldsymbol{\alpha}_1+l_2\boldsymbol{\alpha}_2+\cdots+l_m\boldsymbol{\alpha}_m \tag{3-1}$$

则称向量 $\boldsymbol{\beta}$ 可由 $\boldsymbol{\alpha}_1,\boldsymbol{\alpha}_2,\cdots,\boldsymbol{\alpha}_m$ **线性表示**,或称向量 $\boldsymbol{\beta}$ 是 $\boldsymbol{\alpha}_1,\boldsymbol{\alpha}_2,\cdots,\boldsymbol{\alpha}_m$ 的线性组合. 此时称 $l_1,l_2,\cdots,l_m$ 为**表示系数(或组合系数)**.

由定义 3.5 不难推出,$n$ 维零向量 $\boldsymbol{o}$ 能由 $n$ 维向量组 $\boldsymbol{\alpha}_1,\boldsymbol{\alpha}_2,\cdots,\boldsymbol{\alpha}_m$ 线性表示,这是因为

$$\boldsymbol{o}=0\boldsymbol{\alpha}_1+0\boldsymbol{\alpha}_2+\cdots+0\boldsymbol{\alpha}_m$$

**定义 3.6** 设有 $n$ 维向量组 $\boldsymbol{\alpha}_1,\boldsymbol{\alpha}_2,\cdots,\boldsymbol{\alpha}_m$,如果存在一组不全为零的数 $k_1,k_2,\cdots,k_m$,使

$$k_1\boldsymbol{\alpha}_1+k_2\boldsymbol{\alpha}_2+\cdots+k_m\boldsymbol{\alpha}_m=\boldsymbol{o} \tag{3-2}$$

则称向量组 $\boldsymbol{\alpha}_1,\boldsymbol{\alpha}_2,\cdots,\boldsymbol{\alpha}_m$ **线性相关**;否则,称向量组 $\boldsymbol{\alpha}_1,\boldsymbol{\alpha}_2,\cdots,\boldsymbol{\alpha}_m$ **线性无关**.

由定义 3.6 可得,一个向量 $\boldsymbol{\alpha}$ 线性相关的充要条件是 $\boldsymbol{\alpha}=\boldsymbol{o}$.

易得如下定理.

**定理 3.1** 若 $n$ 维向量组 $\boldsymbol{\alpha}_1,\boldsymbol{\alpha}_2,\cdots,\boldsymbol{\alpha}_m$ 线性相关,则 $n$ 维向量组 $\boldsymbol{\alpha}_1,\boldsymbol{\alpha}_2,\cdots,\boldsymbol{\alpha}_m,\boldsymbol{\alpha}_{m+1},\cdots,\boldsymbol{\alpha}_{m+s}(s\geqslant 1)$也线性相关.

**【例 3-1】** 判断下列向量组的线性相关性.

$$\boldsymbol{\alpha}_1=\begin{pmatrix}1\\2\\1\end{pmatrix},\boldsymbol{\alpha}_2=\begin{pmatrix}-1\\1\\4\end{pmatrix},\boldsymbol{\alpha}_3=\begin{pmatrix}1\\1\\3\end{pmatrix}$$

**解** 设数 $k_1,k_2,k_3$ 满足等式

$$k_1\boldsymbol{\alpha}_1+k_2\boldsymbol{\alpha}_2+k_3\boldsymbol{\alpha}_3=\boldsymbol{o}$$

由向量的运算及向量相等的定义，有

$$\begin{cases}k_1-k_2+k_3=0\\2k_1+k_2+k_3=0\\k_1+4k_2+3k_3=0\end{cases}\tag{3-3}$$

因为方程组(3-3)的系数行列式

$$|\boldsymbol{A}|=\begin{vmatrix}1&-1&1\\2&1&1\\1&4&3\end{vmatrix}=11\neq 0$$

所以方程组(3-3)只有零解，即只有当 $k_1=k_2=k_3=0$ 时，$k_1\boldsymbol{\alpha}_1+k_2\boldsymbol{\alpha}_2+k_3\boldsymbol{\alpha}_3=\boldsymbol{o}$，故 $\boldsymbol{\alpha}_1,\boldsymbol{\alpha}_2,\boldsymbol{\alpha}_3$ 线性无关.

【例 3-2】 设向量组 $\boldsymbol{\alpha}_1,\boldsymbol{\alpha}_2,\boldsymbol{\alpha}_3$ 线性无关，$\boldsymbol{\beta}_1=\boldsymbol{\alpha}_1+\boldsymbol{\alpha}_2,\boldsymbol{\beta}_2=\boldsymbol{\alpha}_2-\boldsymbol{\alpha}_3,\boldsymbol{\beta}_3=\boldsymbol{\alpha}_1+\boldsymbol{\alpha}_2+\boldsymbol{\alpha}_3$，证明：向量组 $\boldsymbol{\beta}_1,\boldsymbol{\beta}_2,\boldsymbol{\beta}_3$ 线性无关.

**证** 设数 $k_1,k_2,k_3$ 满足等式

$$k_1\boldsymbol{\beta}_1+k_2\boldsymbol{\beta}_2+k_3\boldsymbol{\beta}_3=\boldsymbol{o}$$

则有

$$k_1(\boldsymbol{\alpha}_1+\boldsymbol{\alpha}_2)+k_2(\boldsymbol{\alpha}_2-\boldsymbol{\alpha}_3)+k_3(\boldsymbol{\alpha}_1+\boldsymbol{\alpha}_2+\boldsymbol{\alpha}_3)=\boldsymbol{o}$$

即

$$(k_1+k_3)\boldsymbol{\alpha}_1+(k_1+k_2+k_3)\boldsymbol{\alpha}_2+(-k_2+k_3)\boldsymbol{\alpha}_3=\boldsymbol{o}$$

因为 $\alpha_1,\alpha_2,\alpha_3$ 线性无关，所以

$$\begin{cases}k_1+k_3=0\\k_1+k_2+k_3=0\\-k_2+k_3=0\end{cases}\tag{3-4}$$

由于方程组(3-4)的系数行列式

$$|\boldsymbol{A}|=\begin{vmatrix}1&0&1\\1&1&1\\0&-1&1\end{vmatrix}=1\neq 0$$

因此方程组(3-4)只有零解，故向量组 $\boldsymbol{\beta}_1,\boldsymbol{\beta}_2,\boldsymbol{\beta}_3$ 线性无关.

### 3.2.2 线性相关与线性表示的关系

**定理 3.2** 向量组 $\boldsymbol{\alpha}_1,\boldsymbol{\alpha}_2,\cdots,\boldsymbol{\alpha}_m(m\geqslant 2)$线性相关的充分必要条件是 $\boldsymbol{\alpha}_1,\boldsymbol{\alpha}_2,\cdots,\boldsymbol{\alpha}_m$ 中至少有一个向量可由其余 $m-1$ 个向量线性表示.

**证** 充分性. 不妨设 $\boldsymbol{\alpha}_m$ 可由 $\boldsymbol{\alpha}_1,\boldsymbol{\alpha}_2,\cdots,\boldsymbol{\alpha}_{m-1}$ 线性表示，即存在一组数 $k_1,k_2,\cdots,k_{m-1}$，使

$$\boldsymbol{\alpha}_m = k_1\boldsymbol{\alpha}_1 + k_2\boldsymbol{\alpha}_2 + \cdots + k_{m-1}\boldsymbol{\alpha}_{m-1}$$

故

$$k_1\boldsymbol{\alpha}_1 + k_2\boldsymbol{\alpha}_2 + \cdots + k_{m-1}\boldsymbol{\alpha}_{m-1} - \boldsymbol{\alpha}_m = \boldsymbol{o}$$

因为表示系数 $k_1, k_2, \cdots, k_{m-1}, -1$ 中，$-1$ 不为零，所以，$\boldsymbol{\alpha}_1, \boldsymbol{\alpha}_2, \cdots, \boldsymbol{\alpha}_m$ 线性相关 .

必要性. 因为向量组 $\boldsymbol{\alpha}_1, \boldsymbol{\alpha}_2, \cdots, \boldsymbol{\alpha}_m$ 线性相关，故存在一组不全为零的数 $k_1, k_2, \cdots, k_m$，使

$$k_1\boldsymbol{\alpha}_1 + k_2\boldsymbol{\alpha}_2 + \cdots + k_m\boldsymbol{\alpha}_m = \boldsymbol{o}$$

不妨设 $k_1 \neq 0$，则有

$$\boldsymbol{\alpha}_1 = \left(-\frac{k_2}{k_1}\right)\boldsymbol{\alpha}_2 + \cdots + \left(-\frac{k_m}{k_1}\right)\boldsymbol{\alpha}_m$$

由此可见，$\boldsymbol{\alpha}_1$ 可由 $\boldsymbol{\alpha}_2, \cdots, \boldsymbol{\alpha}_m$ 线性表示，必要性得证 .

由定理 3.2 知，两个同维非零向量 $\boldsymbol{\alpha}_1, \boldsymbol{\alpha}_2$ 线性相关的充要条件是存在数 $k$，使得 $\boldsymbol{\alpha}_1 = k\boldsymbol{\alpha}_2$，即 $\boldsymbol{\alpha}_1$ 与 $\boldsymbol{\alpha}_2$ 对应分量成比例 .

**推论 3.1** 向量组 $\boldsymbol{\alpha}_1, \boldsymbol{\alpha}_2, \cdots, \boldsymbol{\alpha}_m\ (m \geqslant 2)$ 线性无关的充分必要条件是 $\boldsymbol{\alpha}_1, \boldsymbol{\alpha}_2, \cdots, \boldsymbol{\alpha}_m$ 中任意一个向量均不能由其余 $m-1$ 个向量线性表示 .

**定理 3.3** 如果向量组 $\boldsymbol{\alpha}_1, \boldsymbol{\alpha}_2, \cdots, \boldsymbol{\alpha}_m$ 线性无关，但向量组 $\boldsymbol{\alpha}_1, \boldsymbol{\alpha}_2, \cdots, \boldsymbol{\alpha}_m, \boldsymbol{\beta}$ 线性相关，则向量 $\boldsymbol{\beta}$ 可由 $\boldsymbol{\alpha}_1, \boldsymbol{\alpha}_2, \cdots, \boldsymbol{\alpha}_m$ 唯一线性表示 .

**证** 因为 $\boldsymbol{\alpha}_1, \boldsymbol{\alpha}_2, \cdots, \boldsymbol{\alpha}_m, \boldsymbol{\beta}$ 线性相关，所以存在不全为零的数 $k_1, k_2, \cdots, k_m, k_{m+1}$，使得

$$k_1\boldsymbol{\alpha}_1 + k_2\boldsymbol{\alpha}_2 + \cdots + k_m\boldsymbol{\alpha}_m + k_{m+1}\boldsymbol{\beta} = \boldsymbol{o}$$

显然 $k_{m+1} \neq 0$，否则，向量组 $\boldsymbol{\alpha}_1, \boldsymbol{\alpha}_2, \cdots, \boldsymbol{\alpha}_m$ 线性相关，与已知矛盾. 于是

$$\boldsymbol{\beta} = -\frac{k_1}{k_{m+1}}\boldsymbol{\alpha}_1 - \frac{k_2}{k_{m+1}}\boldsymbol{\alpha}_2 - \cdots - \frac{k_m}{k_{m+1}}\boldsymbol{\alpha}_m \tag{3-5}$$

再证明 $\boldsymbol{\beta}$ 由 $\boldsymbol{\alpha}_1, \boldsymbol{\alpha}_2, \cdots, \boldsymbol{\alpha}_m$ 唯一线性表示 .

假设 $\boldsymbol{\beta}$ 的两种表示式为

$$\boldsymbol{\beta} = l_1\boldsymbol{\alpha}_1 + l_2\boldsymbol{\alpha}_2 + \cdots + l_m\boldsymbol{\alpha}_m$$
$$\boldsymbol{\beta} = t_1\boldsymbol{\alpha}_1 + t_2\boldsymbol{\alpha}_2 + \cdots + t_m\boldsymbol{\alpha}_m$$

两式相减得

$$\boldsymbol{o} = (l_1 - t_1)\boldsymbol{\alpha}_1 + (l_2 - t_2)\boldsymbol{\alpha}_2 + \cdots + (l_m - t_m)\boldsymbol{\alpha}_m$$

由于向量组 $\boldsymbol{\alpha}_1, \boldsymbol{\alpha}_2, \cdots, \boldsymbol{\alpha}_m$ 线性无关，故有

$$l_1 - t_1 = l_2 - t_2 = \cdots = l_m - t_m = 0$$

即

$$l_1 = t_1, l_2 = t_2, \cdots, l_m = t_m$$

所以 $\boldsymbol{\beta}$ 的表示式是唯一的 .

### 3.2.3 线性相关性的判定

向量组

$$\boldsymbol{\alpha}_1=\begin{pmatrix}a_{11}\\a_{21}\\\vdots\\a_{n1}\end{pmatrix},\boldsymbol{\alpha}_2=\begin{pmatrix}a_{12}\\a_{22}\\\vdots\\a_{n2}\end{pmatrix},\cdots,\boldsymbol{\alpha}_m=\begin{pmatrix}a_{1m}\\a_{2m}\\\vdots\\a_{nm}\end{pmatrix} \tag{3-6}$$

可以构成矩阵

$$\boldsymbol{A}=\begin{pmatrix}a_{11}&a_{12}&\cdots&a_{1m}\\a_{21}&a_{22}&\cdots&a_{2m}\\\vdots&\vdots&&\vdots\\a_{n1}&a_{n2}&\cdots&a_{nm}\end{pmatrix}=(\boldsymbol{\alpha}_1,\boldsymbol{\alpha}_2,\cdots,\boldsymbol{\alpha}_m)$$

称 $\boldsymbol{A}$ 为向量组(3-6)对应的矩阵,同时也称向量组 $\boldsymbol{\alpha}_1,\boldsymbol{\alpha}_2,\cdots,\boldsymbol{\alpha}_m$ 为矩阵 $\boldsymbol{A}$ 的列向量组．所以一个含有有限个向量的列向量组,总可以看成由一个矩阵的全体列向量所构成．

**定理 3.4** 设 $\boldsymbol{\alpha}_1=\begin{pmatrix}a_{11}\\a_{21}\\\vdots\\a_{n1}\end{pmatrix},\boldsymbol{\alpha}_2=\begin{pmatrix}a_{12}\\a_{22}\\\vdots\\a_{n2}\end{pmatrix},\cdots,\boldsymbol{\alpha}_m=\begin{pmatrix}a_{1m}\\a_{2m}\\\vdots\\a_{nm}\end{pmatrix}$,则向量组 $\boldsymbol{\alpha}_1,\boldsymbol{\alpha}_2,\cdots,\boldsymbol{\alpha}_m$ 线性相关的充要条件是矩阵 $\boldsymbol{A}=(\boldsymbol{\alpha}_1,\boldsymbol{\alpha}_2,\cdots,\boldsymbol{\alpha}_m)$的秩小于 $m$;向量组 $\boldsymbol{\alpha}_1,\boldsymbol{\alpha}_2,\cdots,\boldsymbol{\alpha}_m$ 线性无关的充要条件是矩阵 $\boldsymbol{A}=(\boldsymbol{\alpha}_1,\boldsymbol{\alpha}_2,\cdots,\boldsymbol{\alpha}_m)$的秩等于 $m$.

**证** 如果向量组 $\boldsymbol{\alpha}_1,\boldsymbol{\alpha}_2,\cdots,\boldsymbol{\alpha}_m$ 线性相关,则当 $m=1$ 时,$\boldsymbol{\alpha}_1=\boldsymbol{o},\boldsymbol{A}=\boldsymbol{O},R(\boldsymbol{A})=0<m=1$. 当 $m>1$ 时,$\boldsymbol{\alpha}_1,\boldsymbol{\alpha}_2,\cdots,\boldsymbol{\alpha}_m$ 中至少有一个向量可由其余 $m-1$ 个向量线性表示,不妨设 $\boldsymbol{\alpha}_m$ 可由 $\boldsymbol{\alpha}_1,\boldsymbol{\alpha}_2,\cdots,\boldsymbol{\alpha}_{m-1}$ 线性表示,则存在一组数 $k_1,k_2,\cdots,k_{m-1}$,使

$$\boldsymbol{\alpha}_m=k_1\boldsymbol{\alpha}_1+k_2\boldsymbol{\alpha}_2+\cdots+k_{m-1}\boldsymbol{\alpha}_{m-1}$$

$$\boldsymbol{A}=(\boldsymbol{\alpha}_1,\boldsymbol{\alpha}_2,\cdots,\boldsymbol{\alpha}_{m-1},\boldsymbol{\alpha}_m)\xrightarrow{c_m-k_1c_1-\cdots-k_{m-1}c_{m-1}}(\boldsymbol{\alpha}_1,\boldsymbol{\alpha}_2,\cdots,\boldsymbol{\alpha}_{m-1},\boldsymbol{o})=\boldsymbol{B}$$

矩阵 $\boldsymbol{B}$ 的所有 $m$ 阶子式均为零,$R(\boldsymbol{B})<m$. 而 $R(\boldsymbol{A})=R(\boldsymbol{B})$,故有 $R(\boldsymbol{A})<m$.

反之,如果 $R(\boldsymbol{A})=r<m$,不妨设矩阵 $\boldsymbol{A}$ 的标准形矩阵为$\begin{pmatrix}\boldsymbol{E}_r&\boldsymbol{O}\\\boldsymbol{O}&\boldsymbol{O}\end{pmatrix}$,则存在 $n$ 阶可逆阵 $\boldsymbol{P}$ 和 $m$ 阶可逆阵 $\boldsymbol{Q}$,使

$$\boldsymbol{PAQ}=\begin{pmatrix}\boldsymbol{E}_r&\boldsymbol{O}\\\boldsymbol{O}&\boldsymbol{O}\end{pmatrix},\boldsymbol{AQ}=\boldsymbol{P}^{-1}\begin{pmatrix}\boldsymbol{E}_r&\boldsymbol{O}\\\boldsymbol{O}&\boldsymbol{O}\end{pmatrix}$$

设 $\boldsymbol{Q}=\begin{pmatrix}q_{11}&q_{12}&\cdots&q_{1m}\\q_{21}&q_{22}&\cdots&q_{2m}\\\vdots&\vdots&&\vdots\\q_{m1}&q_{m2}&\cdots&q_{mm}\end{pmatrix}$,显然矩阵 $\boldsymbol{P}^{-1}\begin{pmatrix}\boldsymbol{E}_r&\boldsymbol{O}\\\boldsymbol{O}&\boldsymbol{O}\end{pmatrix}$的第 $m$ 列为零向量,而 $\boldsymbol{AQ}$ 的第 $m$ 列为 $q_{1m}\boldsymbol{\alpha}_1+q_{2m}\boldsymbol{\alpha}_2+\cdots+q_{mm}\boldsymbol{\alpha}_m$,所以 $q_{1m}\boldsymbol{\alpha}_1+q_{2m}\boldsymbol{\alpha}_2+\cdots+q_{mm}\boldsymbol{\alpha}_m=\boldsymbol{o}$. 因为矩阵 $\boldsymbol{Q}$ 可逆,所以数 $q_{1m},q_{2m},\cdots,q_{mm}$ 不全为零,所以向量组 $\boldsymbol{\alpha}_1,\boldsymbol{\alpha}_2,\cdots,\boldsymbol{\alpha}_m$ 线性相关．

综上所述,向量组 $\boldsymbol{\alpha}_1,\boldsymbol{\alpha}_2,\cdots,\boldsymbol{\alpha}_m$ 线性相关的充要条件是矩阵 $\boldsymbol{A}=(\boldsymbol{\alpha}_1,\boldsymbol{\alpha}_2,\cdots,\boldsymbol{\alpha}_m)$的秩小于 $m$.

由定义 3.6 及以上结论可知,向量组 $\boldsymbol{\alpha}_1,\boldsymbol{\alpha}_2,\cdots,\boldsymbol{\alpha}_m$ 线性无关的充要条件是矩阵

$\boldsymbol{A}=(\boldsymbol{\alpha}_1,\boldsymbol{\alpha}_2,\cdots,\boldsymbol{\alpha}_m)$的秩至少为 $m$，而由矩阵秩的性质可知，矩阵 $\boldsymbol{A}=(\boldsymbol{\alpha}_1,\boldsymbol{\alpha}_2,\cdots,\boldsymbol{\alpha}_m)$的秩不超过 $m$，故向量组 $\boldsymbol{\alpha}_1,\boldsymbol{\alpha}_2,\cdots,\boldsymbol{\alpha}_m$ 线性无关的充要条件是矩阵 $\boldsymbol{A}=(\boldsymbol{\alpha}_1,\boldsymbol{\alpha}_2,\cdots,\boldsymbol{\alpha}_m)$的秩等于 $m$.

由定理 3.4 易知，$n$ 维单位坐标向量 $\boldsymbol{\varepsilon}_1=\begin{pmatrix}1\\0\\\vdots\\0\end{pmatrix},\boldsymbol{\varepsilon}_2=\begin{pmatrix}0\\1\\\vdots\\0\end{pmatrix},\cdots,\boldsymbol{\varepsilon}_n=\begin{pmatrix}0\\0\\\vdots\\1\end{pmatrix}$线性无关.

线性相关性是向量组的一个重要性质，由定理 3.4 可得下述结论.

**推论 3.2** 如果向量组 $\boldsymbol{A}:\boldsymbol{\alpha}_1=\begin{pmatrix}a_{11}\\a_{21}\\\vdots\\a_{r1}\end{pmatrix},\boldsymbol{\alpha}_2=\begin{pmatrix}a_{12}\\a_{22}\\\vdots\\a_{r2}\end{pmatrix},\cdots,\boldsymbol{\alpha}_m=\begin{pmatrix}a_{1m}\\a_{2m}\\\vdots\\a_{rm}\end{pmatrix}$线性无关，则向量组

$\boldsymbol{B}:\boldsymbol{\beta}_1=\begin{pmatrix}a_{11}\\a_{21}\\\vdots\\a_{r1}\\b_{11}\\\vdots\\b_{s1}\end{pmatrix},\boldsymbol{\beta}_2=\begin{pmatrix}a_{12}\\a_{22}\\\vdots\\a_{r2}\\b_{12}\\\vdots\\b_{s2}\end{pmatrix},\cdots,\boldsymbol{\beta}_m=\begin{pmatrix}a_{1m}\\a_{2m}\\\vdots\\a_{rm}\\b_{1m}\\\vdots\\b_{sm}\end{pmatrix}$也线性无关.

**证** 因为 $\boldsymbol{\alpha}_1,\boldsymbol{\alpha}_2,\cdots,\boldsymbol{\alpha}_m$ 线性无关，故矩阵 $\boldsymbol{A}=\begin{pmatrix}a_{11}&a_{12}&\cdots&a_{1m}\\a_{21}&a_{22}&\cdots&a_{2m}\\\vdots&\vdots&&\vdots\\a_{r1}&a_{r2}&\cdots&a_{rm}\end{pmatrix}$的秩等于 $m$，而矩阵 $\boldsymbol{A}$ 为矩阵 $\boldsymbol{B}=\begin{pmatrix}a_{11}&a_{12}&\cdots&a_{1m}\\a_{21}&a_{22}&\cdots&a_{2m}\\\vdots&\vdots&&\vdots\\a_{r1}&a_{r2}&\cdots&a_{rm}\\b_{11}&b_{12}&\cdots&b_{1m}\\\vdots&\vdots&&\vdots\\b_{s1}&b_{s2}&\cdots&b_{sm}\end{pmatrix}$的子矩阵，故 $R(\boldsymbol{B})\geqslant R(\boldsymbol{A})=m$.

又 $R(\boldsymbol{B})\leqslant m$，故 $R(\boldsymbol{B})=m$，所以向量组 $\boldsymbol{B}$ 线性无关.

**推论 3.3** 设 $\boldsymbol{\alpha}_1,\boldsymbol{\alpha}_2,\cdots,\boldsymbol{\alpha}_m$ 是 $n$ 维向量，如果 $m>n$，则向量组 $\boldsymbol{\alpha}_1,\boldsymbol{\alpha}_2,\cdots,\boldsymbol{\alpha}_m$ 必定线性相关.

**证** 不妨设向量为列向量，将 $\boldsymbol{\alpha}_1,\boldsymbol{\alpha}_2,\cdots,\boldsymbol{\alpha}_m$ 构成矩阵 $\boldsymbol{A}=(\boldsymbol{\alpha}_1,\boldsymbol{\alpha}_2,\cdots,\boldsymbol{\alpha}_m)$，因为 $R(\boldsymbol{A})\leqslant\min\{m,n\}=n<m$，故由定理 3.4 知，向量组 $\boldsymbol{\alpha}_1,\boldsymbol{\alpha}_2,\cdots,\boldsymbol{\alpha}_m$ 线性相关.

**推论 3.4** 设 $\boldsymbol{\alpha}_1=\begin{pmatrix}a_{11}\\a_{21}\\\vdots\\a_{n1}\end{pmatrix},\boldsymbol{\alpha}_2=\begin{pmatrix}a_{12}\\a_{22}\\\vdots\\a_{n2}\end{pmatrix},\cdots,\boldsymbol{\alpha}_n=\begin{pmatrix}a_{1n}\\a_{2n}\\\vdots\\a_{nn}\end{pmatrix}$，则向量组 $\boldsymbol{\alpha}_1,\boldsymbol{\alpha}_2,\cdots,\boldsymbol{\alpha}_n$ 线性相关的充要条件是

$$\begin{vmatrix}a_{11}&a_{12}&\cdots&a_{1n}\\a_{21}&a_{22}&\cdots&a_{2n}\\\vdots&\vdots&&\vdots\\a_{n1}&a_{n2}&\cdots&a_{nn}\end{vmatrix}=0$$

向量组 $\boldsymbol{\alpha}_1,\boldsymbol{\alpha}_2,\cdots,\boldsymbol{\alpha}_n$ 线性无关的充要条件是

$$\begin{vmatrix}a_{11}&a_{12}&\cdots&a_{1n}\\a_{21}&a_{22}&\cdots&a_{2n}\\\vdots&\vdots&&\vdots\\a_{n1}&a_{n2}&\cdots&a_{nn}\end{vmatrix}\neq 0$$

**证** 由定理 3.4 知，向量组 $\boldsymbol{\alpha}_1,\boldsymbol{\alpha}_2,\cdots,\boldsymbol{\alpha}_n$ 线性相关的充要条件是 $\boldsymbol{A}=(\boldsymbol{\alpha}_1,\boldsymbol{\alpha}_2,\cdots,\boldsymbol{\alpha}_n)$ 的秩小于 $n$，从而 $\begin{vmatrix}a_{11}&a_{12}&\cdots&a_{1n}\\a_{21}&a_{22}&\cdots&a_{2n}\\\vdots&\vdots&&\vdots\\a_{n1}&a_{n2}&\cdots&a_{nn}\end{vmatrix}=0$. 同理向量组 $\boldsymbol{\alpha}_1,\boldsymbol{\alpha}_2,\cdots,\boldsymbol{\alpha}_n$ 线性无关的充要条件是 $\boldsymbol{A}=(\boldsymbol{\alpha}_1,\boldsymbol{\alpha}_2,\cdots,\boldsymbol{\alpha}_n)$ 的秩等于 $n$，从而充要条件是 $\begin{vmatrix}a_{11}&a_{12}&\cdots&a_{1n}\\a_{21}&a_{22}&\cdots&a_{2n}\\\vdots&\vdots&&\vdots\\a_{n1}&a_{n2}&\cdots&a_{nn}\end{vmatrix}\neq 0$.

**【例 3-3】** 讨论下列向量组的线性相关性.

(1) $\boldsymbol{\alpha}_1=(0,1,2)^{\mathrm T},\boldsymbol{\alpha}_2=(1,0,2)^{\mathrm T},\boldsymbol{\alpha}_3=(0,1,1)^{\mathrm T},\boldsymbol{\alpha}_4=(-1,2,4)^{\mathrm T}$；

(2) $\boldsymbol{\alpha}_1=(1,0,1,2)^{\mathrm T},\boldsymbol{\alpha}_2=(-1,1,0,1)^{\mathrm T},\boldsymbol{\alpha}_3=(0,1,1,4)^{\mathrm T}$.

**解** (1) 因为 $m=4,n=3,m>n$. 所以，由推论 3.3 知，$\boldsymbol{\alpha}_1,\boldsymbol{\alpha}_2,\boldsymbol{\alpha}_3,\boldsymbol{\alpha}_4$ 线性相关.

(2) 设 $\boldsymbol{A}=\begin{pmatrix}1&-1&0\\0&1&1\\1&0&1\\2&1&4\end{pmatrix}$，因为 $\boldsymbol{A}\to\begin{pmatrix}1&-1&0\\0&1&1\\0&0&1\\0&0&0\end{pmatrix}$，$R(\boldsymbol{A})=3$，所以由定理 3.4 知，$\boldsymbol{\alpha}_1,\boldsymbol{\alpha}_2,\boldsymbol{\alpha}_3$ 线性无关.

**【例 3-4】** 设向量组 $\boldsymbol{\alpha}_1=(1,2,4)^{\mathrm T},\boldsymbol{\alpha}_2=(1,1,2)^{\mathrm T},\boldsymbol{\alpha}_3=(-1,3,c)^{\mathrm T}$，问：$c$ 取何值时，$\boldsymbol{\alpha}_1,\boldsymbol{\alpha}_2,\boldsymbol{\alpha}_3$ 线性相关；$c$ 取何值时，$\boldsymbol{\alpha}_1,\boldsymbol{\alpha}_2,\boldsymbol{\alpha}_3$ 线性无关.

**解** 设 $\boldsymbol{A}=\begin{pmatrix}1&1&-1\\2&1&3\\4&2&c\end{pmatrix}$，则 $|\boldsymbol{A}|=\begin{vmatrix}1&1&-1\\2&1&3\\4&2&c\end{vmatrix}=-c+6$. 所以当 $c=6$ 时，$|\boldsymbol{A}|=0$，

$\boldsymbol{\alpha}_1,\boldsymbol{\alpha}_2,\boldsymbol{\alpha}_3$ 线性相关；当 $c\neq 6$ 时，$|\boldsymbol{A}|\neq 0$，$\boldsymbol{\alpha}_1,\boldsymbol{\alpha}_2,\boldsymbol{\alpha}_3$ 线性无关．

# 3.3 向量组的极大无关组和向量组的秩

## 3.3.1 向量组等价

**定义 3.7** 如果向量组 $\boldsymbol{A}$ 中的每个向量都可由向量组 $\boldsymbol{B}$ 中向量线性表示，则称**向量组 $\boldsymbol{A}$ 可由向量组 $\boldsymbol{B}$ 线性表示**；如果向量组 $\boldsymbol{A}$ 与向量组 $\boldsymbol{B}$ 可以相互线性表示，则称**向量组 $\boldsymbol{A}$ 与向量组 $\boldsymbol{B}$ 等价**．

设 $\boldsymbol{A},\boldsymbol{B},\boldsymbol{C}$ 是三个由 $n$ 维向量构成的向量组，由定义不难证明，向量组等价满足下列三个条件：

(1) 反身性. $\boldsymbol{A}$ 与 $\boldsymbol{A}$ 等价；

(2) 对称性. 若 $\boldsymbol{A}$ 与 $\boldsymbol{B}$ 等价，则 $\boldsymbol{B}$ 与 $\boldsymbol{A}$ 等价；

(3) 传递性. 若 $\boldsymbol{A}$ 与 $\boldsymbol{B}$ 等价，$\boldsymbol{B}$ 与 $\boldsymbol{C}$ 等价，则 $\boldsymbol{A}$ 与 $\boldsymbol{C}$ 等价．

设向量组 $\boldsymbol{A}:\boldsymbol{\alpha}_1,\boldsymbol{\alpha}_2,\cdots,\boldsymbol{\alpha}_s$ 能由向量组 $\boldsymbol{B}:\boldsymbol{\beta}_1,\boldsymbol{\beta}_2,\cdots,\boldsymbol{\beta}_t$ 线性表示，不妨设向量是列向量，则存在 $t\times s$ 个数 $k_{ij}(i=1,2,\cdots,t;j=1,2,\cdots,s)$ 使得

$$\begin{cases}\boldsymbol{\alpha}_1=k_{11}\boldsymbol{\beta}_1+k_{21}\boldsymbol{\beta}_2+\cdots+k_{t1}\boldsymbol{\beta}_s\\ \boldsymbol{\alpha}_2=k_{12}\boldsymbol{\beta}_1+k_{22}\boldsymbol{\beta}_2+\cdots+k_{t2}\boldsymbol{\beta}_s\\ \quad\vdots\qquad\vdots\qquad\vdots\qquad\qquad\vdots\\ \boldsymbol{\alpha}_s=k_{1s}\boldsymbol{\beta}_1+k_{2s}\boldsymbol{\beta}_2+\cdots+k_{ts}\boldsymbol{\beta}_s\end{cases}$$

从而

$$(\boldsymbol{\alpha}_1,\boldsymbol{\alpha}_2,\cdots,\boldsymbol{\alpha}_s)=(\boldsymbol{\beta}_1,\boldsymbol{\beta}_2,\cdots,\boldsymbol{\beta}_t)\begin{pmatrix}k_{11}&k_{12}&\cdots&k_{1s}\\k_{21}&k_{22}&\cdots&k_{2s}\\\vdots&\vdots&&\vdots\\k_{t1}&k_{t2}&\cdots&k_{ts}\end{pmatrix}$$

记 $\boldsymbol{A}=(\boldsymbol{\alpha}_1,\boldsymbol{\alpha}_2,\cdots,\boldsymbol{\alpha}_s)$，$\boldsymbol{B}=(\boldsymbol{\beta}_1,\boldsymbol{\beta}_2,\cdots,\boldsymbol{\beta}_t)$，$(\boldsymbol{B},\boldsymbol{A})=(\boldsymbol{\beta}_1,\cdots,\boldsymbol{\beta}_t,\boldsymbol{\alpha}_1,\cdots,\boldsymbol{\alpha}_s)$，$\boldsymbol{K}=\begin{pmatrix}k_{11}&k_{12}&\cdots&k_{1s}\\k_{21}&k_{22}&\cdots&k_{2s}\\\vdots&\vdots&&\vdots\\k_{t1}&k_{t2}&\cdots&k_{ts}\end{pmatrix}$，则 $\boldsymbol{A}=\boldsymbol{BK}$，矩阵 $\boldsymbol{K}$ 为由向量组 $\boldsymbol{B}$ 表示向量组 $\boldsymbol{A}$ 的线性表示矩阵．

此时，对 $(\boldsymbol{B},\boldsymbol{A})=(\boldsymbol{\beta}_1,\cdots,\boldsymbol{\beta}_t,\boldsymbol{\alpha}_1,\cdots,\boldsymbol{\alpha}_s)$ 施行矩阵的初等列变换可以将其化为 $(\boldsymbol{B},\boldsymbol{O})$，进而有 $R(\boldsymbol{B},\boldsymbol{A})=R(\boldsymbol{B})$.

反之，若 $R(\boldsymbol{B},\boldsymbol{A})=R(\boldsymbol{B})$，则向量组 $\boldsymbol{A}$ 可由向量组 $\boldsymbol{B}$ 线性表示．于是，有下面的定理.

**定理 3.5** 向量组 $\boldsymbol{A}$ 可由向量组 $\boldsymbol{B}$ 线性表示的充要条件是 $R(\boldsymbol{B},\boldsymbol{A})=R(\boldsymbol{B})$.

根据定理 3.5，向量组 $\boldsymbol{B}$ 可由向量组 $\boldsymbol{A}$ 线性表示的充要条件是 $R(\boldsymbol{A},\boldsymbol{B})=R(\boldsymbol{A})$. 由于 $R(\boldsymbol{B},\boldsymbol{A})=R(\boldsymbol{A},\boldsymbol{B})$，于是有如下的推论.

**推论 3.5** 向量组 $\boldsymbol{A}:\boldsymbol{\alpha}_1,\boldsymbol{\alpha}_2,\cdots,\boldsymbol{\alpha}_s$ 与向量组 $\boldsymbol{B}:\boldsymbol{\beta}_1,\boldsymbol{\beta}_2,\cdots,\boldsymbol{\beta}_t$ 等价的充要条件是

$$R(\boldsymbol{B},\boldsymbol{A})=R(\boldsymbol{A})=R(\boldsymbol{B})$$

【例 3-5】 已知向量组

$$\boldsymbol{A}:\boldsymbol{\alpha}_1=(0,1,2,3)^{\mathrm{T}},\boldsymbol{\alpha}_2=(3,0,1,2)^{\mathrm{T}},\boldsymbol{\alpha}_3=(2,3,0,1)^{\mathrm{T}}$$

$$\boldsymbol{B}:\boldsymbol{\beta}_1=(2,1,1,2)^{\mathrm{T}},\boldsymbol{\beta}_2=(0,-2,1,1)^{\mathrm{T}},\boldsymbol{\beta}_3=(4,4,1,3)^{\mathrm{T}}$$

证明:向量组 $\boldsymbol{B}$ 能由向量组 $\boldsymbol{A}$ 线性表示,但向量组 $\boldsymbol{A}$ 不能由向量组 $\boldsymbol{B}$ 线性表示.

证 由于

$$(\boldsymbol{A},\boldsymbol{B})=\left(\begin{array}{ccc:ccc}0&3&2&2&0&4\\1&0&3&1&-2&4\\2&1&0&1&1&1\\3&2&1&2&1&3\end{array}\right)\xrightarrow{r}\left(\begin{array}{ccc:ccc}1&0&3&1&-2&4\\0&3&2&2&0&4\\0&1&-6&-1&5&-7\\0&2&-8&-1&7&-9\end{array}\right)$$

$$\xrightarrow{r}\left(\begin{array}{ccc:ccc}1&0&3&1&-2&4\\0&1&-6&-1&5&-7\\0&0&20&5&-15&25\\0&0&4&1&-3&5\end{array}\right)\xrightarrow{r}\left(\begin{array}{ccc:ccc}1&0&3&1&-2&4\\0&1&-6&-1&5&-7\\0&0&4&1&-3&5\\0&0&0&0&0&0\end{array}\right)$$

知 $R(\boldsymbol{A})=R(\boldsymbol{A},\boldsymbol{B})=3$,所以向量组 $\boldsymbol{B}$ 能由向量组 $\boldsymbol{A}$ 线性表示.由于

$$\boldsymbol{B}=\begin{pmatrix}2&0&4\\1&-2&4\\1&1&1\\2&1&3\end{pmatrix}\xrightarrow{r}\begin{pmatrix}1&0&2\\0&-2&2\\0&1&-1\\0&1&-1\end{pmatrix}\xrightarrow{r}\begin{pmatrix}1&0&2\\0&1&-1\\0&0&0\\0&0&0\end{pmatrix}$$

知 $R(\boldsymbol{B})=2$. 因为 $R(\boldsymbol{B})\neq R(\boldsymbol{B},\boldsymbol{A})$,所以向量组 $\boldsymbol{A}$ 不能由向量组 $\boldsymbol{B}$ 线性表示 .

**定理 3.6** 设有两个向量组 $\boldsymbol{A}:\boldsymbol{\alpha}_1,\boldsymbol{\alpha}_2,\cdots,\boldsymbol{\alpha}_s$, $\boldsymbol{B}:\boldsymbol{\beta}_1,\boldsymbol{\beta}_2,\cdots,\boldsymbol{\beta}_t$,如果向量组 $\boldsymbol{A}$ 线性无关,且向量组 $\boldsymbol{A}$ 可由向量组 $\boldsymbol{B}$ 线性表示,则 $s\leqslant t$.

证 用反证法,假设 $s>t$.

因为向量组 $\boldsymbol{A}$ 可由向量组 $\boldsymbol{B}$ 线性表示,所以,存在 $t\times s$ 个数 $k_{ij}$, $i=1,2,\cdots,t;j=1,2,\cdots,s$,使得

$$\begin{cases}\boldsymbol{\alpha}_1=k_{11}\boldsymbol{\beta}_1+k_{21}\boldsymbol{\beta}_2+\cdots+k_{t1}\boldsymbol{\beta}_t\\\boldsymbol{\alpha}_2=k_{12}\boldsymbol{\beta}_1+k_{22}\boldsymbol{\beta}_2+\cdots+k_{t2}\boldsymbol{\beta}_t\\\quad\vdots\qquad\vdots\qquad\quad\vdots\qquad\qquad\vdots\\\boldsymbol{\alpha}_s=k_{1s}\boldsymbol{\beta}_1+k_{2s}\boldsymbol{\beta}_2+\cdots+k_{ts}\boldsymbol{\beta}_t\end{cases}$$

不妨设向量为列向量,则$(\boldsymbol{\alpha}_1,\boldsymbol{\alpha}_2,\cdots,\boldsymbol{\alpha}_s)=(\boldsymbol{\beta}_1,\boldsymbol{\beta}_2,\cdots,\boldsymbol{\beta}_t)\begin{pmatrix}k_{11}&k_{12}&\cdots&k_{1s}\\k_{21}&k_{22}&\cdots&k_{2s}\\\vdots&\vdots&&\vdots\\k_{t1}&k_{t2}&\cdots&k_{ts}\end{pmatrix}$

因为 $s>t$,所以向量组 $\boldsymbol{\gamma}_1=\begin{pmatrix}k_{11}\\k_{21}\\\vdots\\k_{t1}\end{pmatrix}$, $\boldsymbol{\gamma}_2=\begin{pmatrix}k_{12}\\k_{22}\\\vdots\\k_{t2}\end{pmatrix}$, $\cdots$, $\boldsymbol{\gamma}_s=\begin{pmatrix}k_{1r}\\k_{2r}\\\vdots\\k_{tr}\end{pmatrix}$ 线性相关,故存在一组不全为零的数 $l_1,l_2,\cdots,l_s$,使得

$$l_1\boldsymbol{\gamma}_1+l_2\boldsymbol{\gamma}_2+\cdots+l_s\boldsymbol{\gamma}_s=\boldsymbol{o}$$

即

$$(\boldsymbol{\gamma}_1,\boldsymbol{\gamma}_2,\cdots,\boldsymbol{\gamma}_s)\begin{pmatrix}l_1\\l_2\\\vdots\\l_s\end{pmatrix}=\boldsymbol{o}$$

所以

$$(\boldsymbol{\alpha}_1,\boldsymbol{\alpha}_2,\cdots,\boldsymbol{\alpha}_s)\begin{pmatrix}l_1\\l_2\\\vdots\\l_s\end{pmatrix}=(\boldsymbol{\beta}_1,\boldsymbol{\beta}_2,\cdots,\boldsymbol{\beta}_t)(\boldsymbol{\gamma}_1,\boldsymbol{\gamma}_2,\cdots,\boldsymbol{\gamma}_s)\begin{pmatrix}l_1\\l_2\\\vdots\\l_s\end{pmatrix}=\boldsymbol{o}$$

由于 $l_1\boldsymbol{\alpha}_1+l_2\boldsymbol{\alpha}_2+\cdots+l_s\boldsymbol{\alpha}_s=\boldsymbol{o}$，$l_1,l_2,\cdots,l_s$ 不全为零，所以 $\boldsymbol{\alpha}_1,\boldsymbol{\alpha}_2,\cdots,\boldsymbol{\alpha}_s$ 线性相关，与已知矛盾，故假设不成立，因此 $s\leqslant t$.

**推论 3.6** 两个等价的线性无关向量组含有相同的向量个数.

**证** 设向量组 $\boldsymbol{\alpha}_1,\boldsymbol{\alpha}_2,\cdots,\boldsymbol{\alpha}_r$ 和向量组 $\boldsymbol{\beta}_1,\boldsymbol{\beta}_2,\cdots,\boldsymbol{\beta}_s$ 为等价的线性无关向量组，因为向量组 $\boldsymbol{\alpha}_1,\boldsymbol{\alpha}_2,\cdots,\boldsymbol{\alpha}_r$ 为线性无关向量组，且该向量组可由向量组 $\boldsymbol{\beta}_1,\boldsymbol{\beta}_2,\cdots,\boldsymbol{\beta}_s$ 线性表示，所以由定理 3.6 知 $r\leqslant s$，同理可证 $s\leqslant r$，故有 $r=s$.

对于一个线性相关的向量组 $\boldsymbol{A}$，我们希望找到一个向量个数最少的向量组，使其能够表示向量组 $\boldsymbol{A}$ 中所有的向量，基于这一想法，我们给出如下定义.

## 3.3.2 向量组的极大无关组

**定义 3.8** 设 $\boldsymbol{T}$ 是 $n$ 维向量构成的向量组，在 $\boldsymbol{T}$ 中选出的 $r$ 个向量 $\boldsymbol{\alpha}_1,\boldsymbol{\alpha}_2,\cdots,\boldsymbol{\alpha}_r$，如果满足：

(1) $\boldsymbol{\alpha}_1,\boldsymbol{\alpha}_2,\cdots,\boldsymbol{\alpha}_r$ 线性无关；

(2) 任意 $\boldsymbol{\alpha}\in\boldsymbol{T}$，总有 $\boldsymbol{\alpha}_1,\boldsymbol{\alpha}_2,\cdots,\boldsymbol{\alpha}_r,\boldsymbol{\alpha}$ 线性相关.

则称向量组 $\boldsymbol{\alpha}_1,\boldsymbol{\alpha}_2,\cdots,\boldsymbol{\alpha}_r$ 为向量组 $\boldsymbol{T}$ 的一个极大线性无关向量组，简称**极大无关组**(或**最大无关组**).

**注：** 定义 3.8 中条件(2)可以换为“任意 $\boldsymbol{\alpha}\in\boldsymbol{T}$，$\boldsymbol{\alpha}$ 可以由 $\boldsymbol{\alpha}_1,\boldsymbol{\alpha}_2,\cdots,\boldsymbol{\alpha}_r$ 线性表示”.

容易验证：若向量组 $\boldsymbol{\alpha}_1,\boldsymbol{\alpha}_2,\cdots,\boldsymbol{\alpha}_m$ 线性无关，则 $\boldsymbol{\alpha}_1,\boldsymbol{\alpha}_2,\cdots,\boldsymbol{\alpha}_m$ 是它自身的唯一的极大无关组；若向量组中只有零向量，则该向量组没有极大无关组.

对于向量组 $\boldsymbol{\alpha}_1=(1,1,1)^{\mathrm{T}}$，$\boldsymbol{\alpha}_2=(0,0,0)^{\mathrm{T}}$，因为 $\boldsymbol{\alpha}_1$ 线性无关，而 $\boldsymbol{\alpha}_1,\boldsymbol{\alpha}_2$ 线性相关，所以，$\boldsymbol{\alpha}_1$ 为向量组 $\boldsymbol{\alpha}_1,\boldsymbol{\alpha}_2$ 的极大无关组.

对于向量组 $\boldsymbol{\alpha}_1=(1,3,4)^{\mathrm{T}}$，$\boldsymbol{\alpha}_2=(0,1,3)^{\mathrm{T}}$，$\boldsymbol{\alpha}_3=(1,2,1)^{\mathrm{T}}$，因为 $\boldsymbol{\alpha}_1,\boldsymbol{\alpha}_2$ 线性无关，而 $\boldsymbol{\alpha}_1,\boldsymbol{\alpha}_2,\boldsymbol{\alpha}_3$ 线性相关，所以，$\boldsymbol{\alpha}_1,\boldsymbol{\alpha}_2$ 为向量组 $\boldsymbol{\alpha}_1,\boldsymbol{\alpha}_2,\boldsymbol{\alpha}_3$ 的极大无关组. 同理，$\boldsymbol{\alpha}_1,\boldsymbol{\alpha}_3$ 和 $\boldsymbol{\alpha}_2,\boldsymbol{\alpha}_3$ 均为 $\boldsymbol{\alpha}_1,\boldsymbol{\alpha}_2,\boldsymbol{\alpha}_3$ 的极大无关组.

### 3.3.3 向量组的秩

一般来说，一个向量组的极大无关组不唯一．但从上面的例子看出，同一个向量组的不同的极大无关组所含的向量个数相同，这并不是偶然的．

**定义 3.9** 向量组的极大无关组所含向量个数称为这个**向量组的秩**．

如果向量组中只含零向量，规定该向量组的**秩为 0**.

**推论 3.7** 若向量组的秩为 $r$，则向量组中任意 $r$ 个线性无关的向量都是它的一个极大无关组．

**证** 设向量组 $\boldsymbol{\alpha}_1,\boldsymbol{\alpha}_2,\cdots,\boldsymbol{\alpha}_s$ 的秩为 $r$，$\boldsymbol{\alpha}_{i_1},\boldsymbol{\alpha}_{i_2},\cdots,\boldsymbol{\alpha}_{i_r}$ 是 $\boldsymbol{\alpha}_1,\boldsymbol{\alpha}_2,\cdots,\boldsymbol{\alpha}_s$ 中任意 $r$ 个线性无关的向量．对于任意的向量 $\boldsymbol{\alpha}_j(j=1,2,\cdots,s)$，$\boldsymbol{\alpha}_{i_1},\boldsymbol{\alpha}_{i_2},\cdots,\boldsymbol{\alpha}_{i_r},\boldsymbol{\alpha}_j$ 线性相关(否则与向量组 $\boldsymbol{\alpha}_1,\boldsymbol{\alpha}_2,\cdots,\boldsymbol{\alpha}_s$ 的秩为 $r$ 相矛盾)，可见，$\boldsymbol{\alpha}_{i_1},\boldsymbol{\alpha}_{i_2},\cdots,\boldsymbol{\alpha}_{i_r}$ 是该向量组的一个极大无关组．

**推论 3.8** 若向量组 $\boldsymbol{A}$ 可由向量组 $\boldsymbol{B}$ 线性表示，则向量组 $\boldsymbol{A}$ 的秩不超过向量组 $\boldsymbol{B}$ 的秩．

**证** 设向量组 $\boldsymbol{A}$ 的秩为 $r$，向量组 $\boldsymbol{B}$ 的秩为 $s$. $\boldsymbol{\alpha}_1,\boldsymbol{\alpha}_2,\cdots,\boldsymbol{\alpha}_r$ 是向量组 $\boldsymbol{A}$ 的一个极大无关组，$\boldsymbol{\beta}_1,\boldsymbol{\beta}_2,\cdots,\boldsymbol{\beta}_s$ 是向量组 $\boldsymbol{B}$ 的一个极大无关组，由于向量组 $\boldsymbol{A}$ 可由向量组 $\boldsymbol{B}$ 线性表示，所以向量组 $\boldsymbol{\alpha}_1,\boldsymbol{\alpha}_2,\cdots,\boldsymbol{\alpha}_r$ 可由向量组 $\boldsymbol{B}$ 线性表示，而 $\boldsymbol{\beta}_1,\boldsymbol{\beta}_2,\cdots,\boldsymbol{\beta}_s$ 是向量组 $\boldsymbol{B}$ 的极大无关组，所以 $\boldsymbol{\alpha}_1,\boldsymbol{\alpha}_2,\cdots,\boldsymbol{\alpha}_r$ 可由 $\boldsymbol{\beta}_1,\boldsymbol{\beta}_2,\cdots,\boldsymbol{\beta}_s$ 线性表示，由定理 3.6 知 $r\leqslant s$，命题成立．

由推论 3.8 可知，两个等价的向量组秩相等．

### 3.3.4 向量组的秩和矩阵的秩之间的关系

设矩阵 $\boldsymbol{A}=\begin{pmatrix} a_{11} & a_{12} & \cdots & a_{1n} \\ a_{21} & a_{22} & \cdots & a_{2n} \\ \vdots & \vdots & & \vdots \\ a_{m1} & a_{m2} & \cdots & a_{mn} \end{pmatrix}$，矩阵 $\boldsymbol{A}$ 的每一列对应一个 $m$ 维列向量，设 $\boldsymbol{\alpha}_1=\begin{pmatrix} a_{11} \\ a_{21} \\ \vdots \\ a_{m1} \end{pmatrix}$，$\boldsymbol{\alpha}_2=\begin{pmatrix} a_{12} \\ a_{22} \\ \vdots \\ a_{m2} \end{pmatrix}$，$\cdots$，$\boldsymbol{\alpha}_n=\begin{pmatrix} a_{1n} \\ a_{2n} \\ \vdots \\ a_{mn} \end{pmatrix}$，称 $\boldsymbol{\alpha}_1,\boldsymbol{\alpha}_2,\cdots,\boldsymbol{\alpha}_n$ 为矩阵 $\boldsymbol{A}$ 的**列向量组**，记 $\boldsymbol{A}=(\boldsymbol{\alpha}_1,\boldsymbol{\alpha}_2,\cdots,\boldsymbol{\alpha}_n)$.

同理，$\boldsymbol{A}$ 的每一行对应一个 $n$ 维行向量设 $\boldsymbol{\beta}_1=(a_{11},a_{12},\cdots,a_{1n})\boldsymbol{\beta}_2=(a_{21},a_{22},\cdots,a_{2n})\cdots$ $\boldsymbol{\beta}_m=(a_{m1},a_{m2},\cdots,a_{mn})$称 $\boldsymbol{\beta}_1,\boldsymbol{\beta}_2,\cdots,\boldsymbol{\beta}_m$ 为矩阵 $\boldsymbol{A}$ 的**行向量组**，记 $\boldsymbol{A}=\begin{pmatrix} \boldsymbol{\beta}_1 \\ \boldsymbol{\beta}_2 \\ \vdots \\ \boldsymbol{\beta}_m \end{pmatrix}$.

**定理 3.7** 矩阵 $\boldsymbol{A}$ 的秩等于它的行向量组的秩(行秩)，也等于它的列向量组的秩(列秩).

**证** 设 $\boldsymbol{A}$ 为 $m\times n$ 矩阵．

(1) 若 $\boldsymbol{A}$ 为零矩阵，则 $R(\boldsymbol{A})=0$，$\boldsymbol{A}$ 的行向量组和列向量组都只含零向量，故 $\boldsymbol{A}$ 的行向

量组的秩为 0,列向量组的秩也为 0,命题成立.

(2) 若 $\boldsymbol{A}$ 为非零矩阵,不妨设 $R(\boldsymbol{A})=r$,则 $\boldsymbol{A}$ 有不等于零的 $r$ 阶子式 $\boldsymbol{D}_r$,若 $\boldsymbol{D}_r$ 位于 $\boldsymbol{A}$ 中的第 $l_1,l_2,\cdots,l_r$ 列上,$l_1<l_2<\cdots<l_r$,则 $\boldsymbol{A}$ 的这 $r$ 个列向量构成的矩阵 $\boldsymbol{A}_1=(\boldsymbol{\alpha}_{l_1},\boldsymbol{\alpha}_{l_2},\cdots,\boldsymbol{\alpha}_{l_r})$是列满秩阵,$R(\boldsymbol{A}_1)=r$,设 $\boldsymbol{\alpha}_j$ 为 $\boldsymbol{A}$ 的任意列向量,若 $l_1,l_2,\cdots,l_r$ 中某个 $l_i=j$,则 $\boldsymbol{\alpha}_j$ 可由 $\boldsymbol{\alpha}_{l_1},\boldsymbol{\alpha}_{l_2},\cdots,\boldsymbol{\alpha}_{l_r}$ 线性表示,若 $l_1<l_2<\cdots<l_i<j<l_{i+1}<\cdots<l_r$,$1\leqslant i\leqslant r$,则显然有矩阵 $\boldsymbol{A}_2=(\boldsymbol{\alpha}_{l_1},\cdots,\boldsymbol{\alpha}_{l_i},\boldsymbol{\alpha}_j,\boldsymbol{\alpha}_{l_{i+1}}\cdots,\boldsymbol{\alpha}_{l_r})$是 $\boldsymbol{A}$ 的子矩阵,于是 $R(\boldsymbol{A}_2)\leqslant R(\boldsymbol{A})=r<r+1$,$\boldsymbol{\alpha}_{l_1},\cdots,\boldsymbol{\alpha}_{l_i},\boldsymbol{\alpha}_j,\boldsymbol{\alpha}_{l_{i+1}}\cdots,\boldsymbol{\alpha}_{l_r}$ 线性相关,由 $\boldsymbol{\alpha}_j$ 的取法知 $\boldsymbol{\alpha}_{l_1},\boldsymbol{\alpha}_{l_2},\cdots,\boldsymbol{\alpha}_{l_r}$ 为 $\boldsymbol{A}$ 的列向量组的极大无关组.所以,矩阵 $\boldsymbol{A}$ 的秩等于 $\boldsymbol{A}$ 的列向量组的秩,由于 $R(\boldsymbol{A})=R(\boldsymbol{A}^{\mathrm{T}})$,而 $\boldsymbol{A}$ 的行向量组即为 $\boldsymbol{A}^{\mathrm{T}}$ 的列向量组,故

$$R(\boldsymbol{A})=\boldsymbol{A}\text{ 的行向量组的秩}=\boldsymbol{A}\text{ 的列向量组的秩}$$

由定理 3.7 不难推出:向量组 $\boldsymbol{\alpha}_1,\boldsymbol{\alpha}_2,\cdots,\boldsymbol{\alpha}_m$ 线性相关的充要条件是该向量组的秩小于 $m$;向量组 $\boldsymbol{\alpha}_1,\boldsymbol{\alpha}_2,\cdots,\boldsymbol{\alpha}_m$ 线性无关的充要条件是该向量组的秩等于 $m$.

【例 3-6】 已知向量组 $\boldsymbol{\alpha}_1=\begin{pmatrix}1\\-a\\1\\1\end{pmatrix},\boldsymbol{\alpha}_2=\begin{pmatrix}1\\1\\-a\\1\end{pmatrix},\boldsymbol{\alpha}_3=\begin{pmatrix}1\\1\\1\\-a\end{pmatrix}$ 的秩为 3,求 $a$ 的取值范围.

**解** 将上述向量构成一个矩阵,再进行初等行变换,得

$$(\boldsymbol{\alpha}_1,\boldsymbol{\alpha}_2,\boldsymbol{\alpha}_3)=\begin{pmatrix}1&1&1\\-a&1&1\\1&-a&1\\1&1&-a\end{pmatrix}\rightarrow\begin{pmatrix}1&1&1\\0&a+1&0\\0&0&a+1\\0&0&0\end{pmatrix}$$

而向量组 $\boldsymbol{\alpha}_1,\boldsymbol{\alpha}_2,\boldsymbol{\alpha}_3$ 的秩为 3,所以矩阵$(\boldsymbol{\alpha}_1,\boldsymbol{\alpha}_2,\boldsymbol{\alpha}_3)$的秩为 3,故有 $a\neq-1$.

【例 3-7】 求下列向量组的秩及一个极大无关组,并用该极大无关组表示其余向量.

$$\boldsymbol{\alpha}_1=\begin{pmatrix}1\\1\\1\\0\end{pmatrix},\quad\boldsymbol{\alpha}_2=\begin{pmatrix}1\\1\\0\\0\end{pmatrix},\quad\boldsymbol{\alpha}_3=\begin{pmatrix}3\\3\\2\\0\end{pmatrix},\quad\boldsymbol{\alpha}_4=\begin{pmatrix}1\\0\\0\\0\end{pmatrix},\quad\boldsymbol{\alpha}_5=\begin{pmatrix}3\\2\\1\\0\end{pmatrix}$$

**解** 设 $\boldsymbol{A}=(\boldsymbol{\alpha}_1,\boldsymbol{\alpha}_2,\boldsymbol{\alpha}_3,\boldsymbol{\alpha}_4,\boldsymbol{\alpha}_5)=\begin{pmatrix}1&1&3&1&3\\1&1&3&0&2\\1&0&2&0&1\\0&0&0&0&0\end{pmatrix}$

$$\xrightarrow[r_3-r_1]{r_2-r_1}\begin{pmatrix}1&1&3&1&3\\0&0&0&-1&-1\\0&-1&-1&-1&-2\\0&0&0&0&0\end{pmatrix}\xrightarrow[(-1)r_3]{\substack{r_2\leftrightarrow r_3\\(-1)r_2}}\begin{pmatrix}1&1&3&1&3\\0&1&1&1&2\\0&0&0&1&1\\0&0&0&0&0\end{pmatrix}$$

$$\xrightarrow[r_2-r_3]{r_1-r_2}\begin{pmatrix}1&0&2&0&1\\0&1&1&0&1\\0&0&0&1&1\\0&0&0&0&0\end{pmatrix}$$

因为矩阵 $\boldsymbol{A}$ 的秩为 3,所以向量组 $\boldsymbol{\alpha}_1,\boldsymbol{\alpha}_2,\boldsymbol{\alpha}_3,\boldsymbol{\alpha}_4,\boldsymbol{\alpha}_5$ 的秩为 3;由于最高阶非零子式位于第 1,2,4 列,故 $\boldsymbol{\alpha}_1,\boldsymbol{\alpha}_2,\boldsymbol{\alpha}_4$ 为向量组的一个极大无关组,且有

$$\boldsymbol{\alpha}_3=2\boldsymbol{\alpha}_1+\boldsymbol{\alpha}_2,\boldsymbol{\alpha}_5=\boldsymbol{\alpha}_1+\boldsymbol{\alpha}_2+\boldsymbol{\alpha}_4$$

【例 3-8】已知向量组Ⅰ:$\boldsymbol{\alpha}_1,\boldsymbol{\alpha}_2,\boldsymbol{\alpha}_3$;Ⅱ:$\boldsymbol{\alpha}_1,\boldsymbol{\alpha}_2,\boldsymbol{\alpha}_3,\boldsymbol{\alpha}_4$;Ⅲ:$\boldsymbol{\alpha}_1,\boldsymbol{\alpha}_2,\boldsymbol{\alpha}_3,\boldsymbol{\alpha}_5$. 如果向量组Ⅰ和向量组Ⅱ的秩为 3,向量组Ⅲ的秩为 4,证明:向量组 $\boldsymbol{\alpha}_1,\boldsymbol{\alpha}_2,\boldsymbol{\alpha}_3,\boldsymbol{\alpha}_5-\boldsymbol{\alpha}_4$ 的秩为 4.

证　因为向量组Ⅰ的秩为 3,所以向量组 $\boldsymbol{\alpha}_1,\boldsymbol{\alpha}_2,\boldsymbol{\alpha}_3$ 线性无关. 因为向量组Ⅱ的秩为 3,所以向量组 $\boldsymbol{\alpha}_1,\boldsymbol{\alpha}_2,\boldsymbol{\alpha}_3,\boldsymbol{\alpha}_4$ 线性相关. 由定理 3.2 可知,$\boldsymbol{\alpha}_4$ 可由向量组 $\boldsymbol{\alpha}_1,\boldsymbol{\alpha}_2,\boldsymbol{\alpha}_3$ 线性表示,假设向量组 $\boldsymbol{\alpha}_1,\boldsymbol{\alpha}_2,\boldsymbol{\alpha}_3,\boldsymbol{\alpha}_5-\boldsymbol{\alpha}_4$ 的秩小于 4,则 $\boldsymbol{\alpha}_1,\boldsymbol{\alpha}_2,\boldsymbol{\alpha}_3,\boldsymbol{\alpha}_5-\boldsymbol{\alpha}_4$ 线性相关,由 $\boldsymbol{\alpha}_1,\boldsymbol{\alpha}_2,\boldsymbol{\alpha}_3$ 线性无关可知,$\boldsymbol{\alpha}_5-\boldsymbol{\alpha}_4$ 可由 $\boldsymbol{\alpha}_1,\boldsymbol{\alpha}_2,\boldsymbol{\alpha}_3$ 线性表示,所以存在数 $k_1,k_2,k_3$,使得

$$\boldsymbol{\alpha}_5-\boldsymbol{\alpha}_4=k_1\boldsymbol{\alpha}_1+k_2\boldsymbol{\alpha}_2+k_3\boldsymbol{\alpha}_3$$

从而 $\boldsymbol{\alpha}_5=k_1\boldsymbol{\alpha}_1+k_2\boldsymbol{\alpha}_2+k_3\boldsymbol{\alpha}_3+\boldsymbol{\alpha}_4$,因为 $\boldsymbol{\alpha}_4$ 可由向量组 $\boldsymbol{\alpha}_1,\boldsymbol{\alpha}_2,\boldsymbol{\alpha}_3$ 线性表示,所以 $\boldsymbol{\alpha}_5$ 可由 $\boldsymbol{\alpha}_1,\boldsymbol{\alpha}_2,\boldsymbol{\alpha}_3$ 线性表示,$\boldsymbol{\alpha}_1,\boldsymbol{\alpha}_2,\boldsymbol{\alpha}_3,\boldsymbol{\alpha}_5$ 线性相关,与已知条件向量组Ⅲ的秩为 4 矛盾,假设不成立. 所以向量组 $\boldsymbol{\alpha}_1,\boldsymbol{\alpha}_2,\boldsymbol{\alpha}_3,\boldsymbol{\alpha}_5-\boldsymbol{\alpha}_4$ 的秩为 4.

## 3.4 向 量 空 间

### 3.4.1 向量空间的概念

定义 3.10　设 $\boldsymbol{V}$ 是 $n$ 维向量构成的非空集合,如果满足:

(1) 对任意的 $\boldsymbol{\alpha},\boldsymbol{\beta}\in\boldsymbol{V}$,有 $\boldsymbol{\alpha}+\boldsymbol{\beta}\in\boldsymbol{V}$($\boldsymbol{V}$ 关于向量的加法运算封闭).

(2) 对任意的 $\boldsymbol{\alpha}\in\boldsymbol{V},k\in R$,有 $k\boldsymbol{\alpha}\in\boldsymbol{V}$($\boldsymbol{V}$ 关于向量的数乘运算封闭),则称集合 $\boldsymbol{V}$ 为**向量空间**.

【例 3-9】证明集合 $\boldsymbol{V}=\{\boldsymbol{\chi}=(0,x_2,\cdots,x_n)^{\mathrm{T}}\mid x_2,\cdots,x_n\in R\}$是一个向量空间.

证　任取 $\boldsymbol{\alpha}=(0,a_2,\cdots,a_n)^{\mathrm{T}}\in\boldsymbol{V},\boldsymbol{\beta}=(0,b_2,\cdots,b_n)^{\mathrm{T}}\in\boldsymbol{V},k\in R$,则 $\boldsymbol{\alpha}+\boldsymbol{\beta}=(0,a_2+b_2,\cdots,a_n+b_n)^{\mathrm{T}}\in\boldsymbol{V},k\boldsymbol{\alpha}=(0,ka_2,\cdots,ka_n)^{\mathrm{T}}\in\boldsymbol{V}$ 所以 $\boldsymbol{V}$ 是一个向量空间.

【例 3-10】设 $\boldsymbol{\alpha},\boldsymbol{\beta}$ 为两个已知的 $n$ 维向量,集合 $\boldsymbol{V}=\{\boldsymbol{\chi}\mid\boldsymbol{\chi}=k\boldsymbol{\alpha}+l\boldsymbol{\beta},k,l\in R\}$,试证 $\boldsymbol{V}$ 为向量空间.

证　任取 $\boldsymbol{\chi}_1=k_1\boldsymbol{\alpha}+l_1\boldsymbol{\beta}\in\boldsymbol{V},\boldsymbol{\chi}_2=k_2\boldsymbol{\alpha}+l_2\boldsymbol{\beta}\in\boldsymbol{V},k_1,k_2,l_1,l_2\in R$.

因为

$$\boldsymbol{\chi}_1+\boldsymbol{\chi}_2=k_1\boldsymbol{\alpha}+l_1\boldsymbol{\beta}+k_2\boldsymbol{\alpha}+l_2\boldsymbol{\beta}=(k_1+k_2)\boldsymbol{\alpha}+(l_1+l_2)\boldsymbol{\beta}\in\boldsymbol{V}$$

$$k\boldsymbol{\chi}_1=k(k_1\boldsymbol{\alpha}+l_1\boldsymbol{\beta})=(kk_1)\boldsymbol{\alpha}+(kl_1)\boldsymbol{\beta}\in\boldsymbol{V}$$

所以 $\boldsymbol{V}$ 为向量空间.

称向量空间 $\boldsymbol{V}=\{\boldsymbol{\chi}\mid\boldsymbol{\chi}=k\boldsymbol{\alpha}+l\boldsymbol{\beta},k,l\in R\}$为由向量 $\boldsymbol{\alpha}$ 和 $\boldsymbol{\beta}$ **生成的向量空间**.

一般地，设 $\boldsymbol{\alpha}_1,\boldsymbol{\alpha}_2,\cdots,\boldsymbol{\alpha}_r$ 为 $n$ 维向量，则称向量空间

$$\boldsymbol{V}=\{\boldsymbol{\chi}\mid\boldsymbol{\chi}=k_1\boldsymbol{\alpha}_1+k_2\boldsymbol{\alpha}_2+\cdots+k_r\boldsymbol{\alpha}_r,k_1,k_2,\cdots,k_r\in R\}$$

为由 $\boldsymbol{\alpha}_1,\boldsymbol{\alpha}_2,\cdots,\boldsymbol{\alpha}_r$ 生成的向量空间．

**定义 3.11** 设 $\boldsymbol{V}_1$ 及 $\boldsymbol{V}_2$ 均为向量空间，若 $\boldsymbol{V}_1\subset\boldsymbol{V}_2$，则称 $\boldsymbol{V}_1$ 为 $\boldsymbol{V}_2$ 的**子空间**．

如果 $\boldsymbol{V}_1$ 是 $\boldsymbol{V}_2$ 的子空间，且 $\boldsymbol{V}_2$ 是 $\boldsymbol{V}_1$ 的子空间，则两个向量空间相等．即若 $\boldsymbol{V}_1\subset\boldsymbol{V}_2$，$\boldsymbol{V}_2\subset\boldsymbol{V}_1$，则 $\boldsymbol{V}_1=\boldsymbol{V}_2$．

【例 3-11】 设向量组 $\boldsymbol{\alpha}_1,\boldsymbol{\alpha}_2,\cdots,\boldsymbol{\alpha}_m$ 与向量组 $\boldsymbol{\beta}_1,\boldsymbol{\beta}_2,\cdots,\boldsymbol{\beta}_s$ 等价，记

$$\boldsymbol{V}_1=\{\boldsymbol{\chi}\mid\boldsymbol{\chi}=k_1\boldsymbol{\alpha}_1+k_2\boldsymbol{\alpha}_2+\cdots+k_m\boldsymbol{\alpha}_m,\quad k_1,k_2,\cdots,k_m\in R\}$$

$$\boldsymbol{V}_2=\{\boldsymbol{\chi}\mid\boldsymbol{\chi}=l_1\boldsymbol{\beta}_1+l_2\boldsymbol{\beta}_2+\cdots+l_s\boldsymbol{\beta}_s,\quad l_1,l_2,\cdots,l_s\in R\}$$

试证 $\boldsymbol{V}_1=\boldsymbol{V}_2$．

**证** 设 $\boldsymbol{\chi}\in\boldsymbol{V}_1$，则 $\boldsymbol{\chi}$ 可由 $\boldsymbol{\alpha}_1,\boldsymbol{\alpha}_2,\cdots,\boldsymbol{\alpha}_m$ 线性表示．因 $\boldsymbol{\alpha}_1,\boldsymbol{\alpha}_2,\cdots,\boldsymbol{\alpha}_m$ 可由 $\boldsymbol{\beta}_1,\boldsymbol{\beta}_2,\cdots,\boldsymbol{\beta}_s$ 线性表示，故 $\boldsymbol{\chi}$ 可由 $\boldsymbol{\beta}_1,\boldsymbol{\beta}_2,\cdots,\boldsymbol{\beta}_s$ 线性表示，所以 $\boldsymbol{\chi}\in\boldsymbol{V}_2$．这就是说，若 $\boldsymbol{\chi}\in\boldsymbol{V}_1$，则 $\boldsymbol{\chi}\in\boldsymbol{V}_2$，因此 $\boldsymbol{V}_1\subset\boldsymbol{V}_2$．

类似地可证：若 $\boldsymbol{\chi}\in\boldsymbol{V}_2$，则 $\boldsymbol{\chi}\in\boldsymbol{V}_1$，因此 $\boldsymbol{V}_2\subset\boldsymbol{V}_1$．

因为 $\boldsymbol{V}_1\subset\boldsymbol{V}_2$，$\boldsymbol{V}_2\subset\boldsymbol{V}_1$，所以 $\boldsymbol{V}_1=\boldsymbol{V}_2$．

### 3.4.2 向量空间的基、维数与坐标

**定义 3.12** 如果在向量空间 $\boldsymbol{V}$ 中可以找到 $r$ 个线性无关的向量 $\boldsymbol{\alpha}_1,\boldsymbol{\alpha}_2,\cdots,\boldsymbol{\alpha}_r$，而且 $\boldsymbol{V}$ 中任意一个向量都可以由它们线性表示，则称 $\boldsymbol{\alpha}_1,\boldsymbol{\alpha}_2,\cdots,\boldsymbol{\alpha}_r$ 为 $\boldsymbol{V}$ 的一个**基**，向量空间的基所含的向量个数称为向量空间的**维数**，如果向量空间的维数为 $r$，则称 $\boldsymbol{V}$ 为 $r$ **维向量空间**．

向量空间 $\boldsymbol{V}=\{\boldsymbol{o}\}$ 不存在基，规定它的维数为 0.

由定义 3.12 知，若 $\boldsymbol{V}$ 为向量空间，$\boldsymbol{\alpha}_1,\boldsymbol{\alpha}_2,\cdots,\boldsymbol{\alpha}_r$ 为 $\boldsymbol{V}$ 的一个基，则 $\boldsymbol{V}$ 中任意向量 $\boldsymbol{\alpha}$ 均可由 $\boldsymbol{\alpha}_1,\boldsymbol{\alpha}_2,\cdots,\boldsymbol{\alpha}_r$ 线性表示，即存在一组数 $x_1,x_2,\cdots,x_r$，使得

$$\boldsymbol{\alpha}=x_1\boldsymbol{\alpha}_1+x_2\boldsymbol{\alpha}_2+\cdots+x_r\boldsymbol{\alpha}_r$$

称 $x_1,x_2,\cdots,x_r$ 为向量 $\boldsymbol{\alpha}$ 在基 $\boldsymbol{\alpha}_1,\boldsymbol{\alpha}_2,\cdots,\boldsymbol{\alpha}_r$ 下的**坐标**，记为 $(x_1,x_2,\cdots,x_r)$．

由定理 3.3 知，向量 $\boldsymbol{\alpha}$ 在基 $\boldsymbol{\alpha}_1,\boldsymbol{\alpha}_2,\cdots,\boldsymbol{\alpha}_r$ 下的坐标被 $\boldsymbol{\alpha}$ 和基 $\boldsymbol{\alpha}_1,\boldsymbol{\alpha}_2,\cdots,\boldsymbol{\alpha}_r$ 唯一的确定．

若向量空间 $\boldsymbol{V}$ 的一个基为 $\boldsymbol{\alpha}_1,\boldsymbol{\alpha}_2,\cdots,\boldsymbol{\alpha}_r$，则

$$\boldsymbol{V}=\{\boldsymbol{\chi}\mid\boldsymbol{\chi}=k_1\boldsymbol{\alpha}_1+k_2\boldsymbol{\alpha}_2+\cdots+k_r\boldsymbol{\alpha}_r,k_1,k_2,\cdots,k_r\in R\}$$

即向量空间是它的任意一个基的生成空间．

【例 3-12】 设 $\boldsymbol{\alpha}_1=(1,1,-1)^{\mathrm{T}}$，$\boldsymbol{\alpha}_2=(2,1,0)^{\mathrm{T}}$，$\boldsymbol{\alpha}_3=(1,1,1)^{\mathrm{T}}$，$\boldsymbol{\beta}=(5,2,5)^{\mathrm{T}}$，验证 $\boldsymbol{\alpha}_1,\boldsymbol{\alpha}_2,\boldsymbol{\alpha}_3$ 是 $R^3$ 的一个基，并求 $\boldsymbol{\beta}$ 在这个基下的坐标．

**证** 因为 $\begin{vmatrix}1&2&1\\1&1&1\\-1&0&1\end{vmatrix}=-2\neq0$，所以 $\boldsymbol{\alpha}_1,\boldsymbol{\alpha}_2,\boldsymbol{\alpha}_3$ 线性无关．

任取 $\boldsymbol{\alpha}\in R^3$，$\boldsymbol{\alpha}_1,\boldsymbol{\alpha}_2,\boldsymbol{\alpha}_3,\boldsymbol{\alpha}$ 线性相关，$\boldsymbol{\alpha}$ 可由 $\boldsymbol{\alpha}_1,\boldsymbol{\alpha}_2,\boldsymbol{\alpha}_3$ 线性表示，所以 $\boldsymbol{\alpha}_1,\boldsymbol{\alpha}_2,\boldsymbol{\alpha}_3$ 为 $R^3$ 的一个基．

因为 $\boldsymbol{\beta}\in R^3$，所以 $\boldsymbol{\beta}$ 可由 $\boldsymbol{\alpha}_1,\boldsymbol{\alpha}_2,\boldsymbol{\alpha}_3$ 线性表示．

设 $\boldsymbol{\beta}=x_1\boldsymbol{\alpha}_1+x_2\boldsymbol{\alpha}_2+x_3\boldsymbol{\alpha}_3=(\boldsymbol{\alpha}_1,\boldsymbol{\alpha}_2,\boldsymbol{\alpha}_3)\begin{pmatrix}x_1\\x_2\\x_3\end{pmatrix}$，则

$$\begin{pmatrix}x_1\\x_2\\x_3\end{pmatrix}=(\boldsymbol{\alpha}_1,\boldsymbol{\alpha}_2,\boldsymbol{\alpha}_3)^{-1}\boldsymbol{\beta}=\begin{pmatrix}1&2&1\\1&1&1\\-1&0&1\end{pmatrix}^{-1}\begin{pmatrix}5\\2\\5\end{pmatrix}=\begin{pmatrix}-3\\3\\2\end{pmatrix}$$

即 $\boldsymbol{\beta}$ 在基 $\boldsymbol{\alpha}_1,\boldsymbol{\alpha}_2,\boldsymbol{\alpha}_3$ 下的坐标为 $(-3,3,2)$．

【例 3-13】 设 $\boldsymbol{\alpha}_1,\boldsymbol{\alpha}_2,\boldsymbol{\alpha}_3$ 是 $R^3$ 的一个基，$\boldsymbol{\beta}_1=\boldsymbol{\alpha}_1+\boldsymbol{\alpha}_3$，$\boldsymbol{\beta}_2=\boldsymbol{\alpha}_1-\boldsymbol{\alpha}_2-\boldsymbol{\alpha}_3$，$\boldsymbol{\beta}_3=2\boldsymbol{\alpha}_1+\boldsymbol{\alpha}_2+\boldsymbol{\alpha}_3$．证明 $\boldsymbol{\beta}_1,\boldsymbol{\beta}_2,\boldsymbol{\beta}_3$ 也是 $R^3$ 的一个基．

证 因为

$$(\boldsymbol{\beta}_1,\boldsymbol{\beta}_2,\boldsymbol{\beta}_3)=(\boldsymbol{\alpha}_1+\boldsymbol{\alpha}_3,\boldsymbol{\alpha}_1-\boldsymbol{\alpha}_2-\boldsymbol{\alpha}_3,2\boldsymbol{\alpha}_1+\boldsymbol{\alpha}_2+\boldsymbol{\alpha}_3)=(\boldsymbol{\alpha}_1,\boldsymbol{\alpha}_2,\boldsymbol{\alpha}_3)\begin{pmatrix}1&1&2\\0&-1&1\\1&-1&1\end{pmatrix}$$

而矩阵 $\begin{pmatrix}1&1&2\\0&-1&1\\1&-1&1\end{pmatrix}$ 可逆，所以向量组 $\boldsymbol{\beta}_1,\boldsymbol{\beta}_2,\boldsymbol{\beta}_3$ 与向量组 $\boldsymbol{\alpha}_1,\boldsymbol{\alpha}_2,\boldsymbol{\alpha}_3$ 的秩相等，由 $\boldsymbol{\alpha}_1,\boldsymbol{\alpha}_2,\boldsymbol{\alpha}_3$ 线性无关可知，$\boldsymbol{\beta}_1,\boldsymbol{\beta}_2,\boldsymbol{\beta}_3$ 线性无关．

任取 $\boldsymbol{\alpha}\in R^3$，$\boldsymbol{\beta}_1,\boldsymbol{\beta}_2,\boldsymbol{\beta}_3,\boldsymbol{\alpha}$ 线性相关，$\boldsymbol{\alpha}$ 可由 $\boldsymbol{\beta}_1,\boldsymbol{\beta}_2,\boldsymbol{\beta}_3$ 线性表示，所以 $\boldsymbol{\beta}_1,\boldsymbol{\beta}_2,\boldsymbol{\beta}_3$ 为 $R^3$ 的一个基．

### 3.4.3 坐标变换

向量空间的基不是唯一的，同一个向量在不同的基下的坐标，一般来说是不同的．那么，同一向量在不同基下的坐标有什么内在的联系呢？

设 $\boldsymbol{\alpha}_1,\boldsymbol{\alpha}_2,\cdots,\boldsymbol{\alpha}_n$ 及 $\boldsymbol{\beta}_1,\boldsymbol{\beta}_2,\cdots,\boldsymbol{\beta}_n$ 是 $n$ 维向量空间 $\mathbf{V}$ 的两个基，且

$$\begin{cases}\boldsymbol{\beta}_1=p_{11}\boldsymbol{\alpha}_1+p_{21}\boldsymbol{\alpha}_2+\cdots+p_{n1}\boldsymbol{\alpha}_n\\\boldsymbol{\beta}_2=p_{12}\boldsymbol{\alpha}_1+p_{22}\boldsymbol{\alpha}_2+\cdots+p_{n2}\boldsymbol{\alpha}_n\\\vdots\qquad\vdots\qquad\quad\vdots\qquad\qquad\vdots\\\boldsymbol{\beta}_n=p_{1n}\boldsymbol{\alpha}_1+p_{2n}\boldsymbol{\alpha}_2+\cdots+p_{nn}\boldsymbol{\alpha}_n\end{cases}$$

不妨设所研究的向量为列向量，则

$$(\boldsymbol{\beta}_1,\boldsymbol{\beta}_2,\cdots,\boldsymbol{\beta}_n)=(\boldsymbol{\alpha}_1,\boldsymbol{\alpha}_2,\cdots,\boldsymbol{\alpha}_n)\begin{pmatrix}p_{11}&p_{12}&\cdots&p_{1n}\\p_{21}&p_{22}&\cdots&p_{2n}\\\vdots&\vdots&&\vdots\\p_{n1}&p_{n2}&\cdots&p_{nn}\end{pmatrix}\tag{3-7}$$

称式(3-7)为**基变换公式**．

记 $\boldsymbol{P}=\begin{pmatrix} p_{11} & p_{12} & \cdots & p_{1n} \\ p_{21} & p_{22} & \cdots & p_{2n} \\ \vdots & \vdots & & \vdots \\ p_{n1} & p_{n2} & \cdots & p_{nn} \end{pmatrix}$，称矩阵 $\boldsymbol{P}$ 为由基 $\boldsymbol{\alpha}_1,\boldsymbol{\alpha}_2,\cdots,\boldsymbol{\alpha}_n$ 到基 $\boldsymbol{\beta}_1,\boldsymbol{\beta}_2,\cdots,\boldsymbol{\beta}_n$ 的**过渡矩阵**．由 $\boldsymbol{\beta}_1,\boldsymbol{\beta}_2,\cdots,\boldsymbol{\beta}_n$ 线性无关可知，过渡阵 $\boldsymbol{P}$ 是可逆矩阵．

**定理 3.8** 设向量空间 $\boldsymbol{V}$ 由基 $\boldsymbol{\alpha}_1,\boldsymbol{\alpha}_2,\cdots,\boldsymbol{\alpha}_n$ 到基 $\boldsymbol{\beta}_1,\boldsymbol{\beta}_2,\cdots,\boldsymbol{\beta}_n$ 的过渡矩阵是 $\boldsymbol{P}$，$\boldsymbol{V}$ 中向量 $\boldsymbol{\alpha}$ 在基 $\boldsymbol{\alpha}_1,\boldsymbol{\alpha}_2,\cdots,\boldsymbol{\alpha}_n$ 下的坐标是 $(x_1,x_2,\cdots,x_n)$，在基 $\boldsymbol{\beta}_1,\boldsymbol{\beta}_2,\cdots,\boldsymbol{\beta}_n$ 下的坐标是 $(y_1,y_2,\cdots,y_n)$，则有**坐标变换公式**

$$\begin{pmatrix} x_1 \\ x_2 \\ \vdots \\ x_n \end{pmatrix}=\boldsymbol{P}\begin{pmatrix} y_1 \\ y_2 \\ \vdots \\ y_n \end{pmatrix},\quad 或\quad \begin{pmatrix} y_1 \\ y_2 \\ \vdots \\ y_n \end{pmatrix}=\boldsymbol{P}^{-1}\begin{pmatrix} x_1 \\ x_2 \\ \vdots \\ x_n \end{pmatrix}$$

**证** 由已知条件可知

$$\boldsymbol{\alpha}=x_1\boldsymbol{\alpha}_1+x_2\boldsymbol{\alpha}_2+\cdots+x_n\boldsymbol{\alpha}_n=(\boldsymbol{\alpha}_1,\boldsymbol{\alpha}_2,\cdots,\boldsymbol{\alpha}_n)\begin{pmatrix} x_1 \\ x_2 \\ \vdots \\ x_n \end{pmatrix} \tag{3-8}$$

$$\boldsymbol{\alpha}=y_1\boldsymbol{\beta}_1+y_2\boldsymbol{\beta}_2+\cdots+y_n\boldsymbol{\beta}_n=(\boldsymbol{\beta}_1,\boldsymbol{\beta}_2,\cdots,\boldsymbol{\beta}_n)\begin{pmatrix} y_1 \\ y_2 \\ \vdots \\ y_n \end{pmatrix}$$

因为 $(\boldsymbol{\beta}_1,\boldsymbol{\beta}_2,\cdots,\boldsymbol{\beta}_n)=(\boldsymbol{\alpha}_1,\boldsymbol{\alpha}_2,\cdots,\boldsymbol{\alpha}_n)\boldsymbol{P}$，故有

$$\boldsymbol{\alpha}=(\boldsymbol{\alpha}_1,\boldsymbol{\alpha}_2,\cdots,\boldsymbol{\alpha}_n)\boldsymbol{P}\begin{pmatrix} y_1 \\ y_2 \\ \vdots \\ y_n \end{pmatrix} \tag{3-9}$$

根据式(3-8)和式(3-9)及 $\boldsymbol{\alpha}_1,\boldsymbol{\alpha}_2,\cdots,\boldsymbol{\alpha}_n$ 线性无关线性表示唯一性，可知

$$\begin{pmatrix} x_1 \\ x_2 \\ \vdots \\ x_n \end{pmatrix}=\boldsymbol{P}\begin{pmatrix} y_1 \\ y_2 \\ \vdots \\ y_n \end{pmatrix}$$

由 $\boldsymbol{P}$ 的可逆性可知

$$\begin{pmatrix} y_1 \\ y_2 \\ \vdots \\ y_n \end{pmatrix}=\boldsymbol{P}^{-1}\begin{pmatrix} x_1 \\ x_2 \\ \vdots \\ x_n \end{pmatrix}$$

【例 3-14】 已知 $R^3$ 中的两个基 $\boldsymbol{\alpha}_1=\begin{pmatrix}1\\1\\1\end{pmatrix},\boldsymbol{\alpha}_2=\begin{pmatrix}1\\0\\-1\end{pmatrix},\boldsymbol{\alpha}_3=\begin{pmatrix}1\\0\\1\end{pmatrix}$ 和 $\boldsymbol{\beta}_1=\begin{pmatrix}1\\2\\1\end{pmatrix},\boldsymbol{\beta}_2=\begin{pmatrix}2\\3\\4\end{pmatrix}$，$\boldsymbol{\beta}_3=\begin{pmatrix}3\\4\\3\end{pmatrix}$，求由基 $\boldsymbol{\alpha}_1,\boldsymbol{\alpha}_2,\boldsymbol{\alpha}_3$ 到基 $\boldsymbol{\beta}_1,\boldsymbol{\beta}_2,\boldsymbol{\beta}_3$ 的过渡矩阵，并求向量 $\boldsymbol{\alpha}=2\boldsymbol{\alpha}_1+2\boldsymbol{\alpha}_2-\boldsymbol{\alpha}_3$ 在基 $\boldsymbol{\beta}_1,\boldsymbol{\beta}_2,\boldsymbol{\beta}_3$ 下的坐标．

解　设由 $\boldsymbol{\alpha}_1,\boldsymbol{\alpha}_2,\boldsymbol{\alpha}_3$ 到 $\boldsymbol{\beta}_1,\boldsymbol{\beta}_2,\boldsymbol{\beta}_3$ 的过渡矩阵为 $\boldsymbol{P}$，则

$$(\boldsymbol{\beta}_1,\boldsymbol{\beta}_2,\boldsymbol{\beta}_3)=(\boldsymbol{\alpha}_1,\boldsymbol{\alpha}_2,\boldsymbol{\alpha}_3)\boldsymbol{P}$$

$$(\boldsymbol{\alpha}_1,\boldsymbol{\alpha}_2,\boldsymbol{\alpha}_3)=\begin{pmatrix}1&1&1\\1&0&0\\1&-1&1\end{pmatrix},(\boldsymbol{\beta}_1,\boldsymbol{\beta}_2,\boldsymbol{\beta}_3)=\begin{pmatrix}1&2&3\\2&3&4\\1&4&3\end{pmatrix}$$

由于 $\boldsymbol{\alpha}_1,\boldsymbol{\alpha}_2,\boldsymbol{\alpha}_3$ 线性无关，所以 $\begin{pmatrix}1&1&1\\1&0&0\\1&-1&1\end{pmatrix}$ 可逆．

故

$$\boldsymbol{P}=\begin{pmatrix}1&1&1\\1&0&0\\1&-1&1\end{pmatrix}^{-1}\begin{pmatrix}1&2&3\\2&3&4\\1&4&3\end{pmatrix}$$

$$=\begin{pmatrix}0&1&0\\\frac{1}{2}&0&-\frac{1}{2}\\\frac{1}{2}&-1&\frac{1}{2}\end{pmatrix}\begin{pmatrix}1&2&3\\2&3&4\\1&4&3\end{pmatrix}=\begin{pmatrix}2&3&4\\0&-1&0\\-1&0&-1\end{pmatrix}$$

设 $\boldsymbol{\alpha}$ 在基 $\boldsymbol{\beta}_1,\boldsymbol{\beta}_2,\boldsymbol{\beta}_3$ 下的坐标为 $(y_1,y_2,y_3)$，则由坐标变换公式得

$$\begin{pmatrix}y_1\\y_2\\y_3\end{pmatrix}=\boldsymbol{P}^{-1}\begin{pmatrix}2\\2\\-1\end{pmatrix}=\begin{pmatrix}-\frac{1}{2}&-\frac{3}{2}&-2\\0&-1&0\\\frac{1}{2}&\frac{3}{2}&1\end{pmatrix}\begin{pmatrix}2\\2\\-1\end{pmatrix}=\begin{pmatrix}-2\\-2\\3\end{pmatrix}$$

所以 $\boldsymbol{\alpha}=-2\boldsymbol{\beta}_1-2\boldsymbol{\beta}_2+3\boldsymbol{\beta}_3$，$\boldsymbol{\alpha}$ 在基 $\boldsymbol{\beta}_1,\boldsymbol{\beta}_2,\boldsymbol{\beta}_3$ 下的坐标为 $(-2,-2,3)$．

## 3.5 向量的内积

### 3.5.1 向量的内积与长度

将几何向量的数量积的概念推广到 $n$ 维向量，得到如下定义．

定义 3.13　设 $\boldsymbol{\alpha}=(a_1,a_2,\cdots,a_n)^{\mathrm{T}},\boldsymbol{\beta}=(b_1,b_2,\cdots,b_n)^{\mathrm{T}}\in R^n$，记

$$(\boldsymbol{\alpha},\boldsymbol{\beta})=a_1b_1+a_2b_2+\cdots+a_nb_n=\sum_{k=1}^{n}a_kb_k$$

称$(\boldsymbol{\alpha},\boldsymbol{\beta})$为**向量 $\boldsymbol{\alpha}$ 与 $\boldsymbol{\beta}$ 的内积**．

若将 $\boldsymbol{\alpha},\boldsymbol{\beta}$ 看作列矩阵，利用矩阵的乘法，则$(\boldsymbol{\alpha},\boldsymbol{\beta})$可以表示为 $\boldsymbol{\alpha}^{\mathrm{T}}\boldsymbol{\beta}$ 或 $\boldsymbol{\beta}^{\mathrm{T}}\boldsymbol{\alpha}$.

根据内积的定义，容易证明内积具有以下性质：

(1) 对称性：$(\boldsymbol{\alpha},\boldsymbol{\beta})=(\boldsymbol{\beta},\boldsymbol{\alpha})$.

(2) 线性性：$(\boldsymbol{\alpha}+\boldsymbol{\beta},\boldsymbol{\gamma})=(\boldsymbol{\alpha},\boldsymbol{\gamma})+(\boldsymbol{\beta},\boldsymbol{\gamma}),(k\boldsymbol{\alpha},\boldsymbol{\beta})=k(\boldsymbol{\alpha},\boldsymbol{\beta})$.

(3) 正定性：对任意 $\boldsymbol{\alpha}\neq\mathbf{0},(\boldsymbol{\alpha},\boldsymbol{\alpha})>0$.

其中，$\boldsymbol{\alpha},\boldsymbol{\beta},\boldsymbol{\gamma}$ 为 $R^n$ 中任意三个向量，$k$ 为任意实数．

利用向量的内积可以定义向量的长度．

**定义 3.14** 设 $\boldsymbol{\alpha}=(a_1,a_2,\cdots,a_n)^{\mathrm{T}}\in R^n$，称

$$\sqrt{(\boldsymbol{\alpha},\boldsymbol{\alpha})}=\sqrt{a_1^2+a_2^2+\cdots+a_n^2}$$

为**向量 $\boldsymbol{\alpha}$ 的长度**（或**范数**）记为 $\|\boldsymbol{\alpha}\|$．

向量的长度具有以下性质：

(1) $\|\boldsymbol{\alpha}\|\geqslant0$，当且仅当 $\boldsymbol{\alpha}=\boldsymbol{o}$ 时，$\|\boldsymbol{\alpha}\|=0$；

(2) $\|k\boldsymbol{\alpha}\|=|k|\cdot\|\boldsymbol{\alpha}\|,k\in R$；

(3) $\|\boldsymbol{\alpha}+\boldsymbol{\beta}\|\leqslant\|\boldsymbol{\alpha}\|+\|\boldsymbol{\beta}\|$.

**定义 3.15** 称长度为 1 的向量为**单位向量**．

如果 $\boldsymbol{\alpha}$ 为任意一个非零向量，记向量 $\boldsymbol{\beta}=\dfrac{1}{\|\boldsymbol{\alpha}\|}\boldsymbol{\alpha}$，则 $\|\boldsymbol{\beta}\|=\left\|\dfrac{1}{\|\boldsymbol{\alpha}\|}\boldsymbol{\alpha}\right\|=\dfrac{1}{\|\boldsymbol{\alpha}\|}\|\boldsymbol{\alpha}\|=1$，称 $\boldsymbol{\beta}$ 为与 $\boldsymbol{\alpha}$ 同方向的单位向量．

对非零向量 $\boldsymbol{\alpha}$，用 $\boldsymbol{\alpha}$ 除以 $\boldsymbol{\alpha}$ 的长度，得到一个单位向量，通常称为把**向量 $\boldsymbol{\alpha}$ 单位化**．

### 3.5.2 正交向量组

$\forall\boldsymbol{\alpha},\boldsymbol{\beta}\in R^n$ 满足不等式：

$$(\boldsymbol{\alpha},\boldsymbol{\beta})^2\leqslant\|\boldsymbol{\alpha}\|^2\cdot\|\boldsymbol{\beta}\|^2 \tag{3-10}$$

式(3-10)称为柯西-许瓦兹(Cauchy-Schwarz)不等式，它表示任意两个向量内积同它们的长度之间的关系．

显然，当 $\boldsymbol{\alpha}=\boldsymbol{o}$ 时，式(3-10)成立．以下设 $\boldsymbol{\alpha}\neq\boldsymbol{o}$.

事实上，对任意实数 $t$，都有

$$(t\boldsymbol{\alpha}+\boldsymbol{\beta},t\boldsymbol{\alpha}+\boldsymbol{\beta})=(\boldsymbol{\alpha},\boldsymbol{\alpha})t^2+2(\boldsymbol{\alpha},\boldsymbol{\beta})t+(\boldsymbol{\beta},\boldsymbol{\beta})\geqslant0$$

不等式左端是关于 $t$ 的二次函数，其函数值非负，所以有

$$\Delta=[2(\boldsymbol{\alpha},\boldsymbol{\beta})]^2-4(\boldsymbol{\alpha},\boldsymbol{\alpha})(\boldsymbol{\beta},\boldsymbol{\beta})\leqslant0$$

即

$$(\boldsymbol{\alpha},\boldsymbol{\beta})^2\leqslant\|\boldsymbol{\alpha}\|^2\cdot\|\boldsymbol{\beta}\|^2$$

根据柯西-许瓦兹(Cauchy-Schwarz)不等式，对于任意非零向量 $\boldsymbol{\alpha},\boldsymbol{\beta}$，总有

$$\left|\frac{(\boldsymbol{\alpha},\boldsymbol{\beta})}{\|\boldsymbol{\alpha}\|\cdot\|\boldsymbol{\beta}\|}\right|\leqslant1$$

这样就可以定义 $R^n$ 中向量的夹角.

**定义 3.16** 当 $\boldsymbol{\alpha},\boldsymbol{\beta}$ 都为非零向量时,称

$$\theta=\arccos\frac{(\boldsymbol{\alpha},\boldsymbol{\beta})}{\|\boldsymbol{\alpha}\|\cdot\|\boldsymbol{\beta}\|},\quad 0\leqslant\theta\leqslant\pi$$

为 **$\boldsymbol{\alpha}$ 与 $\boldsymbol{\beta}$ 的夹角**,记为 $\langle\boldsymbol{\alpha},\boldsymbol{\beta}\rangle$.

**定义 3.17** 如果向量 $\boldsymbol{\alpha}$ 与 $\boldsymbol{\beta}$ 的内积为零,即

$$(\boldsymbol{\alpha},\boldsymbol{\beta})=0$$

则称 **$\boldsymbol{\alpha}$ 与 $\boldsymbol{\beta}$ 正交**.

易知,$R^n$ 中的零向量与 $R^n$ 中任意向量都正交.

**定义 3.18** 两两正交的非零向量组,称为**正交向量组**.

规定仅由一个非零向量组成的向量组为正交向量组.

由定义可知,若 $\boldsymbol{\alpha}_1,\boldsymbol{\alpha}_2,\cdots,\boldsymbol{\alpha}_m$ 为正交向量组,对于 $i,j=1,2,\cdots,m$,当 $i\neq j$ 时,$(\boldsymbol{\alpha}_i,\boldsymbol{\alpha}_j)=0$;当 $i=j$ 时,$(\boldsymbol{\alpha}_i,\boldsymbol{\alpha}_j)\neq 0$.

**定理 3.9** 正交向量组 $\boldsymbol{\alpha}_1,\boldsymbol{\alpha}_2,\cdots,\boldsymbol{\alpha}_m$ 一定线性无关.

**证** 设数 $k_1,k_2,\cdots,k_m$ 使

$$k_1\boldsymbol{\alpha}_1+k_2\boldsymbol{\alpha}_2+\cdots+k_m\boldsymbol{\alpha}_m=\boldsymbol{o}$$

用 $\boldsymbol{\alpha}_i(i=1,2,\cdots,m)$ 对上式的两端作内积,得

$$k_1(\boldsymbol{\alpha}_i,\boldsymbol{\alpha}_1)+\cdots+k_i(\boldsymbol{\alpha}_i,\boldsymbol{\alpha}_i)+\cdots+k_m(\boldsymbol{\alpha}_i,\boldsymbol{\alpha}_m)=0$$

因为 $\boldsymbol{\alpha}_1,\boldsymbol{\alpha}_2,\cdots,\boldsymbol{\alpha}_m$ 两两正交,所以 $(\boldsymbol{\alpha}_i,\boldsymbol{\alpha}_j)=0,i\neq j,i,j=1,2,\cdots,m$. 故 $k_i(\boldsymbol{\alpha}_i,\boldsymbol{\alpha}_i)=0$, $i=1,2,\cdots,m$.

又因为 $\boldsymbol{\alpha}_i\neq\boldsymbol{o}$,所以 $(\boldsymbol{\alpha}_i,\boldsymbol{\alpha}_i)\neq 0$,进而 $k_i=0,i=1,2,\cdots,m$,于是正交向量组 $\boldsymbol{\alpha}_1,\boldsymbol{\alpha}_2,\cdots,\boldsymbol{\alpha}_m$ 线性无关.

线性无关向量组未必是正交向量组.

**定义 3.19** 设 $\boldsymbol{\alpha}_1,\boldsymbol{\alpha}_2,\cdots,\boldsymbol{\alpha}_r$ 是正交向量组,且 $\|\boldsymbol{\alpha}_i\|=1,i=1,2,\cdots,r$,则称 $\boldsymbol{\alpha}_1,\boldsymbol{\alpha}_2,\cdots,\boldsymbol{\alpha}_r$ 为**标准正交向量组**.

显然,若 $\boldsymbol{\alpha}_1,\boldsymbol{\alpha}_2,\cdots,\boldsymbol{\alpha}_r\in R^n$,则 $\boldsymbol{\alpha}_1,\boldsymbol{\alpha}_2,\cdots,\boldsymbol{\alpha}_r$ 为标准正交向量组的充要条件为

$$(\boldsymbol{\alpha}_i,\boldsymbol{\alpha}_j)=\begin{cases}1, & 当\ i=j\\0, & 当\ i\neq j\end{cases},\quad i,j=1,2,\cdots,r$$

**定义 3.20** 如果标准正交向量组 $\boldsymbol{\alpha}_1,\boldsymbol{\alpha}_2,\cdots,\boldsymbol{\alpha}_r$ 是向量空间 $\boldsymbol{V}$ 的一个基,则称 $\boldsymbol{\alpha}_1,\boldsymbol{\alpha}_2,\cdots,\boldsymbol{\alpha}_r$ 为向量空间 $\boldsymbol{V}$ 的**标准正交基**(或**规范正交基**).

例如,单位坐标向量组 $\boldsymbol{\alpha}_1=(1,0,0)^{\mathrm{T}},\boldsymbol{\alpha}_2=(0,1,0)^{\mathrm{T}},\boldsymbol{\alpha}_3=(0,0,1)^{\mathrm{T}}$ 与向量组 $\boldsymbol{\beta}_1=\left(\frac{1}{\sqrt{3}},\frac{1}{\sqrt{3}},\frac{1}{\sqrt{3}}\right)^{\mathrm{T}},\boldsymbol{\beta}_2=\left(-\frac{1}{\sqrt{6}},\frac{2}{\sqrt{6}},-\frac{1}{\sqrt{6}}\right)^{\mathrm{T}},\boldsymbol{\beta}_3=\left(-\frac{1}{\sqrt{2}},0,\frac{1}{\sqrt{2}}\right)^{\mathrm{T}}$ 都是标准正交向量组,也都是 $R^3$ 的标准正交基.

【例 3-15】 设 $\boldsymbol{\alpha}_1,\boldsymbol{\alpha}_2,\cdots,\boldsymbol{\alpha}_r$ 是向量空间 $\boldsymbol{V}$ 的一个标准正交基,且

$$\boldsymbol{\alpha}=k_1\boldsymbol{\alpha}_1+k_2\boldsymbol{\alpha}_2+\cdots+k_r\boldsymbol{\alpha}_r \tag{3-11}$$

试证:$k_i=(\boldsymbol{\alpha}_i,\boldsymbol{\alpha}),i=1,2,\cdots,r$.

**证** 用 $\boldsymbol{\alpha}_i(i=1,2,\cdots,r)$对式(3-11)的两端作内积，根据

$$(\boldsymbol{\alpha}_i,\boldsymbol{\alpha}_j)=\begin{cases}1, & 当\ i=j\\0, & 当\ i\neq j\end{cases},\quad i,j=1,2,\cdots,r$$

得

$$\begin{aligned}(\boldsymbol{\alpha}_i,\boldsymbol{\alpha})&=(\boldsymbol{\alpha}_i,k_1\boldsymbol{\alpha}_1+k_2\boldsymbol{\alpha}_2+\cdots+k_r\boldsymbol{\alpha}_r)\\&=(\boldsymbol{\alpha}_i,k_i\boldsymbol{\alpha}_i)=k_i(\boldsymbol{\alpha}_i,\boldsymbol{\alpha}_i)=k_i,i=1,2,\cdots,r\end{aligned}$$

可见，向量空间选择标准正交基便于表示空间中的向量．例如，在平面或者 3 维空间中，我们常用的直角坐标系．

### 3.5.3 格拉姆-施密特（Gram-Schmidt）正交化

给定线性无关的向量组 $\boldsymbol{\alpha}_1,\boldsymbol{\alpha}_2,\cdots,\boldsymbol{\alpha}_m$，如何构造与其等价的正交向量组 $\boldsymbol{\beta}_1,\boldsymbol{\beta}_2,\cdots,\boldsymbol{\beta}_m$ 呢?

**定理 3.10** 设 $\boldsymbol{\alpha}_1,\boldsymbol{\alpha}_2,\cdots,\boldsymbol{\alpha}_m$ 是 $R^n$ 中的一个线性无关的向量组，令

$$\boldsymbol{\beta}_1=\boldsymbol{\alpha}_1$$

$$\boldsymbol{\beta}_2=\boldsymbol{\alpha}_2-\frac{(\boldsymbol{\alpha}_2,\boldsymbol{\beta}_1)}{(\boldsymbol{\beta}_1,\boldsymbol{\beta}_1)}\boldsymbol{\beta}_1$$

$$\vdots$$

$$\boldsymbol{\beta}_m=\boldsymbol{\alpha}_m-\frac{(\boldsymbol{\alpha}_m,\boldsymbol{\beta}_1)}{(\boldsymbol{\beta}_1,\boldsymbol{\beta}_1)}\boldsymbol{\beta}_1-\frac{(\boldsymbol{\alpha}_m,\boldsymbol{\beta}_2)}{(\boldsymbol{\beta}_2,\boldsymbol{\beta}_2)}\boldsymbol{\beta}_2-\cdots-\frac{(\boldsymbol{\alpha}_m,\boldsymbol{\beta}_{m-1})}{(\boldsymbol{\beta}_{m-1},\boldsymbol{\beta}_{m-1})}\boldsymbol{\beta}_{m-1}$$

则向量组 $\boldsymbol{\beta}_1,\boldsymbol{\beta}_2,\cdots,\boldsymbol{\beta}_\mathrm{m}$ 为与 $\boldsymbol{\alpha}_1,\boldsymbol{\alpha}_2,\cdots,\boldsymbol{\alpha}_m$ 等价的正交向量组．

**证** 对线性无关向量组所含向量的个数作数学归纳．

$m=2$ 时，令 $\boldsymbol{\beta}_1=\boldsymbol{\alpha}_1$，选取待定数 $l$，使 $\boldsymbol{\beta}_2=\boldsymbol{\alpha}_2+l\boldsymbol{\alpha}_1$ 与 $\boldsymbol{\beta}_1$ 正交，即

$$(\boldsymbol{\beta}_2,\boldsymbol{\beta}_1)=(\boldsymbol{\alpha}_2+l\boldsymbol{\alpha}_1,\boldsymbol{\beta}_1)=(\boldsymbol{\alpha}_2,\boldsymbol{\alpha}_1)+l(\boldsymbol{\alpha}_1,\boldsymbol{\alpha}_1)=0$$

由于 $\boldsymbol{\alpha}_1\neq 0$，所以$(\boldsymbol{\alpha}_1,\boldsymbol{\alpha}_1)>0$，取 $l=-\dfrac{(\boldsymbol{\alpha}_2,\boldsymbol{\alpha}_1)}{(\boldsymbol{\alpha}_1,\boldsymbol{\alpha}_1)}$可以使 $\boldsymbol{\beta}_2$ 与 $\boldsymbol{\beta}_1$ 正交．此时，向量组 $\boldsymbol{\beta}_1$，$\boldsymbol{\beta}_2$ 与向量组 $\boldsymbol{\alpha}_1,\boldsymbol{\alpha}_2$ 等价．

假设当 $m=k$ 时，定理成立，即向量组 $\boldsymbol{\beta}_1,\boldsymbol{\beta}_2,\cdots,\boldsymbol{\beta}_k$ 为与 $\boldsymbol{\alpha}_1,\boldsymbol{\alpha}_2,\cdots,\boldsymbol{\alpha}_k$ 等价的正交向量组，当 $m=k+1$ 时

$$\boldsymbol{\beta}_{k+1}=\boldsymbol{\alpha}_{k+1}-\frac{(\boldsymbol{\alpha}_{k+1},\boldsymbol{\beta}_1)}{(\boldsymbol{\beta}_1,\boldsymbol{\beta}_1)}\boldsymbol{\beta}_1-\frac{(\boldsymbol{\alpha}_{k+1},\boldsymbol{\beta}_2)}{(\boldsymbol{\beta}_2,\boldsymbol{\beta}_2)}\boldsymbol{\beta}_2-\cdots-\frac{(\boldsymbol{\alpha}_{k+1},\boldsymbol{\beta}_k)}{(\boldsymbol{\beta}_k,\boldsymbol{\beta}_k)}\boldsymbol{\beta}_k \tag{3-12}$$

对任意 $i=1,2,\cdots,k$，有

$$\begin{aligned}(\boldsymbol{\beta}_{k+1},\boldsymbol{\beta}_i)&=(\boldsymbol{\alpha}_{k+1},\boldsymbol{\beta}_i)-\frac{(\boldsymbol{\alpha}_{k+1},\boldsymbol{\beta}_1)}{(\boldsymbol{\beta}_1,\boldsymbol{\beta}_1)}(\boldsymbol{\beta}_1,\boldsymbol{\beta}_i)-\frac{(\boldsymbol{\alpha}_{k+1},\boldsymbol{\beta}_2)}{(\boldsymbol{\beta}_2,\boldsymbol{\beta}_2)}(\boldsymbol{\beta}_2,\boldsymbol{\beta}_i)-\cdots-\frac{(\boldsymbol{\alpha}_{k+1},\boldsymbol{\beta}_k)}{(\boldsymbol{\beta}_k,\boldsymbol{\beta}_k)}(\boldsymbol{\beta}_k,\boldsymbol{\beta}_i)\\&=(\boldsymbol{\alpha}_{k+1},\boldsymbol{\beta}_i)-\frac{(\boldsymbol{\alpha}_{k+1},\boldsymbol{\beta}_i)}{(\boldsymbol{\beta}_i,\boldsymbol{\beta}_i)}(\boldsymbol{\beta}_i,\boldsymbol{\beta}_i)=(\boldsymbol{\alpha}_{k+1},\boldsymbol{\beta}_i)-(\boldsymbol{\alpha}_{k+1},\boldsymbol{\beta}_i)=0\end{aligned}$$

因此，$\boldsymbol{\beta}_{k+1}$ 与 $\boldsymbol{\beta}_1,\boldsymbol{\beta}_2,\cdots,\boldsymbol{\beta}_k$ 正交．此外，$\boldsymbol{\beta}_{k+1}$ 可由线性无关的向量组 $\boldsymbol{\alpha}_1,\boldsymbol{\alpha}_2,\cdots,\boldsymbol{\alpha}_k$，$\boldsymbol{\alpha}_{k+1}$ 线性表示，且 $\boldsymbol{\alpha}_{k+1}$ 的系数不为零，可见 $\boldsymbol{\beta}_{k+1}\neq 0$，所以 $\boldsymbol{\beta}_1,\boldsymbol{\beta}_2,\cdots,\boldsymbol{\beta}_k,\boldsymbol{\beta}_{k+1}$ 为正交向量组．

由式(3-12)及归纳假设立即可得，向量组 $\boldsymbol{\beta}_1,\boldsymbol{\beta}_2,\cdots,\boldsymbol{\beta}_k,\boldsymbol{\beta}_{k+1}$ 与 $\boldsymbol{\alpha}_1,\boldsymbol{\alpha}_2,\cdots,\boldsymbol{\alpha}_k,\boldsymbol{\alpha}_{k+1}$ 等价．

综上，当 $m=k+1$ 时，定理也成立.

由数学归纳法原理，定理得证.

定理 3.10 给出了从一个线性无关的向量组 $\boldsymbol{\alpha}_1,\boldsymbol{\alpha}_2,\cdots,\boldsymbol{\alpha}_m$ 出发，构造与其等价的正交向量组 $\boldsymbol{\beta}_1,\boldsymbol{\beta}_2,\cdots,\boldsymbol{\beta}_m$ 的过程，这个过程称为格拉姆-施密特(Gram-Schmidt)正交化.

若再将 $\boldsymbol{\beta}_1,\boldsymbol{\beta}_2,\cdots,\boldsymbol{\beta}_m$ 中的每个向量单位化，即令 $\boldsymbol{\gamma}_i=\dfrac{\boldsymbol{\beta}_i}{\|\boldsymbol{\beta}_i\|}(i=1,2,\cdots,m)$，则 $\boldsymbol{\gamma}_1,\boldsymbol{\gamma}_2,\cdots,\boldsymbol{\gamma}_m$ 是与 $\boldsymbol{\beta}_1,\boldsymbol{\beta}_2,\cdots,\boldsymbol{\beta}_m$ 等价的标准正交向量组.

【例 3-16】 设 $\boldsymbol{\alpha}_1=(1,1,1)^{\mathrm{T}},\boldsymbol{\alpha}_2=(1,2,1)^{\mathrm{T}},\boldsymbol{\alpha}_3=(0,-1,1)^{\mathrm{T}}$，将该向量组标准正交化.

解 先正交化，令

$$\boldsymbol{\beta}_1=\boldsymbol{\alpha}_1=(1,1,1)^{\mathrm{T}}$$

$$\boldsymbol{\beta}_2=\boldsymbol{\alpha}_2-\frac{(\boldsymbol{\alpha}_2,\boldsymbol{\beta}_1)}{(\boldsymbol{\beta}_1,\boldsymbol{\beta}_1)}\boldsymbol{\beta}_1=(1,2,1)^{\mathrm{T}}-\frac{4}{3}(1,1,1)^{\mathrm{T}}=\frac{1}{3}(-1,2,-1)^{\mathrm{T}}$$

$$\begin{aligned}\boldsymbol{\beta}_3&=\boldsymbol{\alpha}_3-\frac{(\boldsymbol{\alpha}_3,\boldsymbol{\beta}_1)}{(\boldsymbol{\beta}_1,\boldsymbol{\beta}_1)}\boldsymbol{\beta}_1-\frac{(\boldsymbol{\alpha}_3,\boldsymbol{\beta}_2)}{(\boldsymbol{\beta}_2,\boldsymbol{\beta}_2)}\boldsymbol{\beta}_2\\&=(0,-1,1)^{\mathrm{T}}-\frac{0}{3}(1,1,1)^{\mathrm{T}}+\frac{1}{2}(-1,2,-1)^{\mathrm{T}}=\frac{1}{2}(-1,0,1)^{\mathrm{T}}\end{aligned}$$

再单位化，令

$$\boldsymbol{\gamma}_1=\frac{\boldsymbol{\beta}_1}{\|\boldsymbol{\beta}_1\|}=\frac{1}{\sqrt{3}}(1,1,1)^{\mathrm{T}}$$

$$\boldsymbol{\gamma}_2=\frac{\boldsymbol{\beta}_2}{\|\boldsymbol{\beta}_2\|}=\frac{1}{\sqrt{6}}(-1,2,-1)^{\mathrm{T}}$$

$$\boldsymbol{\gamma}_3=\frac{\boldsymbol{\beta}_3}{\|\boldsymbol{\beta}_3\|}=\frac{1}{\sqrt{2}}(-1,0,1)^{\mathrm{T}}$$

$\boldsymbol{\gamma}_1,\boldsymbol{\gamma}_2,\boldsymbol{\gamma}_3$ 即为所求的标准正交向量组.

注意：与 $\boldsymbol{\alpha}_1,\boldsymbol{\alpha}_2,\boldsymbol{\alpha}_3$ 等价的标准正交向量组不是唯一的.

### 3.5.4 正交矩阵与正交变换

1. 正交矩阵

将【例 3-15】中的 $\boldsymbol{\gamma}_1,\boldsymbol{\gamma}_2,\boldsymbol{\gamma}_3$ 看作矩阵 $\boldsymbol{A}$ 的列向量，即

$$\boldsymbol{A}=\begin{pmatrix}\frac{1}{\sqrt{3}}&-\frac{1}{\sqrt{6}}&-\frac{1}{\sqrt{2}}\\\frac{1}{\sqrt{3}}&\frac{2}{\sqrt{6}}&0\\\frac{1}{\sqrt{3}}&-\frac{1}{\sqrt{6}}&\frac{1}{\sqrt{2}}\end{pmatrix}$$

易知 $\boldsymbol{A}^{\mathrm{T}}\boldsymbol{A}=\boldsymbol{A}\boldsymbol{A}^{\mathrm{T}}=\boldsymbol{E}$.

定义 3.21 如果 $n$ 阶矩阵 $\boldsymbol{A}$ 满足

$$\boldsymbol{A}^{\mathrm{T}}\boldsymbol{A}=\boldsymbol{E}$$

则称 $\boldsymbol{A}$ 为正交矩阵,简称正交阵.

正交矩阵具有以下性质.

**性质 1** 若 $\boldsymbol{A}$ 为正交矩阵,则 $\boldsymbol{A}$ 可逆,且 $\boldsymbol{A}^{-1}=\boldsymbol{A}^{\mathrm{T}}$ 也是正交矩阵.

**证** 因为 $\boldsymbol{A}$ 为正交矩阵,所以 $\boldsymbol{A}^{\mathrm{T}}\boldsymbol{A}=\boldsymbol{E}$,故 $\boldsymbol{A}$ 可逆,且 $\boldsymbol{A}^{-1}=\boldsymbol{A}^{\mathrm{T}}$.

因为 $\boldsymbol{A}^{\mathrm{T}}\boldsymbol{A}=\boldsymbol{A}\boldsymbol{A}^{\mathrm{T}}=\boldsymbol{E}$,而 $\boldsymbol{A}\boldsymbol{A}^{\mathrm{T}}=(\boldsymbol{A}^{\mathrm{T}})^{\mathrm{T}}\boldsymbol{A}^{\mathrm{T}}=\boldsymbol{E}$,所以 $\boldsymbol{A}^{-1}=\boldsymbol{A}^{\mathrm{T}}$ 是正交矩阵.

**性质 2** 若 $\boldsymbol{A}$ 为正交矩阵,则 $|\boldsymbol{A}|=1$ 或 $-1$.

**证** 因为 $\boldsymbol{A}$ 为正交矩阵,所以 $\boldsymbol{A}^{\mathrm{T}}\boldsymbol{A}=\boldsymbol{E}$, $|\boldsymbol{A}^{\mathrm{T}}\boldsymbol{A}|=|\boldsymbol{E}|=1$, $|\boldsymbol{A}^{\mathrm{T}}|\cdot|\boldsymbol{A}|=1$, $|\boldsymbol{A}|^2=1$, $|\boldsymbol{A}|=1$ 或 $-1$.

**性质 3** 若 $\boldsymbol{A},\boldsymbol{B}$ 都是 $n$ 阶正交矩阵,则 $\boldsymbol{AB}$ 也是 $n$ 阶正交矩阵.

**证** 因为 $\boldsymbol{A},\boldsymbol{B}$ 都是 $n$ 阶正交矩阵,所以 $\boldsymbol{A}^{\mathrm{T}}\boldsymbol{A}=\boldsymbol{E}$, $\boldsymbol{B}^{\mathrm{T}}\boldsymbol{B}=\boldsymbol{E}$,故 $(\boldsymbol{AB})^{\mathrm{T}}(\boldsymbol{AB})=\boldsymbol{B}^{\mathrm{T}}(\boldsymbol{A}^{\mathrm{T}}\boldsymbol{A})\boldsymbol{B}=\boldsymbol{B}^{\mathrm{T}}\boldsymbol{B}=\boldsymbol{E}$,所以 $\boldsymbol{AB}$ 是 $n$ 阶正交矩阵.

**性质 4** $n$ 阶矩阵 $\boldsymbol{A}$ 为正交矩阵的充要条件是 $\boldsymbol{A}$ 的列(行)向量组是标准正交向量组.

**证** 设 $\boldsymbol{\alpha}_1,\boldsymbol{\alpha}_2,\cdots,\boldsymbol{\alpha}_n$ 是 $\boldsymbol{A}$ 的列向量组

$$\boldsymbol{A}=(\boldsymbol{\alpha}_1,\boldsymbol{\alpha}_2,\cdots,\boldsymbol{\alpha}_n),\quad \boldsymbol{A}^{\mathrm{T}}=\begin{pmatrix}\boldsymbol{\alpha}_1^{\mathrm{T}}\\ \boldsymbol{\alpha}_2^{\mathrm{T}}\\ \vdots\\ \boldsymbol{\alpha}_n^{\mathrm{T}}\end{pmatrix}$$

$$\boldsymbol{A}^{\mathrm{T}}\boldsymbol{A}=\begin{pmatrix}\boldsymbol{\alpha}_1^{\mathrm{T}}\\ \boldsymbol{\alpha}_2^{\mathrm{T}}\\ \vdots\\ \boldsymbol{\alpha}_n^{\mathrm{T}}\end{pmatrix}(\boldsymbol{\alpha}_1,\boldsymbol{\alpha}_2,\cdots,\boldsymbol{\alpha}_n)=\begin{pmatrix}\boldsymbol{\alpha}_1^{\mathrm{T}}\boldsymbol{\alpha}_1 & \boldsymbol{\alpha}_1^{\mathrm{T}}\boldsymbol{\alpha}_2 & \cdots & \boldsymbol{\alpha}_1^{\mathrm{T}}\boldsymbol{\alpha}_n\\ \boldsymbol{\alpha}_2^{\mathrm{T}}\boldsymbol{\alpha}_1 & \boldsymbol{\alpha}_2^{\mathrm{T}}\boldsymbol{\alpha}_2 & \cdots & \boldsymbol{\alpha}_2^{\mathrm{T}}\boldsymbol{\alpha}_n\\ \vdots & \vdots & & \vdots\\ \boldsymbol{\alpha}_n^{\mathrm{T}}\boldsymbol{\alpha}_1 & \boldsymbol{\alpha}_n^{\mathrm{T}}\boldsymbol{\alpha}_2 & \cdots & \boldsymbol{\alpha}_n^{\mathrm{T}}\boldsymbol{\alpha}_n\end{pmatrix}$$

$$=\begin{pmatrix}(\boldsymbol{\alpha}_1,\boldsymbol{\alpha}_1) & (\boldsymbol{\alpha}_1,\boldsymbol{\alpha}_2) & \cdots & (\boldsymbol{\alpha}_1,\boldsymbol{\alpha}_n)\\ (\boldsymbol{\alpha}_2,\boldsymbol{\alpha}_1) & (\boldsymbol{\alpha}_2,\boldsymbol{\alpha}_2) & \cdots & (\boldsymbol{\alpha}_2,\boldsymbol{\alpha}_n)\\ \vdots & \vdots & & \vdots\\ (\boldsymbol{\alpha}_n,\boldsymbol{\alpha}_1) & (\boldsymbol{\alpha}_n,\boldsymbol{\alpha}_2) & \cdots & (\boldsymbol{\alpha}_n,\boldsymbol{\alpha}_n)\end{pmatrix}$$

由上式可知,$\boldsymbol{A}^{\mathrm{T}}\boldsymbol{A}=\boldsymbol{E}$ 的充分必要条件是

$$(\boldsymbol{\alpha}_i,\boldsymbol{\alpha}_j)=\begin{cases}1, & 当\ i=j\\ 0, & 当\ i\neq j\end{cases},\quad i,j=1,2,\cdots,n$$

即 $\boldsymbol{\alpha}_1,\boldsymbol{\alpha}_2,\cdots,\boldsymbol{\alpha}_n$ 是标准正交向量组.

由于 $\boldsymbol{A}^{\mathrm{T}}$ 也是正交矩阵,所以矩阵 $\boldsymbol{A}$ 的行向量组也是标准正交向量组.

利用该性质可以方便地判别矩阵是否为正交矩阵,例如

$$\boldsymbol{A}=\begin{pmatrix}\frac{1}{3} & \frac{2}{3} & \frac{2}{3}\\ \frac{2}{3} & \frac{1}{3} & -\frac{2}{3}\\ \frac{2}{3} & -\frac{2}{3} & \frac{1}{3}\end{pmatrix}$$

矩阵 $\boldsymbol{A}$ 的列向量组是标准正交向量组，故 $\boldsymbol{A}$ 为正交矩阵．

同样，用 $n$ 个两两正交的单位向量可以构造 $n$ 阶正交矩阵．

$\boldsymbol{\beta}_1=\left(\frac{1}{\sqrt{3}},\frac{1}{\sqrt{3}},\frac{1}{\sqrt{3}}\right)^{\mathrm{T}},\boldsymbol{\beta}_2=\left(-\frac{1}{\sqrt{6}},\frac{2}{\sqrt{6}},-\frac{1}{\sqrt{6}}\right)^{\mathrm{T}},\boldsymbol{\beta}_3=\left(-\frac{1}{\sqrt{2}},0,\frac{1}{\sqrt{2}}\right)^{\mathrm{T}}$ 为两两正交的单位向量，令 $\boldsymbol{B}=(\boldsymbol{\beta}_1,\boldsymbol{\beta}_2,\boldsymbol{\beta}_3)=\begin{pmatrix}\frac{1}{\sqrt{3}} & -\frac{1}{\sqrt{6}} & -\frac{1}{\sqrt{2}}\\ \frac{1}{\sqrt{3}} & \frac{2}{\sqrt{6}} & 0\\ \frac{1}{\sqrt{3}} & -\frac{1}{\sqrt{6}} & \frac{1}{\sqrt{2}}\end{pmatrix}$，则矩阵 $\boldsymbol{B}$ 为正交矩阵．

特别地，由单位坐标向量构成的单位矩阵是正交矩阵．

2. 正交变换

**定义 3.22** $n$ 个变量 $x_1,x_2,\cdots,x_n$ 与 $y_1,y_2,\cdots,y_m$ 之间的关系式

$$\begin{cases}y_1=a_{11}x_1+a_{12}x_2+\cdots+a_{1n}x_n\\ y_2=a_{21}x_1+a_{22}x_2+\cdots+a_{2n}x_n\\ \vdots\qquad\vdots\qquad\vdots\qquad\qquad\vdots\\ y_m=a_{m1}x_1+a_{m2}x_2+\cdots+a_{mn}x_n\end{cases}\tag{3-13}$$

称为从变量 $x_1,x_2,\cdots,x_n$ 到 $y_1,y_2,\cdots,y_m$ 的**线性变换**，其中 $a_{ij}(i=1,2,\cdots,m;j=1,2,\cdots,n)$ 为常数．

设 $\boldsymbol{y}=\begin{pmatrix}y_1\\ y_2\\ \vdots\\ y_m\end{pmatrix},\boldsymbol{x}=\begin{pmatrix}x_1\\ x_2\\ \vdots\\ x_n\end{pmatrix},\boldsymbol{A}=\begin{pmatrix}a_{11} & a_{12} & \cdots & a_{1n}\\ a_{21} & a_{22} & \cdots & a_{2n}\\ \vdots & \vdots & & \vdots\\ a_{m1} & a_{m2} & \cdots & a_{mn}\end{pmatrix}$，则式(3-13)可表示为

$$\boldsymbol{y}=\boldsymbol{A}\boldsymbol{x}\tag{3-14}$$

称矩阵 $\boldsymbol{A}$ 为**线性变换矩阵**．

如果线性变换矩阵 $\boldsymbol{A}$ 为 $n$ 阶可逆矩阵，则由式(3-14)有 $\boldsymbol{x}=\boldsymbol{A}^{-1}\boldsymbol{y}$，称这样的线性变换为**可逆线性变换**．

如果线性变换矩阵为正交矩阵 $\boldsymbol{P}$，则称线性变换 $\boldsymbol{y}=\boldsymbol{P}\boldsymbol{x}$ 为**正交变换**．由于正交矩阵可逆，且其逆矩阵也是正交矩阵，故 $\boldsymbol{x}=\boldsymbol{P}^{-1}\boldsymbol{y}$ 也是正交变换．

正交变换具有以下性质：

(1) 正交变换保持向量的长度不变，即 $\|\boldsymbol{y}\|=\|\boldsymbol{x}\|$．

(2) 正交变换保持两个向量的夹角不变．

给出性质(1)的证明，性质(2)的证明留给读者．

**证** 设 $\boldsymbol{y}=\boldsymbol{P}\boldsymbol{x}$ 为正交变换，则有

$$\|\boldsymbol{y}\|=\sqrt{\boldsymbol{y}^{\mathrm{T}}\boldsymbol{y}}=\sqrt{\boldsymbol{x}^{\mathrm{T}}\boldsymbol{P}^{\mathrm{T}}\boldsymbol{P}\boldsymbol{x}}=\sqrt{\boldsymbol{x}^{\mathrm{T}}\boldsymbol{x}}=\|\boldsymbol{x}\|$$

## 3.6 应用实例

【例 3-17】 求不定积分 $I=\int \frac{A\sin x+B\cos x}{a\sin x+b\cos x}\mathrm{d}x$，其中 $a^2+b^2\neq 0$.

解

(1) 当 $\begin{pmatrix}A\\B\end{pmatrix}=\begin{pmatrix}a\\b\end{pmatrix}$ 时，$I_1=\int 1\mathrm{d}x=x+C_1$，$C_1$ 为常数.

(2) 当 $\begin{pmatrix}A\\B\end{pmatrix}=\begin{pmatrix}-b\\a\end{pmatrix}$ 时，$I_2=\int \frac{-b\sin x+a\cos x}{a\sin x+b\cos x}\mathrm{d}x=\ln|a\sin x+b\cos x|+C_2$，$C_2$ 为常数.

(3) 其他情形可以利用向量组的线性相关性和(1)、(2)的结果计算.

因为 $\begin{pmatrix}a\\b\end{pmatrix}$ 与 $\begin{pmatrix}-b\\a\end{pmatrix}$ 线性无关，不妨设 $\begin{pmatrix}A\\B\end{pmatrix}=k_1\begin{pmatrix}a\\b\end{pmatrix}+k_2\begin{pmatrix}-b\\a\end{pmatrix}=\begin{pmatrix}a&-b\\b&a\end{pmatrix}\begin{pmatrix}k_1\\k_2\end{pmatrix}$，解得

$$k_1=\frac{aA+bB}{a^2+b^2},\quad k_2=\frac{-Ab+aB}{a^2+b^2}$$

令

$$f(x)=\frac{\sin x}{a\sin x+b\cos x},\quad g(x)=\frac{\cos x}{a\sin x+b\cos x}$$

则 $a\int f(x)\mathrm{d}x+b\int g(x)\mathrm{d}x=I_1$，$-b\int f(x)\mathrm{d}x+a\int g(x)\mathrm{d}x=I_2$，从而

$$\begin{aligned}I&=\int[Af(x)+Bg(x)]\mathrm{d}x=\int(f(x),g(x))\begin{pmatrix}A\\B\end{pmatrix}\mathrm{d}x\\&=\int(f(x),g(x))\begin{pmatrix}a&-b\\b&a\end{pmatrix}\begin{pmatrix}k_1\\k_2\end{pmatrix}\mathrm{d}x\\&=\int(af(x)+bg(x),-bf(x)+ag(x))\begin{pmatrix}k_1\\k_2\end{pmatrix}\mathrm{d}x\\&=k_1\int(af(x)+bg(x))\mathrm{d}x+k_2\int(-bf(x)+ag(x))\mathrm{d}x\\&=k_1I_1+k_2I_2\end{aligned}$$

【例 3-18】 对于线性规划的标准式

$$\max z=\sum_{j=1}^{n}c_jx_j$$

$$\text{s. t.}\begin{cases}\displaystyle\sum_{j=1}^{n}a_{ij}x_j=b_i, & i=1,2,\cdots,m\\ x_j\geqslant 0, & j=1,2,\cdots,n\end{cases}\tag{3-15}$$

设约束条件式(3-15)对应方程组的系数矩阵 $\boldsymbol{A}=(a_{ij})_{m\times n}$ 的秩 $R(\boldsymbol{A})=m$，矩阵 $\boldsymbol{A}$ 的列向量组 $\boldsymbol{p}_1,\boldsymbol{p}_2,\cdots,\boldsymbol{p}_n$ 中的 $m$ 个线性无关的列向量 $\boldsymbol{p}_{i_1},\boldsymbol{p}_{i_2},\cdots,\boldsymbol{p}_{i_m}$ $(1\leqslant i_1<i_2<\cdots<i_m\leqslant n)$ 称为该线性规划的一组基向量，与基向量 $\boldsymbol{p}_{i_l}$ 对应的变量 $x_{i_l}$ $(l=1,2,\cdots,m)$ 称为基变量，其

他的 $n-m$ 个变量称为非基变量.

在约束条件式(3-15)中令所有非基变量为零,得到约束方程组的一个解为关于基 $\boldsymbol{p}_{i_1}$,$\boldsymbol{p}_{i_2},\cdots,\boldsymbol{p}_{i_m}$ 的基本解,若基本解满足基变量非负,则称该解为基可行解.

**具体算例**

$$\max z=40x_1+30x_2$$

$$\text{s. t.}\begin{cases}2x_1+3x_2+x_3=48\\2x_1+x_2+x_4=40\\x_i\geqslant 0,i=1,2,3,4\end{cases}$$

该线性规划约束方程组的系数矩阵 $\boldsymbol{A}=\begin{pmatrix}2&3&1&0\\2&1&0&1\end{pmatrix}=(\boldsymbol{p}_1,\boldsymbol{p}_2,\boldsymbol{p}_3,\boldsymbol{p}_4)$,由于 $\boldsymbol{p}_1,\boldsymbol{p}_2$ 线性无关,所以 $\boldsymbol{p}_1,\boldsymbol{p}_2$ 是一个基,同理,$\boldsymbol{p}_1,\boldsymbol{p}_3$;$\boldsymbol{p}_1,\boldsymbol{p}_4$;$\boldsymbol{p}_2,\boldsymbol{p}_3$;$\boldsymbol{p}_1,\boldsymbol{p}_2$;$\boldsymbol{p}_2,\boldsymbol{p}_4$;$\boldsymbol{p}_3,\boldsymbol{p}_4$ 也都是基.

如果取基 $\boldsymbol{p}_3,\boldsymbol{p}_4$,这时基变量为 $x_3,x_4$,非基变量为 $x_1,x_2$,令 $x_1=x_2=0$,得基可行解 $\boldsymbol{x}=(0,0,48,40)^{\mathrm{T}}$.

【例 3-19】 平面方程一般式为 $Ax+By+Cz+D=0$($A,B,C$ 不全为零),称向量 $\boldsymbol{\eta}=(A,B,C)^{\mathrm{T}}$ 为该平面的法向量,设

$$\pi_1:A_1x+B_1y+C_1z+D_1=0$$

$$\pi_2:A_2x+B_2y+C_2z+D_2=0$$

则平面 $\pi_1$ 和 $\pi_2$ 的法向量分别为 $\boldsymbol{\eta}_1=(A_1,B_1,C_1)^{\mathrm{T}}$,$\boldsymbol{\eta}_2=(A_2,B_2,C_2)^{\mathrm{T}}$.

平面 $\pi_1,\pi_2$ 的夹角定义为

$$\theta=\arccos\frac{(\boldsymbol{\eta}_1,\boldsymbol{\eta}_2)}{\|\boldsymbol{\eta}_1\|\cdot\|\boldsymbol{\eta}_2\|},0\leqslant\theta\leqslant\pi$$

当 $0<\theta<\pi$ 时,两个平面 $\pi_1$ 和 $\pi_2$ 相交.

令 $\boldsymbol{\alpha}_1=(A_1,B_1,C_1,D_1)^{\mathrm{T}}$,$\boldsymbol{\alpha}_2=(A_2,B_2,C_2,D_2)^{\mathrm{T}}$,显然:

(1) 当向量 $\boldsymbol{\eta}_1,\boldsymbol{\eta}_2$ 正交时,平面 $\pi_1$ 和 $\pi_2$ 垂直.

(2) 当向量 $\boldsymbol{\eta}_1,\boldsymbol{\eta}_2$ 线性相关,而向量 $\boldsymbol{\alpha}_1,\boldsymbol{\alpha}_2$ 线性无关时,则两个平面平行但不重合.

(3) 当向量 $\boldsymbol{\alpha}_1,\boldsymbol{\alpha}_2$ 线性相关时,两个平面重合.

**具体算例**

确定平面 $\pi_1:x+2y-z+8=0$ 与平面 $\pi_2:3x-y+z-7=0$ 的位置关系.

解 $\boldsymbol{\eta}_1=(1,2,-1)^{\mathrm{T}}$,$\boldsymbol{\eta}_2=(3,-1,1)^{\mathrm{T}}$ 分别为平面 $\pi_1$ 和 $\pi_2$ 的法向量,因为$(\boldsymbol{\eta}_1,\boldsymbol{\eta}_2)=0$,所以 $\boldsymbol{\eta}_1,\boldsymbol{\eta}_2$ 正交,平面 $\pi_1$ 和 $\pi_2$ 垂直.

【例 3-20】 在求解线性方程组 $\boldsymbol{Ax}=\boldsymbol{b}$(其中矩阵 $\boldsymbol{A}$ 为 $n$ 阶方阵且满足 $\det\boldsymbol{A}\neq 0$)的数值解法中有一种常用方法叫迭代法,其基本思路是将方程改写成等价形式 $\boldsymbol{x}=\boldsymbol{Bx}+\boldsymbol{f}$,给出一个初始解向量 $\boldsymbol{x}^{(0)}=(x_1^{(0)},x_2^{(0)},\cdots,x_n^{(0)})^{\mathrm{T}}$,然后做迭代 $\boldsymbol{x}^{(k+1)}=\boldsymbol{Bx}^{(k)}+\boldsymbol{f}$,求出方程的近似解,其中 $\boldsymbol{x}^{(k)}=(x_1^{(k)},x_2^{(k)},\cdots,x_n^{(k)})^{\mathrm{T}}$,$k=0,1,\cdots$,向量 $\boldsymbol{x}^{(k)}$ 通过迭代 $\boldsymbol{x}^{(k+1)}=\boldsymbol{B}x^{(k)}+\boldsymbol{f}$ 更新方程组的近似解 $\boldsymbol{x}^{(k+1)}$.

**具体算例**

求解线性方程组

$$\begin{pmatrix}10 & -1 & -2\\ -1 & 10 & -2\\ -1 & -1 & 5\end{pmatrix}\begin{pmatrix}x_1\\ x_2\\ x_3\end{pmatrix}=\begin{pmatrix}7.2\\ 8.3\\ 4.2\end{pmatrix}$$

**解** 将方程组改写为

$$\begin{pmatrix}x_1\\ x_2\\ x_3\end{pmatrix}=\begin{pmatrix}0 & 0.1 & 0.2\\ 0.1 & 0 & 0.2\\ 0.2 & 0.2 & 0\end{pmatrix}\begin{pmatrix}x_1\\ x_2\\ x_3\end{pmatrix}+\begin{pmatrix}0.72\\ 0.83\\ 0.84\end{pmatrix}$$

建立以下迭代公式：

$$\begin{pmatrix}x_1^{(k+1)}\\ x_2^{(k+1)}\\ x_3^{(h+1)}\end{pmatrix}=\begin{pmatrix}0 & 0.1 & 0.2\\ 0.1 & 0 & 0.2\\ 0.2 & 0.2 & 0\end{pmatrix}\begin{pmatrix}x_1^{(k)}\\ x_2^{(k)}\\ x_3^{(k)}\end{pmatrix}+\begin{pmatrix}0.72\\ 0.83\\ 0.84\end{pmatrix},\quad k=0,1,\cdots,n$$

令 $\boldsymbol{x}^{(0)}=(0,0,0)^{\mathrm{T}}$，得

| $k$ | $x_1^{(k)}$ | $x_2^{(k)}$ | $x_3^{(k)}$ |
|---|---|---|---|
| 0 | 0 | 0 | 0 |
| 1 | 0.72 | 0.83 | 0.84 |
| 2 | 0.971 | 1.07 | 1.15 |
| 3 | 1.057 | 1.1571 | 1.2481 |
| 4 | 1.08535 | 1.18534 | 1.28282 |
| 5 | 1.09510 | 1.19510 | 1.29414 |
| 6 | 1.09834 | 1.19834 | 1.29804 |
| 7 | 1.09944 | 1.19941 | 1.29934 |
| 8 | 1.09981 | 1.19981 | 1.29998 |
| 9 | 1.09994 | 1.19994 | 1.29992 |
| … | … | … | … |

根据误差要求可以确定方程组的近似解．

# 习 题 三

## A 题

1. 设 $\boldsymbol{\alpha}_1=(1,1,-1)^{\mathrm{T}},\boldsymbol{\alpha}_2=(1,0,1)^{\mathrm{T}},\boldsymbol{\alpha}_3=(3,4,0)^{\mathrm{T}}$，求 $3\boldsymbol{\alpha}_1+2\boldsymbol{\alpha}_2-\boldsymbol{\alpha}_3$.

2. 已知 3 维列向量 $\boldsymbol{\alpha}_1,\boldsymbol{\alpha}_2,\boldsymbol{\beta}_1,\boldsymbol{\beta}_2$，又 $\boldsymbol{A}=(\boldsymbol{\alpha}_1,\boldsymbol{\alpha}_2,\boldsymbol{\beta}_1)$，$\boldsymbol{B}=(\boldsymbol{\alpha}_1,\boldsymbol{\alpha}_2,\boldsymbol{\beta}_2)$，且 $|\boldsymbol{A}|=3$，$|\boldsymbol{B}|=2$，求 $|2\boldsymbol{A}+3\boldsymbol{B}|$.

3. 判断下列向量组的线性相关性：

(1) $\boldsymbol{\alpha}_1=(1,0,2)^{\mathrm{T}},\boldsymbol{\alpha}_2=(2,0,1)^{\mathrm{T}},\boldsymbol{\alpha}_3=(1,2,2)^{\mathrm{T}}$；

(2) $\boldsymbol{\alpha}_1=(1,5,2,4)^{\mathrm{T}},\boldsymbol{\alpha}_2=(2,0,1,-1)^{\mathrm{T}},\boldsymbol{\alpha}_3=(4,0,2,-2)^{\mathrm{T}}$；

(3) $\boldsymbol{\alpha}_1=(1,4,-11,-2)^{\mathrm{T}},\boldsymbol{\alpha}_2=(2,-1,7,3)^{\mathrm{T}},\boldsymbol{\alpha}_3=(3,6,3,8)^{\mathrm{T}}$.

4. 设 3 阶矩阵 $\boldsymbol{A}=\begin{pmatrix}1 & 2 & -2\\ 2 & 1 & 2\\ 3 & 0 & 4\end{pmatrix}$，3 维列向量 $\boldsymbol{\alpha}=\begin{pmatrix}a\\ 1\\ 1\end{pmatrix}$，已知 $\boldsymbol{A\alpha}$ 与 $\boldsymbol{\alpha}$ 线性相关，求 $a$.

5. 设$\boldsymbol{\alpha}_1=(a,1,1)^{\mathrm{T}}$，$\boldsymbol{\alpha}_2=(1,a,-1)^{\mathrm{T}}$，$\boldsymbol{\alpha}_3=(1,-1,a)^{\mathrm{T}}$，问$a$取何值时向量组线性相关？

6. 设$\boldsymbol{\alpha}_1=(1,1,1)^{\mathrm{T}}$，$\boldsymbol{\alpha}_2=(a,0,b)^{\mathrm{T}}$，$\boldsymbol{\alpha}_3=(1,3,2)^{\mathrm{T}}$，问$a,b$满足什么条件时，向量组$\boldsymbol{\alpha}_1,\boldsymbol{\alpha}_2,\boldsymbol{\alpha}_3$线性相关？

7. 设向量组$\boldsymbol{\alpha}_1,\boldsymbol{\alpha}_2,\boldsymbol{\alpha}_3$线性无关，问$l,t$满足什么条件时，向量组$\boldsymbol{\beta}_1=\boldsymbol{\alpha}_1-\boldsymbol{\alpha}_2$，$\boldsymbol{\beta}_2=\boldsymbol{\alpha}_2-\boldsymbol{\alpha}_3$，$\boldsymbol{\beta}_3=l\boldsymbol{\alpha}_3-t\boldsymbol{\alpha}_1$也线性无关？

8. 设$\boldsymbol{\beta}_1=\boldsymbol{\alpha}_1$，$\boldsymbol{\beta}_2=\boldsymbol{\alpha}_1+\boldsymbol{\alpha}_2$，…，$\boldsymbol{\beta}_r=\boldsymbol{\alpha}_1+\boldsymbol{\alpha}_2+\cdots+\boldsymbol{\alpha}_r$，且向量组$\boldsymbol{\alpha}_1,\boldsymbol{\alpha}_2,\cdots,\boldsymbol{\alpha}_r$线性无关，证明向量组$\boldsymbol{\beta}_1,\boldsymbol{\beta}_2,\cdots,\boldsymbol{\beta}_r$线性无关．

9. 已知向量组$\boldsymbol{\alpha}_1,\boldsymbol{\alpha}_2,\boldsymbol{\alpha}_3,\boldsymbol{\beta}$线性无关，令$\boldsymbol{\beta}_1=\boldsymbol{\alpha}_1+\boldsymbol{\beta}$，$\boldsymbol{\beta}_2=\boldsymbol{\alpha}_2+\boldsymbol{\beta}$，$\boldsymbol{\beta}_3=\boldsymbol{\alpha}_3+\boldsymbol{\beta}$，证明：$\boldsymbol{\beta}_1,\boldsymbol{\beta}_2,\boldsymbol{\beta}_3,\boldsymbol{\beta}$线性无关．

10. 设$a_1,a_2,\cdots,a_k$是互不相同的数，又$k\leqslant n$，证明：向量组$\boldsymbol{\alpha}_1=(1,a_1,a_1^2,\cdots,a_1^{n-1})$，$\boldsymbol{\alpha}_2=(1,a_2,a_2^2,\cdots,a_2^{n-1})$，…，$\boldsymbol{\alpha}_k=(1,a_k,a_k^2,\cdots,a_k^{n-1})$线性无关．

11. 设向量组$\boldsymbol{\alpha}_1,\boldsymbol{\alpha}_2,\cdots,\boldsymbol{\alpha}_r$与向量组$\boldsymbol{\beta}_1,\boldsymbol{\beta}_2,\cdots,\boldsymbol{\beta}_s$的秩相等，且$\boldsymbol{\alpha}_1,\boldsymbol{\alpha}_2,\cdots,\boldsymbol{\alpha}_r$可由$\boldsymbol{\beta}_1,\boldsymbol{\beta}_2,\cdots,\boldsymbol{\beta}_s$线性表示，试证：这两个向量组等价．

12. 设$\boldsymbol{\alpha}_1,\boldsymbol{\alpha}_2,\cdots,\boldsymbol{\alpha}_n$是一组$n$维向量，已知$n$维单位坐标向量$\boldsymbol{\varepsilon}_1,\boldsymbol{\varepsilon}_2,\cdots,\boldsymbol{\varepsilon}_n$能由它们线性表示，试证：$\boldsymbol{\alpha}_1,\boldsymbol{\alpha}_2,\cdots,\boldsymbol{\alpha}_n$线性无关．

13. 设$\boldsymbol{\alpha}_1=\begin{pmatrix}1+a\\1\\1\end{pmatrix}$，$\boldsymbol{\alpha}_2=\begin{pmatrix}1\\1+b\\1\end{pmatrix}$，$\boldsymbol{\alpha}_3=\begin{pmatrix}1\\1\\1-b\end{pmatrix}$，$a,b$满足什么条件时，向量组$\boldsymbol{\alpha}_1,\boldsymbol{\alpha}_2,\boldsymbol{\alpha}_3$的秩等于2？

14. 求向量组$\boldsymbol{\alpha}_1=(1,1,1,0)^{\mathrm{T}}$，$\boldsymbol{\alpha}_2=(1,1,0,0)^{\mathrm{T}}$，$\boldsymbol{\alpha}_3=(3,3,2,0)^{\mathrm{T}}$，$\boldsymbol{\alpha}_4=(1,0,0,0)^{\mathrm{T}}$，$\boldsymbol{\alpha}_5=(3,2,1,0)^{\mathrm{T}}$的一个极大无关组，并将其余向量用所求的极大无关组线性表示．

15. 已知向量组$\boldsymbol{\alpha}_1=\begin{pmatrix}1\\-1\\1\\3\end{pmatrix}$，$\boldsymbol{\alpha}_2=\begin{pmatrix}-1\\3\\5\\1\end{pmatrix}$，$\boldsymbol{\alpha}_3=\begin{pmatrix}-2\\6\\10\\2\end{pmatrix}$，$\boldsymbol{\alpha}_4=\begin{pmatrix}3\\1\\-4\\9\end{pmatrix}$，$\boldsymbol{\alpha}_5=\begin{pmatrix}4\\-1\\6\\10\end{pmatrix}$：

(1)判断该向量组的线性相关性；

(2)求该向量组的秩和它的一个极大无关组．

16. 设$\boldsymbol{\alpha}_1=\begin{pmatrix}1+a\\1\\1\\1\end{pmatrix}$，$\boldsymbol{\alpha}_2=\begin{pmatrix}2\\2+a\\2\\2\end{pmatrix}$，$\boldsymbol{\alpha}_3=\begin{pmatrix}3\\3\\3+a\\3\end{pmatrix}$，$\boldsymbol{\alpha}_4=\begin{pmatrix}4\\4\\4\\4+a\end{pmatrix}$，问$a$取何值时，向量组$\boldsymbol{\alpha}_1,\boldsymbol{\alpha}_2,\boldsymbol{\alpha}_3,\boldsymbol{\alpha}_4$线性相关？当向量组$\boldsymbol{\alpha}_1,\boldsymbol{\alpha}_2,\boldsymbol{\alpha}_3,\boldsymbol{\alpha}_4$线性相关时，求其一个极大无关组，并将其余向量用该极大无关组线性表示．

17. 已知向量组$\boldsymbol{\alpha}_1=(1,2,-1,1)^{\mathrm{T}}$，$\boldsymbol{\alpha}_2=(2,0,a,b)^{\mathrm{T}}$，$\boldsymbol{\alpha}_3=(0,-4,5,-2)^{\mathrm{T}}$的秩为2，求$a,b$.

18. 设向量组$\boldsymbol{\alpha}_1,\boldsymbol{\alpha}_2,\boldsymbol{\alpha}_3,\boldsymbol{\alpha}_4$线性无关，求向量组$\boldsymbol{\beta}_1=3\boldsymbol{\alpha}_1+\boldsymbol{\alpha}_3+\boldsymbol{\alpha}_4$，$\boldsymbol{\beta}_2=\boldsymbol{\alpha}_2-\boldsymbol{\alpha}_4$，$\boldsymbol{\beta}_3=\boldsymbol{\alpha}_3+\boldsymbol{\alpha}_4$，$\boldsymbol{\beta}_4=\boldsymbol{\alpha}_2+\boldsymbol{\alpha}_3$的秩．

19. 用施密特正交化方法将下列向量组正交化：

(1) $\boldsymbol{\alpha}_1=(1,1,1)^{\mathrm{T}},\boldsymbol{\alpha}_2=(1,2,3)^{\mathrm{T}},\boldsymbol{\alpha}_3=(1,4,9)^{\mathrm{T}}$；

(2) $\boldsymbol{\alpha}_1=(1,0,-1,1)^{\mathrm{T}},\boldsymbol{\alpha}_2=(1,-1,0,1)^{\mathrm{T}},\boldsymbol{\alpha}_3=(-1,1,1,0)^{\mathrm{T}}$.

20. 判断下列向量集合是否为向量空间，如果是向量空间，求出它的基及维数.

$$\boldsymbol{V}=\{(x_1,2x_2,-3x_1)^{\mathrm{T}}\mid x_1,x_2\in R\}$$

21. 验证 $\boldsymbol{\alpha}_1=(1,-1,0)^{\mathrm{T}},\boldsymbol{\alpha}_2=(2,1,3)^{\mathrm{T}},\boldsymbol{\alpha}_3=(3,1,2)^{\mathrm{T}}$ 为 $R^3$ 的一个基，并求 $\boldsymbol{\beta}=(5,0,7)^{\mathrm{T}}$ 在此基下的坐标.

22. 设 $\boldsymbol{\alpha}_1=\begin{pmatrix}1\\1\\0\end{pmatrix},\boldsymbol{\alpha}_2=\begin{pmatrix}1\\0\\1\end{pmatrix},\boldsymbol{\alpha}_3=\begin{pmatrix}0\\1\\1\end{pmatrix}$ 与 $\boldsymbol{\beta}_1=\begin{pmatrix}1\\0\\0\end{pmatrix},\boldsymbol{\beta}_2=\begin{pmatrix}1\\1\\0\end{pmatrix},\boldsymbol{\beta}_3=\begin{pmatrix}1\\1\\1\end{pmatrix}$ 为 3 维向量空间 $R^3$ 的两组基，求从基 $\boldsymbol{\alpha}_1,\boldsymbol{\alpha}_2,\boldsymbol{\alpha}_3$ 到基 $\boldsymbol{\beta}_1,\boldsymbol{\beta}_2,\boldsymbol{\beta}_3$ 的过渡矩阵.

23. 设向量 $\boldsymbol{\alpha}$ 在基 $\boldsymbol{\alpha}_1=\begin{pmatrix}1\\-1\\1\end{pmatrix},\boldsymbol{\alpha}_2=\begin{pmatrix}1\\-2\\2\end{pmatrix},\boldsymbol{\alpha}_3=\begin{pmatrix}1\\2\\0\end{pmatrix}$ 下的坐标为(2,1,1)，求向量 $\boldsymbol{\alpha}$ 在基 $\boldsymbol{\beta}_1=\begin{pmatrix}1\\1\\0\end{pmatrix},\boldsymbol{\beta}_2=\begin{pmatrix}1\\0\\1\end{pmatrix},\boldsymbol{\beta}_3=\begin{pmatrix}0\\1\\1\end{pmatrix}$ 下的坐标.

24. 已知 $n(\geqslant 4)$ 维向量组 $\boldsymbol{\alpha}_1,\boldsymbol{\alpha}_2,\boldsymbol{\alpha}_3$ 线性无关，且 $\boldsymbol{\alpha}_1,\boldsymbol{\alpha}_2,\boldsymbol{\alpha}_3$ 均与非零向量 $\boldsymbol{\beta}$ 正交，证明：向量组 $\boldsymbol{\alpha}_1,\boldsymbol{\alpha}_2,\boldsymbol{\alpha}_3,\boldsymbol{\beta}$ 线性无关.

25. 设 $\boldsymbol{\alpha}$ 为 $n$ 维列向量，$\boldsymbol{\alpha}^{\mathrm{T}}\boldsymbol{\alpha}=1,\boldsymbol{H}=\boldsymbol{E}-2\boldsymbol{\alpha}\boldsymbol{\alpha}^{\mathrm{T}}$，证明：$\boldsymbol{H}$ 是对称的正交矩阵.

26. 设 $\boldsymbol{A},\boldsymbol{B}$ 均是 $n$ 阶正交矩阵，且 $|\boldsymbol{A}|+|\boldsymbol{B}|=0$，证明：$|\boldsymbol{A}+\boldsymbol{B}|=0$.

## B 题

1. 已知 3 阶矩阵 $\boldsymbol{A}$ 与 3 维列向量 $\boldsymbol{\alpha}$ 满足 $\boldsymbol{A}^3\boldsymbol{\alpha}=3\boldsymbol{A}\boldsymbol{\alpha}-\boldsymbol{A}^2\boldsymbol{\alpha}$，且 $\boldsymbol{\alpha},\boldsymbol{A}\boldsymbol{\alpha},\boldsymbol{A}^2\boldsymbol{\alpha}$ 线性无关.

(1) 记 $\boldsymbol{P}=(\boldsymbol{\alpha},\boldsymbol{A}\boldsymbol{\alpha},\boldsymbol{A}^2\boldsymbol{\alpha})$，求 3 阶矩阵 $\boldsymbol{B}$，使 $\boldsymbol{AP}=\boldsymbol{PB}$；(2) 求行列式 $|\boldsymbol{A}+\boldsymbol{E}|$.

2. 已知向量组

$$\boldsymbol{\beta}_1=\begin{pmatrix}0\\1\\-1\end{pmatrix},\boldsymbol{\beta}_2=\begin{pmatrix}a\\2\\1\end{pmatrix},\boldsymbol{\beta}_3=\begin{pmatrix}b\\1\\0\end{pmatrix}$$

与向量组

$$\boldsymbol{\alpha}_1=\begin{pmatrix}1\\2\\-3\end{pmatrix},\boldsymbol{\alpha}_2=\begin{pmatrix}3\\0\\1\end{pmatrix},\boldsymbol{\alpha}_3=\begin{pmatrix}9\\6\\-7\end{pmatrix}$$

具有相同的秩，且 $\boldsymbol{\beta}_3$ 可由 $\boldsymbol{\alpha}_1,\boldsymbol{\alpha}_2,\boldsymbol{\alpha}_3$ 线性表示，求 $a,b$ 的值.

3. 设向量组

$$\text{Ⅰ}:\boldsymbol{\alpha}_1=\begin{pmatrix}1\\0\\2\end{pmatrix},\boldsymbol{\alpha}_2=\begin{pmatrix}1\\1\\3\end{pmatrix},\boldsymbol{\alpha}_3=\begin{pmatrix}1\\-1\\a+2\end{pmatrix}$$

$$Ⅱ:\boldsymbol{\beta}_1=\begin{pmatrix}1\\2\\a+3\end{pmatrix},\boldsymbol{\beta}_2=\begin{pmatrix}2\\1\\a+6\end{pmatrix},\boldsymbol{\beta}_3=\begin{pmatrix}2\\1\\a+4\end{pmatrix}$$

(1) 当 $a$ 取何值时,向量组Ⅰ与向量组Ⅱ等价?

(2) 当 $a$ 取何值时,向量组Ⅰ与向量组Ⅱ不等价?

4. 设 $\boldsymbol{\alpha}_1,\boldsymbol{\alpha}_2,\cdots,\boldsymbol{\alpha}_n$ 是一个 $n$ 维列向量组,$\boldsymbol{A}=(a_{ij})_{m\times n}$,若 $\boldsymbol{\alpha}_1,\boldsymbol{\alpha}_2,\cdots,\boldsymbol{\alpha}_n$ 线性相关,判断向量组 $\boldsymbol{A}\boldsymbol{\alpha}_1,\boldsymbol{A}\boldsymbol{\alpha}_2,\cdots,\boldsymbol{A}\boldsymbol{\alpha}_n$ 的线性相关性.

5. 设向量组 $\boldsymbol{\alpha}_1,\boldsymbol{\alpha}_2,\cdots,\boldsymbol{\alpha}_m$ 线性相关,且 $\boldsymbol{\alpha}_1$ 为非零向量,证明:存在某个向量 $\boldsymbol{\alpha}_k$,$2\leqslant k\leqslant m$,使 $\boldsymbol{\alpha}_k$ 能由 $\boldsymbol{\alpha}_1,\boldsymbol{\alpha}_2,\cdots,\boldsymbol{\alpha}_{k-1}$ 线性表示.

6. 设向量组 $\boldsymbol{B}:\boldsymbol{\beta}_1,\boldsymbol{\beta}_2,\cdots,\boldsymbol{\beta}_r$ 能由向量组 $\boldsymbol{A}:\boldsymbol{\alpha}_1,\boldsymbol{\alpha}_2,\cdots,\boldsymbol{\alpha}_s$ 线性表示为

$$(\boldsymbol{\beta}_1,\boldsymbol{\beta}_2,\cdots,\boldsymbol{\beta}_r)=(\boldsymbol{\alpha}_1,\boldsymbol{\alpha}_2,\cdots,\boldsymbol{\alpha}_s)\boldsymbol{K}$$

其中,$\boldsymbol{K}$ 为 $s\times r$ 矩阵,且向量组 $A$ 线性无关.

证明:向量组 $\boldsymbol{B}$ 线性无关的充分必要条件是矩阵 $\boldsymbol{K}$ 的秩 $R(\boldsymbol{K})=r$.

7. 设 $\boldsymbol{A}$ 为 $m\times s$ 矩阵,$\boldsymbol{B}$ 为 $s\times n$ 矩阵,证明:$R(\boldsymbol{AB})\leqslant\min\{R(\boldsymbol{A}),R(\boldsymbol{B})\}$.

8. 设 $\boldsymbol{A}$ 是 $n$ 阶矩阵,$\boldsymbol{\alpha}_1,\boldsymbol{\alpha}_2,\boldsymbol{\alpha}_3$ 是 $n$ 维列向量,且 $\boldsymbol{\alpha}_1\neq\boldsymbol{o}$,$\boldsymbol{A}\boldsymbol{\alpha}_1=\boldsymbol{\alpha}_1$,$\boldsymbol{A}\boldsymbol{\alpha}_2=\boldsymbol{\alpha}_1+\boldsymbol{\alpha}_2$,$\boldsymbol{A}\boldsymbol{\alpha}_3=\boldsymbol{\alpha}_2+\boldsymbol{\alpha}_3$,试证:$\boldsymbol{\alpha}_1,\boldsymbol{\alpha}_2,\boldsymbol{\alpha}_3$ 线性无关.

第4章

# 线性方程组

线性方程组的理论是线性代数的中心，是贯穿线性代数的一条主线．自然科学、工程技术和生产实践中的大量的理论和实际问题往往需要归结为解线性方程组，因此，研究线性方程组的解的理论和解法显得十分重要．本章我们主要利用矩阵及向量的理论来讨论线性方程组解的结构及求解方法．

## 4.1 齐次线性方程组

### 4.1.1 齐次线性方程组的基本概念

设有齐次线性方程组

$$\begin{cases} a_{11}x_1 + a_{12}x_2 + \cdots + a_{1n}x_n = 0 \\ a_{21}x_1 + a_{22}x_2 + \cdots + a_{2n}x_n = 0 \\ \quad\vdots \qquad\quad \vdots \qquad\qquad\quad \vdots \qquad \vdots \\ a_{m1}x_1 + a_{m2}x_2 + \cdots + a_{mn}x_n = 0 \end{cases} \tag{4-1}$$

记

$$\boldsymbol{A} = \begin{pmatrix} a_{11} & a_{12} & \cdots & a_{1n} \\ a_{21} & a_{22} & \cdots & a_{2n} \\ \vdots & \vdots & & \vdots \\ a_{m1} & a_{m2} & \cdots & a_{mn} \end{pmatrix}, \boldsymbol{x} = \begin{pmatrix} x_1 \\ x_2 \\ \vdots \\ x_n \end{pmatrix}$$

则方程组(4-1)可写成矩阵形式

$$\boldsymbol{Ax} = \boldsymbol{o} \tag{4-2}$$

记

$$\boldsymbol{\alpha}_1 = \begin{pmatrix} a_{11} \\ a_{21} \\ \vdots \\ a_{m1} \end{pmatrix}, \quad \boldsymbol{\alpha}_2 = \begin{pmatrix} a_{12} \\ a_{22} \\ \vdots \\ a_{m2} \end{pmatrix}, \cdots, \quad \boldsymbol{\alpha}_n = \begin{pmatrix} a_{1n} \\ a_{2n} \\ \vdots \\ a_{mn} \end{pmatrix}$$

则式(4-2)可写成向量形式

$$x_1\boldsymbol{\alpha}_1 + x_2\boldsymbol{\alpha}_2 + \cdots + x_n\boldsymbol{\alpha}_n = \boldsymbol{o} \tag{4-3}$$

称 $\boldsymbol{A}$ 为方程组(4-1)的**系数矩阵**．

**定义 4.1** 若 $x_1 = d_1, x_2 = d_2, \cdots, x_n = d_n$ 为方程组(4-1)的解，则称

$$\boldsymbol{\xi}=\begin{pmatrix}d_1\\d_2\\\vdots\\d_n\end{pmatrix}$$

为方程组(4-1)的**解向量**,显然,它也是方程(4-2)的解.

若一个方程组有解,则称这个方程组是**相容的**,否则称这个方程组**不相容**.

由于零向量是齐次线性方程组 $\boldsymbol{Ax}=\boldsymbol{o}$ 的解,所以齐次线性方程组总是相容的.

## 4.1.2 齐次线性方程组解的性质

齐次线性方程组的解向量具有下列性质.

**性质 1** 若 $\boldsymbol{\xi}_1,\boldsymbol{\xi}_2$ 是方程组(4-1)的解,则 $\boldsymbol{\xi}_1+\boldsymbol{\xi}_2$ 也是方程组(4-1)的解.

**证** 由于 $\boldsymbol{\xi}_1,\boldsymbol{\xi}_2$ 都是方程组(4-1)的解,所以 $\boldsymbol{A\xi}_1=\boldsymbol{o},\boldsymbol{A\xi}_2=\boldsymbol{o}$. 于是 $\boldsymbol{A}(\boldsymbol{\xi}_1+\boldsymbol{\xi}_2)=\boldsymbol{A\xi}_1+\boldsymbol{A\xi}_2=\boldsymbol{o}+\boldsymbol{o}=\boldsymbol{o}$,故 $\boldsymbol{\xi}_1+\boldsymbol{\xi}_2$ 也是方程组(4-1)的解.

**性质 2** 若 $\boldsymbol{\xi}$ 是方程组(4-1)的解,$k$ 为实数,则 $k\boldsymbol{\xi}$ 也是方程组(4-1)的解.

**证** 由于 $\boldsymbol{\xi}$ 是方程组(4-1)的解,所以 $\boldsymbol{A\xi}=\boldsymbol{o}$. 于是 $\boldsymbol{A}(k\boldsymbol{\xi})=k\cdot\boldsymbol{A\xi}=k\boldsymbol{o}=\boldsymbol{o}$,故 $k\boldsymbol{\xi}$ 是方程组(4-1)的解.

由性质 1 和性质 2 不难得出以下两个结论.

(1) 若 $\boldsymbol{\xi}_1,\boldsymbol{\xi}_2,\cdots,\boldsymbol{\xi}_t$ 都是方程组(4-1)的解,则它们的线性组合

$$k_1\boldsymbol{\xi}_1+k_2\boldsymbol{\xi}_2+\cdots+k_t\boldsymbol{\xi}_t$$

也是方程组(4-1)的解.

(2) 若用 $S$ 表示由方程组(4-1)的全体解向量构成的集合,则集合 $S$ 关于向量的线性运算是封闭的,所以集合 $S$ 是一个向量空间,称 $S$ 为齐次线性方程组(4-1)的**解空间**.

## 4.1.3 齐次线性方程组解的结构

**定义 4.2** 设 $\boldsymbol{\xi}_1,\boldsymbol{\xi}_2,\cdots,\boldsymbol{\xi}_t$ 都是方程组(4-1)的解向量,且满足

(1) $\boldsymbol{\xi}_1,\boldsymbol{\xi}_2,\cdots,\boldsymbol{\xi}_t$ 线性无关;

(2) 方程组(4-1)的任一解向量都可由 $\boldsymbol{\xi}_1,\boldsymbol{\xi}_2,\cdots,\boldsymbol{\xi}_t$ 线性表示.

则称 $\boldsymbol{\xi}_1,\boldsymbol{\xi}_2,\cdots,\boldsymbol{\xi}_t$ 是方程组(4-1)的**基础解系**.

显然,方程组(4-1)的基础解系就是其解空间 $S$ 的一个基.

由定义 4.2 可知,若方程组(4-1)存在一个基础解系,则基础解系中解向量的所有线性组合就是方程组(4-1)的全部解向量. 因此,要想求 $\boldsymbol{Ax}=\boldsymbol{o}$ 的全部解,只需求它的基础解系. 那么,齐次线性方程组是否有基础解系?如果有的话,如何去求它的基础解系?下面的定理对此做出回答.

**定理 4.1** 若 $n$ 元齐次线性方程组(4-1)的系数矩阵 $\boldsymbol{A}$ 的秩 $R(\boldsymbol{A})=r<n$,则该方程组的基础解系必存在,且任意一个基础解系中恰有 $n-r$ 个解向量.

**证** 由于 $R(\boldsymbol{A})=r$,不妨设 $\boldsymbol{A}$ 可经初等行变换化为

$$
\boldsymbol{A}\xrightarrow{\text{初等行变换}}\begin{pmatrix}1&0&\cdots&0&c_{1r+1}&\cdots&c_{1n}\\0&1&\cdots&0&c_{2r+1}&\cdots&c_{2n}\\\vdots&\vdots&&\vdots&\vdots&&\vdots\\0&0&\cdots&1&c_{rr+1}&\cdots&c_{rn}\\0&0&\cdots&0&0&\cdots&0\\\vdots&\vdots&&\vdots&\vdots&&\vdots\\0&0&\cdots&0&0&\cdots&0\end{pmatrix}
$$

从而得方程组(4-1)的同解方程组

$$
\begin{cases}x_1=-c_{1r+1}x_{r+1}-c_{1r+2}x_{r+2}-\cdots-c_{1n}x_n\\x_2=-c_{2r+1}x_{r+1}-c_{2r+2}x_{r+2}-\cdots-c_{2n}x_n\\\quad\vdots\\x_r=-c_{rr+1}x_{r+1}-c_{rr+2}x_{r+2}-\cdots-c_{rn}x_n\end{cases}\tag{4-4}
$$

其中，$x_{r+1},\cdots,x_n$ 为自由未知量，将式(4-4)表示为

$$
\begin{cases}x_1=-c_{1r+1}x_{r+1}-c_{1r+2}x_{r+2}-\cdots-c_{1n}x_n\\\quad\vdots\\x_r=-c_{rr+1}x_{r+1}-c_{rr+2}x_{r+2}-\cdots-c_{rn}x_n\\x_{r+1}=x_{r+1}\\x_{r+2}=x_{r+2}\\\quad\vdots\\x_n=x_n\end{cases}\tag{4-5}
$$

将式(4-5)写成向量形式为

$$
\begin{pmatrix}x_1\\\vdots\\x_r\\x_{r+1}\\x_{r+2}\\\vdots\\x_n\end{pmatrix}=x_{r+1}\begin{pmatrix}-c_{1r+1}\\\vdots\\-c_{rr+1}\\1\\0\\\vdots\\0\end{pmatrix}+x_{r+2}\begin{pmatrix}-c_{1r+2}\\\vdots\\-c_{rr+2}\\0\\1\\\vdots\\0\end{pmatrix}+\cdots+x_n\begin{pmatrix}-c_{1n}\\\vdots\\-c_{rn}\\0\\0\\\vdots\\1\end{pmatrix}\tag{4-6}
$$

记

$$
\boldsymbol{x}=\begin{pmatrix}x_1\\\vdots\\x_r\\x_{r+1}\\x_{r+2}\\\vdots\\x_n\end{pmatrix},\boldsymbol{\xi}_1=\begin{pmatrix}-c_{1r+1}\\\vdots\\-c_{rr+1}\\1\\0\\\vdots\\0\end{pmatrix},\boldsymbol{\xi}_2=\begin{pmatrix}-c_{1r+2}\\\vdots\\-c_{rr+2}\\0\\1\\\vdots\\0\end{pmatrix},\cdots,\boldsymbol{\xi}_{n-r}=\begin{pmatrix}-c_{1n}\\\vdots\\-c_{rn}\\0\\0\\\vdots\\1\end{pmatrix}
$$

并令未知量 $x_{r+1},\cdots,x_n$ 依次等于 $k_1,\cdots,k_{n-r}$，则式(4-6)可表示为

$$\boldsymbol{x}=k_1\boldsymbol{\xi}_1+k_2\boldsymbol{\xi}_2+\cdots+k_{n-r}\boldsymbol{\xi}_{n-r}\text{，其中，}k_1,k_2,\cdots,k_{n-r}\in R \tag{4-7}$$

由求解过程可知：

(1) $\boldsymbol{\xi}_1,\boldsymbol{\xi}_2,\cdots,\boldsymbol{\xi}_{n-r}$ 都是方程组(4-1)的解向量．

(2) $\boldsymbol{\xi}_1,\boldsymbol{\xi}_2,\cdots,\boldsymbol{\xi}_{n-r}$ 线性无关．

事实上，由于向量组 $\begin{pmatrix}1\\0\\\vdots\\0\end{pmatrix},\begin{pmatrix}0\\1\\\vdots\\0\end{pmatrix},\cdots,\begin{pmatrix}0\\0\\\vdots\\1\end{pmatrix}$ 线性无关，所以 $\boldsymbol{\xi}_1,\boldsymbol{\xi}_2,\cdots\boldsymbol{\xi}_{n-r}$ 线性无关．

(3) 由式(4-7)可知，方程组(4-1)的任一解向量 $\boldsymbol{x}$ 都可表示为 $\boldsymbol{\xi}_1,\boldsymbol{\xi}_2,\cdots\boldsymbol{\xi}_{n-r}$ 的线性组合．

因此，$\boldsymbol{\xi}_1,\boldsymbol{\xi}_2,\cdots\boldsymbol{\xi}_{n-r}$ 即为方程组(4-1)的一个基础解系. 称式(4-7)为方程组(4-1)的通解．

**推论 4.1** 设 $\boldsymbol{A}$ 是 $m\times n$ 矩阵，$\boldsymbol{x}=(x_1,x_2,\cdots,x_n)^{\mathrm{T}}$，则：

(1) $\boldsymbol{Ax}=\boldsymbol{o}$ 有唯一解(只有零解)的充分必要条件是系数矩阵 $\boldsymbol{A}$ 的秩 $R(\boldsymbol{A})$ 等于未知数个数 $n$；

(2) $\boldsymbol{Ax}=\boldsymbol{o}$ 有无穷多解(有非零解)的充分必要条件是系数矩阵 $\boldsymbol{A}$ 的秩 $R(\boldsymbol{A})$ 小于未知数个数 $n$.

**推论 4.2** 含有 $n$ 个方程的 $n$ 元齐次线性方程组

$$\begin{cases}a_{11}x_1+a_{12}x_2+\cdots+a_{1n}x_n=0\\a_{21}x_1+a_{22}x_2+\cdots+a_{2n}x_n=0\\\quad\vdots\qquad\quad\vdots\qquad\qquad\quad\vdots\\a_{n1}x_1+a_{n2}x_2+\cdots+a_{nn}x_n=0\end{cases}$$

有非零解的充分必要条件是它的系数行列式 $|\boldsymbol{A}|=0$.

【例 4-1】 求齐次线性方程组 $\begin{cases}x_1+2x_2-x_3-x_4=0\\2x_1-x_2+3x_3+2x_4=0\\7x_1+4x_2+3x_3+x_4=0\end{cases}$ 的基础解系与通解．

**解** 对系数矩阵 $\boldsymbol{A}$ 实施初等行变换，将其化为行最简形矩阵.

$$\boldsymbol{A}=\begin{pmatrix}1&2&-1&-1\\2&-1&3&2\\7&4&3&1\end{pmatrix}\xrightarrow[r_3-7r_1]{r_2-2r_1}\begin{pmatrix}1&2&-1&-1\\0&-5&5&4\\0&-10&10&8\end{pmatrix}\xrightarrow{r_3-2r_2}\begin{pmatrix}1&2&-1&-1\\0&-5&5&4\\0&0&0&0\end{pmatrix}$$

$$\xrightarrow{r_2\div(-7)}\begin{pmatrix}1&2&-1&-1\\0&1&-1&-\frac{4}{5}\\0&0&0&0\end{pmatrix}\xrightarrow{r_1-r_2}\begin{pmatrix}1&0&1&\frac{3}{5}\\0&1&-1&-\frac{4}{5}\\0&0&0&0\end{pmatrix}$$

由于 $R(\boldsymbol{A})=2<4$，故基础解系有 $4-2=2$ 个解向量．得原方程组的同解方程组为

$$\begin{cases}x_1=-x_3-\dfrac{3}{5}x_4\\x_2=x_3+\dfrac{4}{5}x_4\end{cases}$$

令

$$\begin{pmatrix} x_3 \\ x_4 \end{pmatrix} = \begin{pmatrix} 1 \\ 0 \end{pmatrix} 及 \begin{pmatrix} 0 \\ 1 \end{pmatrix}$$

则对应有

$$\begin{pmatrix} x_1 \\ x_2 \end{pmatrix} = \begin{pmatrix} -1 \\ 1 \end{pmatrix}, \quad \begin{pmatrix} x_1 \\ x_2 \end{pmatrix} = \begin{pmatrix} -\frac{3}{5} \\ \frac{4}{5} \end{pmatrix}$$

于是得到方程组的一个基础解系为

$$\boldsymbol{\xi}_1 = \begin{pmatrix} -1 \\ 1 \\ 1 \\ 0 \end{pmatrix}, \quad \boldsymbol{\xi}_2 = \begin{pmatrix} -\frac{3}{5} \\ \frac{4}{5} \\ 0 \\ 1 \end{pmatrix}$$

故得方程组的通解为

$$\boldsymbol{x} = k_1\boldsymbol{\xi}_1 + k_2\boldsymbol{\xi}_2 = k_1\begin{pmatrix} -1 \\ 1 \\ 1 \\ 0 \end{pmatrix} + k_2\begin{pmatrix} -\frac{3}{5} \\ \frac{4}{5} \\ 0 \\ 1 \end{pmatrix}, \quad k_1, k_2 \in R$$

【例 4-2】求解下列齐次线性方程组：

$$\begin{cases} x_1 - x_2 - x_3 + x_4 = 0 \\ x_1 - x_2 + x_3 + 5x_4 = 0 \\ x_1 - x_2 - 2x_3 + x_4 = 0 \end{cases}$$

解 对系数矩阵 $\boldsymbol{A}$ 实施初等行变换，将其化为行最简形矩阵.

$$\boldsymbol{A} = \begin{pmatrix} 1 & -1 & -1 & 1 \\ 1 & -1 & 1 & 5 \\ 1 & -1 & -2 & 1 \end{pmatrix} \longrightarrow \begin{pmatrix} 1 & -1 & -1 & 1 \\ 0 & 0 & 2 & 4 \\ 0 & 0 & -1 & 0 \end{pmatrix} \longrightarrow \begin{pmatrix} 1 & -1 & -1 & 1 \\ 0 & 0 & 1 & 2 \\ 0 & 0 & 0 & 2 \end{pmatrix} \longrightarrow \begin{pmatrix} 1 & -1 & 0 & 0 \\ 0 & 0 & 1 & 0 \\ 0 & 0 & 0 & 1 \end{pmatrix}$$

由于 $R(\boldsymbol{A})=3<4$，故基础解系有 $4-3=1$ 个解向量. 原方程组的同解方程组为

$$\begin{cases} x_1 = x_2 \\ x_3 = 0 \\ x_4 = 0 \end{cases}$$

令 $x_2=1$，则对应有 $x_1=1$，于是，得到方程组的一个基础解系为

$$\boldsymbol{\xi} = \begin{pmatrix} 1 \\ 1 \\ 0 \\ 0 \end{pmatrix}$$

故方程组的通解为

$$x = k\xi, \quad k \in R$$

即

$$x = k\begin{pmatrix}1\\1\\0\\0\end{pmatrix}, \quad k \in R$$

# 4.2 非齐次线性方程组

## 4.2.1 非齐次线性方程组的基本概念

设有非齐次线性方程组

$$\begin{cases} a_{11}x_1 + a_{12}x_2 + \cdots + a_{1n}x_n = b_1 \\ a_{21}x_1 + a_{22}x_2 + \cdots + a_{2n}x_n = b_2 \\ \vdots \qquad \vdots \qquad \vdots \qquad \vdots \\ a_{m1}x_1 + a_{m2}x_2 + \cdots + a_{mn}x_n = b_m \end{cases} \tag{4-8}$$

其中,$b_i(i=1,2,\cdots,m)$不全为零,记

$$\boldsymbol{A} = \begin{pmatrix} a_{11} & a_{12} & \cdots & a_{1n} \\ a_{21} & a_{22} & \cdots & a_{2n} \\ \vdots & \vdots & & \vdots \\ a_{m1} & a_{m2} & \cdots & a_{mn} \end{pmatrix}, \boldsymbol{x} = \begin{pmatrix} x_1 \\ x_2 \\ \vdots \\ x_n \end{pmatrix}, \boldsymbol{b} = \begin{pmatrix} b_1 \\ b_2 \\ \vdots \\ b_m \end{pmatrix}$$

则方程组(4-8)可写成矩阵形式

$$\boldsymbol{Ax} = \boldsymbol{b} \tag{4-9}$$

记

$$\boldsymbol{\alpha}_1 = \begin{pmatrix} a_{11} \\ a_{21} \\ \vdots \\ a_{m1} \end{pmatrix}, \boldsymbol{\alpha}_2 = \begin{pmatrix} a_{12} \\ a_{22} \\ \vdots \\ a_{m2} \end{pmatrix}, \cdots, \boldsymbol{\alpha}_n = \begin{pmatrix} a_{1n} \\ a_{2n} \\ \vdots \\ a_{mn} \end{pmatrix}$$

则式(4-9)可写成向量形式

$$x_1\boldsymbol{\alpha}_1 + x_2\boldsymbol{\alpha}_2 + \cdots + x_n\boldsymbol{\alpha}_n = \boldsymbol{b} \tag{4-10}$$

称 $\boldsymbol{A}$ 为方程组(4-8)的**系数矩阵**.

记

$$\boldsymbol{B} = \left(\begin{array}{cccc|c} a_{11} & a_{12} & \cdots & a_{1n} & b_1 \\ a_{21} & a_{22} & \cdots & a_{2n} & b_2 \\ \vdots & \vdots & & \vdots & \vdots \\ a_{m1} & a_{m2} & \cdots & a_{mn} & b_m \end{array}\right)$$

称 $\boldsymbol{B}$ 为方程组(4-8)的**增广矩阵**.

若 $x_1=d_1,x_2=d_2,\cdots,x_n=d_n$ 为方程组(4-8)的解，则称

$$\boldsymbol{\eta}=\begin{pmatrix}d_1\\d_2\\\vdots\\d_n\end{pmatrix}$$

为方程组(4-8)的**解(向量)**，显然，它也是方程(4-9)的解.

非齐次线性方程组未必是相容的.

### 4.2.2 非齐次线性方程组有解的充要条件

由式(4-10)可知，若方程组(4-8)有解，则向量 $\boldsymbol{b}$ 可由向量组 $\boldsymbol{\alpha}_1,\boldsymbol{\alpha}_2,\cdots,\boldsymbol{\alpha}_n$ 线性表示，因此，下面三种提法等价.

(1) 方程组(4-8)有解.

(2) 向量 $\boldsymbol{b}$ 可用向量组 $\boldsymbol{\alpha}_1,\boldsymbol{\alpha}_2,\cdots,\boldsymbol{\alpha}_n$ 线性表示.

(3) 向量组 $\boldsymbol{\alpha}_1,\boldsymbol{\alpha}_2,\cdots,\boldsymbol{\alpha}_n$ 与向量组 $\boldsymbol{\alpha}_1,\boldsymbol{\alpha}_2,\cdots,\boldsymbol{\alpha}_n,\boldsymbol{b}$ 等价.

下面的定理给出了非齐次线性方程组有解的充要条件.

**定理 4.2** 非齐次线性方程组(4-8)有解的充要条件是它的系数矩阵 $\boldsymbol{A}$ 的秩等于其增广矩阵 $\boldsymbol{B}$ 的秩，即

$$R(\boldsymbol{A})=R(\boldsymbol{B})$$

**证** 必要性. 由于方程组(4-8)有解，所以向量组(Ⅰ)$\boldsymbol{\alpha}_1,\boldsymbol{\alpha}_2,\cdots,\boldsymbol{\alpha}_n$ 与向量组(Ⅱ)$\boldsymbol{\alpha}_1,\boldsymbol{\alpha}_2,\cdots,\boldsymbol{\alpha}_n,\boldsymbol{b}$ 等价，所以这两个向量组的秩相等. 由于向量组(Ⅰ)是 $\boldsymbol{A}$ 的列向量组，向量组(Ⅱ)是 $\boldsymbol{B}$ 的列向量组，于是 $R(\boldsymbol{A})=R(\boldsymbol{B})$.

充分性. 记 $R(\boldsymbol{A})=R(\boldsymbol{B})=r$，不妨设 $\boldsymbol{\alpha}_1,\boldsymbol{\alpha}_2,\cdots,\boldsymbol{\alpha}_r$ 是向量组 $\boldsymbol{\alpha}_1,\boldsymbol{\alpha}_2,\cdots,\boldsymbol{\alpha}_n$ 的一个极大无关组，由 $R(\boldsymbol{B})=r$ 可知，$\boldsymbol{\alpha}_1,\boldsymbol{\alpha}_2,\cdots,\boldsymbol{\alpha}_r$ 也是 $\boldsymbol{\alpha}_1,\boldsymbol{\alpha}_2,\cdots,\boldsymbol{\alpha}_n,\boldsymbol{b}$ 的一个极大无关组，于是 $\boldsymbol{b}$ 可由 $\boldsymbol{\alpha}_1,\boldsymbol{\alpha}_2,\cdots,\boldsymbol{\alpha}_r$ 线性表示，当然 $\boldsymbol{b}$ 也就可由 $\boldsymbol{\alpha}_1,\cdots,\boldsymbol{\alpha}_r,\boldsymbol{\alpha}_{r+1},\cdots,\boldsymbol{\alpha}_n$ 线性表示，故方程组(4-8)有解.

【例 4-3】 判断下列方程组是否有解：

$$\begin{cases}2x_1+x_2-x_3+x_4=1\\4x_1+2x_2-2x_3+x_4=2\\2x_1+x_2-x_3-x_4=2\end{cases}$$

**解** 对增广矩阵 $\boldsymbol{B}$ 实施初等行变换，有

$$\boldsymbol{B}=\begin{pmatrix}2&1&-1&1&\vdots&1\\4&2&-2&1&\vdots&2\\2&1&-1&-1&\vdots&2\end{pmatrix}\xrightarrow[r_3-r_1]{r_2-2r_1}\begin{pmatrix}2&1&-1&1&\vdots&1\\0&0&0&-1&\vdots&0\\0&0&0&-2&\vdots&1\end{pmatrix}$$

$$\xrightarrow{r_3-r_2}\begin{pmatrix}2&1&-1&1&\vdots&1\\0&0&0&-1&\vdots&0\\0&0&0&0&\vdots&1\end{pmatrix}$$

可见 $R(\boldsymbol{A})=2, R(\boldsymbol{B})=3, R(\boldsymbol{A})\neq R(\boldsymbol{B})$，因此方程组无解．

### 4.2.3 非齐次线性方程组解的性质

对于非齐次线性方程组(4-8)，称齐次线性方程组

$$\begin{cases} a_{11}x_1+a_{12}x_2+\cdots x_{1n}x_n=0 \\ a_{21}x_1+a_{22}x_2+\cdots a_{2n}x_n=0 \\ \quad\vdots \\ a_{m1}x_1+a_{m2}x_2+\cdots a_{mn}x_n=0 \end{cases} \tag{4-11}$$

为非齐次线性方程组(4-8)的**导出方程组**．

为方便起见，分别将方程组(4-8)和方程组(4-11)写成矩阵形式 $\boldsymbol{Ax}=\boldsymbol{b}$ 和 $\boldsymbol{Ax}=\boldsymbol{o}$.

**性质 1** 若 $\boldsymbol{\eta}_1, \boldsymbol{\eta}_2$ 都是方程 $\boldsymbol{Ax}=\boldsymbol{b}$ 的解，则 $\boldsymbol{\eta}_1-\boldsymbol{\eta}_2$ 是方程 $\boldsymbol{Ax}=\boldsymbol{o}$ 的解．

**证** 由于 $\boldsymbol{\eta}_1, \boldsymbol{\eta}_2$ 都是 $\boldsymbol{Ax}=\boldsymbol{b}$ 的解，所以 $A\boldsymbol{\eta}_1=\boldsymbol{b}, A\boldsymbol{\eta}_2=\boldsymbol{b}$，于是 $\boldsymbol{A}(\boldsymbol{\eta}_1-\boldsymbol{\eta}_2)=\boldsymbol{A\eta}_1-\boldsymbol{A\eta}_2=\boldsymbol{b}-\boldsymbol{b}=\boldsymbol{o}$，故 $\boldsymbol{\eta}_1-\boldsymbol{\eta}_2$ 是 $\boldsymbol{Ax}=\boldsymbol{o}$ 的解．

**性质 2** 若 $\boldsymbol{\eta}$ 是方程组 $\boldsymbol{Ax}=\boldsymbol{b}$ 的解，$\boldsymbol{\xi}$ 是方程组 $\boldsymbol{Ax}=\boldsymbol{o}$ 的解，则 $\boldsymbol{\eta}+\boldsymbol{\xi}$ 是方程组 $\boldsymbol{Ax}=\boldsymbol{b}$ 的解．

**证** 由于 $\boldsymbol{\eta}$ 是 $\boldsymbol{Ax}=\boldsymbol{b}$ 的解，$\boldsymbol{\xi}$ 是 $\boldsymbol{Ax}=\boldsymbol{o}$ 的解，所以 $\boldsymbol{A\eta}=\boldsymbol{b}$，$\boldsymbol{A\xi}=\boldsymbol{o}$，于是 $\boldsymbol{A}(\boldsymbol{\eta}+\boldsymbol{\xi})=\boldsymbol{A\eta}+\boldsymbol{A\xi}=\boldsymbol{b}+\boldsymbol{o}=\boldsymbol{b}$，故 $\boldsymbol{\eta}+\boldsymbol{\xi}$ 是 $\boldsymbol{Ax}=\boldsymbol{b}$ 的解．

### 4.2.4 非齐次线性方程组解的结构

**定理 4.3** 若非齐次方程组(4-8)有解，则其任一解 $\boldsymbol{x}$ 可表示为

$$\boldsymbol{x}=\boldsymbol{\eta}^*+\boldsymbol{\xi}$$

其中，$\boldsymbol{\eta}^*$ 为方程组(4-8)的任一特定解，$\boldsymbol{\xi}$ 是方程组(4-11)的通解．

**证** 设 $\boldsymbol{x}$ 是方程组(4-8)的任一解，由于 $\boldsymbol{\eta}^*$ 是方程组(4-8)的一个特定解，所以由性质 1 可知，$\boldsymbol{x}-\boldsymbol{\eta}^*$ 是方程组(4-11)的解，记 $\boldsymbol{\xi}=\boldsymbol{x}-\boldsymbol{\eta}^*$，于是有

$$\boldsymbol{x}=\boldsymbol{\eta}^*+\boldsymbol{\xi} \tag{4-12}$$

式(4-12)说明方程组(4-8)的任一解向量都可表示为它的一个特定解和对应齐次方程组(4-11)的解向量之和，于是，当 $\boldsymbol{\xi}$ 取遍方程组(4-11)的全部解时，式(4-12)就表示出了方程组(4-8)的全部解．

**推论 4.3** 设 $\boldsymbol{A}$ 是方程组(4-8)的系数矩阵，$\boldsymbol{B}$ 是增广矩阵，$n$ 是未知数个数，则

(1) 方程组(4-8)有唯一解的充分必要条件是 $R(\boldsymbol{A})=R(\boldsymbol{B})=n$；

(2) 方程组(4-8)有无穷多解的充分必要条件是 $R(\boldsymbol{A})=R(\boldsymbol{B})<n$.

推论 4.3 可由定理 4.3 和非齐次线性方程组的解向量的性质证明．

由定理 4.3 可知，若 $R(\boldsymbol{A})=R(\boldsymbol{B})=r<n$，设 $\boldsymbol{\xi}_1, \boldsymbol{\xi}_2, \cdots, \boldsymbol{\xi}_{n-r}$ 是齐次线性方程组(4-11)的基础解系，则非齐次线性方程组(4-8)的通解为

$$\boldsymbol{x}=\boldsymbol{\eta}^*+k_1\boldsymbol{\xi}_1+k_2\boldsymbol{\xi}_2+\cdots+k_{n-r}\boldsymbol{\xi}_{n-r}, (k_1, k_2, \cdots, k_{n-r}\in R)$$

【例 4-4】 求解下列非齐次线性方程组：

$$\begin{cases} x_1+x_2-3x_3-x_4=1 \\ 3x_1-x_2-x_3+5x_4=7 \\ x_1+3x_2-7x_3-9x_4=3 \end{cases}$$

解　对增广矩阵 $\boldsymbol{B}$ 施行初等行变换，有

$$\boldsymbol{B}=(\boldsymbol{A} \vdots \boldsymbol{b})=\begin{pmatrix} 1 & 1 & -3 & -1 & \vdots & 1 \\ 3 & -1 & -1 & 5 & \vdots & 7 \\ 1 & 3 & -7 & -9 & \vdots & 3 \end{pmatrix} \xrightarrow[r_3-r_1]{r_2-3r_1} \begin{pmatrix} 1 & 1 & -3 & -1 & \vdots & 1 \\ 0 & -4 & 8 & 8 & \vdots & 4 \\ 0 & 2 & -4 & -8 & \vdots & 2 \end{pmatrix}$$

$$\xrightarrow[\left(-\frac{1}{4}\right)\times r_2]{r_3+\frac{1}{2}r_2} \begin{pmatrix} 1 & 1 & -3 & -1 & \vdots & 1 \\ 0 & 1 & -2 & -2 & \vdots & -1 \\ 0 & 0 & 0 & -4 & \vdots & 4 \end{pmatrix} \longrightarrow \begin{pmatrix} 1 & 0 & -1 & 0 & \vdots & 3 \\ 0 & 1 & -2 & 0 & \vdots & -3 \\ 0 & 0 & 0 & 1 & \vdots & -1 \end{pmatrix}$$

则得与原方程组同解的方程组为

$$\begin{cases} x_1=x_3+3 \\ x_2=2x_3-3 \quad (x_3 \text{ 为自由未知量}) \\ x_4=-1 \end{cases}$$

令 $x_3=k$，则得到方程组的通解为

$$\begin{pmatrix} x_1 \\ x_2 \\ x_3 \\ x_4 \end{pmatrix}=\begin{pmatrix} 3 \\ -3 \\ 0 \\ -1 \end{pmatrix}+k\begin{pmatrix} 1 \\ 2 \\ 1 \\ 0 \end{pmatrix}, \quad k \in R$$

其中，$\boldsymbol{\eta}^*=(3,-3,0,-1)^{\mathrm{T}}$ 是原方程组的一个特解，$\boldsymbol{\xi}=(1,2,1,0)^{\mathrm{T}}$ 是原方程组对应的齐次线性方程组的一个基础解系．

【例 4-5】 设有下列线性方程组：

$$\begin{cases} \lambda x_1+x_2+x_3=1 \\ x_1+\lambda x_2+x_2=\lambda \\ x_1+x_2+\lambda x_3=\lambda^2 \end{cases}$$

问：$\lambda$ 取何值时，此方程组(1) 有唯一解；(2) 无解；(3) 有无穷多解？并求出有无穷多解时的通解．

解法一　对增广矩阵 $\boldsymbol{B}=(\boldsymbol{A} \vdots \boldsymbol{b})$ 作初等行变换，将其化为行阶梯形矩阵

$$\boldsymbol{B}=\begin{pmatrix} \lambda & 1 & 1 & \vdots & 1 \\ 1 & \lambda & 1 & \vdots & \lambda \\ 1 & 1 & \lambda & \vdots & \lambda^2 \end{pmatrix} \xrightarrow{r_1 \leftrightarrow r_3} \begin{pmatrix} 1 & 1 & \lambda & \vdots & \lambda^2 \\ 1 & \lambda & 1 & \vdots & \lambda \\ \lambda & 1 & 1 & \vdots & 1 \end{pmatrix}$$

$$\xrightarrow[r_3-\lambda r_1]{r_2-r_1} \begin{pmatrix} 1 & 1 & \lambda & \vdots & \lambda^2 \\ 0 & \lambda-1 & 1-\lambda & \vdots & \lambda-\lambda^2 \\ 0 & 1-\lambda & 1-\lambda^2 & \vdots & 1-\lambda^3 \end{pmatrix}$$

$$\xrightarrow{r_3+r_2} \begin{pmatrix} 1 & 1 & \lambda & \vdots & \lambda^2 \\ 0 & \lambda-1 & 1-\lambda & \vdots & \lambda-\lambda^2 \\ 0 & 0 & -(\lambda+2)(\lambda-1) & \vdots & -(\lambda+1)^2(\lambda-1) \end{pmatrix}$$

(1) 当 $\lambda \neq -2$ 且 $\lambda \neq 1$ 时，$R(\boldsymbol{A})=R(\boldsymbol{B})=3$，方程组有唯一解；

(2) 当 $\lambda=-2$ 时，$R(\boldsymbol{A})=2$，$R(\boldsymbol{B})=3$，方程组无解；

(3) 当 $\lambda=1$ 时，$R(\boldsymbol{A})=R(\boldsymbol{B})=1$，方程组有无穷多解．

此时

$$\boldsymbol{B} \longrightarrow \left(\begin{array}{ccc:c} 1 & 1 & 1 & 1 \\ 0 & 0 & 0 & 0 \\ 0 & 0 & 0 & 0 \end{array}\right)$$

由此得到原方程组的同解方程组为

$$x_1=-x_2-x_3+1 \quad (x_2, x_3 \text{ 为自由未知量})$$

从而得方程组的通解为

$$\begin{pmatrix} x_1 \\ x_2 \\ x_3 \end{pmatrix}=k_1\begin{pmatrix} -1 \\ 1 \\ 0 \end{pmatrix}+k_2\begin{pmatrix} -1 \\ 0 \\ 1 \end{pmatrix}+\begin{pmatrix} 1 \\ 0 \\ 0 \end{pmatrix}, \quad k_1, k_2 \in R$$

**解法二** 因为系数矩阵 $\boldsymbol{A}$ 为方阵，故方程组有唯一解的充分必要条件是系数行列式 $|\boldsymbol{A}| \neq 0$，而

$$|\boldsymbol{A}|=\begin{vmatrix} \lambda & 1 & 1 \\ 1 & \lambda & 1 \\ 1 & 1 & \lambda \end{vmatrix}=(\lambda+2)\begin{vmatrix} 1 & 1 & 1 \\ 1 & \lambda & 1 \\ 1 & 1 & \lambda \end{vmatrix}=(\lambda+2)\begin{vmatrix} 1 & 1 & 1 \\ 0 & \lambda-1 & 0 \\ 0 & 0 & \lambda-1 \end{vmatrix}$$

$$=(\lambda+2)(\lambda-1)^2$$

因此，当 $\lambda \neq -2$ 且 $\lambda \neq 1$ 时，方程组有唯一解.

当 $\lambda=-2$ 时

$$\boldsymbol{B}=\left(\begin{array}{ccc:c} 1 & 1 & -2 & 4 \\ 1 & -2 & 1 & -2 \\ -2 & 1 & 1 & 1 \end{array}\right) \longrightarrow \left(\begin{array}{ccc:c} 1 & 1 & -2 & 4 \\ 0 & -3 & 3 & -6 \\ 0 & 0 & 0 & 3 \end{array}\right)$$

因为 $R(\boldsymbol{A})=2$，$R(\boldsymbol{B})=3$，所以方程组无解.

当 $\lambda=1$ 时

$$\boldsymbol{B}=\left(\begin{array}{ccc:c} 1 & 1 & 1 & 1 \\ 1 & 1 & 1 & 1 \\ 1 & 1 & 1 & 1 \end{array}\right) \longrightarrow \left(\begin{array}{ccc:c} 1 & 1 & 1 & 1 \\ 0 & 0 & 0 & 0 \\ 0 & 0 & 0 & 0 \end{array}\right)$$

因为 $R(\boldsymbol{A})=R(\boldsymbol{B})=1$，所以方程组有无穷多解，且通解为

$$\begin{pmatrix} x_1 \\ x_2 \\ x_3 \end{pmatrix}=k_1\begin{pmatrix} -1 \\ 1 \\ 0 \end{pmatrix}+k_2\begin{pmatrix} -1 \\ 0 \\ 1 \end{pmatrix}+\begin{pmatrix} 1 \\ 0 \\ 0 \end{pmatrix}, \quad k_1, k_2 \in R$$

【例 4-6】 问 $a, b$ 为何值时，下列线性方程组：

$$\begin{cases} x_1+x_2+3x_3+x_4=0 \\ x_2+2x_3+2x_4=1 \\ -x_2+(a-3)x_3-2x_4=b \\ 3x_1+2x_2+7x_3+ax_4=-1 \end{cases}$$

(1) 有唯一解;(2) 无解;(3) 有无穷多解？并求出有无穷多解时的通解.

解 对增广矩阵 $\boldsymbol{B}$ 施行初等行变换,将其化为行阶梯形矩阵

$$\boldsymbol{B}=(\boldsymbol{A}\,\vdots\,\boldsymbol{b})=\begin{pmatrix}1&1&3&1&\vdots&0\\0&1&2&2&\vdots&1\\0&-1&a-3&-2&\vdots&b\\3&2&7&a&\vdots&-1\end{pmatrix}$$

$$\xrightarrow{r_4-3r_1}\begin{pmatrix}1&1&3&1&\vdots&0\\0&1&2&2&\vdots&1\\0&-1&a-3&-2&\vdots&b\\0&-1&-2&a-3&\vdots&-1\end{pmatrix}$$

$$\xrightarrow[r_4+r_2]{r_3+r_2}\begin{pmatrix}1&1&3&1&\vdots&0\\0&1&2&2&\vdots&1\\0&0&a-1&0&\vdots&b+1\\0&0&0&a-1&\vdots&0\end{pmatrix}$$

(1) 当 $a\neq1$ 时,$R(\boldsymbol{A})=R(\boldsymbol{B})=4$,方程组有唯一解;

(2) 当 $a=1,b\neq-1$ 时,$R(\boldsymbol{A})=2,R(\boldsymbol{B})=3,R(\boldsymbol{A})\neq R(\boldsymbol{B})$,方程组无解;

(3) 当 $a=1,b=-1$ 时,$R(\boldsymbol{A})=R(\boldsymbol{B})=2<4$,方程组有无穷多解.

此时

$$\boldsymbol{B}\xrightarrow{r}\begin{pmatrix}1&1&3&1&\vdots&0\\0&1&2&2&\vdots&1\\0&0&0&0&\vdots&0\\0&0&0&0&\vdots&0\end{pmatrix}\xrightarrow{r_1-r_2}\begin{pmatrix}1&0&1&-1&\vdots&-1\\0&1&2&2&\vdots&1\\0&0&0&0&\vdots&0\\0&0&0&0&\vdots&0\end{pmatrix}$$

得到原方程组的同解方程组为

$$\begin{cases}x_1=-x_3+x_4-1\\x_2=-2x_3-2x_4+1\end{cases}$$

于是方程组的通解为

$$\boldsymbol{x}=\begin{pmatrix}-1\\1\\0\\0\end{pmatrix}+k_1\begin{pmatrix}-1\\-2\\1\\0\end{pmatrix}+k_2\begin{pmatrix}1\\-2\\0\\1\end{pmatrix},\quad k_1,k_2\in R$$

【例 4-7】 设有 4 元齐次线性方程组(Ⅰ)$\begin{cases}x_1+x_2=0\\x_2-x_4=0\end{cases}$,又已知齐次线性方程组(Ⅱ)的通解为 $k_1\begin{pmatrix}0\\1\\1\\0\end{pmatrix}+k_2\begin{pmatrix}-1\\2\\2\\1\end{pmatrix}$.

(1) 求方程组(Ⅰ)的基础解系;

(2) 求方程组(Ⅰ)和(Ⅱ)的公共解.

**解** (1) 因为$\boldsymbol{A}=\begin{pmatrix}1&1&0&0\\0&1&0&-1\end{pmatrix}\xrightarrow{r_1-r_2}\begin{pmatrix}1&0&0&1\\0&1&0&-1\end{pmatrix}$,所以方程组(Ⅰ)的基础解系为$\boldsymbol{\xi}_1=\begin{pmatrix}0\\0\\1\\0\end{pmatrix}$,$\boldsymbol{\xi}_2=\begin{pmatrix}-1\\1\\0\\1\end{pmatrix}$.

(2) 将方程组(Ⅱ)的通解

$$\begin{pmatrix}x_1\\x_2\\x_3\\x_4\end{pmatrix}=k_1\begin{pmatrix}0\\1\\1\\0\end{pmatrix}+k_2\begin{pmatrix}-1\\2\\2\\1\end{pmatrix}=\begin{pmatrix}-k_2\\k_1+2k_2\\k_1+2k_2\\k_2\end{pmatrix}$$

代入方程组(Ⅰ)得

$$\begin{cases}-k_2+(k_1+2k_2)=0\\(k_1+2k_2)-k_2=0\end{cases}$$

解得$k_1=-k_2$.

故方程组(Ⅰ)与(Ⅱ)的公共解为

$$\boldsymbol{x}=(-k_2)\begin{pmatrix}0\\1\\1\\0\end{pmatrix}+k_2\begin{pmatrix}-1\\2\\2\\1\end{pmatrix}=k_2\begin{pmatrix}-1\\1\\1\\1\end{pmatrix},\quad k\in R$$

## 4.3 应用实例

线性规划问题、电力系统的电路问题等都可以转化为线性方程组来讨论.同样,一些几何中的问题,也可用线性方程组来讨论.

**【例 4-8】 指派问题.**

指派甲乙二人完成四项任务,每人完成两项.完成各项任务所需的时间(单位:h)如下.

| 人员 | 任务 | | | |
|---|---|---|---|---|
| | A | B | C | D |
| 甲 | 20 | 25 | 14 | 15 |
| 乙 | 17 | 21 | 15 | 17 |

怎样安排能使总工作时间最少?

**解** 设$x_{ij}=\begin{cases}1, & \text{第 } i \text{ 人完成第 } j \text{ 项任务}\\0, & \text{否则}\end{cases}$,$i=1,2;j=1,2,3,4$,则求解该问题的数学模型为

$$\min z=20x_{11}+25x_{12}+14x_{13}+15x_{14}+17x_{21}+21x_{22}+15x_{23}+17x_{24}$$

$$\text{s.t.}\begin{cases} x_{11}+x_{12}+x_{13}+x_{14}=2 \\ x_{21}+x_{22}+x_{23}+x_{24}=2 \\ x_{11}+x_{21}=1 \\ x_{12}+x_{22}=1 \\ x_{13}+x_{23}=1 \\ x_{14}+x_{24}=1 \\ x_{ij}=0 \text{ 或 } 1, \quad i=1,2;j=1,2,3,4 \end{cases}$$

求解结果为：$x_{13}=x_{14}=x_{21}=x_{22}=1$，其余 $x_j=0$.

甲完成任务 C、D，乙完成任务 A、B，所需的总时间为 67h.

【例 4-9】 讨论空间平面的位置关系.

当 $a$，$b$ 取何值时，三个平面

$$\pi_1: x+z=2; \quad \pi_2: x+2y-z=0, \quad \pi_3: 2x+y-az=b$$

交于一直线，并求出该直线方程.

解 由题意，三个平面相交所得方程组为

$$\begin{cases} x+z=2 \\ x+2y-z=0 \\ 2x+y-az=b \end{cases}$$

此方程组有无穷多解，且由空间直线参数式方程的形式知，上述方程组的通解应含有一个独立参数.

令 $\boldsymbol{A}=\begin{pmatrix} 1 & 0 & 1 \\ 1 & 2 & -1 \\ 2 & 1 & -a \end{pmatrix}$，则 $n-R(\boldsymbol{A})=1$，即 $R(\boldsymbol{A})=2$.

由于系数的增广矩阵 $\boldsymbol{B}=\begin{pmatrix} 1 & 0 & 1 & \vdots & 2 \\ 1 & 2 & -1 & \vdots & 0 \\ 2 & 1 & -a & \vdots & b \end{pmatrix} \longrightarrow \begin{pmatrix} 1 & 0 & 1 & \vdots & 2 \\ 0 & 1 & -1 & \vdots & -1 \\ 0 & 0 & -a-1 & \vdots & b-3 \end{pmatrix}$，当 $a=-1$，$b=3$ 时，$R(\boldsymbol{A})=R(\boldsymbol{B})=2<n$，此时方程组有依赖于 $n-r=3-2=1$ 个独立参数的无穷多解，且有

$$\boldsymbol{B} \longrightarrow \begin{pmatrix} 1 & 0 & 1 & \vdots & 2 \\ 0 & 1 & -1 & \vdots & -1 \\ 0 & 0 & 0 & \vdots & 0 \end{pmatrix}$$

于是有

$$\begin{cases} x=-z+2 \\ y=z-1 \\ z=z \end{cases}$$

此时，这三个平面交于一直线

$$\begin{cases} x=-t+2 \\ y=t-1 \\ z=t \end{cases}$$

【例 4-10】 配平化学方程式

化学方程式表示化学反应中消耗和产生的物质．配平化学方程式就是必须找出一组数，使得方程式左右两端的各类原子的总数对应相等．一个系统的方法就是建立能够描述反应过程中每种原子数目的向量方程，然后找出该方程组的最简的正整数解．下面我们利用这个思路来配平如下化学反应方程式：

$$x_1 \mathrm{KMnO_4} + x_2 \mathrm{MnSO_4} + x_3 \mathrm{H_2O} \longrightarrow x_4 \mathrm{MnO_2} + x_5 \mathrm{K_2SO_4} + x_6 \mathrm{H_2SO_4}$$

其中，$x_1, x_2, x_3, x_4, x_5, x_6$ 均取正整数．

解　上述化学反应方程式中包含五种不同的原子(钾、锰、氧、硫、氢)，因此可用如下向量表示每一种反应物和生成物：

$$\mathrm{KMnO_4} = \begin{pmatrix}1\\1\\4\\0\\0\end{pmatrix}, \quad \mathrm{MnSO_4} = \begin{pmatrix}0\\1\\4\\1\\0\end{pmatrix}, \quad \mathrm{H_2O} = \begin{pmatrix}0\\0\\1\\0\\2\end{pmatrix}$$

$$\mathrm{MnO_2} = \begin{pmatrix}0\\1\\2\\0\\0\end{pmatrix}, \quad \mathrm{K_2SO_4} = \begin{pmatrix}2\\0\\4\\1\\0\end{pmatrix}, \quad \mathrm{H_2SO_4} = \begin{pmatrix}0\\0\\4\\1\\2\end{pmatrix}$$

为配平化学方程式，系数 $x_1, x_2, x_3, x_4, x_5, x_6$ 应该满足

$$x_1 \begin{pmatrix}1\\1\\4\\0\\0\end{pmatrix} + x_2 \begin{pmatrix}0\\1\\4\\1\\0\end{pmatrix} + x_3 \begin{pmatrix}0\\0\\1\\0\\2\end{pmatrix} = x_4 \begin{pmatrix}0\\1\\2\\0\\0\end{pmatrix} + x_5 \begin{pmatrix}2\\0\\4\\1\\0\end{pmatrix} + x_6 \begin{pmatrix}0\\0\\4\\1\\2\end{pmatrix}$$

求解该齐次线性方程组，得到通解

$$\begin{pmatrix}x_1\\x_2\\x_3\\x_4\\x_5\\x_6\end{pmatrix} = k \begin{pmatrix}2\\3\\2\\5\\1\\2\end{pmatrix}, \quad k \in R$$

由于化学方程式通常取最简的正整数，因此得到配平后的化学方程式为

$$2\mathrm{KMnO_4} + 3\mathrm{MnSO_4} + 2\mathrm{H_2O} \longrightarrow 5\mathrm{MnO_2} + \mathrm{K_2SO_4} + 2\mathrm{H_2SO_4}$$

# 习　题　四

## A 题

1. 求下列方程组的基础解系及通解：

(1) $\begin{cases} x_1+2x_2+x_3-x_4=0 \\ 3x_1+6x_2-x_3-3x_4=0 \\ 5x_1+10x_2+x_3-5x_4=0 \end{cases}$；　　(2) $\begin{cases} 3x_1+2x_2+3x_3-2x_4=0 \\ 2x_1+x_2+x_3-x_4=0 \\ 2x_1+2x_2+x_3+2x_4=0 \end{cases}$；

(3) $\begin{cases} x_1+x_2=0 \\ 2x_1+3x_2+x_3+x_4=0 \\ 2x_1+2x_2+2x_3+2x_4=0 \end{cases}$；　　(4) $\begin{cases} x_1+2x_2+4x_3-3x_4=0 \\ 2x_1+3x_2+2x_3-x_4=0 \\ 4x_1+5x_2-2x_3+3x_4=0. \\ -x_1+3x_2+26x_3-22x_4 \end{cases}$

2. 设矩阵 $\boldsymbol{A}=\begin{pmatrix} 1 & 2 & 1 & 2 \\ 0 & 1 & t & t \\ 1 & t & 0 & 1 \end{pmatrix}$，齐次线性方程组 $\boldsymbol{Ax}=\boldsymbol{o}$ 的基础解系含有两个线性无关的解向量，试求方程组 $\boldsymbol{Ax}=\boldsymbol{o}$ 的全部解．

3. 判断下列线性方程组是否有解：

(1) $\begin{cases} 2x_1+4x_2-x_3=6 \\ x_1-2x_2+x_3=4 \\ 3x_1+6x_2+2x_3=-1 \end{cases}$；　　(2) $\begin{cases} 2x_1+4x_2-x_3=6 \\ x_1+2x_2+x_3=4 \\ 3x_1+6x_2+2x_3=-1 \end{cases}$；

(3) $\begin{cases} x_1-2x_2+x_3+x_4=1 \\ x_1-2x_2+x_3-2x_4=-1 \\ 2x_1-4x_2+2x_3-x_4=2 \end{cases}$；　　(4) $\begin{cases} 4x_1+2x_2-x_3=-1 \\ 3x_1-x_2+2x_3=10 \\ 11x_1+3x_2=8 \end{cases}$．

4. 设 $\boldsymbol{A}=\begin{pmatrix} 1 & 2 & 1 \\ 2 & 3 & a+2 \\ 1 & a & -2 \end{pmatrix}$，$\boldsymbol{b}=\begin{pmatrix} 1 \\ 3 \\ 0 \end{pmatrix}$，$\boldsymbol{x}=\begin{pmatrix} x_1 \\ x_2 \\ x_3 \end{pmatrix}$．

(1) 若齐次线性方程组 $\boldsymbol{Ax}=\boldsymbol{o}$ 只有零解，求 $a$；

(2) 若非齐次线性方程组 $\boldsymbol{Ax}=\boldsymbol{b}$ 无解，求 $a$．

5. 求下列方程组的通解：

(1) $\begin{cases} 2x_1+x_2-x_3+x_4=1 \\ 4x_1+2x_2-2x_3+x_4=2 \\ 2x_1+x_2-x_3-x_4=1 \end{cases}$；　　(2) $\begin{cases} 2x_1+x_2-x_3-x_4=1 \\ x_1-3x_2+2x_3-4x_4=3 \\ x_1+4x_2-3x_3+5x_4=-2 \end{cases}$；

(3) $\begin{pmatrix} 2 & 7 & 3 & 1 \\ 1 & 3 & -1 & 1 \\ 7 & -3 & -2 & 6 \end{pmatrix}\begin{pmatrix} x_1 \\ x_2 \\ x_3 \\ x_4 \end{pmatrix}=\begin{pmatrix} 6 \\ -2 \\ -4 \end{pmatrix}$．

6. 对于线性方程组

$$\begin{cases} \lambda x_1+x_2+x_3=\lambda-3 \\ x_1+\lambda x_2+x_3=-2 \\ x_1+x_2+\lambda x_3=-2 \end{cases}$$

讨论 $\lambda$ 取何值时，方程组无解，有唯一解，有无穷多解？并求有无穷多解时的通解．

7. 线性方程组

$$\begin{cases}x_1+2x_2+3x_3=6\\2x_1+3x_2+x_3=-1\\3x_1+5x_2+4x_3=m\\x_1+x_2+\lambda x_3=-7\end{cases}$$

(1) 当 $\lambda, m$ 为何值时,方程组有唯一解?无解?有无穷多解?

(2) 当有无穷多解时,求其通解.

8. 设 $\boldsymbol{\eta}_1,\boldsymbol{\eta}_2,\cdots,\boldsymbol{\eta}_m$ 都是非齐次线性方程组 $\boldsymbol{Ax}=\boldsymbol{b}$ 的解向量,令

$$\boldsymbol{\eta}=k_1\boldsymbol{\eta}_1+k_2\boldsymbol{\eta}_2+\cdots+k_m\boldsymbol{\eta}_m$$

试证:

(1) 若 $k_1+k_2+\cdots+k_m=0$,则 $\boldsymbol{\eta}$ 是 $\boldsymbol{Ax}=\boldsymbol{b}$ 对应的齐次线性方程组 $\boldsymbol{Ax}=\boldsymbol{o}$ 的解向量;

(2) 若 $k_1+k_2+\cdots+k_m=1$,则 $\boldsymbol{\eta}$ 也是 $\boldsymbol{Ax}=\boldsymbol{b}$ 的解向量.

9. 设 $\boldsymbol{\eta}^*$ 是非齐次线性方程组 $\boldsymbol{Ax}=\boldsymbol{b}$ 的一个解向量,$\boldsymbol{\xi}_1,\boldsymbol{\xi}_2,\cdots,\boldsymbol{\xi}_{n-r}$ 是对应的齐次线性方程组的一个基础解系,证明:

(1) $\boldsymbol{\eta}^*,\boldsymbol{\xi}_1,\boldsymbol{\xi}_2,\cdots,\boldsymbol{\xi}_{n-r}$ 线性无关;

(2) $\boldsymbol{\eta}^*,\boldsymbol{\eta}^*+\boldsymbol{\xi}_1,\boldsymbol{\eta}^*+\boldsymbol{\xi}_2,\cdots,\boldsymbol{\eta}^*+\boldsymbol{\xi}_{n-r}$ 线性无关.

10. 设非齐次线性方程组的系数矩阵的秩为 $r$,$\boldsymbol{\eta}_1,\boldsymbol{\eta}_2,\cdots,\boldsymbol{\eta}_{n-r+1}$ 是它的 $n-r+1$ 个线性无关的解,试证:它的任一解可表示为

$$\boldsymbol{x}=k_1\boldsymbol{\eta}_1+k_2\boldsymbol{\eta}_2+\cdots+k_{n-r+1}\boldsymbol{\eta}_{n-r+1}\quad(k_1+k_2+\cdots+k_{n-r+1}=1)$$

11. 求一个齐次线性方程组,使其一个基础解系为

$$\boldsymbol{\xi}_1=\begin{pmatrix}2\\-3\\1\\0\end{pmatrix},\quad \boldsymbol{\xi}_2=\begin{pmatrix}-2\\4\\0\\1\end{pmatrix}$$

12. 求一通解为

$$\boldsymbol{X}=\begin{pmatrix}2\\0\\2\\4\end{pmatrix}+k_1\begin{pmatrix}-1\\1\\1\\1\end{pmatrix}+k_2\begin{pmatrix}1\\0\\0\\1\end{pmatrix},\quad k_1,k_2\in R$$

的非齐次线性方程组.

13. 已知齐次线性方程组(Ⅰ)$\begin{cases}x_1+x_2-x_3=0\\x_2+x_3-x_4=0\end{cases}$,齐次线性方程组(Ⅱ)的一个基础解系为

$$\boldsymbol{\xi}_1=\begin{pmatrix}-1\\1\\2\\4\end{pmatrix},\quad \boldsymbol{\xi}_2=\begin{pmatrix}1\\0\\1\\1\end{pmatrix}$$

求齐次线性方程组(Ⅰ)和(Ⅱ)的公共解.

14. 证明:线性方程组 $x_1-x_2=a_1,x_2-x_2=a_2,x_3-x_4=a_3,x_4-x_5=a_4,x_5-x_1=a_5$

有解的充分必要条件是

$$a_1+a_2+a_3+a_4+a_5=0$$

15. 设线性方程组

$$\begin{cases}a_{11}x_1+a_{12}x_2+\cdots+a_{1n}x_n=0\\a_{21}x_1+a_{22}x_2+\cdots+a_{2n}x_n=0\\\quad\vdots\qquad\quad\vdots\qquad\qquad\vdots\\a_{n1}x_1+a_{n2}x_2+\cdots+a_{nn}x_n=0\end{cases}$$

系数矩阵 $\boldsymbol{A}$ 的秩为 $n-1$,$\boldsymbol{A}$ 中某元素 $a_{ij}$ 的代数余子式 $A_{ij}\neq0$.

证明:$(A_{i1},A_{i2},\cdots,A_{in})^{\mathrm{T}}$ 是该方程组的基础解系.

16. 设 $\boldsymbol{A}$ 是 $n$ 阶矩阵,若存在正整数 $k$,使线性方程组 $\boldsymbol{A}^k\boldsymbol{X}=\boldsymbol{o}$ 有解向量 $\boldsymbol{\alpha}$,且 $\boldsymbol{A}^{k-1}\boldsymbol{\alpha}\neq\boldsymbol{o}$.证明:向量组 $\boldsymbol{\alpha},A\boldsymbol{\alpha},\cdots,\boldsymbol{A}^{k-1}\boldsymbol{\alpha}$ 线性无关.

17. 设线性方程组

$$\begin{cases}-2x_1+2x_2+x_3=0\\\lambda x_1-x_2+2x_3=0\\-x_1+x_2+3x_3=0\end{cases}$$

的系数矩阵为 $\boldsymbol{A}$,3 阶矩阵 $\boldsymbol{B}\neq\boldsymbol{O}$ 且 $\boldsymbol{AB}=\boldsymbol{O}$.

试求 $\lambda$ 的值,并证明:$|\boldsymbol{B}|=0$.

18. 设有向量组 $\boldsymbol{\alpha}_1=\begin{pmatrix}a\\2\\10\end{pmatrix}$,$\boldsymbol{\alpha}_2=\begin{pmatrix}-2\\1\\5\end{pmatrix}$,$\boldsymbol{\alpha}_3=\begin{pmatrix}-1\\1\\4\end{pmatrix}$,及向量 $\boldsymbol{\beta}=\begin{pmatrix}1\\b\\-1\end{pmatrix}$,问 $a,b$ 为何值时

(1) 向量 $\boldsymbol{\beta}$ 不能由向量组 $\boldsymbol{\alpha}_1,\boldsymbol{\alpha}_2,\boldsymbol{\alpha}_3$ 线性表示?

(2) 向量 $\boldsymbol{\beta}$ 能由向量组 $\boldsymbol{\alpha}_1,\boldsymbol{\alpha}_2,\boldsymbol{\alpha}_3$ 线性表示,且表示式唯一?

(3) 向量 $\boldsymbol{\beta}$ 能由向量组 $\boldsymbol{\alpha}_1,\boldsymbol{\alpha}_2,\boldsymbol{\alpha}_3$ 线性表示,且表示式不唯一? 并求一般表示式.

19. 设 4 阶方阵 $\boldsymbol{A}=(\boldsymbol{\alpha}_1,\boldsymbol{\alpha}_2,\boldsymbol{\alpha}_3,\boldsymbol{\alpha}_4)$,$\boldsymbol{\alpha}_1,\boldsymbol{\alpha}_2,\boldsymbol{\alpha}_3,\boldsymbol{\alpha}_4$ 均为 4 维列向量.$\boldsymbol{Ax}=\boldsymbol{b}$ 的通解为$(2,1,3,6)^{\mathrm{T}}+k(1,-3,2,0)^{\mathrm{T}}$.

问:(1) $\boldsymbol{\alpha}_1$ 能否由 $\boldsymbol{\alpha}_2,\boldsymbol{\alpha}_3$ 线性表示? (2) $\boldsymbol{\alpha}_4$ 能否由 $\boldsymbol{\alpha}_1,\boldsymbol{\alpha}_2,\boldsymbol{\alpha}_3$ 线性表示?

20. 设 4 阶方阵 $\boldsymbol{A}=(\boldsymbol{\alpha}_1,\boldsymbol{\alpha}_2,\boldsymbol{\alpha}_3,\boldsymbol{\alpha}_4)$,$\boldsymbol{\alpha}_1,\boldsymbol{\alpha}_2,\boldsymbol{\alpha}_3,\boldsymbol{\alpha}_4$ 均为 4 维列向量,其中 $\boldsymbol{\alpha}_2,\boldsymbol{\alpha}_3,\boldsymbol{\alpha}_4$ 线性无关,$\boldsymbol{\alpha}_1=2\boldsymbol{\alpha}_2-\boldsymbol{\alpha}_3$,如果 $\boldsymbol{\beta}=\boldsymbol{\alpha}_1+\boldsymbol{\alpha}_2+\boldsymbol{\alpha}_3+\boldsymbol{\alpha}_4$,求线性方程组 $\boldsymbol{Ax}=\boldsymbol{\beta}$ 的通解.

## B 题

1. 设有齐次线性方程组

$$\begin{cases}(1+a)x_1+x_2+\cdots+x_n=0\\2x_1+(2+a)x_2+\cdots+2x_n=0\\\vdots\qquad\quad\vdots\qquad\qquad\quad\vdots\\ax_1+nx_2+\cdots+(n+a)x_n=0\end{cases},\quad n\geqslant2$$

试问 $a$ 为何值时,该方程组有非零解? 当方程组有非零解时求其通解.

2. 设 3 元非齐次线性方程组 $\boldsymbol{Ax}=\boldsymbol{b}$ 的系数矩阵 $\boldsymbol{A}$ 的秩为 1,已知 $\boldsymbol{\eta}_1,\boldsymbol{\eta}_2,\boldsymbol{\eta}_3$ 是它的三个解向量,且满足

$$\boldsymbol{\eta}_1+\boldsymbol{\eta}_2=\begin{pmatrix}1\\2\\3\end{pmatrix},\boldsymbol{\eta}_2+\boldsymbol{\eta}_3=\begin{pmatrix}2\\-1\\1\end{pmatrix},\quad \boldsymbol{\eta}_3+\boldsymbol{\eta}_1=\begin{pmatrix}0\\2\\0\end{pmatrix}$$

求该非齐次线性方程组的通解及方程组.

3. 已知非齐次线性方程组

$$\begin{cases}x_1+x_2+x_3+x_4=-1\\4x_1+3x_2+5x_3-x_4=-1\\ax_1+x_2+3x_3+bx_4=1\end{cases}$$

有三个线性无关的解.

(1) 证明方程组系数矩阵 $\mathbf{A}$ 的秩 $R(\mathbf{A})=2$;

(2) 求 $a,b$ 的值及方程组的通解.

4. 已知线性方程组(Ⅰ)$\begin{cases}x_1+x_2+x_3=0\\x_1+2x_2+ax_3=0\\x_1+4x_2+a^2x_3=0\end{cases}$ 与(Ⅱ)$x_1+2x_2+x_3=a-1$ 有公共解.

求 $a$ 的值及所有公共解.

5. 已知线性方程组

$$(\text{Ⅰ})\begin{cases}a_{11}x_1+a_{12}x_2+\cdots+a_{1,2n}x_{2n}=0\\a_{21}x_1+a_{22}x_2+\cdots+a_{2,2n}x_{2n}=0\\\vdots\qquad\vdots\qquad\qquad\vdots\\a_{n1}x_1+a_{n2}x_2+\cdots+a_{n,2n}x_{2n}=0\end{cases}$$

的一个基础解系为$(b_{11},b_{12},\cdots,b_{1,2n})^{\mathrm{T}},(b_{21},b_{22},\cdots,b_{2,2n})^{\mathrm{T}},\cdots,(b_{n1},b_{n2},\cdots,b_{n,2n})^{\mathrm{T}}$,试写出线性方程组

$$(\text{Ⅱ})\begin{cases}b_{11}y_1+b_{12}y_2+\cdots+b_{1,2n}y_{2n}=0\\b_{21}y_1+b_{22}y_2+\cdots+b_{2,2n}y_{2n}=0\\\vdots\qquad\vdots\qquad\qquad\vdots\\b_{n1}y_1+b_{n2}y_2+\cdots+b_{n,2n}y_{2n}=0\end{cases}$$

的通解,并说明理由.

6. 设 $\mathbf{A},\mathbf{B}$ 都是 $n$ 阶方阵,如果 $\mathbf{AB}=\mathbf{O}$,试证明 $R(\mathbf{A})+R(\mathbf{B})\leqslant n$.

7. 设 $\mathbf{A}$ 是实矩阵,证明 $R(\mathbf{A}^{\mathrm{T}}\mathbf{A})=R(\mathbf{A})$.

第5章

# 矩阵的特征值与特征向量

特征值与特征向量常常被用来研究微分方程和连续动力系统，用矩阵相似变换可以求矩阵的特征值与特征向量，并以此来反映线性系统的某些物理特征，其在经济管理、工程技术的许多动态模型和控制问题中有着广泛的应用．本章主要讨论矩阵的特征值与特征向量、相似矩阵、矩阵的相似对角化问题．如无特殊说明，涉及的矩阵可以是复矩阵，涉及的数也可以是复数．

## 5.1 矩阵的特征值与特征向量

### 5.1.1 特征值与特征向量的概念

定义 5.1 设 $\boldsymbol{A}$ 为 $n$ 阶矩阵，如果存在数 $\lambda$ 和 $n$ 维非零列向量 $\boldsymbol{X}$，使得

$$\boldsymbol{AX}=\lambda\boldsymbol{X} \tag{5-1}$$

成立，则称数 $\lambda$ 为矩阵 $\boldsymbol{A}$ 的一个特征值，称非零列向量 $\boldsymbol{X}$ 为 $\boldsymbol{A}$ 的属于(或对应于)特征值 $\lambda$ 的一个特征向量．

注意：特征向量是非零向量，特征值问题是方阵才能谈及的问题．

例如：设

$$\boldsymbol{A}=\begin{pmatrix}3 & -1\\ -1 & 3\end{pmatrix},\ \boldsymbol{\alpha}=\begin{pmatrix}1\\1\end{pmatrix},\ \boldsymbol{\beta}=\begin{pmatrix}1\\2\end{pmatrix}$$

因为 $\boldsymbol{A\alpha}=\begin{pmatrix}3 & -1\\ -1 & 3\end{pmatrix}\begin{pmatrix}1\\1\end{pmatrix}=\begin{pmatrix}2\\2\end{pmatrix}=2\boldsymbol{\alpha}$，由定义 5.1 可知，2 是 $\boldsymbol{A}$ 的特征值，$\boldsymbol{\alpha}$ 为 $\boldsymbol{A}$ 的属于 2 的特征向量．

对任意数 $\lambda$，$\boldsymbol{A\beta}=\begin{pmatrix}3 & -1\\ -1 & 3\end{pmatrix}\begin{pmatrix}1\\2\end{pmatrix}=\begin{pmatrix}1\\5\end{pmatrix}\neq\lambda\boldsymbol{\beta}$，所以 $\boldsymbol{\beta}$ 不是 $\boldsymbol{A}$ 的特征向量．

根据定义 5.1，可以得到如下结论．

(1) 若 $\boldsymbol{\alpha}$ 为 $\boldsymbol{A}$ 的属于特征值 $\lambda$ 的特征向量，则对于任意 $k\neq0$，$k\boldsymbol{\alpha}$ 也是 $\boldsymbol{A}$ 的属于特征值 $\lambda$ 的特征向量．

由 $\boldsymbol{A\alpha}=\lambda\boldsymbol{\alpha}$ 可知，$\boldsymbol{A}(k\boldsymbol{\alpha})=k(\boldsymbol{A\alpha})=k\lambda\boldsymbol{\alpha}=\lambda(k\boldsymbol{\alpha})$．

这说明，矩阵 $\boldsymbol{A}$ 的属于特征值 $\lambda$ 的特征向量不是唯一的，而是有无穷多个．

(2) 若 $\boldsymbol{\alpha}_1$，$\boldsymbol{\alpha}_2$ 为 $\boldsymbol{A}$ 的属于特征值 $\lambda$ 的特征向量，且 $\boldsymbol{\alpha}_1+\boldsymbol{\alpha}_2\neq\boldsymbol{o}$，则 $\boldsymbol{\alpha}_1+\boldsymbol{\alpha}_2$ 也是 $\boldsymbol{A}$ 的属于特征值 $\lambda$ 的特征向量．

由 $\boldsymbol{A\alpha}_1=\lambda\boldsymbol{\alpha}_1$，$\boldsymbol{A\alpha}_2=\lambda\boldsymbol{\alpha}_2$ 可知

$$\boldsymbol{A}(\boldsymbol{\alpha}_1+\boldsymbol{\alpha}_2)=\boldsymbol{A}\boldsymbol{\alpha}_1+\boldsymbol{A}\boldsymbol{\alpha}_2=\lambda\boldsymbol{\alpha}_1+\lambda\boldsymbol{\alpha}_2=\lambda(\boldsymbol{\alpha}_1+\boldsymbol{\alpha}_2)$$

综合(1)与(2)可以得到，若 $\boldsymbol{\alpha}_1,\boldsymbol{\alpha}_2,\cdots,\boldsymbol{\alpha}_m$ 为 $\boldsymbol{A}$ 的属于特征值 $\lambda$ 的特征向量，则其非零线性组合 $k_1\boldsymbol{\alpha}_1+k_2\boldsymbol{\alpha}_2+\cdots+k_m\boldsymbol{\alpha}_m$ 仍为 $\boldsymbol{A}$ 的属于特征值 $\lambda$ 的特征向量．

令 $\boldsymbol{V}=\{\boldsymbol{\alpha}\,|\,\boldsymbol{A}\boldsymbol{\alpha}=\lambda\boldsymbol{\alpha}\}$，则可以验证，$\boldsymbol{V}$ 为向量空间，称 $\boldsymbol{V}$ 为 $\boldsymbol{A}$ 的属于特征值 $\lambda$ 的特征空间．

## 5.1.2　特征值与特征向量的计算

为讨论特征值与特征向量的计算方法，将式(5-1)改写为

$$(\lambda\boldsymbol{E}-\boldsymbol{A})\boldsymbol{X}=\boldsymbol{o} \tag{5-2}$$

这说明，如果 $\lambda$ 是 $\boldsymbol{A}$ 的特征值，$\boldsymbol{\xi}$ 是 $\boldsymbol{A}$ 的属于特征值 $\lambda$ 的特征向量，则 $\boldsymbol{\xi}$ 是齐次线性方程组(5-2)的非零解．而齐次线性方程组(5-2)有非零解的充要条件是

$$|\lambda\boldsymbol{E}-\boldsymbol{A}|=0$$

因此，特征值是关于 $\lambda$ 的多项式 $|\lambda\boldsymbol{E}-\boldsymbol{A}|$ 的根．

**定义 5.2**　设 $n$ 阶矩阵 $\boldsymbol{A}=(a_{ij})_{n\times n}$，称由行列式

$$|\lambda\boldsymbol{E}-\boldsymbol{A}|=\begin{vmatrix}\lambda-a_{11} & -a_{12} & \cdots & -a_{1n}\\ -a_{21} & \lambda-a_{22} & \cdots & -a_{2n}\\ \vdots & \vdots & & \vdots\\ -a_{n1} & -a_{n2} & \cdots & \lambda-a_{nn}\end{vmatrix}$$

确定的关于 $\lambda$ 的一元 $n$ 次多项式为矩阵 $\boldsymbol{A}$ 的**特征多项式**，记为 $f(\lambda)$．称以 $\lambda$ 为未知量的一元 $n$ 次方程 $|\lambda\boldsymbol{E}-\boldsymbol{A}|=0$ 为矩阵 $\boldsymbol{A}$ 的**特征方程**．

$n$ 阶矩阵 $\boldsymbol{A}$ 的特征方程 $|\lambda\boldsymbol{E}-\boldsymbol{A}|=0$ 在复数域内恒有 $n$ 个根(重根按重数计算)，当 $\lambda$ 为特征方程 $|\lambda\boldsymbol{E}-\boldsymbol{A}|=0$ 的单根时，称其为 $\boldsymbol{A}$ 的单特征值；当 $\lambda$ 为特征方程 $|\lambda\boldsymbol{E}-\boldsymbol{A}|=0$ 的 $k$ 重根时，称其为 $\boldsymbol{A}$ 的 $k$ 重特征值．当 $n\geqslant5$ 时，特征方程没有一般的求根公式，即使是 $n=3$ 的特征方程也难以求根，所以求矩阵的特征值，一般要采用近似计算的方法．

求 $n$ 阶矩阵 $\boldsymbol{A}$ 的特征值和特征向量的步骤可总结如下．

(1) 计算 $\boldsymbol{A}$ 的特征多项式 $f(\lambda)=|\lambda\boldsymbol{E}-\boldsymbol{A}|$；

(2) 求特征方程 $f(\lambda)=0$ 的全部根 $\lambda_1,\lambda_2,\cdots,\lambda_n$；

(3) 对于每一个特征值 $\lambda_i(i=1,2,\cdots,n)$，求解方程组

$$(\lambda_i\boldsymbol{E}-\boldsymbol{A})\boldsymbol{X}=\boldsymbol{o}$$

得基础解系 $\boldsymbol{\xi}_{i1},\boldsymbol{\xi}_{i2},\cdots,\boldsymbol{\xi}_{i,n-r_i}$(其中 $r_i$ 是矩阵 $\lambda_i\boldsymbol{E}-\boldsymbol{A}$ 的秩)，则 $\boldsymbol{A}$ 的属于特征值 $\lambda_i$ 的全部特征向量为

$$k_1\boldsymbol{\xi}_{i1}+k_2\boldsymbol{\xi}_{i2}+\cdots+k_{n-r_i}\boldsymbol{\xi}_{i,n-r_i}$$

其中，$k_1,k_2,\cdots,k_{n-r_i}$ 不全为零．

**【例 5-1】** 求矩阵 $\boldsymbol{A}=\begin{pmatrix}0 & 2 & 2\\ 2 & 0 & 2\\ 2 & 2 & 0\end{pmatrix}$ 的特征值和特征向量．

**解**　$\boldsymbol{A}$ 的特征多项式为

$$f(\lambda)=|\lambda\boldsymbol{E}-\boldsymbol{A}|=\begin{vmatrix}\lambda & -2 & -2\\ -2 & \lambda & -2\\ -2 & -2 & \lambda\end{vmatrix}=(\lambda-4)(\lambda+2)^2$$

因此，$\boldsymbol{A}$ 的全部特征值为 $\lambda_1=4,\lambda_2=\lambda_3=-2$.

对于 $\lambda_1=4$，求解齐次线性方程组 $(4\boldsymbol{E}-\boldsymbol{A})\boldsymbol{X}=\boldsymbol{o}$：

$$4\boldsymbol{E}-\boldsymbol{A}=\begin{pmatrix}4 & -2 & -2\\ -2 & 4 & -2\\ -2 & -2 & 4\end{pmatrix}\xrightarrow{\text{行}}\begin{pmatrix}1 & 0 & -1\\ 0 & 1 & -1\\ 0 & 0 & 0\end{pmatrix}$$

得基础解系为

$$\boldsymbol{\xi}_1=\begin{pmatrix}1\\1\\1\end{pmatrix}$$

所以矩阵 $\boldsymbol{A}$ 的属于特征值 $\lambda_1=4$ 的全部特征向量为 $k_1\boldsymbol{\xi}_1$，其中 $k_1\neq0$.

对于 $\lambda_2=\lambda_3=-2$，求解齐次线性方程组 $(-2\boldsymbol{E}-\boldsymbol{A})\boldsymbol{X}=\boldsymbol{o}$：

$$-\boldsymbol{E}-\boldsymbol{A}=\begin{pmatrix}-2 & -2 & -2\\ -2 & -2 & -2\\ -2 & -2 & -2\end{pmatrix}\xrightarrow{\text{行}}\begin{pmatrix}1 & 1 & 1\\ 0 & 0 & 0\\ 0 & 0 & 0\end{pmatrix}$$

得基础解系为

$$\boldsymbol{\xi}_2=\begin{pmatrix}-1\\1\\0\end{pmatrix},\ \boldsymbol{\xi}_3=\begin{pmatrix}-1\\0\\1\end{pmatrix}$$

所以矩阵 $\boldsymbol{A}$ 的属于特征值 $\lambda_2=\lambda_3=-2$ 的全部特征向量为 $k_2\boldsymbol{\xi}_2+k_3\boldsymbol{\xi}_3$，其中 $k_2,k_3$ 不全为零.

【例 5-2】 求矩阵 $\boldsymbol{A}=\begin{pmatrix}5 & -1 & -1\\ 3 & 1 & -1\\ 4 & -2 & 1\end{pmatrix}$ 的特征值和特征向量.

解　$\boldsymbol{A}$ 的特征多项式为

$$f(\lambda)=|\lambda\boldsymbol{E}-\boldsymbol{A}|=\begin{vmatrix}\lambda-5 & 1 & 1\\ -3 & \lambda-1 & 1\\ -4 & 2 & \lambda-1\end{vmatrix}=(\lambda-3)(\lambda-2)^2$$

因此，$\boldsymbol{A}$ 的全部特征值为 $\lambda_1=3,\lambda_2=\lambda_3=2$.

对于 $\lambda_1=3$，求解齐次线性方程组 $(3\boldsymbol{E}-\boldsymbol{A})\boldsymbol{X}=\boldsymbol{o}$：

$$3\boldsymbol{E}-\boldsymbol{A}=\begin{pmatrix}-2 & 1 & 1\\ -3 & 2 & 1\\ -4 & 2 & 2\end{pmatrix}\xrightarrow{\text{行}}\begin{pmatrix}1 & 0 & -1\\ 0 & 1 & -1\\ 0 & 0 & 0\end{pmatrix}$$

得基础解系为

$$\boldsymbol{\xi}_1=\begin{pmatrix}1\\1\\1\end{pmatrix}$$

所以矩阵 $\boldsymbol{A}$ 的属于特征值 $\lambda_1=3$ 的全部特征向量为 $k_1\boldsymbol{\xi}_1$，其中 $k_1\neq0$.

对于 $\lambda_2=\lambda_3=2$，求解齐次线性方程组 $(2\boldsymbol{E}-\boldsymbol{A})\boldsymbol{X}=\boldsymbol{o}$：

$$2\boldsymbol{E}-\boldsymbol{A}=\begin{pmatrix}-3&1&1\\-3&1&1\\-4&2&1\end{pmatrix}\xrightarrow{\text{行}}\begin{pmatrix}1&0&-0.5\\0&1&-0.5\\0&0&0\end{pmatrix}$$

得基础解系为

$$\boldsymbol{\xi}_2=\begin{pmatrix}0.5\\0.5\\1\end{pmatrix}$$

所以矩阵 $\boldsymbol{A}$ 的属于特征值 $\lambda_2=\lambda_3=2$ 的全部特征向量为 $k_2\boldsymbol{\xi}_2$，其中 $k_2\neq0$.

【例 5-1】中属于二重特征值的线性无关的特征向量有两个，【例 5-2】中属于二重特征值的线性无关的特征向量只有一个.

**【例 5-3】** 求矩阵 $\boldsymbol{A}=\begin{pmatrix}1&0&0\\0&0&1\\0&-1&0\end{pmatrix}$ 的特征值和特征向量.

**解** $\boldsymbol{A}$ 的特征多项式为

$$f(\lambda)=|\lambda\boldsymbol{E}-\boldsymbol{A}|=\begin{vmatrix}\lambda-1&0&0\\0&\lambda&-1\\0&1&\lambda\end{vmatrix}=(\lambda-1)(\lambda-i)(\lambda+i)$$

因此，$\boldsymbol{A}$ 的全部特征值为 $\lambda_1=1,\lambda_2=i,\lambda_3=-i$.

对于 $\lambda_1=1$，求解齐次线性方程组 $(\boldsymbol{E}-\boldsymbol{A})\boldsymbol{X}=\boldsymbol{o}$：

$$\boldsymbol{E}-\boldsymbol{A}=\begin{pmatrix}0&0&0\\0&1&-1\\0&1&1\end{pmatrix}\xrightarrow{\text{行}}\begin{pmatrix}0&1&0\\0&0&1\\0&0&0\end{pmatrix}$$

得基础解系为

$$\boldsymbol{\xi}_1=\begin{pmatrix}1\\0\\0\end{pmatrix}$$

所以矩阵 $\boldsymbol{A}$ 的属于特征值 $\lambda_1=1$ 的全部特征向量为 $k_1\boldsymbol{\xi}_1$，其中 $k_1\neq0$.

对于 $\lambda_2=i$，求解齐次线性方程组 $(i\boldsymbol{E}-\boldsymbol{A})\boldsymbol{X}=\boldsymbol{o}$：

$$i\boldsymbol{E}-\boldsymbol{A}=\begin{pmatrix}i-1&0&0\\0&i&-1\\0&1&i\end{pmatrix}\xrightarrow{\text{行}}\begin{pmatrix}1&0&0\\0&1&i\\0&0&0\end{pmatrix}$$

得基础解系为

$$\boldsymbol{\xi}_2=\begin{pmatrix}0\\-i\\1\end{pmatrix}$$

所以矩阵 $\boldsymbol{A}$ 的属于特征值 $\lambda_2=i$ 的全部特征向量为 $k_2\boldsymbol{\xi}_2$，其中 $k_2\neq0$.

对于 $\lambda_3=-i$，求解齐次线性方程组 $(-i\boldsymbol{E}-\boldsymbol{A})\boldsymbol{X}=\boldsymbol{o}$：

$$-i\boldsymbol{E}-\boldsymbol{A}=\begin{pmatrix}-i-1 & 0 & 0\\ 0 & -i & -1\\ 0 & 1 & -i\end{pmatrix}\xrightarrow{\text{行}}\begin{pmatrix}1 & 0 & 0\\ 0 & 1 & -i\\ 0 & 0 & 0\end{pmatrix}$$

得基础解系为

$$\boldsymbol{\xi}_3=\begin{pmatrix}0\\ i\\ 1\end{pmatrix}$$

所以矩阵 $\boldsymbol{A}$ 的属于特征值 $\lambda_3=-i$ 的全部特征向量为 $k_3\boldsymbol{\xi}_3$，其中 $k_3\neq 0$.

### 5.1.3　特征值与特征向量的性质

**定理 5.1**　设 $n$ 阶矩阵 $\boldsymbol{A}=(a_{ij})_{n\times n}$ 的 $n$ 个特征值为 $\lambda_1,\lambda_2,\cdots,\lambda_n$，则

(1) $\prod\limits_{i=1}^{n}\lambda_i=|\boldsymbol{A}|$；

(2) $\sum\limits_{i=1}^{n}\lambda_i=\sum\limits_{i=1}^{n}a_{ii}$.

其中，$\sum\limits_{i=1}^{n}a_{ii}$ 是矩阵 $\boldsymbol{A}$ 的主对角线元素之和，称为矩阵 $\boldsymbol{A}$ 的迹，记为 $\mathrm{tr}(\boldsymbol{A})$.

**证**　(1) 矩阵 $\boldsymbol{A}$ 的特征方程为

$$f(\lambda)=|\lambda\boldsymbol{E}-\boldsymbol{A}|=\begin{vmatrix}\lambda-a_{11} & -a_{12} & \cdots & -a_{1n}\\ -a_{21} & \lambda-a_{22} & \cdots & -a_{2n}\\ \vdots & \vdots & & \vdots\\ -a_{n1} & -a_{n2} & \cdots & \lambda-a_{nn}\end{vmatrix}=0$$

其全部根为 $\lambda_1,\lambda_2,\cdots,\lambda_n$. 由于特征多项式 $f(\lambda)=|\lambda\boldsymbol{E}-\boldsymbol{A}|$ 是最高次幂项系数为 1 的 $n$ 次多项式，根据多项式因式分解定理可知

$$\begin{aligned}|\lambda\boldsymbol{E}-\boldsymbol{A}|&=(\lambda-\lambda_1)(\lambda-\lambda_2)\cdots(\lambda-\lambda_n)\\ &=\lambda^n-(\lambda_1+\lambda_2+\cdots+\lambda_n)\lambda^{n-1}+\cdots+(-1)^n\lambda_1\lambda_2\cdots\lambda_n\end{aligned}\tag{5-3}$$

令 $\lambda=0$，比较式(5-3)左右两端可知

$$|-\boldsymbol{A}|=(-1)^n\lambda_1\lambda_2\cdots\lambda_n$$

由此可得，$|\boldsymbol{A}|=\lambda_1\lambda_2\cdots\lambda_n$，(1)证毕.

(2) 又知特征多项式 $f(\lambda)=|\lambda\boldsymbol{E}-\boldsymbol{A}|$ 的展开式中，只有主对角线上元素的乘积项

$$(\lambda-a_{11})(\lambda-a_{22})\cdots(\lambda-a_{nn})$$

含有 $\lambda$ 的 $n$ 次与 $n-1$ 次幂项，因此 $\lambda$ 的 $n-1$ 次幂项系数为

$$-(a_{11}+a_{22}+\cdots+a_{nn})$$

由于式(5-3)左右两端同次幂的系数相等，故必有

$$\lambda_1+\lambda_2+\cdots+\lambda_n=a_{11}+a_{22}+\cdots+a_{nn}$$

(2)证毕.

**推论 5.1** $n$ 阶矩阵 $\boldsymbol{A}$ 可逆的充分必要条件是 $\boldsymbol{A}$ 的 $n$ 个特征值都不为零.

**性质 5.1** 设 $\lambda$ 是 $n$ 阶矩阵 $\boldsymbol{A}$ 的特征值，$\boldsymbol{\alpha}$ 是 $\boldsymbol{A}$ 的属于特征值 $\lambda$ 的特征向量，则

(1) $k\lambda$($k$ 为任意数)是 $k\boldsymbol{A}$ 的特征值，相应的特征向量为 $\boldsymbol{\alpha}$；

(2) $\lambda^m$ 是 $\boldsymbol{A}^m$($m$ 为正整数)的特征值，相应的特征向量为 $\boldsymbol{\alpha}$；

(3) 若 $\boldsymbol{A}$ 可逆，则$\dfrac{1}{\lambda}$是 $\boldsymbol{A}^{-1}$ 的特征值，相应的特征向量为 $\boldsymbol{\alpha}$.

**证** 由题意知，$\boldsymbol{A\alpha}=\lambda\boldsymbol{\alpha}(\boldsymbol{\alpha}\neq\boldsymbol{o})$.

(1) $(k\boldsymbol{A})\boldsymbol{\alpha}=k(\boldsymbol{A\alpha})=k(\lambda\boldsymbol{\alpha})=(k\lambda)\boldsymbol{\alpha}$，即 $k\lambda$ 是 $k\boldsymbol{A}$ 的特征值，相应的特征向量为 $\boldsymbol{\alpha}$.

(2) 
$$\begin{aligned}\boldsymbol{A}^m\boldsymbol{\alpha}&=\boldsymbol{A}^{m-1}(\boldsymbol{A\alpha})=\lambda(\boldsymbol{A}^{m-1}\boldsymbol{\alpha})=\lambda\boldsymbol{A}^{m-2}(\boldsymbol{A\alpha})=\lambda^2(\boldsymbol{A}^{m-2}\boldsymbol{\alpha})=\cdots\\&=\lambda^{m-1}\boldsymbol{A\alpha}=\lambda^m\boldsymbol{\alpha}\end{aligned}$$
即 $\lambda^m$ 是 $\boldsymbol{A}^m$ 的特征值，相应的特征向量为 $\boldsymbol{\alpha}$.

(3)若 $\boldsymbol{A}$ 可逆，则 $\lambda\neq0$，用 $\boldsymbol{A}^{-1}$ 左乘 $\boldsymbol{A\alpha}=\lambda\boldsymbol{\alpha}$ 得 $\boldsymbol{\alpha}=\lambda\boldsymbol{A}^{-1}\boldsymbol{\alpha}$，进一步整理知
$$\boldsymbol{A}^{-1}\boldsymbol{\alpha}=\frac{1}{\lambda}\boldsymbol{\alpha}$$
即$\dfrac{1}{\lambda}$是 $\boldsymbol{A}^{-1}$ 的特征值，相应的特征向量为 $\boldsymbol{\alpha}$.

读者可以自己证明，若 $\lambda$ 是 $n$ 阶矩阵 $\boldsymbol{A}$ 的特征值，$g(\boldsymbol{A})$是矩阵多项式，即
$$g(\boldsymbol{A})=a_k\boldsymbol{A}^k+a_{k-1}\boldsymbol{A}^{k-1}+\cdots+a_1\boldsymbol{A}+a_0\boldsymbol{E}$$
则矩阵 $g(\boldsymbol{A})$有特征值 $g(\lambda)=a_k\lambda^k+a_{k-1}\lambda^{k-1}+\cdots+a_1\lambda+a_0$. 此时，如果 $\boldsymbol{\alpha}$ 是 $\boldsymbol{A}$ 的属于特征值 $\lambda$ 的特征向量，则 $\boldsymbol{\alpha}$ 是 $g(\boldsymbol{A})$的属于特征值 $g(\lambda)$的特征向量.

**性质 5.2** $n$ 阶矩阵 $\boldsymbol{A}$ 与 $\boldsymbol{A}^{\mathrm{T}}$ 有相同的特征值.

**证** $|\lambda\boldsymbol{E}-\boldsymbol{A}^{\mathrm{T}}|=|(\lambda\boldsymbol{E}-\boldsymbol{A}^{\mathrm{T}})^{\mathrm{T}}|=|(\lambda\boldsymbol{E})^{\mathrm{T}}-(\boldsymbol{A}^{\mathrm{T}})^{\mathrm{T}}|=|\lambda\boldsymbol{E}-\boldsymbol{A}|$.
可见，$n$ 阶矩阵 $\boldsymbol{A}$ 与 $\boldsymbol{A}^{\mathrm{T}}$ 有相同的特征多项式，进而，$\boldsymbol{A}$ 与 $\boldsymbol{A}^{\mathrm{T}}$ 有相同的特征值.

【例 5-4】已知 $n$ 阶矩阵 $\boldsymbol{A}$ 满足 $\boldsymbol{A}^2+\boldsymbol{A}-2\boldsymbol{E}=\boldsymbol{O}$. 证明：

(1) $\boldsymbol{A}$ 的特征值只能是$-2$ 或 1；(2) 矩阵 $\boldsymbol{A}+3\boldsymbol{E}$ 可逆.

**证** 设 $\lambda$ 是 $\boldsymbol{A}$ 的任意特征值，则存在 $n$ 维非零列向量 $\boldsymbol{\alpha}$，使
$$\boldsymbol{A\alpha}=\lambda\boldsymbol{\alpha}$$
(1) $\boldsymbol{A}^2\boldsymbol{\alpha}=\boldsymbol{A}(\boldsymbol{A\alpha})=\boldsymbol{A}(\lambda\boldsymbol{\alpha})=\lambda(\boldsymbol{A\alpha})=\lambda^2\boldsymbol{\alpha}$，又 $\boldsymbol{A}^2+\boldsymbol{A}-2\boldsymbol{E}=\boldsymbol{O}$，故$(\boldsymbol{A}^2+\boldsymbol{A}-2\boldsymbol{E})\alpha=(\lambda^2+\lambda-2)\boldsymbol{\alpha}=\boldsymbol{o}$.

由于 $\boldsymbol{\alpha}\neq\boldsymbol{o}$，所以 $\lambda^2+\lambda-2=0$，即 $\lambda=-2$ 或 1，故 $\boldsymbol{A}$ 的特征值只能是$-2$ 或 1.

(2) $(\boldsymbol{A}+3\boldsymbol{E})\boldsymbol{\alpha}=\boldsymbol{A\alpha}+3\boldsymbol{\alpha}=\lambda\boldsymbol{\alpha}+3\boldsymbol{\alpha}=(\lambda+3)\boldsymbol{\alpha}$，即 $\boldsymbol{A}+3\boldsymbol{E}$ 的特征值为 $\lambda+3$.

由于 $\boldsymbol{A}$ 的特征值只能是$-2$ 或 1，因此 $\boldsymbol{A}+3\boldsymbol{E}$ 的特征值只能是 1 或 4. 由推论 5.1 可知，矩阵 $\boldsymbol{A}+3\boldsymbol{E}$ 可逆.

【例 5-5】设 3 阶矩阵 $\boldsymbol{A}$ 的 3 个特征值分别为 1、2、3，计算行列式$|\boldsymbol{A}^*+2\boldsymbol{A}-4\boldsymbol{E}|$.

**解** 设 $\lambda_i$ 是 $\boldsymbol{A}$ 的特征值，相应的特征向量为 $\boldsymbol{\alpha}_i$，即 $\boldsymbol{A\alpha}_i=\lambda_i\boldsymbol{\alpha}_i(i=1,2,3)$. 又
$$\boldsymbol{A}^*\boldsymbol{\alpha}_i=|\boldsymbol{A}|\boldsymbol{A}^{-1}\boldsymbol{\alpha}_i=\frac{|\boldsymbol{A}|}{\lambda_i}\boldsymbol{\alpha}_i$$
因此

$$(\boldsymbol{A}^*+2\boldsymbol{A}-4\boldsymbol{E})\boldsymbol{\alpha}_i=\boldsymbol{A}^*\boldsymbol{\alpha}_i+2\boldsymbol{A}\boldsymbol{\alpha}_i-4\boldsymbol{E}\boldsymbol{\alpha}_i=\left(\frac{|\boldsymbol{A}|}{\lambda_i}+2\lambda_i-4\right)\boldsymbol{\alpha}_i$$

即 $\frac{|\boldsymbol{A}|}{\lambda_i}+2\lambda_i-4$ 是矩阵 $\boldsymbol{A}^*+2\boldsymbol{A}-4\boldsymbol{E}$ 的特征值，分别为 $6+2-4$、$3+4-4$、$2+6-4$.

由定理 5.1 可知，$|\boldsymbol{A}^*+2\boldsymbol{A}-4\boldsymbol{E}|=4\times3\times4=48$.

【例 5-6】 设 $\boldsymbol{A}$ 为 $2n+1$ 阶正交矩阵，$|\boldsymbol{A}|>0$. 证明：1 是 $\boldsymbol{A}$ 的特征值.

证 由于 $\boldsymbol{A}$ 为正交矩阵，故 $|\boldsymbol{A}|^2=1$，而 $|\boldsymbol{A}|>0$，因此 $|\boldsymbol{A}|=1$.

$$\begin{aligned}|\boldsymbol{E}-\boldsymbol{A}|&=|\boldsymbol{A}\boldsymbol{A}^{\mathrm{T}}-\boldsymbol{A}|=|\boldsymbol{A}(\boldsymbol{A}^{\mathrm{T}}-\boldsymbol{E})|=|\boldsymbol{A}|\,|\boldsymbol{A}^{\mathrm{T}}-\boldsymbol{E}|=|(\boldsymbol{A}-\boldsymbol{E})^{\mathrm{T}}|=|\boldsymbol{A}-\boldsymbol{E}|\\&=(-1)^{2n+1}|\boldsymbol{E}-\boldsymbol{A}|=-|\boldsymbol{E}-\boldsymbol{A}|\end{aligned}$$

故 $|\boldsymbol{E}-\boldsymbol{A}|=0$，1 是 $\boldsymbol{A}$ 的特征值.

**定理 5.2** 设 $\lambda_1,\lambda_2,\cdots,\lambda_m$ 为 $n$ 阶矩阵 $\boldsymbol{A}$ 的互不相同的特征值，$\boldsymbol{p}_i$ 是 $\boldsymbol{A}$ 的属于特征值 $\lambda_i$ 的特征向量 $(i=1,2,\cdots,m)$，则 $\boldsymbol{p}_1,\boldsymbol{p}_2,\cdots,\boldsymbol{p}_m$ 线性无关，即 $\boldsymbol{A}$ 的属于不同特征值的特征向量线性无关.

证 设有数 $k_1,k_2,\cdots,k_m$，使

$$k_1\boldsymbol{p}_1+k_2\boldsymbol{p}_2+\cdots+k_m\boldsymbol{p}_m=\boldsymbol{o} \tag{5-4}$$

用 $\boldsymbol{A}$ 左乘式(5-4)两端，并根据 $\boldsymbol{A}\boldsymbol{p}_i=\lambda_i\boldsymbol{p}_i\,(i=1,2,\cdots,m)$ 得

$$k_1\lambda_1\boldsymbol{p}_1+k_2\lambda_2\boldsymbol{p}_2+\cdots+k_m\lambda_m\boldsymbol{p}_m=\boldsymbol{o} \tag{5-5}$$

用 $\boldsymbol{A}$ 左乘式(5-5)两端，并根据 $\boldsymbol{A}\boldsymbol{p}_i=\lambda_i\boldsymbol{p}_i\,(i=1,2,\cdots,m)$ 得

$$k_1\lambda_1^2\boldsymbol{p}_1+k_2\lambda_2^2\boldsymbol{p}_2+\cdots+k_m\lambda_m^2\boldsymbol{p}_m=\boldsymbol{o}$$

依此类推，有

$$\begin{gathered}k_1\lambda_1^3\boldsymbol{p}_1+k_2\lambda_2^3\boldsymbol{p}_2+\cdots+k_m\lambda_m^3\boldsymbol{p}_m=\boldsymbol{o}\\\vdots\\k_1\lambda_1^{m-1}\boldsymbol{p}_1+k_2\lambda_2^{m-1}\boldsymbol{p}_2+\cdots+k_m\lambda_m^{m-1}\boldsymbol{p}_m=\boldsymbol{o}\end{gathered}$$

将上述格式记为矩阵形式，有

$$(k_1\boldsymbol{p}_1,k_2\boldsymbol{p}_2,\cdots,k_m\boldsymbol{p}_m)\begin{pmatrix}1&\lambda_1&\lambda_1^2&\cdots&\lambda_1^{m-1}\\1&\lambda_2&\lambda_2^2&\cdots&\lambda_2^{m-1}\\\vdots&\vdots&\vdots&&\vdots\\1&\lambda_m&\lambda_m^2&\cdots&\lambda_m^{m-1}\end{pmatrix}=(\boldsymbol{o},\boldsymbol{o},\cdots,\boldsymbol{o}) \tag{5-6}$$

令

$$\boldsymbol{B}=\begin{pmatrix}1&\lambda_1&\lambda_1^2&\cdots&\lambda_1^{m-1}\\1&\lambda_2&\lambda_2^2&\cdots&\lambda_2^{m-1}\\\vdots&\vdots&\vdots&&\vdots\\1&\lambda_m&\lambda_m^2&\cdots&\lambda_m^{m-1}\end{pmatrix}$$

则 $|\boldsymbol{B}|=\prod\limits_{1\leqslant j<i\leqslant m}(\lambda_i-\lambda_j)\neq0$，$\boldsymbol{B}$ 可逆.

用 $\boldsymbol{B}^{-1}$ 右乘式(5-6)两端，得

$$(k_1\boldsymbol{p}_1,k_2\boldsymbol{p}_2,\cdots,k_m\boldsymbol{p}_m)=(\boldsymbol{o},\boldsymbol{o},\cdots,\boldsymbol{o})$$

从而，$k_i\boldsymbol{p}_i=\boldsymbol{o}$，$i=1,2,\cdots,m$.

又 $\boldsymbol{p}_i\neq\boldsymbol{o}$，所以 $k_i=0,i=1,2,\cdots,m$.

综上可证，$p_1,p_2,\cdots,p_m$ 线性无关.

与定理 5.2 的证明类似，可得以下推论.

**推论 5.2** 设 $\lambda_1,\lambda_2,\cdots,\lambda_m(m\leqslant n)$ 是 $n$ 阶矩阵 $\boldsymbol{A}$ 的互不相同的特征值，而

$$\boldsymbol{p}_{i1},\boldsymbol{p}_{i2},\cdots,\boldsymbol{p}_{ir_i},\quad i=1,2,\cdots,m$$

是 $\boldsymbol{A}$ 的属于特征值 $\lambda_i$ 的 $r_i$ 个线性无关的特征向量，则向量组

$$\boldsymbol{p}_{11},\cdots,\boldsymbol{p}_{1r_1},\boldsymbol{p}_{21},\cdots,\boldsymbol{p}_{2r_2},\cdots,\boldsymbol{p}_{m1},\cdots,\boldsymbol{p}_{mr_m}$$

线性无关.

【例 5-7】 设 $\lambda_1,\lambda_2$ 是 $n$ 阶矩阵 $\boldsymbol{A}$ 的两个不同特征值，$\boldsymbol{p}_1,\boldsymbol{p}_2$ 分别是 $\boldsymbol{A}$ 的属于 $\lambda_1,\lambda_2$ 的特征向量. 证明 $\boldsymbol{p}_1+\boldsymbol{p}_2$ 不是 $\boldsymbol{A}$ 的特征向量.

**证** 由已知得 $\boldsymbol{A}\boldsymbol{p}_1=\lambda_1\boldsymbol{p}_1,\boldsymbol{A}\boldsymbol{p}_2=\lambda_2\boldsymbol{p}_2$，且 $\boldsymbol{p}_1$ 与 $\boldsymbol{p}_2$ 线性无关.

假设 $\boldsymbol{p}_1+\boldsymbol{p}_2$ 是 $\boldsymbol{A}$ 的特征向量，则存在数 $\lambda$，使 $\boldsymbol{A}(\boldsymbol{p}_1+\boldsymbol{p}_2)=\lambda(\boldsymbol{p}_1+\boldsymbol{p}_2)$，即

$$\boldsymbol{A}(\boldsymbol{p}_1+\boldsymbol{p}_2)=A\boldsymbol{p}_1+A\boldsymbol{p}_2=\lambda_1\boldsymbol{p}_1+\lambda_2\boldsymbol{p}_2=\lambda\boldsymbol{p}_1+\lambda\boldsymbol{p}_2$$

整理得

$$(\lambda-\lambda_1)\boldsymbol{p}_1+(\lambda-\lambda_2)\boldsymbol{p}_2=\boldsymbol{o}$$

由 $\lambda_1\neq\lambda_2$ 可得，$\lambda-\lambda_1,\lambda-\lambda_2$ 不能同时为零，因此 $\boldsymbol{p}_1$ 与 $\boldsymbol{p}_2$ 线性相关，这与已知条件相矛盾，故假设不成立，$\boldsymbol{p}_1+\boldsymbol{p}_2$ 不是 $\boldsymbol{A}$ 的特征向量.

**定义 5.3** 设 $n$ 阶矩阵 $\boldsymbol{A}=(a_{ij})_{n\times n}$，若 $\boldsymbol{A}$ 的特征多项式可以分解为

$$f(\lambda)=|\lambda\boldsymbol{E}-\boldsymbol{A}|=(\lambda-\lambda_1)^{k_1}(\lambda-\lambda_2)^{k_2}\cdots(\lambda-\lambda_m)^{k_m}$$

其中，$\lambda_i\neq\lambda_j(i\neq j)$ 且 $k_1+k_2+\cdots+k_m=n$（$k_i$ 为正整数，$i=1,2,\cdots,m$），则称正整数 $k_i$ 为特征值 $\lambda_i$ 的**代数重数**，称齐次线性方程组 $(\lambda_i\boldsymbol{E}-\boldsymbol{A})\boldsymbol{X}=\boldsymbol{o}$ 的基础解系所含向量的个数为特征值 $\lambda_i$ 的几何重数.

例如，【例 5-1】中特征值 $-1$ 的代数重数与几何重数均为 2；【例 5-2】中特征值 2 的代数重数为 2，几何重数为 1.

**定理 5.3** $n$ 阶矩阵 $\boldsymbol{A}$ 的任意特征值的几何重数不大于其代数重数.

该定理表明：

(1)若 $\lambda_0$ 为 $n$ 阶矩阵 $\boldsymbol{A}$ 的单特征值，则齐次线性方程组 $(\lambda_0\boldsymbol{E}-\boldsymbol{A})\boldsymbol{X}=\boldsymbol{o}$ 的基础解系只含一个向量；

(2)若 $n$ 阶矩阵 $\boldsymbol{A}$ 的全部互不相同的特征值为 $\lambda_1,\lambda_2,\cdots,\lambda_m$，其代数重数相应为 $k_1,k_2,\cdots,k_m$，则齐次线性方程组 $(\lambda_i\boldsymbol{E}-\boldsymbol{A})\boldsymbol{X}=\boldsymbol{o}$ 的基础解系所含向量个数 $r_i\leqslant k_i(i=1,2,\cdots,m)$. 而 $k_1+k_2+\cdots+k_m=n$，因此 $r_1+r_2+\cdots+r_m\leqslant n$，即 $n$ 阶矩阵 $\boldsymbol{A}$ 的线性无关的特征向量的个数不超过 $n$. $\boldsymbol{A}$ 的属于特征值 $\lambda_i$ 的线性无关的特征向量的最大个数为特征值 $\lambda_i$ 的几何重数，显然，它在数值上等于 $n-R(\lambda_i\boldsymbol{E}-\boldsymbol{A})$.

## 5.2 相似矩阵

### 5.2.1 相似矩阵的概念

**定义 5.4** 设 $\boldsymbol{A},\boldsymbol{B}$ 都是 $n$ 阶矩阵，若存在可逆矩阵 $\boldsymbol{P}$，使

$$P^{-1}AP=B$$

则称矩阵 $A$ 与 $B$ **相似**，称从 $A$ 到 $B$ 的这种变换为**相似变换**，$P$ 为**相似变换矩阵**．

若矩阵 $A$ 与一个对角矩阵 $\Lambda$ 相似，则称 $A$ 可以相似对角化．

相似是方阵之间的一种关系．根据相似矩阵的定义可知，矩阵的相似关系具备下面三个性质．

(1) 反身性：任意 $n$ 阶矩阵 $A$ 都与自身相似．

(2) 对称性：若矩阵 $A$ 与 $B$ 相似，则矩阵 $B$ 与 $A$ 相似．

(3) 传递性：若矩阵 $A$ 与 $B$ 相似，$B$ 与 $C$ 相似，则矩阵 $A$ 与 $C$ 相似．

由已知，存在可逆矩阵 $P$、$Q$，使 $P^{-1}AP=B$，$Q^{-1}BQ=C$，整理可得

$$Q^{-1}P^{-1}APQ=(PQ)^{-1}A(PQ)=C$$

其中，$PQ$ 为可逆矩阵，故矩阵 $A$ 与 $C$ 相似．

**定理 5.4** 若 $n$ 阶矩阵 $A$ 与 $B$ 相似，则

(1) $A$ 和 $B$ 的特征多项式相同，即 $|\lambda E-A|=|\lambda E-B|$，从而 $A$ 和 $B$ 有相同的特征值；

(2) $|A|=|B|$，$\mathrm{tr}(A)=\mathrm{tr}(B)$；

(3) $R(A)=R(B)$．

这里，我们仅给出(1)的证明，其余的证明留给读者．

**证** (1) 若 $A$ 与 $B$ 相似，则存在可逆矩阵 $P$，使 $P^{-1}AP=B$，故

$$|\lambda E-B|=|\lambda E-P^{-1}AP|=|P^{-1}\lambda EP-P^{-1}AP|=|P^{-1}|\cdot|\lambda E-A|\cdot|P|=|\lambda E-A|$$

显然，由结论(1)知，若 $n$ 阶矩阵 $A$ 与 $B$ 相似，则 $|A|=|B|$，$\mathrm{tr}(A)=\mathrm{tr}(B)$．

定理 5.4 表明，相似矩阵有相同的行列式、相同的迹、相同的秩，但是这些命题的逆命题不一定成立．

例如：$\begin{pmatrix}1&0\\0&1\end{pmatrix}$与$\begin{pmatrix}1&0\\1&1\end{pmatrix}$有相同的行列式、相同的迹、相同的秩，但是二者不相似，因为单位阵只能与单位阵相似．

**推论 5.3** 若 $n$ 阶矩阵 $A$ 与对角阵 $\Lambda=\mathrm{diag}(\lambda_1,\lambda_2,\cdots,\lambda_n)$ 相似，则 $\lambda_1,\lambda_2,\cdots,\lambda_n$ 为 $A$ 的特征值．

**定理 5.5** 若 $n$ 阶矩阵 $A$ 与 $B$ 相似，则

(1) $kA$ 与 $kB$ 相似($k$ 为任意数)；

(2) $A^m$ 与 $B^m$ 相似($m$ 为正整数)；

(3) 当 $A$、$B$ 可逆时，$A^{-1}$ 与 $B^{-1}$ 相似．

这里给出(2)(3)的证明，(1)的证明留给读者自行练习．

**证** 若 $A$ 与 $B$ 相似，则存在可逆矩阵 $P$，使 $P^{-1}AP=B$.

(2) 由已知可得

$$B^m=\underbrace{(P^{-1}AP)(P^{-1}AP)\cdots(P^{-1}AP)}_{m个}=P^{-1}A(PP^{-1})A(P\cdots P^{-1})AP=P^{-1}A^mP$$

因此，$A^m$ 与 $B^m$ 相似．

(3) 由 $A$ 与 $B$ 可逆知

$$B^{-1}=(P^{-1}AP)^{-1}=P^{-1}A^{-1}(P^{-1})^{-1}=P^{-1}A^{-1}P$$

因此，$\boldsymbol{A}^{-1}$ 与 $\boldsymbol{B}^{-1}$ 相似.

【例 5-8】 已知矩阵 $\boldsymbol{A}=\begin{pmatrix}2&0&0\\0&0&1\\0&1&x\end{pmatrix}$ 与 $\boldsymbol{B}=\begin{pmatrix}2&0&0\\0&y&0\\0&0&-1\end{pmatrix}$ 相似，求 $x,y$.

解 由相似矩阵的性质知，$|\boldsymbol{A}|=|\boldsymbol{B}|$ 且 $\mathrm{tr}(\boldsymbol{A})=\mathrm{tr}(\boldsymbol{B})$，即

$$\begin{cases}-2=-2y\\2+0+x=2+y+(-1)\end{cases}$$

解得

$$\begin{cases}x=0\\y=1\end{cases}$$

【例 5-9】 设 $\boldsymbol{A}$ 为 2 阶矩阵，$\boldsymbol{\alpha}_1$、$\boldsymbol{\alpha}_2$ 为线性无关的 2 维列向量，且 $\boldsymbol{A}\boldsymbol{\alpha}_1=\boldsymbol{o}$，$\boldsymbol{A}\boldsymbol{\alpha}_2=2\boldsymbol{\alpha}_1+3\boldsymbol{\alpha}_2$. 求矩阵 $\boldsymbol{A}$ 的全部特征值.

解 由已知得

$$\boldsymbol{A}(\boldsymbol{\alpha}_1,\boldsymbol{\alpha}_2)=(\boldsymbol{A}\boldsymbol{\alpha}_1,\boldsymbol{A}\boldsymbol{\alpha}_2)=(\boldsymbol{o},2\boldsymbol{\alpha}_1+3\boldsymbol{\alpha}_2)=(\boldsymbol{\alpha}_1,\boldsymbol{\alpha}_2)\begin{pmatrix}0&2\\0&3\end{pmatrix}$$

令

$$\boldsymbol{P}=(\boldsymbol{\alpha}_1,\boldsymbol{\alpha}_2),\ \boldsymbol{B}=\begin{pmatrix}0&2\\0&3\end{pmatrix}$$

则由 $\boldsymbol{\alpha}_1$、$\boldsymbol{\alpha}_2$ 为线性无关的 2 维列向量知，$\boldsymbol{P}$ 可逆，且 $\boldsymbol{AP}=\boldsymbol{PB}$，即 $\boldsymbol{P}^{-1}\boldsymbol{AP}=\boldsymbol{B}$，$\boldsymbol{A}$ 与 $\boldsymbol{B}$ 相似.

由于 $|\lambda\boldsymbol{E}-\boldsymbol{B}|=\begin{vmatrix}\lambda&-2\\0&\lambda-3\end{vmatrix}=\lambda(\lambda-3)$，所以 $\boldsymbol{B}$ 的特征值为 0 和 3. 根据定理 5.4 知，$\boldsymbol{A}$ 的全部特征值为 0 和 3.

由于对角阵具有良好的性质，所以对于 $n$ 阶矩阵 $\boldsymbol{A}$，我们主要考虑：是否存在对角阵与之相似？若 $\boldsymbol{A}$ 与对角阵相似，如何求相似变换矩阵？

### 5.2.2 矩阵的相似对角化

**定理 5.6** $n$ 阶矩阵 $\boldsymbol{A}$ 与对角阵相似的充分必要条件是 $\boldsymbol{A}$ 有 $n$ 个线性无关的特征向量.

证 必要性. 由 $n$ 阶矩阵 $\boldsymbol{A}$ 与对角阵相似可知，存在可逆阵 $\boldsymbol{P}$，使

$$\boldsymbol{P}^{-1}\boldsymbol{AP}=\begin{pmatrix}\lambda_1&&&\\&\lambda_2&&\\&&\ddots&\\&&&\lambda_n\end{pmatrix}$$

即

$$\boldsymbol{AP}=\boldsymbol{P}\begin{pmatrix}\lambda_1&&&\\&\lambda_2&&\\&&\ddots&\\&&&\lambda_n\end{pmatrix}$$

令 $\boldsymbol{P}=(\boldsymbol{p}_1,\boldsymbol{p}_2,\cdots,\boldsymbol{p}_n)$，由 $\boldsymbol{P}$ 可逆知，$\boldsymbol{p}_1,\boldsymbol{p}_2,\cdots,\boldsymbol{p}_n$ 线性无关．进而

$$\boldsymbol{A}(\boldsymbol{p}_1,\boldsymbol{p}_2,\cdots,\boldsymbol{p}_n)=(\boldsymbol{p}_1,\boldsymbol{p}_2,\cdots,\boldsymbol{p}_n)\begin{pmatrix}\lambda_1 & & & \\ & \lambda_2 & & \\ & & \ddots & \\ & & & \lambda_n\end{pmatrix}$$

$$(\boldsymbol{A}\boldsymbol{p}_1,\boldsymbol{A}\boldsymbol{p}_2,\cdots,\boldsymbol{A}\boldsymbol{p}_n)=(\lambda_1\boldsymbol{p}_1,\lambda_2\boldsymbol{p}_2,\cdots,\lambda_n\boldsymbol{p}_n)$$

于是 $\boldsymbol{A}\boldsymbol{p}_i=\lambda_i\boldsymbol{p}_i(i=1,2,\cdots,n)$，$\boldsymbol{p}_i$ 是 $\boldsymbol{A}$ 的属于特征值 $\lambda_i$ 的特征向量．

因此，$n$ 阶矩阵 $\boldsymbol{A}$ 与对角阵相似时，$\boldsymbol{A}$ 有 $n$ 个线性无关的特征向量．

充分性. 已知 $\boldsymbol{A}$ 有 $n$ 个线性无关的特征向量 $\boldsymbol{p}_1,\boldsymbol{p}_2,\cdots,\boldsymbol{p}_n$，记

$$\boldsymbol{A}\boldsymbol{p}_i=\lambda_i\boldsymbol{p}_i(i=1,2,\cdots,n)$$

令 $\boldsymbol{P}=(\boldsymbol{p}_1,\boldsymbol{p}_2,\cdots,\boldsymbol{p}_n)$，由 $\boldsymbol{p}_1,\boldsymbol{p}_2,\cdots,\boldsymbol{p}_n$ 线性无关可知，$\boldsymbol{P}$ 可逆，且

$$(\boldsymbol{A}\boldsymbol{p}_1,\boldsymbol{A}\boldsymbol{p}_2,\cdots,\boldsymbol{A}\boldsymbol{p}_n)=(\lambda_1\boldsymbol{p}_1,\lambda_2\boldsymbol{p}_2,\cdots,\lambda_n\boldsymbol{p}_n)$$

$$\boldsymbol{A}\boldsymbol{P}=\boldsymbol{P}\begin{pmatrix}\lambda_1 & & & \\ & \lambda_2 & & \\ & & \ddots & \\ & & & \lambda_n\end{pmatrix}$$

$$\boldsymbol{P}^{-1}\boldsymbol{A}\boldsymbol{P}=\begin{pmatrix}\lambda_1 & & & \\ & \lambda_2 & & \\ & & \ddots & \\ & & & \lambda_n\end{pmatrix}$$

即 $\boldsymbol{A}$ 与对角阵相似．

根据上述证明过程可知，若 $n$ 阶矩阵 $\boldsymbol{A}$ 能与对角阵相似，则相似变换矩阵 $\boldsymbol{P}$ 为 $\boldsymbol{A}$ 的 $n$ 个线性无关的特征向量 $\boldsymbol{p}_1,\boldsymbol{p}_2,\cdots,\boldsymbol{p}_n$ 作为列子块构成的矩阵，即 $\boldsymbol{P}=(\boldsymbol{p}_1,\boldsymbol{p}_2,\cdots,\boldsymbol{p}_n)$. 对角阵 $\begin{pmatrix}\lambda_1 & & & \\ & \lambda_2 & & \\ & & \ddots & \\ & & & \lambda_n\end{pmatrix}$ 中的 $\lambda_i$ 分别与 $\boldsymbol{p}_i(i=1,2,\cdots,n)$ 对应．可见，$\boldsymbol{P}$ 未必是唯一的，对角阵也未必是唯一的，$\boldsymbol{P}$ 和对角阵有对应关系．

由代数重数与几何重数的相关知识可知，$n$ 阶矩阵 $\boldsymbol{A}$ 与对角阵相似的充分必要条件还可以描述为：$\boldsymbol{A}$ 的每个特征值的代数重数与几何重数相等．

根据定理 5.6 知，【例 5-1】中的矩阵 $\boldsymbol{A}$ 可以相似对角化，【例 5-2】中的矩阵 $\boldsymbol{A}$ 不可以相似对角化．

综合定理 5.2 与定理 5.6 得到以下推论.

**推论 5.4** 若 $n$ 阶矩阵 $\boldsymbol{A}$ 有 $n$ 个互不相同的特征值，则 $\boldsymbol{A}$ 必与对角阵相似．

注意，该结论的逆命题不成立．

**【例 5-10】** 已知矩阵 $\boldsymbol{A}=\begin{pmatrix}2 & 0 & 1\\ 3 & 1 & x\\ 4 & 0 & 5\end{pmatrix}$ 可以相似对角化，求 $x$.

**解** $\boldsymbol{A}$ 的特征多项式为

$$f(\lambda)=|\lambda\boldsymbol{E}-\boldsymbol{A}|=\begin{vmatrix}\lambda-2 & 0 & -1\\ -3 & \lambda-1 & -x\\ -4 & 0 & \lambda-5\end{vmatrix}=(\lambda-6)(\lambda-1)^2$$

$\boldsymbol{A}$ 的全部特征值为$\lambda_1=6,\lambda_2=\lambda_3=1$.

由 $A$ 可以相似对角化可知，二重特征值 1 必有两个线性无关的特征向量，即齐次线性方程组$(\boldsymbol{E}-\boldsymbol{A})\boldsymbol{X}=\boldsymbol{o}$ 的基础解系含两个向量，进而该方程组的系数矩阵 $\boldsymbol{E}-\boldsymbol{A}$ 的秩为 1，此时

$$\boldsymbol{E}-\boldsymbol{A}=\begin{pmatrix}-1 & 0 & -1\\ -3 & 0 & -x\\ -4 & 0 & -4\end{pmatrix}\to\begin{pmatrix}-1 & 0 & -1\\ 0 & 0 & -x+3\\ 0 & 0 & 0\end{pmatrix}$$

因此 $x=3$.

【例 5-11】 已知矩阵 $\boldsymbol{A}=\begin{pmatrix}1 & -3 & 3\\ 3 & -5 & 3\\ 6 & -6 & 4\end{pmatrix}$.

(1) $\boldsymbol{A}$ 能否相似对角化？若能，求相似变换矩阵 $\boldsymbol{P}$，使 $\boldsymbol{P}^{-1}\boldsymbol{A}\boldsymbol{P}$ 为对角阵；

(2) 求 $\boldsymbol{A}^m$（$m$ 为正整数）.

**解** (1) $\boldsymbol{A}$ 的特征多项式为

$$f(\lambda)=|\lambda\boldsymbol{E}-\boldsymbol{A}|=\begin{vmatrix}\lambda-1 & 3 & -3\\ -3 & \lambda+5 & -3\\ -6 & 6 & \lambda-4\end{vmatrix}=(\lambda-4)(\lambda+2)^2$$

因此，$\boldsymbol{A}$ 的全部特征值为$\lambda_1=4,\lambda_2=\lambda_3=-2$.

对于 $\lambda_1=4$，求解齐次线性方程组$(4\boldsymbol{E}-\boldsymbol{A})\boldsymbol{X}=\boldsymbol{o}$：

$$4\boldsymbol{E}-\boldsymbol{A}=\begin{pmatrix}3 & 3 & -3\\ -3 & 9 & -3\\ -6 & 6 & 0\end{pmatrix}\xrightarrow{\text{行}}\begin{pmatrix}1 & 0 & -0.5\\ 0 & 1 & -0.5\\ 0 & 0 & 0\end{pmatrix}$$

得基础解系为

$$\boldsymbol{\xi}_1=\begin{pmatrix}0.5\\ 0.5\\ 1\end{pmatrix}$$

所以矩阵 $\boldsymbol{A}$ 的属于特征值$\lambda_1=4$ 的线性无关的特征向量为 $\boldsymbol{\xi}_1$.

对于 $\lambda_2=\lambda_3=-2$，求解齐次线性方程组$(-2\boldsymbol{E}-\boldsymbol{A})\boldsymbol{X}=\boldsymbol{o}$：

$$-2\boldsymbol{E}-\boldsymbol{A}=\begin{pmatrix}-3 & 3 & -3\\ -3 & 3 & -3\\ -6 & -6 & -6\end{pmatrix}\xrightarrow{\text{行}}\begin{pmatrix}1 & -1 & 1\\ 0 & 0 & 0\\ 0 & 0 & 0\end{pmatrix}$$

得基础解系为

$$\boldsymbol{\xi}_2=\begin{pmatrix}1\\ 1\\ 0\end{pmatrix},\boldsymbol{\xi}_3=\begin{pmatrix}-1\\ 0\\ 1\end{pmatrix}$$

所以矩阵 $\boldsymbol{A}$ 有两个属于特征值 $\lambda_2=\lambda_3=-1$ 的线性无关的特征向量 $\boldsymbol{\xi}_2,\boldsymbol{\xi}_3$.

综上可知，3 阶矩阵 $\boldsymbol{A}$ 有 3 个线性无关的特征向量，因此 $\boldsymbol{A}$ 能相似对角化．此时，令

$$\boldsymbol{P}=(\boldsymbol{\xi}_1,\boldsymbol{\xi}_2,\boldsymbol{\xi}_3)=\begin{pmatrix}0.5 & 1 & -1\\ 0.5 & 1 & 0\\ 1 & 0 & 1\end{pmatrix}$$

则 $\boldsymbol{P}$ 为所求的相似变换矩阵，且

$$\boldsymbol{P}^{-1}\boldsymbol{AP}=\begin{pmatrix}4 & & \\ & -2 & \\ & & -2\end{pmatrix}$$

(2) 由 $\boldsymbol{P}^{-1}\boldsymbol{AP}=\begin{pmatrix}4 & & \\ & -2 & \\ & & -2\end{pmatrix}$ 可得，$\boldsymbol{A}=\boldsymbol{P}\begin{pmatrix}4 & & \\ & 2 & \\ & & -2\end{pmatrix}\boldsymbol{P}^{\ 1}$.

$$\boldsymbol{A}^m=\underbrace{\left[\boldsymbol{P}\begin{pmatrix}4 & & \\ & -2 & \\ & & -2\end{pmatrix}\boldsymbol{P}^{-1}\right]\left[\boldsymbol{P}\begin{pmatrix}4 & & \\ & -2 & \\ & & -2\end{pmatrix}\boldsymbol{P}^{-1}\right]\cdots\left[\boldsymbol{P}\begin{pmatrix}4 & & \\ & -2 & \\ & & -2\end{pmatrix}\boldsymbol{P}^{-1}\right]}_{m\text{个}}$$

$$=\boldsymbol{P}\begin{pmatrix}4^m & & \\ & (-2)^m & \\ & & (-2)^m\end{pmatrix}\boldsymbol{P}^{-1}$$

而 $\boldsymbol{P}^{-1}=\begin{pmatrix}1 & -1 & 1\\ -0.5 & 1.5 & -0.5\\ -1 & 1 & 0\end{pmatrix}$（过程略），所以

$$\boldsymbol{A}^m=\begin{pmatrix}0.5 & 1 & -1\\ 0.5 & 1 & 0\\ 1 & 0 & 1\end{pmatrix}\begin{pmatrix}4^m & & \\ & (-2)^m & \\ & & (-2)^m\end{pmatrix}\begin{pmatrix}1 & -1 & 1\\ -0.5 & 1.5 & -0.5\\ -1 & 1 & 0\end{pmatrix}$$

$$=2^{m-1}\begin{pmatrix}2^m+(-1)^m & -2^m+(-1)^m & 2^m+(-1)^{m+1}\\ 2^m+(-1)^{m+1} & -2^m+3(-1)^m & 2^m+(-1)^{m+1}\\ 2^{m+1}+2(-1)^{m+1} & -2^{m+1}+2(-1)^m & 2^{m+1}\end{pmatrix}$$

【例 5-12】 已知矩阵 $\boldsymbol{A}=\begin{pmatrix}1 & 2 & -3\\ -1 & 4 & -3\\ 1 & a & 5\end{pmatrix}$ 的特征方程有一个二重根，求 $a$ 的值，并讨论 $\boldsymbol{A}$ 是否与对角阵相似．

解　$\boldsymbol{A}$ 的特征方程为

$$f(\lambda)=|\lambda\boldsymbol{E}-\boldsymbol{A}|=\begin{vmatrix}\lambda-1 & -2 & 3\\ 1 & \lambda-4 & 3\\ -1 & -a & \lambda-5\end{vmatrix}=(\lambda-2)(\lambda^2-8\lambda+18+3a)=0$$

(1) 若 $\lambda=2$ 为特征方程的二重根，则 $\lambda^2-8\lambda+18+3a=(\lambda-2)(\lambda-6)$，于是 $a=-2$.

此时，$\boldsymbol{A}$ 的全部特征值为 $\lambda_1=6,\lambda_2=\lambda_3=2$.

要判断 $\boldsymbol{A}$ 是否与对角阵相似，只需讨论二重特征值的几何重数是否为 2 即可．

对于 $\lambda_2=\lambda_3=2$

$$2\boldsymbol{E}-\boldsymbol{A}=\begin{pmatrix}1&-2&3\\1&-2&3\\-1&2&-3\end{pmatrix}\xrightarrow{\text{行}}\begin{pmatrix}1&-2&3\\0&0&0\\0&0&0\end{pmatrix}$$

因此齐次线性方程组 $(2\boldsymbol{E}-\boldsymbol{A})\boldsymbol{X}=\boldsymbol{o}$ 的基础解系含有 2 个向量，即二重特征值 2 的代数重数与几何重数相等．

又由于单的特征值的代数重数与几何重数恒相等，所以，当 $a=-2$ 时，$\boldsymbol{A}$ 与对角阵相似．

(2) 与(1)的过程类似．若 $\lambda=4$ 为特征方程的二重根，则 $\lambda^2-8\lambda+18+3a=(\lambda-4)^2$，于是 $a=-\dfrac{2}{3}$. 此时，$\boldsymbol{A}$ 的全部特征值为 $\lambda_1=2,\lambda_2=\lambda_3=4$.

下面讨论二重特征值的几何重数是否为 2.

对于 $\lambda_2=\lambda_3=4$

$$4\boldsymbol{E}-\boldsymbol{A}=\begin{pmatrix}3&-2&3\\1&0&3\\-1&\dfrac{2}{3}&-1\end{pmatrix}\xrightarrow{\text{行}}\begin{pmatrix}1&0&3\\0&1&3\\0&0&0\end{pmatrix}$$

因此齐次线性方程组 $(4\boldsymbol{E}-\boldsymbol{A})\boldsymbol{X}=\boldsymbol{o}$ 的基础解系只含有 1 个向量，即二重特征值 2 的代数重数大于几何重数，$\boldsymbol{A}$ 不能与对角阵相似．

综上可知，当 $a=-2$ 时，$\boldsymbol{A}$ 与对角阵相似；当 $a=-\dfrac{2}{3}$ 时，$\boldsymbol{A}$ 不能与对角阵相似．

【例 5-13】 设 3 阶矩阵 $\boldsymbol{A}$ 的特征值为 $\lambda_1=1,\lambda_2=3,\lambda_3=4$，相应的特征向量分别是

$$\boldsymbol{p}_1=\begin{pmatrix}1\\1\\0\end{pmatrix},\ \boldsymbol{p}_2=\begin{pmatrix}-1\\0\\1\end{pmatrix},\ \boldsymbol{p}_3=\begin{pmatrix}1\\1\\2\end{pmatrix}$$

求矩阵 $\boldsymbol{A}$.

解　由已知得，$\boldsymbol{A}$ 可以相似对角化．令

$$\boldsymbol{P}=(\boldsymbol{p}_1,\boldsymbol{p}_2,\boldsymbol{p}_3)=\begin{pmatrix}1&-1&1\\1&0&1\\0&1&2\end{pmatrix}$$

则

$$\boldsymbol{P}^{-1}\boldsymbol{A}\boldsymbol{P}=\begin{pmatrix}1&&\\&3&\\&&4\end{pmatrix}$$

即

$$\boldsymbol{A}=\boldsymbol{P}\begin{pmatrix}1&&\\&3&\\&&4\end{pmatrix}\boldsymbol{P}^{-1}$$

而

$$P^{-1}=\begin{pmatrix}-\frac{1}{2} & \frac{3}{2} & -\frac{1}{2}\\ -1 & 1 & 0\\ \frac{1}{2} & -\frac{1}{2} & \frac{1}{2}\end{pmatrix}\text{（过程略）}$$

由此可得

$$A=\begin{pmatrix}\frac{9}{2} & -\frac{7}{2} & \frac{3}{2}\\ \frac{3}{2} & -\frac{1}{2} & \frac{3}{2}\\ 1 & -1 & 4\end{pmatrix}$$

## 5.3　实对称矩阵的相似对角化

### 5.3.1　实对称矩阵的特征值与特征向量

设 $\boldsymbol{A}=(a_{ij})_{n\times n}$ 是一个复矩阵，$\overline{\boldsymbol{A}}=(\overline{a}_{ij})_{n\times n}$ 为 $\boldsymbol{A}$ 的共轭矩阵．由第 2 章矩阵知识可知，当 $\boldsymbol{A}=\overline{\boldsymbol{A}}$ 时，$\boldsymbol{A}$ 为实矩阵；当实矩阵 $\boldsymbol{A}$ 满足 $\boldsymbol{A}=\boldsymbol{A}^{\mathrm{T}}$ 时，$\boldsymbol{A}$ 为实对称矩阵．

实对称矩阵的特征值与特征向量具备下列性质.

（1）实对称矩阵的特征值都是实数；

（2）实对称矩阵的属于不同特征值的特征向量必正交；

（3）对应于实对称矩阵 $\boldsymbol{A}$ 的 $r_i$ 重特征值 $\lambda_i$，一定有 $r_i$ 个线性无关的特征向量，即方程组

$$(\lambda_i\boldsymbol{E}-\boldsymbol{A})\boldsymbol{X}=\boldsymbol{o}$$

的每个基础解系都恰好含有 $r_i$ 个向量．

性质(3)可以表述为：实对称矩阵的任意特征值的代数重数与几何重数相等．

**证**　这里仅给出(1)与(2)的证明.

（1）设 $\lambda$ 为 $n$ 阶矩阵 $\boldsymbol{A}$ 的任意特征值，$\boldsymbol{\alpha}=\begin{pmatrix}x_1\\x_2\\\vdots\\x_n\end{pmatrix}$ 为 $\boldsymbol{A}$ 的属于 $\lambda$ 的特征向量，即

$$\boldsymbol{A\alpha}=\lambda\boldsymbol{\alpha}$$

对上式两端取共轭，得 $\overline{\boldsymbol{A\alpha}}=\overline{\lambda\boldsymbol{\alpha}}$，即

$$\boldsymbol{A}\overline{\boldsymbol{\alpha}}=\overline{\lambda}\overline{\boldsymbol{\alpha}}$$

对上式两端取转置，再整理得

$$\overline{\boldsymbol{\alpha}}^{\mathrm{T}}\boldsymbol{A}^{\mathrm{T}}=\overline{\lambda}\overline{\boldsymbol{\alpha}}^{\mathrm{T}}$$

由 $\overline{\boldsymbol{\alpha}}^{\mathrm{T}}\boldsymbol{A}^{\mathrm{T}}\boldsymbol{\alpha}=\overline{\lambda}\overline{\boldsymbol{\alpha}}^{\mathrm{T}}\boldsymbol{\alpha}$，得 $\overline{\boldsymbol{\alpha}}^{\mathrm{T}}\boldsymbol{A\alpha}=\overline{\lambda}\overline{\boldsymbol{\alpha}}^{\mathrm{T}}\boldsymbol{\alpha}$，$\lambda\overline{\boldsymbol{\alpha}}^{\mathrm{T}}\boldsymbol{\alpha}=\overline{\lambda}\overline{\boldsymbol{\alpha}}^{\mathrm{T}}\boldsymbol{\alpha}$，故 $(\lambda-\overline{\lambda})\overline{\boldsymbol{\alpha}}^{\mathrm{T}}\boldsymbol{\alpha}=\boldsymbol{o}$.

而 $\overline{\boldsymbol{\alpha}}^{\mathrm{T}}\boldsymbol{\alpha}=(\overline{x}_1,\overline{x}_2,\cdots,\overline{x}_n)\begin{pmatrix}x_1\\x_2\\\vdots\\x_n\end{pmatrix}=|x_1|^2+|x_2|^2+\cdots+|x_n|^2>0$,因此 $\lambda-\overline{\lambda}=0$,即 $\lambda=\overline{\lambda}$,$\lambda$ 为实数.

(2) 设 $\lambda_1$、$\lambda_2$ 为 $n$ 阶实对称矩阵 $\boldsymbol{A}$ 的不同的两个特征值,$\alpha_1$、$\alpha_2$ 分别为相应的特征向量,即

$$\boldsymbol{A}\boldsymbol{\alpha}_1=\lambda_1\boldsymbol{\alpha}_1,\boldsymbol{A}\boldsymbol{\alpha}_2=\lambda_2\boldsymbol{\alpha}_2$$

取转置得 $(\boldsymbol{A}\boldsymbol{\alpha}_2)^{\mathrm{T}}=(\lambda_2\boldsymbol{\alpha}_2)^{\mathrm{T}}$,$\boldsymbol{\alpha}_2^{\mathrm{T}}\boldsymbol{A}=\lambda_2\boldsymbol{\alpha}_2^{\mathrm{T}}$,进而 $\boldsymbol{\alpha}_2^{\mathrm{T}}\boldsymbol{A}\boldsymbol{\alpha}_1=\lambda_2\boldsymbol{\alpha}_2^{\mathrm{T}}\boldsymbol{\alpha}_1$,即

$$\lambda_1\boldsymbol{\alpha}_2^{\mathrm{T}}\boldsymbol{\alpha}_1=\lambda_2\boldsymbol{\alpha}_2^{\mathrm{T}}\boldsymbol{\alpha}_1$$

又 $\lambda_1\neq\lambda_2$,故 $\boldsymbol{\alpha}_2^{\mathrm{T}}\boldsymbol{\alpha}_1=0$,因此 $\boldsymbol{\alpha}_1$ 与 $\boldsymbol{\alpha}_2$ 正交.

【例 5-14】 已知三阶实对称矩阵 $\boldsymbol{A}$ 的特征值为 $\lambda_1=\lambda_2=1,\lambda_3=-1$. $\boldsymbol{\xi}_1=\begin{pmatrix}1\\1\\1\end{pmatrix}$,$\boldsymbol{\xi}_2=\begin{pmatrix}2\\2\\1\end{pmatrix}$ 为 $\boldsymbol{A}$ 的属于特征值 $\lambda_1=\lambda_2=1$ 的特征向量,求 $\boldsymbol{A}$ 的属于特征值 $\lambda_3=-1$ 的特征向量.

解 设 $\boldsymbol{A}$ 的属于特征值 $-1$ 的特征向量为 $\boldsymbol{\xi}_3=\begin{pmatrix}x_1\\x_2\\x_3\end{pmatrix}$,根据性质(2)可知,$\boldsymbol{\xi}_3$ 分别与 $\boldsymbol{\xi}_1$、$\boldsymbol{\xi}_2$ 正交,故得线性方程组

$$\begin{cases}x_1+x_2+x_3=0\\2x_1+2x_2+x_3=0\end{cases}$$

解得该齐次线性方程组的基础解系为 $\begin{pmatrix}-1\\1\\0\end{pmatrix}$.

因此,$\boldsymbol{A}$ 的属于特征值 $\lambda_3=-1$ 的全部特征向量为 $k\begin{pmatrix}-1\\1\\0\end{pmatrix}$,其中 $k\neq0$.

### 5.3.2 实对称矩阵的相似对角化

由于实对称矩阵的任意特征值的代数重数与几何重数相等,因此得到如下结论.

**定理 5.7** $n$ 阶实对称矩阵 $\boldsymbol{A}$ 一定能相似对角化,且存在正交矩阵 $\boldsymbol{P}$,使 $\boldsymbol{P}^{-1}\boldsymbol{A}\boldsymbol{P}$ 为对角阵.

实对称矩阵化为对角阵的步骤如下:

(1) 求出 $n$ 阶实对称矩阵 $\boldsymbol{A}$ 的全部不同特征值 $\lambda_1,\lambda_2,\cdots,\lambda_m$;

(2) 对于每一个特征值 $\lambda_i(i=1,2,\cdots,m)$，求解齐次线性方程组

$$(\lambda_i \boldsymbol{E}-\boldsymbol{A})\boldsymbol{X}=\boldsymbol{o}$$

得到它的基础解系

$$\boldsymbol{\xi}_{i1},\boldsymbol{\xi}_{i2},\cdots,\boldsymbol{\xi}_{ir_i}$$

将其标准正交化得到一个标准正交向量组

$$\boldsymbol{p}_{i1},\boldsymbol{p}_{i2},\cdots,\boldsymbol{p}_{ir_i}$$

它们是 $\boldsymbol{A}$ 的属于 $\lambda_i$ 的线性无关的特征向量.

注意:先正交化,后标准化.

(3) 由于 $\lambda_1,\lambda_2,\cdots,\lambda_m$ 互不相同,故向量组 $\boldsymbol{p}_{11},\cdots,\boldsymbol{p}_{1r_1},\boldsymbol{p}_{21},\cdots,\boldsymbol{p}_{2r_2},\cdots,\boldsymbol{p}_{m1},\cdots,\boldsymbol{p}_{mr_m}$ 为标准正交向量组,且 $r_1+r_2+\cdots+r_m=n$.

令 $\boldsymbol{P}=(\boldsymbol{p}_{11},\cdots,\boldsymbol{p}_{1r_1},\boldsymbol{p}_{21},\cdots,\boldsymbol{p}_{2r_2},\cdots,\boldsymbol{p}_{m1},\cdots,\boldsymbol{p}_{mr_m})$,则 $\boldsymbol{P}$ 为正交矩阵.

(4) $\boldsymbol{P}^{-1}\boldsymbol{AP}=\boldsymbol{\Lambda}$ 为对角阵,其主对角线上的元素依次为 $\boldsymbol{P}$ 的列向量作为 $\boldsymbol{A}$ 的特征向量所对应的特征值.

【例 5-15】 已知 $\boldsymbol{A}=\begin{pmatrix}1&-2&2\\-2&-2&4\\2&4&-2\end{pmatrix}$,求正交矩阵 $\boldsymbol{P}$,使 $\boldsymbol{P}^{-1}\boldsymbol{AP}$ 为对角阵.

解 (1) $\boldsymbol{A}$ 的特征多项式为

$$f(\lambda)=|\lambda\boldsymbol{E}-\boldsymbol{A}|=\begin{vmatrix}\lambda-1&2&-2\\2&\lambda+2&-4\\-2&-4&\lambda+2\end{vmatrix}=(\lambda+7)(\lambda-2)^2$$

因此,$\boldsymbol{A}$ 的全部特征值为 $\lambda_1=-7,\lambda_2=\lambda_3=2$.

(2) 对于 $\lambda_1=-7$,求解齐次线性方程组 $(-7\boldsymbol{E}-\boldsymbol{A})\boldsymbol{X}=\boldsymbol{o}$:

$$-7\boldsymbol{E}-\boldsymbol{A}=\begin{pmatrix}-8&2&-2\\2&-5&-4\\-2&-4&-5\end{pmatrix}\xrightarrow{\text{行}}\begin{pmatrix}1&0&0.5\\0&1&1\\0&0&0\end{pmatrix}$$

得基础解系为

$$\boldsymbol{\xi}_1=\begin{pmatrix}-0.5\\-1\\1\end{pmatrix}$$

将 $\boldsymbol{\xi}_1$ 单位化得

$$\boldsymbol{p}_1=\frac{\boldsymbol{\xi}_1}{\|\boldsymbol{\xi}_1\|}=\begin{pmatrix}-\frac{1}{3}\\-\frac{2}{3}\\\frac{2}{3}\end{pmatrix}.$$

(3) 对于 $\lambda_2=\lambda_3=2$,求解齐次线性方程组 $(2\boldsymbol{E}-\boldsymbol{A})\boldsymbol{X}=\boldsymbol{o}$.

$$2\boldsymbol{E}-\boldsymbol{A}=\begin{pmatrix}1&2&-2\\2&4&-4\\-2&-4&4\end{pmatrix}\xrightarrow{\text{行}}\begin{pmatrix}1&2&-2\\0&0&0\\0&0&0\end{pmatrix}$$

得基础解系为

$$\boldsymbol{\xi}_2=\begin{pmatrix}-2\\1\\0\end{pmatrix},\boldsymbol{\xi}_3=\begin{pmatrix}2\\0\\1\end{pmatrix}$$

先将 $\boldsymbol{\xi}_2$、$\boldsymbol{\xi}_3$ 正交化得

$$\boldsymbol{\beta}_1=\boldsymbol{\xi}_2=\begin{pmatrix}-2\\1\\0\end{pmatrix}$$

$$\boldsymbol{\beta}_2=\boldsymbol{\xi}_3-\frac{(\boldsymbol{\beta}_1,\boldsymbol{\xi}_3)}{(\boldsymbol{\beta}_1,\boldsymbol{\beta}_1)}\boldsymbol{\beta}_1=\begin{pmatrix}2\\0\\1\end{pmatrix}-\frac{-4}{5}\begin{pmatrix}-2\\1\\0\end{pmatrix}=\begin{pmatrix}\frac{2}{5}\\\frac{4}{5}\\1\end{pmatrix}$$

再将 $\boldsymbol{\beta}_1$、$\boldsymbol{\beta}_2$ 单位化得，$\boldsymbol{p}_2=\dfrac{\boldsymbol{\beta}_1}{\|\boldsymbol{\beta}_1\|}=\begin{pmatrix}-\frac{2}{\sqrt{5}}\\\frac{1}{\sqrt{5}}\\0\end{pmatrix}$，$\boldsymbol{p}_3=\dfrac{\boldsymbol{\beta}_2}{\|\boldsymbol{\beta}_2\|}=\begin{pmatrix}\frac{2}{\sqrt{45}}\\\frac{4}{\sqrt{45}}\\\frac{5}{\sqrt{45}}\end{pmatrix}$.

(4) 令 $\boldsymbol{P}=(\boldsymbol{p}_1,\boldsymbol{p}_2,\boldsymbol{p}_3)=\begin{pmatrix}-\frac{1}{3}&-\frac{2}{\sqrt{5}}&\frac{2}{\sqrt{45}}\\-\frac{2}{3}&\frac{1}{\sqrt{5}}&\frac{4}{\sqrt{45}}\\\frac{2}{3}&0&\frac{5}{\sqrt{45}}\end{pmatrix}$，则 $\boldsymbol{P}$ 是正交矩阵，且

$$\boldsymbol{P}^{-1}\boldsymbol{A}\boldsymbol{P}=\boldsymbol{P}^{\mathrm{T}}\boldsymbol{A}\boldsymbol{P}=\begin{pmatrix}-7&&\\&2&\\&&2\end{pmatrix}$$

注：本例中，如果取齐次线性方程组 $(2\boldsymbol{E}-\boldsymbol{A})\boldsymbol{X}=\boldsymbol{o}$ 的基础解系为

$$\boldsymbol{\xi}_2=\begin{pmatrix}0\\1\\1\end{pmatrix},\boldsymbol{\xi}_3=\begin{pmatrix}4\\-1\\1\end{pmatrix}$$

即 $\boldsymbol{\xi}_2$、$\boldsymbol{\xi}_3$ 已经正交，则直接将 $\boldsymbol{\xi}_2$、$\boldsymbol{\xi}_3$ 单位化即可.

【例 5-16】 已知 $\boldsymbol{A}=\begin{pmatrix}0&-1&4\\-1&3&a\\4&a&0\end{pmatrix}$，存在正交矩阵 $\boldsymbol{Q}$，使 $\boldsymbol{Q}^{\mathrm{T}}\boldsymbol{A}\boldsymbol{Q}$ 为对角阵，若 $\boldsymbol{Q}$ 的第一列为 $\dfrac{1}{\sqrt{6}}\begin{pmatrix}1\\2\\1\end{pmatrix}$，求 $a$ 及 $\boldsymbol{Q}$.

**解** 设 $\lambda_1$ 是 $\boldsymbol{A}$ 的对应于特征向量 $\boldsymbol{\alpha}_1=\begin{pmatrix}1\\2\\1\end{pmatrix}$ 的特征值，则

$$\begin{pmatrix}0 & -1 & 4\\ -1 & 3 & a\\ 4 & a & 0\end{pmatrix}\begin{pmatrix}1\\2\\1\end{pmatrix}=\lambda_1\begin{pmatrix}1\\2\\1\end{pmatrix}$$

解得 $\lambda_1=2,a=-1$，由

$$|\lambda\boldsymbol{E}-\boldsymbol{A}|=\begin{vmatrix}\lambda & 1 & -4\\ 1 & \lambda-3 & 1\\ -4 & 1 & \lambda\end{vmatrix}=(\lambda-2)(\lambda-5)(\lambda+4)$$

可得矩阵 $\boldsymbol{A}$ 的特征值为 $\lambda_1=2,\lambda_2=5,\lambda_3=-4$.

对于 $\lambda_2=5$，求解齐次线性方程组 $(5\boldsymbol{E}-\boldsymbol{A})\boldsymbol{X}=\boldsymbol{o}$：

$$5\boldsymbol{E}-\boldsymbol{A}=\begin{pmatrix}5 & 1 & -4\\ 1 & 2 & 1\\ -4 & 1 & 5\end{pmatrix}\xrightarrow{\text{行}}\begin{pmatrix}1 & 0 & -1\\ 0 & 1 & 1\\ 0 & 0 & 0\end{pmatrix}$$

得基础解系为

$$\boldsymbol{\alpha}_2=\begin{pmatrix}1\\-1\\1\end{pmatrix}$$

对于 $\lambda_3=-4$，求解齐次线性方程组 $(-4\boldsymbol{E}-\boldsymbol{A})\boldsymbol{X}=\boldsymbol{o}$：

$$-4\boldsymbol{E}-\boldsymbol{A}=\begin{pmatrix}-4 & 1 & -4\\ 1 & -7 & 1\\ -4 & 1 & -4\end{pmatrix}\xrightarrow{\text{行}}\begin{pmatrix}1 & 0 & 1\\ 0 & 1 & 0\\ 0 & 0 & 0\end{pmatrix}$$

得基础解系为

$$\boldsymbol{\alpha}_3=\begin{pmatrix}-1\\0\\1\end{pmatrix}$$

先将 $\boldsymbol{\alpha}_2$、$\boldsymbol{\alpha}_3$ 单位化得，$\boldsymbol{q}_2=\dfrac{\boldsymbol{\alpha}_2}{\|\boldsymbol{\alpha}_2\|}=\begin{pmatrix}\frac{1}{\sqrt{3}}\\-\frac{1}{\sqrt{3}}\\\frac{1}{\sqrt{3}}\end{pmatrix}$，$\boldsymbol{q}_3=\dfrac{\boldsymbol{\alpha}_3}{\|\boldsymbol{\alpha}_3\|}=\begin{pmatrix}-\frac{1}{\sqrt{2}}\\0\\\frac{1}{\sqrt{2}}\end{pmatrix}$.

记 $\boldsymbol{q}_1=\begin{pmatrix}\frac{1}{\sqrt{6}}\\\frac{2}{\sqrt{6}}\\\frac{1}{\sqrt{6}}\end{pmatrix}$，则所求的正交矩阵为 $\boldsymbol{Q}=(\boldsymbol{q}_1,\boldsymbol{q}_2,\boldsymbol{q}_3)=\begin{pmatrix}\frac{1}{\sqrt{6}} & \frac{1}{\sqrt{3}} & -\frac{1}{\sqrt{2}}\\ \frac{2}{\sqrt{6}} & -\frac{1}{\sqrt{3}} & 0\\ \frac{1}{\sqrt{6}} & \frac{1}{\sqrt{3}} & \frac{1}{\sqrt{2}}\end{pmatrix}$，且

$$Q^{T}AQ=\begin{pmatrix}2 & & \\ & 5 & \\ & & -4\end{pmatrix}$$

【例 5-17】 设 $n$ 阶实对称矩阵 $\boldsymbol{A}$ 与 $\boldsymbol{B}$ 相似．证明：存在正交矩阵 $\boldsymbol{Q}$，使得 $\boldsymbol{Q}^{-1}\boldsymbol{A}\boldsymbol{Q}=\boldsymbol{B}$.

证　由于 $\boldsymbol{A}$ 与 $\boldsymbol{B}$ 相似，故 $\boldsymbol{A}$ 与 $\boldsymbol{B}$ 有相同的特征值 $\lambda_1,\lambda_2,\cdots,\lambda_n$. 根据定理 5.7 可知，对 $\boldsymbol{A}$ 和 $\boldsymbol{B}$ 分别存在正交矩阵 $\boldsymbol{T}_1$ 和 $\boldsymbol{T}_2$，使得

$$\boldsymbol{T}_1^{-1}\boldsymbol{A}\boldsymbol{T}_1=\begin{pmatrix}\lambda_1 & & & \\ & \lambda_2 & & \\ & & \ddots & \\ & & & \lambda_n\end{pmatrix}=\boldsymbol{T}_2^{-1}\boldsymbol{B}\boldsymbol{T}_2$$

所以

$$\boldsymbol{T}_2\boldsymbol{T}_1^{-1}\boldsymbol{A}\boldsymbol{T}_1\boldsymbol{T}_2^{-1}=\boldsymbol{B}$$

令 $\boldsymbol{Q}=\boldsymbol{T}_1\boldsymbol{T}_2^{-1}$，则 $\boldsymbol{Q}\boldsymbol{Q}^{T}=(\boldsymbol{T}_1\boldsymbol{T}_2^{-1})(\boldsymbol{T}_1\boldsymbol{T}_2^{-1})^{T}=(\boldsymbol{T}_1\boldsymbol{T}_2^{T})(\boldsymbol{T}_1\boldsymbol{T}_2^{T})^{T}=(\boldsymbol{T}_1\boldsymbol{T}_2^{T})(\boldsymbol{T}_2\boldsymbol{T}_1^{T})=\boldsymbol{E}$，即 $\boldsymbol{Q}$ 为正交矩阵，使得 $\boldsymbol{Q}^{-1}\boldsymbol{A}\boldsymbol{Q}=\boldsymbol{B}$.

## 5.4 应 用 实 例

【例 5-18】 递推关系的矩阵解法.

设数列 $\{x_n\}$ 满足规律 $x_{n+2}=x_{n+1}+x_n$，$x_0=1$，$x_1=3$. 求 $x_n$ 及 $\lim\limits_{n\to\infty}\dfrac{x_{n+1}}{x_n}$.

解　由已知得

$$\begin{pmatrix}x_{n+1}\\ x_{n+2}\end{pmatrix}=\begin{pmatrix}x_{n+1}\\ x_{n+1}+x_n\end{pmatrix}=\begin{pmatrix}0 & 1\\ 1 & 1\end{pmatrix}\begin{pmatrix}x_n\\ x_{n+1}\end{pmatrix}$$

令 $\boldsymbol{X}_n=\begin{pmatrix}x_n\\ x_{n+1}\end{pmatrix}$，$\boldsymbol{A}=\begin{pmatrix}0 & 1\\ 1 & 1\end{pmatrix}$，则 $\boldsymbol{X}_{n+1}=\boldsymbol{A}\boldsymbol{X}_n$，$\boldsymbol{X}_0=\begin{pmatrix}1\\ 3\end{pmatrix}$，依次递推得

$$\boldsymbol{X}_n=\boldsymbol{A}\boldsymbol{X}_{n-1}=\boldsymbol{A}^2\boldsymbol{X}_{n-2}=\cdots=\boldsymbol{A}^n\boldsymbol{X}_0$$

现在将问题归结为求 $\boldsymbol{A}^n$.

$\boldsymbol{A}$ 的特征多项式为

$$f(\lambda)=|\lambda\boldsymbol{E}-\boldsymbol{A}|=\begin{vmatrix}\lambda & -1\\ -1 & \lambda-1\end{vmatrix}=\lambda^2-\lambda-1$$

因此，$\boldsymbol{A}$ 的全部特征值为 $\lambda_1=\dfrac{1+\sqrt{5}}{2}$，$\lambda_2=\dfrac{1-\sqrt{5}}{2}$.

对于 $\lambda_1=\dfrac{1+\sqrt{5}}{2}$，求解齐次线性方程组 $\left(\dfrac{1+\sqrt{5}}{2}\boldsymbol{E}-\boldsymbol{A}\right)\boldsymbol{X}=\boldsymbol{o}$，得相应的特征向量为

$$\boldsymbol{\xi}_1=\begin{pmatrix}1\\ \dfrac{1+\sqrt{5}}{2}\end{pmatrix}$$

对于 $\lambda_2=\frac{1-\sqrt{5}}{2}$，求解齐次线性方程组 $\left(\frac{1-\sqrt{5}}{2}\boldsymbol{E}-\boldsymbol{A}\right)\boldsymbol{X}=\boldsymbol{o}$，得相应的特征向量为

$$\boldsymbol{\xi}_2=\begin{pmatrix}1\\ \frac{1-\sqrt{5}}{2}\end{pmatrix}$$

令 $\boldsymbol{P}=(\boldsymbol{\xi}_1,\boldsymbol{\xi}_2)=\begin{pmatrix}1 & 1\\ \frac{1+\sqrt{5}}{2} & \frac{1-\sqrt{5}}{2}\end{pmatrix}$，则 $\boldsymbol{P}^{-1}\boldsymbol{A}\boldsymbol{P}=\begin{pmatrix}\frac{1+\sqrt{5}}{2} & \\ & \frac{1-\sqrt{5}}{2}\end{pmatrix}$，即

$$\boldsymbol{A}=\boldsymbol{P}\begin{pmatrix}\frac{1+\sqrt{5}}{2} & \\ & \frac{1-\sqrt{5}}{2}\end{pmatrix}\boldsymbol{P}^{-1}$$

$$\boldsymbol{A}^n=\boldsymbol{P}\begin{pmatrix}\frac{1+\sqrt{5}}{2} & \\ & \frac{1-\sqrt{5}}{2}\end{pmatrix}^n\boldsymbol{P}^{-1}$$

具体计算，可得

$$\begin{aligned}\boldsymbol{A}^n&=-\frac{1}{\sqrt{5}}\begin{pmatrix}1 & 1\\ \frac{1+\sqrt{5}}{2} & \frac{1-\sqrt{5}}{2}\end{pmatrix}\begin{pmatrix}\left(\frac{1+\sqrt{5}}{2}\right)^n & \\ & \left(\frac{1-\sqrt{5}}{2}\right)^n\end{pmatrix}^n\begin{pmatrix}\frac{1-\sqrt{5}}{2} & -1\\ -\frac{1+\sqrt{5}}{2} & 1\end{pmatrix}\\ &=-\frac{1}{\sqrt{5}}\begin{pmatrix}-\left(\frac{1+\sqrt{5}}{2}\right)^{n-1}+\left(\frac{1-\sqrt{5}}{2}\right)^{n-1} & -\left(\frac{1+\sqrt{5}}{2}\right)^{n}+\left(\frac{1-\sqrt{5}}{2}\right)^{n}\\ -\left(\frac{1+\sqrt{5}}{2}\right)^{n}+\left(\frac{1-\sqrt{5}}{2}\right)^{n} & -\left(\frac{1+\sqrt{5}}{2}\right)^{n+1}+\left(\frac{1-\sqrt{5}}{2}\right)^{n+1}\end{pmatrix}\end{aligned}$$

$$\boldsymbol{X}_n=\boldsymbol{A}^n\boldsymbol{X}_0=\begin{pmatrix}\left(\frac{1+\sqrt{5}}{2}\right)^{n+1}+\left(\frac{1-\sqrt{5}}{2}\right)^{n+1}\\ \left(\frac{1+\sqrt{5}}{2}\right)^{n+2}+\left(\frac{1-\sqrt{5}}{2}\right)^{n+2}\end{pmatrix}=\begin{pmatrix}x_n\\ x_{n+1}\end{pmatrix}$$

因此

$$x_n=\left(\frac{1+\sqrt{5}}{2}\right)^{n+1}+\left(\frac{1-\sqrt{5}}{2}\right)^{n+1}$$

$$\lim_{n\to\infty}\frac{x_{n+1}}{x_n}=\lim_{n\to\infty}\frac{\left(\frac{1+\sqrt{5}}{2}\right)^{n+2}+\left(\frac{1-\sqrt{5}}{2}\right)^{n+2}}{\left(\frac{1+\sqrt{5}}{2}\right)^{n+1}+\left(\frac{1-\sqrt{5}}{2}\right)^{n+1}}=\frac{1+\sqrt{5}}{2}$$

**【例 5-19】 一类常系数齐次线性微分方程组的求解.**

已知由 $n$ 个方程、$n$ 个未知函数 $x_1(t),x_2(t),\cdots,x_n(t)$ 组成的常系数齐次线性微分方程组为

$$\begin{cases}\dfrac{\mathrm{d}x_1}{\mathrm{d}t}=a_{11}x_1+a_{12}x_2+\cdots+a_{1n}x_n\\ \dfrac{\mathrm{d}x_2}{\mathrm{d}t}=a_{21}x_1+a_{22}x_2+\cdots+a_{2n}x_n\\ \quad\vdots\qquad\quad\vdots\qquad\quad\vdots\qquad\qquad\quad\vdots\\ \dfrac{\mathrm{d}x_n}{\mathrm{d}t}=a_{n1}x_1+a_{n2}x_2+\cdots+a_{nn}x_n\end{cases}\tag{5-7}$$

其中,$a_{ij}(i,j=1,2,\cdots,n)$为常数.

记 $\boldsymbol{X}=(x_1,x_2,\cdots,x_n)^{\mathrm{T}}$,规定 $\dot{\boldsymbol{X}}=\dfrac{\mathrm{d}\boldsymbol{X}}{\mathrm{d}t}=\left(\dfrac{\mathrm{d}x_1}{\mathrm{d}t},\dfrac{\mathrm{d}x_2}{\mathrm{d}t},\cdots,\dfrac{\mathrm{d}x_n}{\mathrm{d}t}\right)^{\mathrm{T}}$,则式(5-7)可以表示为如下矩阵形式:

$$\frac{\mathrm{d}\boldsymbol{X}}{\mathrm{d}t}=\boldsymbol{AX}\text{ 或 }\dot{\boldsymbol{X}}=\boldsymbol{AX}$$

其中,称矩阵 $\boldsymbol{A}=(a_{ij})_{n\times n}$ 为微分方程组(5-7)的系数矩阵.

下面说明,如果矩阵 $\boldsymbol{A}$ 可以相似对角化,则求解方程组(5-7)可以转化为求矩阵 $\boldsymbol{A}$ 的特征值与特征向量.

假设存在可逆矩阵 $\boldsymbol{P}$,使 $\boldsymbol{P}^{-1}\boldsymbol{AP}=\mathrm{diag}(\lambda_1,\lambda_2,\cdots,\lambda_n)$,则

$$\boldsymbol{A}=\boldsymbol{P}\mathrm{diag}(\lambda_1,\lambda_2,\cdots,\lambda_n)\boldsymbol{P}^{-1}$$

$$\frac{\mathrm{d}\boldsymbol{X}}{\mathrm{d}t}=\boldsymbol{P}\mathrm{diag}(\lambda_1,\lambda_2,\cdots,\lambda_n)\boldsymbol{P}^{-1}\boldsymbol{X}$$

$$\boldsymbol{P}^{-1}\frac{\mathrm{d}\boldsymbol{X}}{\mathrm{d}t}=\mathrm{diag}(\lambda_1,\lambda_2,\cdots,\lambda_n)\boldsymbol{P}^{-1}\boldsymbol{X}$$

$$\frac{\mathrm{d}(\boldsymbol{P}^{-1}\boldsymbol{X})}{\mathrm{d}t}=\mathrm{diag}(\lambda_1,\lambda_2,\cdots,\lambda_n)(\boldsymbol{P}^{-1}\boldsymbol{X})$$

令 $\boldsymbol{Y}=\boldsymbol{P}^{-1}\boldsymbol{X}=(y_1,y_2,\cdots,y_n)^{\mathrm{T}}$,则$\dfrac{\mathrm{d}\boldsymbol{Y}}{\mathrm{d}t}=\mathrm{diag}(\lambda_1,\lambda_2,\cdots,\lambda_n)\boldsymbol{Y}$,即

$$\frac{\mathrm{d}y_1}{\mathrm{d}t}=\lambda_1y_1,\frac{\mathrm{d}y_2}{\mathrm{d}t}=\lambda_2y_2,\cdots,\frac{\mathrm{d}y_n}{\mathrm{d}t}=\lambda_ny_n$$

求解可得 $y_i=c_i\mathrm{e}^{\lambda_it}(i=1,2,\cdots,n)$,$c_i$ 为任意常数. 而 $\boldsymbol{X}=\boldsymbol{PY}$,即

$$\begin{pmatrix}x_1\\x_2\\\vdots\\x_n\end{pmatrix}=(\boldsymbol{p}_1,\boldsymbol{p}_2,\cdots,\boldsymbol{p}_n)\begin{pmatrix}c_1\mathrm{e}^{\lambda_1t}\\c_2\mathrm{e}^{\lambda_2t}\\\vdots\\c_n\mathrm{e}^{\lambda_nt}\end{pmatrix}=c_1\mathrm{e}^{\lambda_1t}\boldsymbol{p}_1+c_2\mathrm{e}^{\lambda_2t}\boldsymbol{p}_2+\cdots+c_n\mathrm{e}^{\lambda_nt}\boldsymbol{p}_n$$

其中,$c_1,c_2,\cdots,c_n$ 为任意常数,$\lambda_1,\lambda_2,\cdots,\lambda_n$ 为$\boldsymbol{A}$ 的特征值,$\boldsymbol{p}_1,\boldsymbol{p}_2,\cdots,\boldsymbol{p}_n$ 为相应的$\boldsymbol{A}$ 的线性无关的特征向量.

此类常系数齐次线性微分方程组有着较为广泛的应用，例如电阻、电容线路如图 5-1 所示，已知 $R_1=3\Omega, R_2=2\Omega, C_1=1\mathrm{F}, C_2=2\mathrm{F}$，开关闭合时，电容器 $C_1$ 上的初始电压为 11V，右边闭合回路的初始电流和 $C_2$ 上的初始电压全为 0. 试求开关闭合后两个电容器上的电压 $u_1$ 和 $u_2$ 与时间 $t$ 的函数关系，即求 $u_1(t)$ 和 $u_2(t)$.

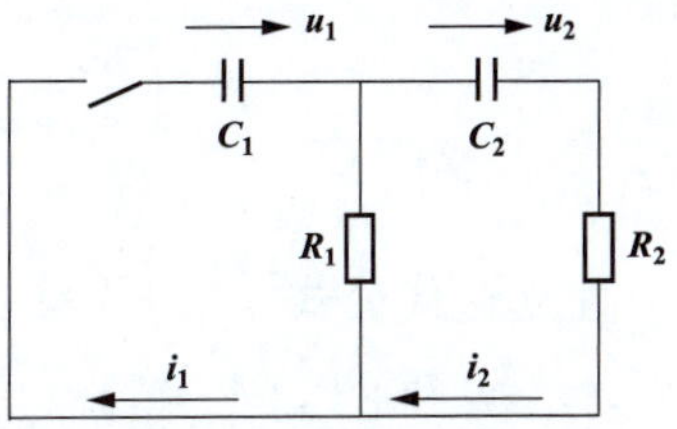


图 5-1　电阻、电容线路图

由物理学知识可知，电容器两端电流与电压的关系为

$$i_1=C_1\frac{\mathrm{d}u_1}{\mathrm{d}t}=\frac{\mathrm{d}u_1}{\mathrm{d}t},\ i_2=C_2\frac{\mathrm{d}u_2}{\mathrm{d}t}=2\frac{\mathrm{d}u_2}{\mathrm{d}t}$$

根据基尔霍夫定律，可以列出两个回路的电压方程

$$\begin{cases} u_1+3\left(\dfrac{\mathrm{d}u_1}{\mathrm{d}t}-2\dfrac{\mathrm{d}u_2}{\mathrm{d}t}\right)=0 \\ u_2+4\dfrac{\mathrm{d}u_2}{\mathrm{d}t}+3\left(2\dfrac{\mathrm{d}u_2}{\mathrm{d}t}-\dfrac{\mathrm{d}u_1}{\mathrm{d}t}\right)=0 \end{cases}$$

初始条件为 $u_1(0)=11, u_2(0)=0$.

运用上述方法求解可得 $\begin{cases} u_1=3c_1\mathrm{e}^{-t}+2c_2\mathrm{e}^{-\frac{1}{12}t} \\ u_2=c_1\mathrm{e}^{-t}-3c_2\mathrm{e}^{-\frac{1}{12}t} \end{cases}$.

将初始条件代入，得 $\begin{cases} u_1=9\mathrm{e}^{-t}+2\mathrm{e}^{-\frac{1}{12}t} \\ u_2=3\mathrm{e}^{-t}-3\mathrm{e}^{-\frac{1}{12}t} \end{cases}$.

**【例 5-20】 求解线性方程组的迭代法的收敛性分析.**

第 3 章中介绍了求解线性方程组 $\boldsymbol{Ax}=\boldsymbol{b}$（其中矩阵 $\boldsymbol{A}$ 为 $n$ 阶方阵且满足 $\det\boldsymbol{A}\neq 0$）的数值解法之一——迭代法，即将方程改写成等价形式 $\boldsymbol{x}=\boldsymbol{Bx}+\boldsymbol{f}$，给出一个初始解向量 $\boldsymbol{x}^{(0)}=(x_1^{(0)},x_2^{(0)},\cdots,x_n^{(0)})^{\mathrm{T}}$，然后做迭代 $\boldsymbol{x}^{(k+1)}=\boldsymbol{Bx}^{(k)}+\boldsymbol{f}$，求出方程的近似解.

然而，迭代法可能是收敛的，也可能是不收敛的，这直接影响方法的有效性，为此我们利用矩阵的特征值给出如下定义和定理.

设 $n$ 阶方阵 $\boldsymbol{B}$ 的特征值是 $\lambda_1,\lambda_2,\cdots,\lambda_n$，称 $\rho(\boldsymbol{B})=\max\limits_{1\leqslant i\leqslant n}|\lambda_i|$ 为矩阵 $\boldsymbol{B}$ 的**谱半径**.

**定理 5.8**　对任意的初始向量 $\boldsymbol{x}^{(0)}$，迭代法 $\boldsymbol{x}^{(k+1)}=\boldsymbol{Bx}^{(k)}+\boldsymbol{f}\ (k=0,1,2,\cdots)$ 收敛的充分必要条件是 $\rho(\boldsymbol{B})<1$.

**具体算例**

为求解线性方程组

$$\begin{pmatrix} 2 & -1 & 1 \\ 2 & 2 & 2 \\ -1 & -1 & 2 \end{pmatrix}\begin{pmatrix} x_1 \\ x_2 \\ x_3 \end{pmatrix}=\begin{pmatrix} 1 \\ 0 \\ -1 \end{pmatrix}$$

将方程组改写为

$$\begin{pmatrix}x_1\\x_2\\x_3\end{pmatrix}=\begin{pmatrix}0&0.5&-0.5\\-1&0&-1\\0.5&0.5&0\end{pmatrix}\begin{pmatrix}x_1\\x_2\\x_3\end{pmatrix}+\begin{pmatrix}0.5\\0\\-0.5\end{pmatrix}$$

建立迭代公式

$$\begin{pmatrix}x_1^{(k+1)}\\x_2^{(k+1)}\\x_3^{(k+1)}\end{pmatrix}=\begin{pmatrix}0&0.5&-0.5\\-1&0&-1\\0.5&0.5&0\end{pmatrix}\begin{pmatrix}x_1^{(k)}\\x_2^{(k)}\\x_3^{(k)}\end{pmatrix}+\begin{pmatrix}0.5\\0\\-0.5\end{pmatrix},\quad k=0,1,\cdots,n$$

此时的迭代矩阵为

$$\boldsymbol{B}=\begin{pmatrix}0&0.5&-0.5\\-1&0&-1\\0.5&0.5&0\end{pmatrix}$$

容易计算得到 $\boldsymbol{B}$ 的特征值为 $0,\pm\frac{\sqrt{5}}{2}i$，因此，$\rho(\boldsymbol{B})=\frac{\sqrt{5}}{2}>1$，由定理知，该迭代法不收敛．

读者可以利用谱半径来验证【例 3-20】的迭代法是收敛的．

## 习　题　五

### A 题

1. 若 $n$ 阶矩阵 $\boldsymbol{A}$ 的任何一行中 $n$ 个元素之和都是 $a$，证明：$\lambda=a$ 是 $\boldsymbol{A}$ 的特征值．

2. 求下列矩阵的特征值和特征向量：

(1) $\begin{pmatrix}4&0&0\\0&3&1\\0&1&3\end{pmatrix}$；　(2) $\begin{pmatrix}1&2&3\\2&1&3\\3&3&6\end{pmatrix}$；　(3) $\begin{pmatrix}0&10&6\\1&-3&-3\\-2&10&8\end{pmatrix}$；　(4) $\begin{pmatrix}1&-1&1\\1&3&-1\\1&1&1\end{pmatrix}$；

(5) $\begin{pmatrix}1&0&0\\2&3&0\\4&5&6\end{pmatrix}$.

3. 设 $\lambda\neq0$ 是 $m$ 阶矩阵 $\boldsymbol{A}_{m\times n}\boldsymbol{B}_{n\times m}$ 的特征值，证明：$\lambda$ 也是 $n$ 阶矩阵 $\boldsymbol{BA}$ 的特征值．

4. 3 阶矩阵 $\boldsymbol{A}$ 满足 $|\boldsymbol{A}-\boldsymbol{E}|=|\boldsymbol{A}+3\boldsymbol{E}|=|3\boldsymbol{A}+2\boldsymbol{E}|=0$，求 $|\boldsymbol{A}^*+4\boldsymbol{E}|$．

5. 若 $\boldsymbol{\alpha}=\begin{pmatrix}3\\-1\\a\end{pmatrix}$ 是矩阵 $\boldsymbol{A}=\begin{pmatrix}-1&0&2\\1&2&-1\\1&3&a\end{pmatrix}$ 的特征向量，求 $a$ 的值．

6. 已知 $\boldsymbol{\alpha}=\begin{pmatrix}1\\k\\1\end{pmatrix}$ 是矩阵 $\boldsymbol{A}=\begin{pmatrix}2&1&1\\1&2&1\\1&1&2\end{pmatrix}$ 的逆矩阵 $\boldsymbol{A}^{-1}$ 的特征向量，求 $k$ 的值．

7. 设矩阵 $\boldsymbol{A}=\begin{pmatrix}2&1&1\\1&2&1\\1&1&a\end{pmatrix}$ 可逆，向量 $\boldsymbol{\alpha}=\begin{pmatrix}1\\b\\1\end{pmatrix}$ 是矩阵 $\boldsymbol{A}^*$ 的一个特征向量，$\lambda$ 是 $\boldsymbol{\alpha}$ 对应的

特征值，其中 $\boldsymbol{A}^*$ 是矩阵 $\boldsymbol{A}$ 的伴随矩阵，试求 $a$，$b$ 和 $\lambda$ 的值．

8. 已知矩阵 $\boldsymbol{A}=\begin{pmatrix}1 & a & 0\\0 & 2 & 0\\b & 1 & 1\end{pmatrix}$ 与对角阵相似，求 $a$，$b$ 的值．

9. 设 $\boldsymbol{A}=\begin{pmatrix}2 & -1 & 2\\5 & a & 3\\-1 & b & -2\end{pmatrix}$ 的一个特征向量为 $\boldsymbol{p}=\begin{pmatrix}1\\1\\-1\end{pmatrix}$．

(1) 求参数 $a$，$b$ 的值及 $\boldsymbol{A}$ 的特征向量 $\boldsymbol{p}$ 对应的特征值；

(2) $\boldsymbol{A}$ 与对角阵是否相似？

10. 已知矩阵 $\boldsymbol{A}-\begin{pmatrix}2 & 1 & -1\\1 & 2 & 1\\-1 & 1 & 2\end{pmatrix}$，矩阵 $\boldsymbol{B}=\begin{pmatrix}2 & 0 & 1\\-1 & 3 & 1\\2 & 0 & 1\end{pmatrix}$，判断 $\boldsymbol{A}$ 与 $\boldsymbol{B}$ 是否相似，并说明理由．

11. 设矩阵 $\boldsymbol{A}=\begin{pmatrix}1 & -2 & -4\\-2 & x & -2\\-4 & -2 & 1\end{pmatrix}$ 与 $\boldsymbol{\Lambda}=\begin{pmatrix}5 & & \\ & -4 & \\ & & y\end{pmatrix}$ 相似，求 $x$，$y$ 的值，并求一个可逆矩阵 $\boldsymbol{P}$，使 $\boldsymbol{P}^{-1}\boldsymbol{A}\boldsymbol{P}=\boldsymbol{\Lambda}$.

12. 设矩阵 $\boldsymbol{A}=\begin{pmatrix}0 & 0 & 1\\a & 1 & b\\1 & 0 & 0\end{pmatrix}$ 有三个线性无关的特征向量，求 $a$ 与 $b$ 满足的条件．

13. 设 3 阶实对称矩阵 $\boldsymbol{A}$ 的特征值为 $\lambda_1=1$，$\lambda_2=-1$，$\lambda_3=0$，对应 $\lambda_1$，$\lambda_2$ 的特征向量依次为 $\boldsymbol{p}_1=\begin{pmatrix}1\\2\\2\end{pmatrix}$，$\boldsymbol{p}_2=\begin{pmatrix}2\\1\\-2\end{pmatrix}$，求 $\boldsymbol{A}$.

14. 设 $\boldsymbol{\alpha}=(a_1,a_2,\cdots,a_n)^{\mathrm{T}}$，$a_1\neq 0$，$\boldsymbol{A}=\boldsymbol{\alpha}\boldsymbol{\alpha}^{\mathrm{T}}$.

(1) 证明：$\lambda=0$ 是 $\boldsymbol{A}$ 的 $n-1$ 重特征值；

(2) 求 $\boldsymbol{A}$ 的非零特征值及 $n$ 个线性无关的特征向量．

15. 设 $\boldsymbol{A}=\begin{pmatrix}1 & 4 & 2\\0 & -3 & 4\\0 & 4 & 3\end{pmatrix}$，求 $\boldsymbol{A}^{100}$.

16. 已知矩阵 $\boldsymbol{A}=\begin{pmatrix}1 & 1 & 1\\1 & 1 & 1\\1 & 1 & 1\end{pmatrix}$，求正交矩阵 $\boldsymbol{P}$，使 $\boldsymbol{P}^{-1}\boldsymbol{A}\boldsymbol{P}$ 为对角阵，并写出相应的对角阵．

## B 题

1. 设矩阵 $\boldsymbol{A}=\begin{pmatrix}3 & 2 & 2\\2 & 3 & 2\\2 & 2 & 3\end{pmatrix}$，$\boldsymbol{P}=\begin{pmatrix}0 & 1 & 0\\1 & 0 & 0\\0 & 0 & 1\end{pmatrix}$，$\boldsymbol{B}=\boldsymbol{P}^{-1}\boldsymbol{A}^*\boldsymbol{P}$，求 $\boldsymbol{B}+2\boldsymbol{E}$ 的特征值与特征

向量.

2. 3 阶实对称矩阵 $\boldsymbol{A}$ 的特征值为 $1,-1,-1$,特征值 1 仅有一个线性无关的特征向量 $\boldsymbol{\xi}_1=\begin{pmatrix}1\\1\\1\end{pmatrix}$,求矩阵 $3\boldsymbol{A}$.

3. 设 $n$ 阶非零矩阵 $\boldsymbol{A}$ 满足 $\boldsymbol{A}^m=\boldsymbol{O}$($m$ 是一个正整数),证明:$\boldsymbol{A}$ 不能相似对角化.

4. 设 $n$ 阶矩阵 $\boldsymbol{A}$ 与 $\boldsymbol{B}$ 满足 $\boldsymbol{AB}=\boldsymbol{BA}$,且 $\boldsymbol{A}$ 有 $n$ 个互不相同的特征值. 证明:(1) $\boldsymbol{A}$ 的特征向量都是 $\boldsymbol{B}$ 的特征向量;(2) $\boldsymbol{B}$ 相似于对角阵.

5. 设 $\boldsymbol{A}$ 是 $n$ 阶实矩阵,证明:$\boldsymbol{A}$ 是对称阵 $\Leftrightarrow$ 有 $n$ 个互相正交的特征向量.

第6章

# 二 次 型

二次型的研究起源于解析几何中二次曲线和二次曲面的化简和分类问题，它不仅在数学的其他分支以及物理、力学中有着普遍应用，而且是数量经济模型的理论基础和应用工具．本章主要讨论二次型及其标准形、化二次型为标准形、正定二次型与正定矩阵问题．

## 6.1 二次型及其标准形

在解析几何中，为了便于研究二次曲线

$$ax^2+bxy+cy^2=1 \tag{6-1}$$

的几何性质，可以选择适当的坐标旋转变换

$$\begin{cases}x=x'\cos\theta-y'\sin\theta\\y=x'\sin\theta+y'\cos\theta\end{cases}$$

把方程(6-1)化为标准形

$$mx'^2+ny'^2=1$$

式(6-1)的左边是一个二次齐次函数．从代数学的观点来看，化二次型为标准形的过程是通过变量的线性变换化简一个二次齐次函数，使它只有平方项，以便于判断曲线的形状．这样的问题，在许多理论或实际问题中常常遇到．在这里，我们将其一般化，讨论含有 $n$ 个变量的二次齐次函数的化简问题．

### 6.1.1 二次型的定义及其矩阵

**定义 6.1** 含有 $n$ 个变量 $x_1,x_2,\cdots,x_n$ 的二次齐次函数

$$\begin{aligned}f(x_1,x_2,\cdots,x_n)=&a_{11}x_1^2+2a_{12}x_1x_2+2a_{13}x_1x_3+\cdots+2a_{1n}x_1x_n\\&+a_{22}x_2^2+2a_{23}x_2x_3+\cdots+2a_{2n}x_2x_n+\cdots+a_{nn}x_n^2\end{aligned} \tag{6-2}$$

称为一个 $n$ 元二次型．

当系数 $a_{ij}$ 都是复数时，称 $f$ 为复二次型；当系数 $a_{ij}$ 都是实数时，称 $f$ 为实二次型．本章只讨论实二次型．

由于 $x_ix_j=x_jx_i$，具有对称性，若令 $a_{ji}=a_{ij}\,(i\neq j)$，则 $2a_{ij}x_ix_j=a_{ij}x_ix_j+a_{ji}x_jx_i$，于是式(6-2)可以写成如下对称形式：

$$\begin{aligned}f(x_1,x_2,\cdots,x_n)=&a_{11}x_1^2+a_{12}x_1x_2+\cdots+a_{1n}x_1x_n\\&+a_{21}x_2x_1+a_{22}x_2^2+\cdots+a_{2n}x_2x_n\\&+\cdots+a_{n1}x_nx_1+a_{n2}x_nx_2+\cdots+a_{nn}x_n^2\end{aligned}$$

$$=\sum_{i,j=1}^{n}a_{ij}x_ix_j$$

同时

$$\begin{aligned}f(x_1,x_2,\cdots,x_n)&=x_1(a_{11}x_1+a_{12}x_2+\cdots+a_{1n}x_n)\\&\quad+x_2(a_{21}x_1+a_{22}x_2+\cdots+a_{2n}x_n)\\&\quad+\cdots\\&\quad+x_n(a_{n1}x_1+a_{n2}x_2+\cdots+a_{nn}x_n)\\&=(x_1,x_2,\cdots,x_n)\begin{pmatrix}a_{11}x_1+a_{12}x_2+\cdots+a_{1n}x_n\\a_{21}x_1+a_{22}x_2+\cdots+a_{2n}x_n\\\vdots\\a_{n1}x_1+a_{n2}x_2+\cdots+a_{nn}x_n\end{pmatrix}\\&=(x_1,x_2,\cdots,x_n)\begin{pmatrix}a_{11}&a_{12}&\cdots&a_{1n}\\a_{21}&a_{22}&\cdots&a_{2n}\\\vdots&\vdots&&\vdots\\a_{n1}&a_{n2}&\cdots&a_{nn}\end{pmatrix}\begin{pmatrix}x_1\\x_2\\\vdots\\x_n\end{pmatrix}\end{aligned}$$

记

$$\boldsymbol{A}=\begin{pmatrix}a_{11}&a_{12}&\cdots&a_{1n}\\a_{21}&a_{22}&\cdots&a_{2n}\\\vdots&\vdots&&\vdots\\a_{n1}&a_{n2}&\cdots&a_{nn}\end{pmatrix},\boldsymbol{X}=\begin{pmatrix}x_1\\x_2\\\vdots\\x_n\end{pmatrix}$$

则式(6-2)可以用矩阵形式表示为

$$f=\sum_{i,j=1}^{n}a_{ij}x_ix_j=(x_1,x_2,\cdots,x_n)\boldsymbol{A}\begin{pmatrix}x_1\\x_2\\\vdots\\x_n\end{pmatrix}=\boldsymbol{X}^{\mathrm{T}}\boldsymbol{A}\boldsymbol{X}\tag{6-3}$$

其中,$\boldsymbol{A}$ 为 $n$ 阶实对称矩阵.

称式(6-3)中实对称矩阵 $\boldsymbol{A}$ 为二次型 $f$ 的矩阵,也把 $f$ 称为实对称矩阵 $\boldsymbol{A}$ 的二次型,二次型 $f$ 的矩阵 $\boldsymbol{A}$ 的秩叫做二次型 $f$ 的秩.

当给定了二次型 $f$ 之后,可以写出二次型的矩阵 $\boldsymbol{A}$. 其中 $\boldsymbol{A}$ 的主对角线上的元素 $a_{11}$,$a_{22}$,$\cdots$,$a_{nn}$ 依次为 $x_1^2,x_2^2,\cdots,x_n^2$ 的系数. 对于 $i\neq j$,$a_{ji}=a_{ij}$ 为式(6-2)中 $x_ix_j$ 的系数的一半. 例如,二次型 $f(x_1,x_2,x_3)=2x_1^2+4x_1x_2-x_2^2-6x_2x_3+3x_3^2$ 的矩阵为

$$\boldsymbol{A}=\begin{pmatrix}2&2&0\\2&-1&-3\\0&-3&3\end{pmatrix}$$

综上所述,二次型 $f$ 的矩阵 $\boldsymbol{A}$ 由 $f$ 唯一确定;反之任给一个实对称矩阵 $\boldsymbol{A}$,也可唯一确定一个二次型 $f$. 这样 $n$ 元实二次型与 $n$ 阶实对称矩阵之间建立了一一对应关系,从而使研究二次型的问题与研究实对称矩阵的问题紧密联系起来.

### 6.1.2 合同矩阵

对于 $n$ 元实二次型 $f=\boldsymbol{X}^{\mathrm{T}}\boldsymbol{A}\boldsymbol{X}$，如果把 $\boldsymbol{X}=\begin{pmatrix}x_1\\x_2\\\vdots\\x_n\end{pmatrix}$ 看作是 $R^n$ 中向量 $\boldsymbol{\alpha}$ 在基 $\boldsymbol{\alpha}_1,\boldsymbol{\alpha}_2,\cdots,\boldsymbol{\alpha}_n$ 下的坐标，取定 $R^n$ 的另一组基 $\boldsymbol{\beta}_1,\boldsymbol{\beta}_2,\cdots,\boldsymbol{\beta}_n$，则 $\boldsymbol{\alpha}$ 在基 $\boldsymbol{\beta}_1,\boldsymbol{\beta}_2,\cdots,\boldsymbol{\beta}_n$ 下的坐标 $\boldsymbol{Y}=\begin{pmatrix}y_1\\y_2\\\vdots\\y_n\end{pmatrix}$ 满足

$$\boldsymbol{Y}=\boldsymbol{C}^{-1}\boldsymbol{X}$$

其中，$\boldsymbol{C}$ 为基 $\boldsymbol{\alpha}_1,\boldsymbol{\alpha}_2,\cdots,\boldsymbol{\alpha}_n$ 到基 $\boldsymbol{\beta}_1,\boldsymbol{\beta}_2,\cdots,\boldsymbol{\beta}_n$ 的过渡矩阵．

在坐标变换 $\boldsymbol{X}=\boldsymbol{C}\boldsymbol{Y}$ 下

$$f=\boldsymbol{X}^{\mathrm{T}}\boldsymbol{A}\boldsymbol{X}=(\boldsymbol{C}\boldsymbol{Y})^{\mathrm{T}}\boldsymbol{A}(\boldsymbol{C}\boldsymbol{Y})=\boldsymbol{Y}^{\mathrm{T}}(\boldsymbol{C}^{\mathrm{T}}\boldsymbol{A}\boldsymbol{C})\boldsymbol{Y}$$

记 $\boldsymbol{B}=\boldsymbol{C}^{\mathrm{T}}\boldsymbol{A}\boldsymbol{C}$，显然 $\boldsymbol{B}$ 是实对称矩阵，从而 $\boldsymbol{B}$ 为二次型 $f=\boldsymbol{Y}^{\mathrm{T}}(\boldsymbol{C}^{\mathrm{T}}\boldsymbol{A}\boldsymbol{C})\boldsymbol{Y}$ 的矩阵．

关系 $\boldsymbol{B}=\boldsymbol{C}^{\mathrm{T}}\boldsymbol{A}\boldsymbol{C}$ 是矩阵之间的一种重要关系，称之为合同，定义如下．

**定义 6.2** 设 $\boldsymbol{A}$ 和 $\boldsymbol{B}$ 是两个 $n$ 阶矩阵，如果存在可逆矩阵 $\boldsymbol{C}$，使得

$$\boldsymbol{C}^{\mathrm{T}}\boldsymbol{A}\boldsymbol{C}=\boldsymbol{B}$$

则称矩阵 $\boldsymbol{A}$ 与 $\boldsymbol{B}$ 合同．

合同矩阵具有以下性质．

(1) 反身性：任一 $n$ 阶矩阵 $\boldsymbol{A}$ 都与自身合同．

(2) 对称性：若 $\boldsymbol{A}$ 与 $\boldsymbol{B}$ 合同，则 $\boldsymbol{B}$ 与 $\boldsymbol{A}$ 合同．

(3) 传递性：若 $\boldsymbol{A}$ 与 $\boldsymbol{B}$ 合同，且 $\boldsymbol{B}$ 与 $\boldsymbol{C}$ 合同，则 $\boldsymbol{A}$ 与 $\boldsymbol{C}$ 合同．

注：矩阵合同与矩阵相似是两个不同的概念，例如

$$\boldsymbol{A}=\begin{pmatrix}-1&0\\0&1\end{pmatrix},\ \boldsymbol{B}=\begin{pmatrix}-4&0\\0&1\end{pmatrix},\ \boldsymbol{P}=\begin{pmatrix}2&0\\0&1\end{pmatrix}$$

此时，$\boldsymbol{P}^{\mathrm{T}}\boldsymbol{A}\boldsymbol{P}=\boldsymbol{B}$，即 $\boldsymbol{A}$ 与 $\boldsymbol{B}$ 合同；显然，$\boldsymbol{A}$ 与 $\boldsymbol{B}$ 的特征值不全相同，因此 $\boldsymbol{A}$ 与 $\boldsymbol{B}$ 必不相似．

### 6.1.3 二次型的标准形

**定义 6.3** 称只含有平方项的二次型为标准形，即

$$f(y_1,y_2,\cdots,y_n)=d_1y_1^2+d_2y_2^2+\cdots+d_ny_n^2$$

标准型 $f$ 的矩阵为对角阵

$$\begin{pmatrix}d_1&&&\\&d_2&&\\&&\ddots&\\&&&d_n\end{pmatrix}$$

**定义 6.4** 若二次型的标准形中的系数 $d_i(i=1,2,\cdots,n)$ 取值仅为 1、−1、0，则称此标准形为规范形．

很容易将二次型的标准形化为规范形．例如，已知三元实二次型的标准形为

$$f=3y_1^2-2y_2^2-y_3^2$$

令

$$\begin{cases}z_1=\sqrt{3}\,y_1\\ z_2=\sqrt{2}\,y_2\\ z_3=y_3\end{cases}$$

即引进可逆线性变换

$$\begin{cases}y_1=\dfrac{1}{\sqrt{3}}z_1\\ y_2=\dfrac{1}{\sqrt{2}}z_2\\ y_3=z_3\end{cases}$$

二次型可以化为以下规范形：

$$f=z_1^2-z_2^2-z_3^2$$

因此，主要讨论如何求可逆线性变换，化二次型为标准形的问题．

## 6.2 化二次型为标准形

由 6.1 节可知，对于二次型 $f=\boldsymbol{X}^{\mathrm{T}}\boldsymbol{A}\boldsymbol{X}$，可以找到可逆线性变换 $\boldsymbol{X}=\boldsymbol{C}\boldsymbol{Y}$，使

$$f=\boldsymbol{X}^{\mathrm{T}}\boldsymbol{A}\boldsymbol{X}=\boldsymbol{Y}^{\mathrm{T}}(\boldsymbol{C}^{\mathrm{T}}\boldsymbol{A}\boldsymbol{C})\boldsymbol{Y}$$

如果 $\boldsymbol{C}^{\mathrm{T}}\boldsymbol{A}\boldsymbol{C}$ 为对角阵，则 $f$ 化为标准形．现在问题转化为，对于二次型的矩阵 $\boldsymbol{A}$，是否存在可逆矩阵 $\boldsymbol{C}$，使 $\boldsymbol{C}^{\mathrm{T}}\boldsymbol{A}\boldsymbol{C}$ 为对角阵？

### 6.2.1 用正交线性变换化二次型为标准形

由定理 5.7 可知，对于任何实对称矩阵 $\boldsymbol{A}$，一定存在正交矩阵 $\boldsymbol{P}$，使 $\boldsymbol{P}^{\mathrm{T}}\boldsymbol{A}\boldsymbol{P}$ 为对角阵．将其应用于二次型，可以得到如下定理.

**定理 6.1** 对任意 $n$ 元实二次型 $f=\boldsymbol{X}^{\mathrm{T}}\boldsymbol{A}\boldsymbol{X}$，总存在正交线性变换 $\boldsymbol{X}=\boldsymbol{P}\boldsymbol{Y}$，使二次型 $f$ 化为标准形

$$f=\lambda_1y_1^2+\lambda_2y_2^2+\cdots+\lambda_ny_n^2$$

其中，$\lambda_1,\lambda_2,\cdots,\lambda_n$ 是 $f$ 的矩阵 $\boldsymbol{A}$ 的全部特征值，$\boldsymbol{P}$ 的 $n$ 个列向量为 $\boldsymbol{A}$ 的属于特征值 $\lambda_1,\lambda_2,\cdots,\lambda_n$ 的标准正交特征向量．

**证** 因为 $\boldsymbol{A}$ 是实对称矩阵，所以存在正交阵 $\boldsymbol{P}$，使

$$\boldsymbol{P}^{-1}\boldsymbol{A}\boldsymbol{P}=\boldsymbol{P}^{\mathrm{T}}\boldsymbol{A}\boldsymbol{P}=\begin{pmatrix}\lambda_1&&&\\&\lambda_2&&\\&&\ddots&\\&&&\lambda_n\end{pmatrix}$$

其中，$\lambda_1,\lambda_2,\cdots,\lambda_n$ 是 $\boldsymbol{A}$ 的 $n$ 个特征值．经正交性变换 $\boldsymbol{X}=\boldsymbol{PY}$，实二次型

$$f=\boldsymbol{X}^{\mathrm{T}}\boldsymbol{AX}=(\boldsymbol{PY})^{\mathrm{T}}\boldsymbol{A}(\boldsymbol{PY})=\boldsymbol{Y}^{\mathrm{T}}(\boldsymbol{P}^{\mathrm{T}}\boldsymbol{AP})\boldsymbol{Y}$$

$$=(y_1,y_2,\cdots,y_n)\begin{pmatrix}\lambda_1 & & & \\ & \lambda_2 & & \\ & & \ddots & \\ & & & \lambda_n\end{pmatrix}\begin{pmatrix}y_1\\ y_2\\ \vdots\\ y_n\end{pmatrix}$$

$$=\lambda_1 y_1^2+\lambda_2 y_2^2+\cdots+\lambda_n y_n^2$$

用正交变换把二次型化为标准形，这在理论和实际应用上都是十分重要的，具体步骤就是5.3节介绍的化实对称矩阵为对角阵的步骤．

【例6-1】 求一个正交线性变换 $\boldsymbol{X}=\boldsymbol{PY}$，将

$$f=8x_1^2+8x_1x_2-2x_1x_3-7x_2^2+8x_2x_3+8x_3^2$$

化为标准形．

解 二次型 $f$ 的矩阵为

$$\boldsymbol{A}=\begin{pmatrix}8 & 4 & -1\\ 4 & -7 & 4\\ -1 & 4 & 8\end{pmatrix}$$

(1) $A$ 的特征多项式为

$$f(\lambda)=|\lambda\boldsymbol{E}-\boldsymbol{A}|=\begin{vmatrix}\lambda-8 & -4 & 1\\ -4 & \lambda+7 & -4\\ 1 & -4 & \lambda-8\end{vmatrix}=(\lambda+9)(\lambda-9)^2$$

因此，$\boldsymbol{A}$ 的全部特征值为 $\lambda_1=-9,\lambda_2=\lambda_3=9$.

(2) 对于 $\lambda_1=-9$，求齐次线性方程组 $(-9\boldsymbol{E}-\boldsymbol{A})\boldsymbol{X}=\boldsymbol{o}$ 的基础解系：

$$-9\boldsymbol{E}-\boldsymbol{A}=\begin{pmatrix}-17 & -4 & 1\\ -4 & -2 & -4\\ 1 & -4 & -17\end{pmatrix}\xrightarrow{\text{行}}\begin{pmatrix}1 & 0 & -1\\ 0 & 1 & 4\\ 0 & 0 & 0\end{pmatrix}$$

得基础解系为

$$\boldsymbol{\xi}_1=\begin{pmatrix}1\\ -4\\ 1\end{pmatrix}$$

将 $\boldsymbol{\xi}_1$ 单位化得，$\boldsymbol{p}_1=\begin{pmatrix}\dfrac{1}{\sqrt{18}}\\ -\dfrac{4}{\sqrt{18}}\\ \dfrac{1}{\sqrt{18}}\end{pmatrix}$.

对于 $\lambda_2=\lambda_3=9$，求齐次线性方程组 $(9\boldsymbol{E}-\boldsymbol{A})\boldsymbol{X}=\boldsymbol{o}$ 的基础解系：

$$9\boldsymbol{E}-\boldsymbol{A}=\begin{pmatrix}1 & -4 & 1\\ -4 & 16 & -4\\ 1 & -4 & 1\end{pmatrix}\xrightarrow{\text{行}}\begin{pmatrix}1 & -4 & 1\\ 0 & 0 & 0\\ 0 & 0 & 0\end{pmatrix}$$

得基础解系为

$$\boldsymbol{\xi}_2=\begin{pmatrix}4\\1\\0\end{pmatrix},\boldsymbol{\xi}_3=\begin{pmatrix}-1\\0\\1\end{pmatrix}$$

先将 $\boldsymbol{\xi}_2$、$\boldsymbol{\xi}_3$ 正交化得

$$\boldsymbol{\beta}_1=\boldsymbol{\xi}_2=\begin{pmatrix}4\\1\\0\end{pmatrix}$$

$$\boldsymbol{\beta}_2=\boldsymbol{\xi}_3-\frac{(\boldsymbol{\beta}_1,\boldsymbol{\xi}_3)}{(\boldsymbol{\beta}_1,\boldsymbol{\beta}_1)}\boldsymbol{\beta}_1=\begin{pmatrix}-1\\0\\1\end{pmatrix}-\frac{-4}{17}\begin{pmatrix}4\\1\\0\end{pmatrix}=\begin{pmatrix}-\frac{1}{17}\\\frac{4}{17}\\1\end{pmatrix}$$

再将 $\boldsymbol{\beta}_1$、$\boldsymbol{\beta}_2$ 单位化得，$\boldsymbol{p}_2=\dfrac{\boldsymbol{\beta}_1}{\|\boldsymbol{\beta}_1\|}=\begin{pmatrix}\frac{4}{\sqrt{17}}\\\frac{1}{\sqrt{17}}\\0\end{pmatrix}$，$\boldsymbol{p}_3=\dfrac{\boldsymbol{\beta}_2}{\|\boldsymbol{\beta}_2\|}=\begin{pmatrix}-\frac{1}{\sqrt{306}}\\\frac{4}{\sqrt{306}}\\\frac{17}{\sqrt{306}}\end{pmatrix}$.

(3) 令 $\boldsymbol{P}=(\boldsymbol{p}_1,\boldsymbol{p}_2,\boldsymbol{p}_3)=\begin{pmatrix}\frac{1}{\sqrt{18}} & \frac{4}{\sqrt{17}} & -\frac{1}{\sqrt{306}}\\-\frac{4}{\sqrt{18}} & \frac{1}{\sqrt{17}} & \frac{4}{\sqrt{306}}\\\frac{1}{\sqrt{18}} & 0 & \frac{17}{\sqrt{306}}\end{pmatrix}$，则 $\boldsymbol{P}$ 是正交矩阵.

经正交线性变换 $\boldsymbol{X}=\boldsymbol{PY}$，二次型化为如下标准形：

$$f=\boldsymbol{X}^{\mathrm{T}}\boldsymbol{AX}=\boldsymbol{Y}^{\mathrm{T}}(\boldsymbol{P}^{\mathrm{T}}\boldsymbol{AP})\boldsymbol{Y}=-9y_1^2+9y_2^2+9y_3^2$$

【例 6-2】 已知二次型

$$f(x_1,x_2,x_3)=2x_1^2+3x_2^2+3x_3^2+2ax_2x_3\quad(a>0)$$

经过正交变换 $\boldsymbol{X}=\boldsymbol{PY}$ 可化为标准形 $f=y_1^2+2y_2^2+5y_3^2$. 试求：参数 $a$ 及所用的正交变换.

解　二次型 $f$ 的矩阵为

$$\boldsymbol{A}=\begin{pmatrix}2 & 0 & 0\\0 & 3 & a\\0 & a & 3\end{pmatrix}$$

由于二次型经正交变换 $\boldsymbol{X}=\boldsymbol{PY}$ 化成标准形时，平方项的系数是二次型的矩阵 $\boldsymbol{A}$ 的特征值，并且变换前后二次型矩阵有如下关系：

$$\boldsymbol{P}^{-1}\boldsymbol{AP}=\begin{pmatrix}1 & 0 & 0\\0 & 2 & 0\\0 & 0 & 5\end{pmatrix}$$

由相似矩阵的性质得

$$|\boldsymbol{A}|=\begin{vmatrix}2&0&0\\0&3&a\\0&a&3\end{vmatrix}=\begin{vmatrix}1&0&0\\0&2&0\\0&0&5\end{vmatrix}$$

即 $2(9-a^2)=10$，解得 $a=2$ 或 $-2$（舍去），故 $a=2$.

$\boldsymbol{A}$ 的特征值为 $\lambda_1=1,\lambda_2=2,\lambda_3=5$.

当 $\lambda_1=1$ 时，解齐次线性方程组 $(\boldsymbol{E}-\boldsymbol{A})\boldsymbol{X}=\boldsymbol{o}$，得特征向量 $\boldsymbol{\xi}_1=(0,1,-1)^{\mathrm{T}}$.

同理求得当 $\lambda_2=2,\lambda_3=5$ 时的特征向量分别为 $\boldsymbol{\xi}_2=(1,0,0)^{\mathrm{T}},\boldsymbol{\xi}_3=(0,1,1)^{\mathrm{T}}$.

又因为实对称矩阵不同特征值对应的特征向量是正交的，所以 $\boldsymbol{\xi}_1,\boldsymbol{\xi}_2,\boldsymbol{\xi}_3$ 是正交向量组，将它们单位化得

$$\boldsymbol{p}_1=\frac{\boldsymbol{\xi}_1}{\|\boldsymbol{\xi}_1\|}=\begin{pmatrix}0\\\frac{\sqrt{2}}{2}\\-\frac{\sqrt{2}}{2}\end{pmatrix},\ \boldsymbol{p}_2=\frac{\boldsymbol{\xi}_2}{\|\boldsymbol{\xi}_2\|}=\begin{pmatrix}1\\0\\0\end{pmatrix},\ \boldsymbol{p}_3=\frac{\boldsymbol{\xi}_3}{\|\boldsymbol{\xi}_3\|}=\begin{pmatrix}0\\\frac{\sqrt{2}}{2}\\\frac{\sqrt{2}}{2}\end{pmatrix}$$

以 $\boldsymbol{p}_1,\boldsymbol{p}_2,\boldsymbol{p}_3$ 为列即得正交矩阵

$$\boldsymbol{P}=(\boldsymbol{p}_1,\boldsymbol{p}_2,\boldsymbol{p}_3)=\begin{pmatrix}0&1&0\\\frac{\sqrt{2}}{2}&0&\frac{\sqrt{2}}{2}\\-\frac{\sqrt{2}}{2}&0&\frac{\sqrt{2}}{2}\end{pmatrix}$$

故所求的正交变换为 $\begin{pmatrix}x_1\\x_2\\x_3\end{pmatrix}=\begin{pmatrix}0&1&0\\\frac{\sqrt{2}}{2}&0&\frac{\sqrt{2}}{2}\\-\frac{\sqrt{2}}{2}&0&\frac{\sqrt{2}}{2}\end{pmatrix}\begin{pmatrix}y_1\\y_2\\y_3\end{pmatrix}$.

【例 6-3】 已知 $\boldsymbol{\alpha}_1=\begin{pmatrix}1\\k\\-2\end{pmatrix}$ 是三元实二次型 $f=ax_1^2-2x_1x_3+ax_2^2-2x_2x_3+kx_3^2$ 的矩阵 $\boldsymbol{A}$ 的特征向量．求正交线性变换 $\boldsymbol{X}=\boldsymbol{PY}$，将该二次型化为标准形．

解　二次型 $f$ 的矩阵为

$$\boldsymbol{A}=\begin{pmatrix}a&0&-1\\0&a&-1\\-1&-1&k\end{pmatrix}$$

已知 $\boldsymbol{\alpha}_1=\begin{pmatrix}1\\k\\-2\end{pmatrix}$ 是 $\boldsymbol{A}$ 的属于特征值 $\lambda_1$ 的特征向量．根据特征值、特征向量的定义知

$$\boldsymbol{A\alpha}_1=\lambda_1\boldsymbol{\alpha}_1$$

即

$$\begin{pmatrix} a & 0 & -1 \\ 0 & a & -1 \\ -1 & -1 & k \end{pmatrix}\begin{pmatrix} 1 \\ k \\ -2 \end{pmatrix}=\lambda_1\begin{pmatrix} 1 \\ k \\ -2 \end{pmatrix}$$

可得$\begin{cases} a+2=\lambda_1 \\ ak+2=\lambda_1 k \\ -1-3k=-2\lambda_1 \end{cases}$，其解为$\begin{cases} a=0 \\ k=1 \\ \lambda_1=2 \end{cases}$，即

$$\boldsymbol{A}=\begin{pmatrix} 0 & 0 & -1 \\ 0 & 0 & -1 \\ -1 & -1 & 1 \end{pmatrix},\ \boldsymbol{\alpha}_1=\begin{pmatrix} 1 \\ 1 \\ -2 \end{pmatrix}$$

由 $f(\lambda)=|\lambda\boldsymbol{E}-\boldsymbol{A}|=\begin{vmatrix} \lambda & 0 & 1 \\ 0 & \lambda & 1 \\ 1 & 1 & \lambda-1 \end{vmatrix}=\lambda(\lambda-2)(\lambda+1)^2$，可得 $\boldsymbol{A}$ 的全部特征值为

$$\lambda_1=2,\ \lambda_2=-1,\ \lambda_3=0$$

对于 $\lambda_2=-1$，求齐次线性方程组 $(-\boldsymbol{E}-\boldsymbol{A})\boldsymbol{X}=\boldsymbol{o}$ 的基础解系：

$$-\boldsymbol{E}-\boldsymbol{A}=\begin{pmatrix} -1 & 0 & 1 \\ 0 & -1 & 1 \\ 1 & 1 & -2 \end{pmatrix}\xrightarrow{\text{行}}\begin{pmatrix} 1 & 0 & -1 \\ 0 & 1 & -1 \\ 0 & 0 & 0 \end{pmatrix}$$

得基础解系为

$$\boldsymbol{\alpha}_2=\begin{pmatrix} 1 \\ 1 \\ 1 \end{pmatrix}$$

对于 $\lambda_3=0$，求齐次线性方程组 $(0\cdot\boldsymbol{E}-\boldsymbol{A})\boldsymbol{X}=\boldsymbol{o}$ 的基础解系：

$$0\cdot\boldsymbol{E}-\boldsymbol{A}=\begin{pmatrix} 0 & 0 & 1 \\ 0 & 0 & 1 \\ 1 & 1 & -1 \end{pmatrix}\rightarrow\begin{pmatrix} 1 & 1 & 0 \\ 0 & 0 & 1 \\ 0 & 0 & 0 \end{pmatrix}$$

得基础解系为

$$\boldsymbol{\alpha}_3=\begin{pmatrix} -1 \\ 1 \\ 0 \end{pmatrix}$$

将 $\boldsymbol{\alpha}_1$、$\boldsymbol{\alpha}_2$、$\boldsymbol{\alpha}_3$ 单位化得

$$\boldsymbol{p}_1=\frac{\boldsymbol{\alpha}_1}{\|\boldsymbol{\alpha}_1\|}=\begin{pmatrix} \frac{1}{\sqrt{6}} \\ \frac{1}{\sqrt{6}} \\ -\frac{2}{\sqrt{6}} \end{pmatrix},\ \boldsymbol{p}_2=\frac{\boldsymbol{\alpha}_2}{\|\boldsymbol{\alpha}_2\|}=\begin{pmatrix} \frac{1}{\sqrt{3}} \\ \frac{1}{\sqrt{3}} \\ \frac{1}{\sqrt{3}} \end{pmatrix},\ \boldsymbol{p}_3=\frac{\boldsymbol{\alpha}_3}{\|\boldsymbol{\alpha}_3\|}=\begin{pmatrix} -\frac{1}{\sqrt{2}} \\ \frac{1}{\sqrt{2}} \\ 0 \end{pmatrix}$$

令 $\boldsymbol{P}=(\boldsymbol{p}_1,\boldsymbol{p}_2,\boldsymbol{p}_3)=\begin{pmatrix}\frac{1}{\sqrt{6}} & \frac{1}{\sqrt{3}} & -\frac{1}{\sqrt{2}}\\ \frac{1}{\sqrt{6}} & \frac{1}{\sqrt{3}} & \frac{1}{\sqrt{2}}\\ -\frac{2}{\sqrt{6}} & \frac{1}{\sqrt{3}} & 0\end{pmatrix}$，则 $\boldsymbol{P}$ 是正交矩阵．经正交线性变换 $\boldsymbol{X}=\boldsymbol{PY}$，二次型化为如下标准形：

$$f=\boldsymbol{X}^{\mathrm{T}}\boldsymbol{AX}=\boldsymbol{Y}^{\mathrm{T}}(\boldsymbol{P}^{\mathrm{T}}\boldsymbol{AP})\boldsymbol{Y}=2y_1^2-y_2^2$$

用正交线性变换化二次型为标准形，具有保持几何形状不变的特点．如果不局限于用正交线性变换，还有多种方法把二次型化成标准形．最常见的方法有配方法、初等变换法等，下面通过实例来介绍配方法．

### 6.2.2 用配方法化二次型为标准形

【例6-4】 化二次型

$$f=x_1^2+2x_1x_2+2x_1x_3+2x_2^2-2x_2x_3-x_3^2$$

为标准形，要求写出所用的可逆线性变换．

解 由于二次型 $f$ 中含有变量 $x_1$ 的平方项（其系数不为0），故把含有 $x_1$ 的项归并起来配方得

$$\begin{aligned}f&=(x_1^2+2x_1x_2+2x_1x_3)+2x_2^2-2x_2x_3-x_3^2\\&=(x_1+x_2+x_3)^2+x_2^2-4x_2x_3-2x_3^2\end{aligned}$$

上式右端除第一项外其他各项已不含 $x_1$．接着，除第一项外，将其余各项中含有 $x_2$ 的项合并，并配方得

$$f=(x_1+x_2+x_3)^2+(x_2-2x_3)^2-6x_3^2$$

做线性变换 $\begin{cases}y_1=x_1+x_2+x_3\\y_2=x_2-2x_3\\y_3=x_3\end{cases}$，即 $\begin{cases}x_1=y_1-y_2-3y_3\\x_2=y_2+2y_3\\x_3=y_3\end{cases}$．

令 $\boldsymbol{C}=\begin{pmatrix}1 & -1 & -3\\0 & 1 & 2\\0 & 0 & 1\end{pmatrix}$，显然 $\boldsymbol{C}$ 可逆．经可逆线性变换 $\boldsymbol{X}=\boldsymbol{CY}$，二次型 $f$ 化为如下标准形：

$$f=y_1^2+y_2^2-6y_3^2$$

【例6-5】 化三元实二次型 $f=2x_1x_2+2x_1x_3-6x_2x_3$ 为标准形，要求写出所用的可逆线性变换．

解 由于二次型 $f$ 中不含有平方项，故令

$$\begin{cases}x_1=y_1+y_2\\x_2=y_1-y_2\\x_3=y_3\end{cases}\tag{6-4}$$

代入二次型可得

$$f=2y_1^2-2y_2^2-4y_1y_3+8y_2y_3$$

再按照【例 6-4】的配方过程，得

$$f=2(y_1-y_3)^2-2(y_2-2y_3)^2+6y_3^2$$

令

$$\begin{cases}z_1=y_1-y_3\\z_2=y_2-2y_3\\z_3=y_3\end{cases}$$

即

$$\begin{cases}y_1=z_1+z_3\\y_2=z_2+2z_3\\y_3=z_3\end{cases}\tag{6-5}$$

$$\begin{cases}x_1=z_1+z_2+3z_3\\x_2=z_1-z_2-z_3\\x_3=z_3\end{cases}$$

令 $\boldsymbol{C}=\begin{pmatrix}1&1&0\\1&-1&0\\0&0&1\end{pmatrix}\begin{pmatrix}1&0&1\\0&1&2\\0&0&1\end{pmatrix}=\begin{pmatrix}1&1&3\\1&-1&-1\\0&0&1\end{pmatrix}$，显然 $\boldsymbol{C}$ 可逆．经可逆线性变换 $\boldsymbol{X}=\boldsymbol{CY}$，二次型 $f$ 化为如下标准形：

$$f=2z_1^2-2z_2^2+6z_3^2$$

一般地，用配方法化二次型为标准形时，如果二次型不含平方项，可先用一个可逆线性变换把 $f$ 化为含有平方项的二次型，对于含有 $x_i^2$ 的二次型，可先集中含有 $x_i$ 的所有项进行配方；对于剩下的 $n-1$ 元二次型，仍按上述过程进行，如此反复下去，就可以得到标准形，最后写出可逆线性变换的表达式(或矩阵)，做多次变换的情况，需要综合多次变换，得到总的线性变换的表达式(或矩阵).

在【例 6-5】中，若令

$$\begin{cases}u_1=z_1\\u_2=\sqrt{2}\,z_2\\u_3=\sqrt{2}\,z_3\end{cases}$$

则可将二次型 $f$ 化为如下标准形：

$$f=2u_1^2-u_2^2+3u_3^2$$

若令

$$\begin{cases}\varpi_1=\sqrt{2}\,z_1\\\varpi_2=\sqrt{2}\,z_2\\\varpi_3=\sqrt{6}\,z_3\end{cases}$$

则可将二次型 $f$ 化为如下标准形：

$$f=\varpi_1^2-\varpi_2^2+\varpi_3^2$$

可见,二次型的标准形一般是不唯一的,即用不同的可逆线性变换把同一个实二次型化为标准形时,这些标准形中的系数一般是不同的. 但在实可逆线性变换下,同一个实二次型的标准形中的正系数、负系数、零系数的个数不因实可逆线性变换的不同而改变,这就是实二次型的惯性定理.

### 6.2.3 实二次型的惯性定理

**定理 6.2** (惯性定理)设 $n$ 元实二次型 $f=\boldsymbol{X}^{\mathrm{T}}\boldsymbol{A}\boldsymbol{X}$ 经两个可逆线性变 $\boldsymbol{X}=\boldsymbol{C}_1\boldsymbol{Y}$ 及 $\boldsymbol{X}=\boldsymbol{C}_2\boldsymbol{Z}$ 分别化为标准形

$$f=k_1y_1^2+k_2y_2^2+\cdots+k_ny_n^2$$

及

$$f=l_1z_1^2+l_2z_2^2+\cdots+l_nz_n^2$$

则 $k_1,k_2,\cdots,k_n$ 中正数的个数与 $l_1,l_2,\cdots,l_n$ 中正数的个数相等,$k_1,k_2,\cdots,k_n$ 中负数的个数与 $l_1,l_2,\cdots,l_n$ 中负数的个数相等(进而 $k_1,k_2,\cdots,k_n$ 中零的个数与 $l_1,l_2,\cdots,l_n$ 中零的个数相等).

分别称二次型 $f$ 的标准形中系数为正的平方项的个数为 $f$ 的正惯性指数,系数为负的平方项的个数为 $f$ 的负惯性指数.

惯性定理表明,二次型的正负惯性指数由二次型 $f$ 本身唯一确定,不因可逆线性变换的不同而改变. 在秩为 $r$ 的 $n$ 元实二次型的标准形中,正惯性指数与负惯性指数之和为二次型的秩 $r(r\leqslant n)$. 同时,任意 $n$ 元实二次型都可以经可逆线性变换 $\boldsymbol{X}=\boldsymbol{C}\boldsymbol{Y}$ 化为如下规范形:

$$f=y_1^2+y_2^2+\cdots+y_p^2-y_{p+1}^2-y_{p+2}^2-\cdots-y_r^2$$

其中,$p$、$r-p$ 分别为 $f$ 的正、负惯性指数. 而 $p$ 和 $r-p$ 由 $f$ 唯一确定,因此实二次型的规范形是唯一的(不记排列次序).

因为经正交线性变换化二次型为标准形时,平方项的系数为二次型矩阵的特征值,所以二次型的正负惯性指数分别等于二次型的矩阵的正负特征值的个数.

**推论 6.1** 两个 $n$ 阶实对称矩阵 $\boldsymbol{A}$ 与 $\boldsymbol{B}$ 合同的充分必要条件是它们的秩相等,并且它们的正惯性指数也相等.

【例 6-6】 已知二次型

$$f(x_1,x_2,x_3)=5x_1^2+5x_2^2+cx_3^2-2x_1x_2+6x_1x_3-6x_2x_3$$

的秩为 2.(1) 求 $c$ 的值;(2) 求二次型的正惯性指数和负惯性指数.

**解** (1) 二次型的矩阵为

$$\boldsymbol{A}=\begin{pmatrix}5&-1&3\\-1&5&-3\\3&-3&c\end{pmatrix}$$

由二次型的秩为 2 可知,$\boldsymbol{A}$ 的秩为 2.

$$\boldsymbol{A}=\begin{pmatrix}5&-1&3\\-1&5&-3\\3&-3&c\end{pmatrix}\rightarrow\begin{pmatrix}-1&5&-3\\0&24&-12\\0&12&c-9\end{pmatrix}$$

解得 $c=3$.

(2) $$|\lambda\boldsymbol{E}-\boldsymbol{A}|=\begin{vmatrix}\lambda-5 & 1 & -3\\ 1 & \lambda-5 & 3\\ -3 & 3 & \lambda-3\end{vmatrix}=\lambda(\lambda-4)(\lambda-9)$$

得特征值为 $\lambda_1=0,\lambda_2=4,\lambda_3=9$. 所以二次型的正惯性指数是 2,负惯性指数是 0.

注:也可以用配方法

$$f(x_1,x_2,x_3)=5\left(x_1-\frac{1}{5}x_2+\frac{3}{5}x_3\right)^2+\frac{6}{5}(2x_2-x_3)^2$$

所以二次型的正惯性指数是 2,负惯性指数是 0.

# 6.3 正定二次型与正定矩阵

## 6.3.1 正定矩阵

应用研究中常见的二次型是正惯性指数为 $n$ 或负惯性指数为 $n$ 的 $n$ 元实二次型,我们有如下定义.

**定义 6.5** 设 $n$ 元实二次型 $f=\boldsymbol{X}^{\mathrm{T}}\boldsymbol{AX}$,如果对任意非零列向量 $\boldsymbol{X}=\begin{pmatrix}x_1\\x_2\\\vdots\\x_n\end{pmatrix}\in R^n$,都有 $f>0$(即对任意不全为零的数 $x_1,x_2,\cdots,x_n$,都有 $f(x_1,x_2,\cdots,x_n)>0$),则称 $f$ 为正定二次型,并称实对称矩阵 $\boldsymbol{A}$ 是正定矩阵.

显然,正定矩阵必为实对称矩阵,反之未必.

下面我们讨论如何判断二次型的正定性.

二次型 $f(x_1,x_2,x_3)=x_1^2+3x_2^2+5x_3^2$ 是正定二次型,因为当 $(x_1,x_2,x_3)^{\mathrm{T}}\neq\boldsymbol{o}$ 时,$f(x_1,x_2,x_3)>0$;二次型 $f(x_1,x_2,x_3)=x_1^2+3x_2^2-5x_3^2$ 不是正定二次型,因为当 $\boldsymbol{X}=(0,0,1)^{\mathrm{T}}$ 时,$f(0,0,1)=-5<0$;二次型 $f(x_1,x_2,x_3)=x_1^2+3x_2^2$ 不是正定二次型,因为当 $\boldsymbol{X}=(0,0,1)^{\mathrm{T}}$ 时,$f(0,0,1)=0$.

可见,当二次型为标准形时,很容易利用定义判断其正定性. 而对于一般的二次型,怎样判断呢?

**定理 6.3** $n$ 元实二次型 $f=\boldsymbol{X}^{\mathrm{T}}\boldsymbol{AX}$ 为正定二次型的充分必要条件是它的标准形的 $n$ 个系数全为正,即它的正惯性指数等于 $n$.

**证** 设经可逆变换 $\boldsymbol{X}=\boldsymbol{CY}$,二次型化为如下标准形

$$f=\sum_{i=1}^{n}k_iy_i^2$$

必要性 反证法.

假设 $k_1,k_2,\cdots,k_n$ 中有小于等于零的数,不妨设为 $k_i$,取 $\boldsymbol{Y}_i=\boldsymbol{\varepsilon}_i$($\boldsymbol{\varepsilon}_i$ 为第 $i$ 个分量为 1、其余分量为 0 的 $n$ 维单位坐标向量),则 $\boldsymbol{X}_i=\boldsymbol{CY}_i\neq\boldsymbol{o}$,从而

$$f=\boldsymbol{X}_i^{\mathrm{T}}\boldsymbol{A}\boldsymbol{X}_i=\boldsymbol{Y}_i^{\mathrm{T}}(\boldsymbol{C}^{\mathrm{T}}\boldsymbol{A}\boldsymbol{C})\boldsymbol{Y}_i=k_i\leqslant 0$$

这与 $f$ 是正定二次型矛盾,假设不成立.

充分性.已知二次型的标准形的 $n$ 个系数全为正,即 $k_i>0(i=1,2,\cdots,n)$,任给 $\boldsymbol{X}\neq\boldsymbol{o}$,有 $\boldsymbol{Y}=\boldsymbol{C}^{-1}\boldsymbol{X}\neq\boldsymbol{o}$,即 $y_1,y_2,\cdots,y_n$ 不全为零,从而

$$f=\boldsymbol{X}^{\mathrm{T}}\boldsymbol{A}\boldsymbol{X}=\sum_{i=1}^{n}k_i y_i^2>0$$

即 $f=\boldsymbol{X}^{\mathrm{T}}\boldsymbol{A}\boldsymbol{X}$ 是正定二次型.

从定理 6.2 可得以下两个推论.

**推论 6.2** $n$ 元实二次型 $f=\boldsymbol{X}^{\mathrm{T}}\boldsymbol{A}\boldsymbol{X}$ 为正定二次型的充分必要条件是 $f$ 的矩阵 $\boldsymbol{A}$ 的特征值都大于零.

**推论 6.3** $n$ 元实二次型 $f=\boldsymbol{X}^{\mathrm{T}}\boldsymbol{A}\boldsymbol{X}$ 为正定二次型的充分必要条件是存在可逆矩阵 $\boldsymbol{Q}$,使

$$\boldsymbol{A}=\boldsymbol{Q}^{\mathrm{T}}\boldsymbol{Q}$$

**证** 必要性.已知 $f$ 是正定二次型,由推论 6.2 可知,$\boldsymbol{A}$ 的特征值 $\lambda_1,\lambda_2,\cdots,\lambda_n$ 均大于零,且存在正交矩阵 $\boldsymbol{P}$,使

$$\boldsymbol{P}^{\mathrm{T}}\boldsymbol{A}\boldsymbol{P}=\begin{pmatrix}\lambda_1 & & & \\ & \lambda_2 & & \\ & & \ddots & \\ & & & \lambda_n\end{pmatrix}$$

整理得

$$\boldsymbol{A}=\boldsymbol{P}\begin{pmatrix}\lambda_1 & & & \\ & \lambda_2 & & \\ & & \ddots & \\ & & & \lambda_n\end{pmatrix}\boldsymbol{P}^{\mathrm{T}}=\boldsymbol{P}\begin{pmatrix}\sqrt{\lambda_1} & & & \\ & \sqrt{\lambda_2} & & \\ & & \ddots & \\ & & & \sqrt{\lambda_n}\end{pmatrix}\cdot\begin{pmatrix}\sqrt{\lambda_1} & & & \\ & \sqrt{\lambda_2} & & \\ & & \ddots & \\ & & & \sqrt{\lambda_n}\end{pmatrix}\boldsymbol{P}^{\mathrm{T}}$$

令 $\boldsymbol{Q}=\begin{pmatrix}\sqrt{\lambda_1} & & & \\ & \sqrt{\lambda_2} & & \\ & & \ddots & \\ & & & \sqrt{\lambda_n}\end{pmatrix}\boldsymbol{P}^{\mathrm{T}}$,则 $\boldsymbol{Q}$ 可逆,且 $\boldsymbol{A}=\boldsymbol{Q}^{\mathrm{T}}\boldsymbol{Q}$.

充分性.对任意 $n$ 维非零列向量 $\boldsymbol{X}$,由 $\boldsymbol{Q}$ 可逆知,$\boldsymbol{Q}\boldsymbol{X}\neq\boldsymbol{o}$.

$$f=\boldsymbol{X}^{\mathrm{T}}\boldsymbol{A}\boldsymbol{X}=\boldsymbol{X}^{\mathrm{T}}\boldsymbol{Q}^{\mathrm{T}}\boldsymbol{Q}\boldsymbol{X}=(\boldsymbol{Q}\boldsymbol{X})^{\mathrm{T}}(\boldsymbol{Q}\boldsymbol{X})>0$$

因此,$f=\boldsymbol{X}^{\mathrm{T}}\boldsymbol{A}\boldsymbol{X}$ 为正定二次型.

【例 6-7】 已知 3 阶实对称矩阵 $\boldsymbol{A}$ 的特征值为 $-1,0,2$,$\boldsymbol{E}$ 为 3 阶单位阵.证明:$\boldsymbol{A}^2+\boldsymbol{E}$ 是正定矩阵.

**证** 由于

$$(\boldsymbol{A}^2+\boldsymbol{E})^{\mathrm{T}}=(\boldsymbol{A}^2)^{\mathrm{T}}+\boldsymbol{E}^{\mathrm{T}}=(\boldsymbol{A}^{\mathrm{T}})^2+\boldsymbol{E}=\boldsymbol{A}^2+\boldsymbol{E}$$

所以 $\boldsymbol{A}^2+\boldsymbol{E}$ 是实对称矩阵.

$\boldsymbol{A}$ 的特征值为 $-1,0,2$,$\boldsymbol{A}^2+\boldsymbol{E}$ 的特征值为 $2,1,5$.

由推论 6.2 知,$\boldsymbol{A}^2+\boldsymbol{E}$ 是正定矩阵.

【例 6-8】 已知 $\boldsymbol{A},\boldsymbol{B}$ 都是 $n$ 阶正定矩阵，证明：$\boldsymbol{A}+\boldsymbol{B}$ 也是正定矩阵．

证 由 $\boldsymbol{A},\boldsymbol{B}$ 都是正定矩阵可知，$\boldsymbol{A}^{\mathrm{T}}=\boldsymbol{A},\boldsymbol{B}^{\mathrm{T}}=\boldsymbol{B}$，故 $(\boldsymbol{A}+\boldsymbol{B})^{\mathrm{T}}=\boldsymbol{A}^{\mathrm{T}}+\boldsymbol{B}^{\mathrm{T}}=\boldsymbol{A}+\boldsymbol{B}$，即 $\boldsymbol{A}+\boldsymbol{B}$ 是实对称矩阵．

对于任意 $n$ 维非零列向量 $\boldsymbol{X}$，由于 $\boldsymbol{X}^{\mathrm{T}}\boldsymbol{AX}>0$ 且 $\boldsymbol{X}^{\mathrm{T}}\boldsymbol{BX}>0$，所以

$$\boldsymbol{X}^{\mathrm{T}}(\boldsymbol{A}+\boldsymbol{B})\boldsymbol{X}=\boldsymbol{X}^{\mathrm{T}}\boldsymbol{AX}+\boldsymbol{X}^{\mathrm{T}}\boldsymbol{BX}>0$$

综上知 $f=\boldsymbol{X}^{\mathrm{T}}(\boldsymbol{A}+\boldsymbol{B})\boldsymbol{X}>0$，$f=\boldsymbol{X}^{\mathrm{T}}(\boldsymbol{A}+\boldsymbol{B})\boldsymbol{X}$ 是正定二次型，故 $\boldsymbol{A}+\boldsymbol{B}$ 是正定矩阵．

下面不加证明地给出判定矩阵为正定矩阵的一个充分必要条件．

**定理 6.4** 实对称矩阵 $\boldsymbol{A}=(a_{ij})_{n\times n}$ 为正定矩阵的充分必要条件是 $\boldsymbol{A}$ 的各阶顺序主子式都大于零，即

$$\Delta_k=\begin{vmatrix} a_{11} & a_{12} & \cdots & a_{1k} \\ a_{21} & a_{22} & \cdots & a_{2k} \\ \vdots & \vdots & & \vdots \\ a_{k1} & a_{k2} & \cdots & a_{kk} \end{vmatrix}>0$$

其中，$k=1,2,\cdots,n$．

【例 6-9】 判断 3 元实二次型 $f=x_1^2+2x_1x_2+2x_1x_3+2x_2^2+4x_2x_3+3x_3^2$ 的正定性．

解 二次型 $f$ 的矩阵为

$$\boldsymbol{A}=\begin{pmatrix} 1 & 1 & 1 \\ 1 & 2 & 2 \\ 1 & 2 & 3 \end{pmatrix}$$

$\boldsymbol{A}$ 的各阶顺序主子式分别为

$$\Delta_1=1>0,\ \Delta_2=\begin{vmatrix} 1 & 1 \\ 1 & 2 \end{vmatrix}=1>0,\ \Delta_3=\begin{vmatrix} 1 & 1 & 1 \\ 1 & 2 & 2 \\ 1 & 2 & 3 \end{vmatrix}=1>0$$

所以，二次型 $f$ 为正定二次型．

【例 6-10】 设 3 元实二次型为

$$f=x_1^2+2tx_1x_2-2x_1x_3+4x_2^2+4x_2x_3+4x_3^2$$

试问 $t$ 取何值时 $f$ 为正定二次型？

解 二次型 $f$ 的矩阵为

$$\boldsymbol{A}=\begin{pmatrix} 1 & t & -1 \\ t & 4 & 2 \\ -1 & 2 & 4 \end{pmatrix}$$

$\boldsymbol{A}$ 的各阶顺序主子式分别为

$$\Delta_1=1,\ \Delta_2=\begin{vmatrix} 1 & t \\ t & 4 \end{vmatrix}=4-t^2,\ \Delta_3=\begin{vmatrix} 1 & t & -1 \\ t & 4 & 2 \\ -1 & 2 & 4 \end{vmatrix}=-4t^2-4t+8$$

若该二次型正定，$\boldsymbol{A}$ 为正定矩阵，则 $\boldsymbol{A}$ 的各阶顺序主子式都大于零，于是

$$\begin{cases} 4-t^2>0 \\ -4t^2-4t+8>0 \end{cases}$$

解得 $-2<t<1$.

因此,当 $-2<t<1$ 时,二次型 $f$ 为正定二次型.

### 6.3.2 其他有定二次型

正定、半正定、负定、半负定二次型,统称为有定二次型.下面,简要介绍半正定、负定、半负定二次型的性质及判别定理.

**定义 6.6** 设 $n$ 元实二次型 $f=\boldsymbol{X}^{\mathrm{T}}\boldsymbol{A}\boldsymbol{X}$,如果对任意非零列向量 $\boldsymbol{X}=\begin{pmatrix}x_1\\x_2\\\vdots\\x_n\end{pmatrix}\in R^n$,都有①$f=\boldsymbol{X}^{\mathrm{T}}\boldsymbol{A}\boldsymbol{X}\geqslant 0$,且至少存在 $\boldsymbol{X}_0\neq\boldsymbol{o}$,使 $\boldsymbol{X}_0^{\mathrm{T}}\boldsymbol{A}\boldsymbol{X}_0=0$,则称 $f=\boldsymbol{X}^{\mathrm{T}}\boldsymbol{A}\boldsymbol{X}$ 是半正定二次型,实对称矩阵 $\boldsymbol{A}$ 为半正定矩阵;②$f=\boldsymbol{X}^{\mathrm{T}}\boldsymbol{A}\boldsymbol{X}<0$,则称 $f=\boldsymbol{X}^{\mathrm{T}}\boldsymbol{A}\boldsymbol{X}$ 是负定二次型,实对称矩阵 $\boldsymbol{A}$ 为负定矩阵;③$f=\boldsymbol{X}^{\mathrm{T}}\boldsymbol{A}\boldsymbol{X}\leqslant 0$,且至少存在 $\boldsymbol{X}_0\neq\boldsymbol{o}$,使 $\boldsymbol{X}_0^{\mathrm{T}}\boldsymbol{A}\boldsymbol{X}_0=0$,则称 $f=\boldsymbol{X}^{\mathrm{T}}\boldsymbol{A}\boldsymbol{X}$ 是半负定二次型,实对称矩阵 $\boldsymbol{A}$ 为半负定矩阵.

如果 $\boldsymbol{A}$ 是正定(半正定)矩阵,则 $-\boldsymbol{A}$ 是负定(半负定)矩阵.

**定理 6.5** 已知 $n$ 元实二次型 $f=\boldsymbol{X}^{\mathrm{T}}\boldsymbol{A}\boldsymbol{X}$,则下列结论等价:

(1) $f=\boldsymbol{X}^{\mathrm{T}}\boldsymbol{A}\boldsymbol{X}$ 半正定;

(2) 二次型 $f$ 正惯性指数等于二次型的秩 $r$,且 $r<n$;

(3) $A$ 的特征值均大于或等于零,且至少有一个特征值等于零;

(4) 存在奇异矩阵 $\boldsymbol{Q}$($\boldsymbol{Q}$ 的秩小于 $n$),使 $\boldsymbol{A}=\boldsymbol{Q}^{\mathrm{T}}\boldsymbol{Q}$;

(5) $\boldsymbol{A}$ 的各阶顺序主子式均大于或等于零,且至少有一个顺序主子式大于零.

**定理 6.6** 已知 $n$ 元实二次型 $f=\boldsymbol{X}^{\mathrm{T}}\boldsymbol{A}\boldsymbol{X}$,则下列结论等价:

(1) $f=\boldsymbol{X}^{\mathrm{T}}\boldsymbol{A}\boldsymbol{X}$ 负定;

(2) 二次型 $f$ 负惯性指数为 $n$;

(3) $A$ 的特征值均小于零;

(4) 存在可逆矩阵 $\boldsymbol{Q}$,使 $A=-\boldsymbol{Q}^{\mathrm{T}}\boldsymbol{Q}$;

(5) $A$ 的奇数阶顺序主子式均小于零,偶数阶顺序主子式均大于零.

二次型的正定性对理解二次曲线、二次曲面有很大的帮助,同时它在研究多变量函数的极值问题方面有着广泛的应用.读者应该把代数学与几何学的有关知识相互联系起来,只有这样才能把知识融会贯通,并形成知识体系.

## 6.4 应用实例

**【例 6-11】 多元函数的极值问题.**

一般的,对于 $n$ 个实变量的函数 $f(x_1,x_2,\cdots,x_n)$,满足 $\dfrac{\partial f}{\partial x_i}\Big|_{x=x_0}=0(i=1,2,\cdots,n)$ 的点 $x_0=(x_1^0,x_2^0,\cdots,x_n^0)$ 称为函数 $f(x_1,x_2,\cdots,x_n)$ 的驻点,其二阶偏导数构成的矩阵

$$H_f(x)=\begin{bmatrix}\frac{\partial^2 f}{\partial x_1^2} & \frac{\partial^2 f}{\partial x_1\partial x_2} & \cdots & \frac{\partial^2 f}{\partial x_1\partial x_n}\\ \frac{\partial^2 f}{\partial x_2\partial x_1} & \frac{\partial^2 f}{\partial x_2^2} & \cdots & \frac{\partial^2 f}{\partial x_2\partial x_n}\\ \vdots & \vdots & & \vdots\\ \frac{\partial^2 f}{\partial x_n\partial x_1} & \frac{\partial^2 f}{\partial x_n\partial x_2} & \cdots & \frac{\partial^2 f}{\partial x_n^2}\end{bmatrix}=\left(\frac{\partial^2 f}{\partial x_i\partial x_j}\right)_{n\times n}$$

称为 Hessian 矩阵，它是一个实对称矩阵 .

根据多元泰勒公式可证得：在驻点 $x=x_0$ 处，若 $H_f(x_0)$ 正定，则 $x_0$ 是函数 $f(x_1,x_2,\cdots,x_n)$ 极小值点；若 $H_f(x_0)$ 负定，则 $x_0$ 是函数 $f(x_1,x_2,\cdots,x_n)$ 极大值点；若 $H_f(x_0)$ 不定，则 $x_0$ 不是函数 $f(x_1,x_2,\cdots,x_n)$ 极值点 . 例如，设某企业用一种原料生产甲、乙两种产品，产量分别为 $x,y$ 单位，原料消耗量为 $a(x^\alpha+y^\beta)$ 单位（$a>0,\alpha>1,\beta>1$），若原料、甲、乙产品的价格分别为 $r,m,n$（万元/单位），在只考虑原料成本的情况下，产量为多少时，企业利润最高？

**解** 企业的利润函数为 $f(x,y)=mx+ny-ra(x^\alpha+y^\beta)$，由

$$\begin{cases}\dfrac{\partial f}{\partial x}=m-ra\cdot\alpha x^{\alpha-1}=0\\ \dfrac{\partial f}{\partial y}=n-ra\cdot\beta y^{\beta-1}=0\end{cases}$$

得驻点为

$$(x_0,y_0)=\left[\left(\frac{m}{ra\alpha}\right)^{\frac{1}{\alpha-1}},\left(\frac{n}{ra\beta}\right)^{\frac{1}{\beta-1}}\right]$$

由于 $H_f(x_0,y_0)=\begin{bmatrix}-ra\alpha(\alpha-1)x_0^{\alpha-2} & 0\\ 0 & -ra\beta(\beta-1)y_0^{\beta-2}\end{bmatrix}$ 为负定矩阵，故企业利润在驻点达到极大（也为最大），这时，甲产品的产量为 $x_0=\left(\dfrac{m}{ra\alpha}\right)^{\frac{1}{\alpha-1}}$ 单位，乙产品的产量为 $y_0=\left(\dfrac{n}{ra\beta}\right)^{\frac{1}{\beta-1}}$ 单位 .

**【例 6-12】 二次曲面问题.**

将二次曲面方程

$$2x_1^2-4x_1x_2+x_2^2-4x_2x_3=4$$

化成标准方程，并指出曲面的名称 .

**解** 曲面方程可以写成

$$X^{\mathrm{T}}AX=4$$

其中，$A=\begin{bmatrix}2 & -2 & 0\\ -2 & 1 & -2\\ 0 & -2 & 0\end{bmatrix}$，$X=\begin{bmatrix}x_1\\ x_2\\ x_3\end{bmatrix}$.

经计算可得：$\boldsymbol{A}$ 的特征值为$-2,4,1$，同时可得正交矩阵 $\boldsymbol{P}=\frac{1}{3}\begin{pmatrix}1&2&2\\2&-2&1\\2&1&-2\end{pmatrix}$，使得

$$\boldsymbol{P}^{\mathrm{T}}\boldsymbol{A}\boldsymbol{P}=\begin{pmatrix}-2&&\\&4&\\&&1\end{pmatrix}=\boldsymbol{\Lambda}$$

经正交线性变换 $\boldsymbol{X}=\boldsymbol{P}\boldsymbol{Y}$，曲面方程化为 $\boldsymbol{Y}^{\mathrm{T}}\boldsymbol{\Lambda}\boldsymbol{Y}=4$，即$-2y_1^2+4y_2^2+y_3^2=4$. 曲面的标准方程为

$$-\frac{y_1^2}{2}+y_2^2+\frac{y_3^2}{4}=1$$

所以曲面为单叶双曲面.

# 习　题　六

## A 题

1. 用矩阵形式表示下列二次型，并求此二次型的秩.

(1) $f=2x_1^2+4x_2^2+3x_3^2+2x_1x_2+6x_1x_3+8x_2x_3$；

(2) $f=x_1x_2+x_1x_3+x_2x_4+x_3x_4$；

(3) $f=x^2+2y^2-7z^2+2xy-10xz-14yz$.

2. 用正交变换化下列二次型为标准形，并求所用的正交变换.

(1) $f=-2x_1x_2-2x_1x_3-2x_2x_3$；

(2) $f=4x_1^2+4x_2^2+4x_3^2+4x_1x_2+4x_1x_3+4x_2x_3$；

(3) $f(x_1,x_2,x_3)=(x_1-x_2)^2+(x_2-x_3)^2+(x_3-x_1)^2$.

3. 用配方法化下列二次型为标准形，并求所用的可逆线性变换.

(1) $f=2x_1x_2+4x_1x_3-x_2^2-8x_3^2$；

(2) $f=x_1x_2+x_1x_3+x_2x_3$.

4. 求一个正交变换把二次曲面方程 $3x^2+5y^2+5z^2+4xy-4xz-10yz=2$ 化成标准方程.

5. 已知二次型 $f(x_1,x_2,x_3)=x_1^2+ax_2^2+x_3^2+2(x_1x_2-ax_1x_3-x_2x_3)$ 的正负惯性指数都是 1，求 $a$ 的值.

6. 判断下列二次型的正定性：

(1) $f=2x_1^2+6x_2^2+4x_3^2-2x_1x_2-2x_1x_3$；

(2) $f=-x_1^2-3x_2^2-9x_3^2-19x_4^2+2x_1x_2-4x_1x_3-2x_1x_4+6x_2x_4+12x_3x_4$.

7. 求下列二次型中的参数 $t$，使二次型是正定的.

(1) $f=2x_1^2+2x_2^2+3x_3^2+2tx_1x_2-2x_2x_3$；

(2) $f=5x_1^2+x_2^2+tx_3^2+4x_1x_2-2x_1x_3-2x_2x_3$.

8. 设 $\boldsymbol{A}$ 为 3 阶实对称阵，且满足条件 $\boldsymbol{A}^2+2\boldsymbol{A}=\boldsymbol{O}$，已知 $\boldsymbol{A}$ 的秩 $R(\boldsymbol{A})=2$.

(1) 求 $\boldsymbol{A}$ 的全部特征值；

(2) 当 $k$ 为何值时，矩阵 $\boldsymbol{A}+k\boldsymbol{E}$ 为正定矩阵，其中 $\boldsymbol{E}$ 为 3 阶单位阵．

9. 证明：如果 $\boldsymbol{A}$ 是正定矩阵，则 $\boldsymbol{A}^{\mathrm{T}}$、$\boldsymbol{A}^{-1}$ 都是正定矩阵．

10. 证明：如果 $\boldsymbol{A}$ 是实对称矩阵，则 $k$ 充分大时，矩阵 $\boldsymbol{A}+k\boldsymbol{E}$ 是正定的．

11. 证明：如果 $\boldsymbol{A}$ 是 $m\times n$ 实列满秩矩阵，则 $\boldsymbol{A}^{\mathrm{T}}\boldsymbol{A}$ 是正定矩阵．

12. 证明：二次型 $f=\boldsymbol{X}^{\mathrm{T}}\boldsymbol{A}\boldsymbol{X}$ 在 $\|\boldsymbol{X}\|=1$ 的条件下的最大值为矩阵 $\boldsymbol{A}$ 的最大特征值．

13. 设 $\boldsymbol{A}=(a_{ij})_{n\times n}$ 是实对称矩阵，证明：$\boldsymbol{A}$ 为正定矩阵的一个必要条件是 $a_{ii}>0(i=1,2,\cdots,n)$．

14. 实数 $a_1$、$a_2$、$a_3$ 满足何条件时，二次型

$$f(x_1,x_2,x_3)=(x_1+a_1x_2)^2+(x_2+a_2x_3)^2+(x_3+a_3x_1)^2$$

为正定二次型？

15. 设矩阵 $\boldsymbol{A}=\begin{pmatrix}2&-1&-1\\-1&2&-1\\-1&-1&2\end{pmatrix}$，$\boldsymbol{B}=\begin{pmatrix}1&0&0\\0&1&0\\0&0&0\end{pmatrix}$，则 $\boldsymbol{A}$ 与 $\boldsymbol{B}$(　　)．

(A) 合同且相似　(B) 合同但不相似　(C) 不合同但相似　(D) 不合同不相似

## B 题

1. 已知 $\boldsymbol{A}$ 为正定矩阵，证明：存在正定矩阵 $\boldsymbol{S}$，使得 $\boldsymbol{A}=\boldsymbol{S}^2$．

2. 已知 $f(x_1,x_2,x_3)=x_1^2+ax_2^2+x_3^2+2x_1x_2+2ax_1x_3+2x_2x_3(a<0)$，若矩阵 $\boldsymbol{A}$ 有重的特征值.(1) 求 $a$ 的值；(2) 如果 $\boldsymbol{A}+k\boldsymbol{E}$ 为正定矩阵，求 $k$ 的值．

3. 设 $n$ 阶实对称矩阵 $\boldsymbol{A}$ 满足 $\boldsymbol{A}^2=\boldsymbol{E}$，且 $R(\boldsymbol{A}+\boldsymbol{E})=k<n$.

(1) 求二次型 $\boldsymbol{X}^{\mathrm{T}}\boldsymbol{A}\boldsymbol{X}$ 的规范形；

(2) 证明：$\boldsymbol{B}=\boldsymbol{E}+\boldsymbol{A}+\boldsymbol{A}^2+\boldsymbol{A}^3+\boldsymbol{A}^4$ 是正定矩阵，并求行列式 $|\boldsymbol{B}|$ 的值．

4. 设矩阵 $\boldsymbol{A}$ 是 $m\times m$ 型正定阵，矩阵 $\boldsymbol{B}$ 是 $m\times n$ 型，证明：$\boldsymbol{B}^{\mathrm{T}}\boldsymbol{A}\boldsymbol{B}$ 是正定矩阵的充要条件是矩阵 $\boldsymbol{B}$ 的秩 $R(\boldsymbol{B})=n$.

5. 设 $\boldsymbol{A}$ 的伴随矩阵 $\boldsymbol{A}^*$ 至少是 4 阶的偶数阶正定矩阵，证明：$\boldsymbol{A}$ 是正定矩阵．

第7章

# 线 性 空 间

我们知道，如果 $n$ 维向量的全体构成的集合对加法和数乘运算封闭，那么这个集合就构成一个向量空间．向量的加法和数乘运算统称为向量的线性运算，我们也介绍过矩阵的加法和数乘运算，线性运算不仅局限于 $n$ 维向量、矩阵之中，许多研究对象都可以定义这种线性运算，线性空间就是对这类非常广泛的研究对象的数学抽象，它是线性代数主要研究对象之一．本章将 $n$ 维向量推广成更一般的向量，建立一般的线性空间理论，这也是线性代数中比较抽象的部分，概念的抽象性、理论的概括性增加了学习的难度，但只要掌握了抽象思维和论证的规律，我们就可以在更高的角度上观察和解决某些理论和实际问题．

## 7.1 线性空间的基本概念

### 7.1.1 线性空间的定义

已经知道，$n$ 维向量空间具有关于向量加法和数乘运算的封闭性，并有 8 条基本运算规则．$m\times n$ 实矩阵的全体构成的集合关于加法和数乘运算也具有封闭性，并且也有 8 条基本运算规则．还有许多这样的集合，在适当定义了加法和数乘运算后，也都具有这样的 8 条基本运算规律，这使得可以将这个模型进行抽象和推广．

**定义 7.1** 设 $\boldsymbol{V}$ 是一个非空集合，用 $\boldsymbol{\alpha},\boldsymbol{\beta},\cdots$ 表示 $\boldsymbol{V}$ 中的元素．$F$ 为一个数域，用 $k,l,\cdots$ 表示 $F$ 中的元素．如果下列条件被满足，则称 $\boldsymbol{V}$ 是**数域 $F$ 上的一个线性空间**，或者简称为线性空间．

(1) 在 $\boldsymbol{V}$ 中的元素之间定义加法运算．即，如果对于 $\boldsymbol{V}$ 中的任意两个元素 $\boldsymbol{\alpha},\boldsymbol{\beta}$，总有 $\boldsymbol{V}$ 中唯一确定元素 $\boldsymbol{\gamma}$ 与它们对应，则称这个元素 $\boldsymbol{\gamma}$ 为 $\boldsymbol{\alpha}$ 与 $\boldsymbol{\beta}$ 的和，记作 $\boldsymbol{\gamma}=\boldsymbol{\alpha}+\boldsymbol{\beta}$，这一条称为 $\boldsymbol{V}$ 对所定义的加法运算封闭.

(2) 在 $\boldsymbol{V}$ 中的元素之间定义数量乘法，简称为数乘．即对于数域 $F$ 中的任一数 $k$ 及 $\boldsymbol{V}$ 中的任一元素 $\boldsymbol{\alpha}$，总有 $\boldsymbol{V}$ 中唯一确定元素 $\boldsymbol{\delta}$ 与它对应，称这个元素为 $k$ 与 $\boldsymbol{\alpha}$ 的数量乘积，记作 $\boldsymbol{\delta}=k\boldsymbol{\alpha}$，我们约定：$k\boldsymbol{\alpha}$ 与 $\boldsymbol{\alpha}k$ 表示同一数量积，这一条称为 $\boldsymbol{V}$ 对所定义的数乘运算封闭．

(3) 加法和数乘运算（统称为**线性运算**）满足以下 8 条运算规律（其中 $\boldsymbol{\alpha},\boldsymbol{\beta},\boldsymbol{\gamma}$ 是 $\boldsymbol{V}$ 中的任意元素，$k,l$ 是数域 $F$ 中的任意数）：

① $\boldsymbol{\alpha}+\boldsymbol{\beta}=\boldsymbol{\beta}+\boldsymbol{\alpha}$；（加法交换律）

② $(\boldsymbol{\alpha}+\boldsymbol{\beta})+\boldsymbol{\gamma}=\boldsymbol{\alpha}+(\boldsymbol{\beta}+\boldsymbol{\gamma})$；（加法结合律）

③ 在 $\boldsymbol{V}$ 中存在零元素，记为 $\mathbf{0}$，对于任何 $\boldsymbol{\alpha}\in\boldsymbol{V}$，恒有 $\boldsymbol{\alpha}+\mathbf{0}=\boldsymbol{\alpha}$；（零元素）

④ 对于任何 $\boldsymbol{\alpha}\in\boldsymbol{V}$，都有 $\boldsymbol{\beta}\in\boldsymbol{V}$，使得 $\boldsymbol{\alpha}+\boldsymbol{\beta}=\mathbf{0}$，称 $\boldsymbol{\beta}$ 为 $\boldsymbol{\alpha}$ 的负元素；（负元素）

⑤ $1\boldsymbol{\alpha}=\boldsymbol{\alpha}$;

⑥ $k(l\boldsymbol{\alpha})=(kl)\boldsymbol{\alpha}$;(关于数乘的结合律)

⑦ $(k+l)\boldsymbol{\alpha}=k\boldsymbol{\alpha}+l\boldsymbol{\alpha}$;(分配律)

⑧ $k(\boldsymbol{\alpha}+\boldsymbol{\beta})=k\boldsymbol{\alpha}+k\boldsymbol{\beta}$.(分配律)

如果 $F$ 是实数域,则称 $\boldsymbol{V}$ 为实线性空间;如果 $F$ 是复数域,则称 $\boldsymbol{V}$ 为复线性空间.

注意:验证集合 $\boldsymbol{V}$ 是否为线性空间时,首先考虑这个集合是否为非空集,其次考虑这个集合的元素及加法和数乘运算的封闭性,最后要验证加法和数乘两种运算是否满足 8 条运算规律,只要其中一点不满足,那么 $\boldsymbol{V}$ 就不是线性空间.

已经知道,$n$ 维有序实数组的全体 $R^n$ 关于 $n$ 维实向量的通常的加法与数乘满足定义 7.1 中的 8 条运算规律,所以 $R^n$ 是实线性空间,而 $R^n$ 只是线性空间中的一个具体的例子.

线性空间也称为向量空间,线性空间的元素又称为向量,零元素又称为零向量,负元素又称为负向量,今后应该注意,不要把一般线性空间中的向量都认为是我们以前遇到过的数组向量而把二者等同起来.

下面看几个线性空间的具体实例.

【例 7-1】 所有 $m\times n$ 实矩阵的全体构成的集合 $R^{m\times n}$ 对于矩阵的加法和数乘运算构成实数域 $R$ 上的线性空间.

读者可自行证明.其中该线性空间的零元素为 $\boldsymbol{O}_{m\times n}$,任一元素 $\boldsymbol{A}$ 的负元素即为矩阵 $\boldsymbol{A}$ 的负矩阵 $-\boldsymbol{A}$.

【例 7-2】 对于正整数 $n$,实数域 $R$ 上的次数小于 $n$ 的多项式的全体以及零多项式所构成的集合

$$R[x]_n=\{p(x)=a_{n-1}x^{n-1}+\cdots+a_1x+a_0\,|\,a_{n-1},\cdots,a_0\in R\}$$

关于通常多项式的加法和实数与多项式的乘法的运算构成实数域 $R$ 上的线性空间.

证 首先证明这两种运算是封闭.对于 $R[x]_n$ 中的任意元素 $f(x)$,$g(x)$,设

$$f(x)=a_{n-1}x^{n-1}+\cdots+a_1x+a_0$$

$$g(x)=b_{n-1}x^{n-1}+\cdots+b_1x+b_0$$

其中,$a_{n-1},\cdots,a_0,b_{n-1},\cdots,b_0\in R$,于是有

$$f(x)+g(x)=(a_{n-1}+b_{n-1})x^{n-1}+\cdots+(a_1+b_1)x+(a_0+b_0)\in R[x]_n$$

又对于任意的实数 $k\in R$,有

$$kf(x)=ka_{n-1}x^{n-1}+\cdots+ka_1x+ka_0\in R[x]_n$$

还容易验证这两种运算对线性空间定义中的 8 条运算规律也都成立,因此 $R[x]_n$ 是实数域 $R$ 上的线性空间.

【例 7-3】 ($n$ 为固定的正整数)$n$ 次实多项式的全体构成的集合

$$Q[x]_n=\{p(x)=a_nx^n+a_{n-1}x^{n-1}+\cdots+a_1x+a_0\,|\,a_n,\cdots,a_0\in R,a_n\neq 0\}$$

关于通常多项式的加法和实数与多项式的乘法的运算不能构成实数域 $R$ 上的线性空间.

多项式 $x^n$,$-x^n+2$ 都在 $Q[x]_n$ 中,但 $x^n+(-x^n+2)=2\notin Q[x]_n$,即 $Q[x]_n$ 对于加法不封闭,因此 $Q[x]_n$ 不能构成实数域 $R$ 上的线性空间.

【例 7-4】 设 $R^+$ 是全体正实数构成的集合,$R$ 是全体实数构成的集合,定义加法"$\oplus$"和数乘运算"$\odot$"两种运算如下:

$$\boldsymbol{\alpha} \oplus \boldsymbol{\beta} = \boldsymbol{\alpha\beta}, \boldsymbol{\alpha}, \boldsymbol{\beta} \in R^+$$

$$k \odot \boldsymbol{\alpha} = \boldsymbol{\alpha}^k, k \in R, \boldsymbol{\alpha} \in R^+$$

证明：$R^+$对于上述运算构成实数域 $R$ 上的线性空间 .

证　首先，$R^+$是全体正实数构成的集合，是一个非空集合 . 其次，验证两种运算的封闭性 . 对于加法，对于任意的 $\boldsymbol{\alpha}, \boldsymbol{\beta} \in R^+$，有 $\boldsymbol{\alpha} \oplus \boldsymbol{\beta} = \boldsymbol{\alpha\beta} \in R^+$；对于数乘，对于任意的 $k \in R$，$\boldsymbol{\alpha} \in R^+$，$k \odot \boldsymbol{\alpha} = \boldsymbol{\alpha}^k \in R^+$，对于加法和数乘运算封闭 . 最后验证是否满足 8 条运算规律(其中 $\boldsymbol{\alpha}, \boldsymbol{\beta} \in R^+, k, l \in R$)：

① $\boldsymbol{\alpha} \oplus \boldsymbol{\beta} = \boldsymbol{\alpha\beta} = \boldsymbol{\beta\alpha} = \boldsymbol{\beta} \oplus \boldsymbol{\alpha}$；

② $(\boldsymbol{\alpha} \oplus \boldsymbol{\beta}) \oplus \boldsymbol{\gamma} = (\boldsymbol{\alpha\beta}) \oplus \boldsymbol{\gamma} = \boldsymbol{\alpha\beta\gamma} = \boldsymbol{\alpha}(\boldsymbol{\beta\gamma}) = \boldsymbol{\alpha} \oplus (\boldsymbol{\beta} \oplus \boldsymbol{\gamma})$；

③ 在 $R^+$中存在零元素 $\mathbf{1}$，对于任何 $\boldsymbol{\alpha} \in R^+$，恒有 $\boldsymbol{\alpha} \oplus \mathbf{1} = \boldsymbol{\alpha}\mathbf{1} = \boldsymbol{\alpha}$；

④ 对于任何 $\boldsymbol{\alpha} \in R^+$，都有 $\boldsymbol{\alpha}$ 的负元素$\dfrac{1}{\boldsymbol{\alpha}} \in R^+$，使得 $\boldsymbol{\alpha} \oplus \dfrac{1}{\boldsymbol{\alpha}} = 1$；

⑤ $1 \odot \boldsymbol{\alpha} = \boldsymbol{\alpha}^1 = \boldsymbol{\alpha}$；

⑥ $k \odot (l \odot \boldsymbol{\alpha}) = k \odot \boldsymbol{\alpha}^l = \boldsymbol{\alpha}^{kl} = (kl) \odot \boldsymbol{\alpha}$；

⑦ $(k+l) \odot \boldsymbol{\alpha} = \boldsymbol{\alpha}^{k+l} = \boldsymbol{\alpha}^k \boldsymbol{\alpha}^l = (k \odot \boldsymbol{\alpha}) \oplus (l \odot \boldsymbol{\alpha})$；

⑧ $k \odot (\boldsymbol{\alpha} \oplus \boldsymbol{\beta}) = k \odot (\boldsymbol{\alpha\beta}) = (\boldsymbol{\alpha\beta})^k = \boldsymbol{\alpha}^k \boldsymbol{\beta}^k = (k \odot \boldsymbol{\alpha}) \oplus (k \odot \boldsymbol{\beta})$.

因此 $R^+$对于上述两种运算构成实数域 $R$ 上的线性空间 .

## 7.1.2　线性空间的基本性质

**性质 1**　线性空间中的零元素是唯一的 .

证　设 $\mathbf{0}_1$ 和 $\mathbf{0}_2$ 都是线性空间 $\mathbf{V}$ 的零元素，即对任何 $\boldsymbol{\alpha} \in \mathbf{V}$，有 $\boldsymbol{\alpha} + \mathbf{0}_1 = \boldsymbol{\alpha}$，$\boldsymbol{\alpha} + \mathbf{0}_2 = \boldsymbol{\alpha}$，即 $\mathbf{0}_1 = \mathbf{0}_1 + \mathbf{0}_2 = \mathbf{0}_2 + \mathbf{0}_1 = \mathbf{0}_2$，可见零元素只有一个 .

**性质 2**　线性空间中任一元素的负元素是唯一的 .

证　设 $\boldsymbol{\alpha}$ 是线性空间 $\mathbf{V}$ 中的任一元素，并且 $\boldsymbol{\beta}, \boldsymbol{\gamma}$ 都是 $\boldsymbol{\alpha}$ 的负元素，即有 $\boldsymbol{\alpha} + \boldsymbol{\beta} = \mathbf{0}$，$\boldsymbol{\alpha} + \boldsymbol{\gamma} = \mathbf{0}$，于是

$$\boldsymbol{\beta} = \boldsymbol{\beta} + \mathbf{0} = \boldsymbol{\beta} + (\boldsymbol{\alpha} + \boldsymbol{\gamma}) = (\boldsymbol{\beta} + \boldsymbol{\alpha}) + \boldsymbol{\gamma} = (\boldsymbol{\alpha} + \boldsymbol{\beta}) + \boldsymbol{\gamma} = \mathbf{0} + \boldsymbol{\gamma} = \boldsymbol{\gamma}$$

可见，元素 $\boldsymbol{\alpha}$ 的负元素是唯一的 . 今后，我们把元素(向量)$\boldsymbol{\alpha}$ 的负元素(负向量)记为$-\boldsymbol{\alpha}$.

**性质 3**　设 $\mathbf{V}$ 是数域 $F$ 上的线性空间，则对任何 $\boldsymbol{\alpha} \in \mathbf{V}$ 及 $k \in F$，总有：$0\boldsymbol{\alpha} = \mathbf{0}$，$(-1)\boldsymbol{\alpha} = -\boldsymbol{\alpha}$，$k\mathbf{0} = \mathbf{0}$.

证　$\boldsymbol{\alpha} = 1\boldsymbol{\alpha} = (1+0)\boldsymbol{\alpha} = \boldsymbol{\alpha} + 0\boldsymbol{\alpha}$，两边同时加上$-\boldsymbol{\alpha}$，即得 $0\boldsymbol{\alpha} = \mathbf{0}$.

$\boldsymbol{\alpha} + (-1)\boldsymbol{\alpha} = 1\boldsymbol{\alpha} + (-1)\boldsymbol{\alpha} = (1-1)\boldsymbol{\alpha} = 0\boldsymbol{\alpha} = \mathbf{0}$，两边同时加上$-\boldsymbol{\alpha}$，即得$(-1)\boldsymbol{\alpha} = -\boldsymbol{\alpha}$.

$k\mathbf{0} = k[\boldsymbol{\alpha} + (-1)\boldsymbol{\alpha}] = k\boldsymbol{\alpha} + (-k)\boldsymbol{\alpha} = [k + (-k)]\boldsymbol{\alpha} = 0\boldsymbol{\alpha} = \mathbf{0}$.

可以将$(-1)\boldsymbol{\alpha} = -\boldsymbol{\alpha}$ 推广到一般情形 .

设 $\mathbf{V}$ 是数域 $F$ 上的线性空间，则对任何 $\boldsymbol{\alpha} \in \mathbf{V}$ 及 $k \in F$，总有$(-k)\boldsymbol{\alpha} = k(-\boldsymbol{\alpha}) = -(k\boldsymbol{\alpha})$.

证　$k\boldsymbol{\alpha} + (-k)\boldsymbol{\alpha} = [k + (-k)]\boldsymbol{\alpha} = 0\boldsymbol{\alpha} = \mathbf{0}$，即$(-k)\boldsymbol{\alpha}$ 是 $k\boldsymbol{\alpha}$ 的负向量，即得$(-k)\boldsymbol{\alpha} = -(k\boldsymbol{\alpha})$，另一方面，$k\boldsymbol{\alpha} + k(-\boldsymbol{\alpha}) = k[\boldsymbol{\alpha} + (-\boldsymbol{\alpha})] = k\mathbf{0} = \mathbf{0}$，即 $k(-\boldsymbol{\alpha})$也是 $k\boldsymbol{\alpha}$ 的负向量，由负向量的唯一性可知，$(-k)\boldsymbol{\alpha} = k(-\boldsymbol{\alpha})$，于是$(-k)\boldsymbol{\alpha} = k(-\boldsymbol{\alpha}) = -(k\boldsymbol{\alpha})$.

**性质 4** 如果 $k\boldsymbol{\alpha}=\boldsymbol{0}$，则 $k=0$ 或 $\boldsymbol{\alpha}=\boldsymbol{0}$.

**证** 如果 $k=0$，由性质 3 知，$k\boldsymbol{\alpha}=\boldsymbol{0}$. 若 $k\neq 0$，则

$$\boldsymbol{\alpha}=1\boldsymbol{\alpha}=k^{-1}k\boldsymbol{\alpha}=k^{-1}(k\boldsymbol{\alpha})=k^{-1}\boldsymbol{0}=\boldsymbol{0}$$

利用负元素可以定义**减法** $\boldsymbol{\alpha}-\boldsymbol{\beta}=\boldsymbol{\alpha}+(-\boldsymbol{\beta})$.

### 7.1.3 线性空间的子空间

**定义 7.2** 设 $\boldsymbol{V}$ 是数域 $F$ 上的线性空间，$\boldsymbol{V}_1$ 是 $\boldsymbol{V}$ 的一个非空子集．如果 $\boldsymbol{V}_1$ 对于 $\boldsymbol{V}$ 上的加法和数乘运算也构成数域 $F$ 上的线性空间，称 $\boldsymbol{V}_1$ 是 $\boldsymbol{V}$ 的一个**线性子空间**，简称为**子空间**．

线性空间 $\boldsymbol{V}$ 的非空子集 $\boldsymbol{V}_1$ 满足什么条件才能构成 $\boldsymbol{V}$ 的子空间？$\boldsymbol{V}_1$ 是 $\boldsymbol{V}$ 的子集，数域 $F$ 没有改变，$\boldsymbol{V}_1$ 对于 $\boldsymbol{V}$ 中所定义的线性运算而言，定义 7.1 中的运算规律①②⑤⑥⑦⑧自然满足，所以只要 $\boldsymbol{V}_1$ 对 $\boldsymbol{V}$ 中所定义的线性运算封闭并且满足运算规律③④，则 $\boldsymbol{V}_1$ 是 $\boldsymbol{V}$ 的子空间．

如何判定非空子集 $\boldsymbol{V}_1$ 是否构成子空间？我们给出如下定理．

**定理 7.1** 设 $\boldsymbol{V}$ 是数域 $F$ 上的线性空间，$\boldsymbol{V}_1$ 是 $\boldsymbol{V}$ 的非空子集，如果 $\boldsymbol{V}_1$ 对于 $\boldsymbol{V}$ 中的运算满足

(1) 对于任意的 $\boldsymbol{\alpha},\boldsymbol{\beta}\in\boldsymbol{V}_1$，总有 $\boldsymbol{\alpha}+\boldsymbol{\beta}\in\boldsymbol{V}_1$；

(2) 对于任意的 $k\in F$ 及 $\boldsymbol{\alpha}\in\boldsymbol{V}_1$，总有 $k\boldsymbol{\alpha}\in\boldsymbol{V}_1$，则 $\boldsymbol{V}_1$ 是 $\boldsymbol{V}$ 的子空间．

**证** 首先，$\boldsymbol{V}_1$ 是非空集合．

其次，根据定理 7.1 所设，线性空间 $\boldsymbol{V}$ 的加法和数乘运算对子集 $\boldsymbol{V}_1$ 封闭．

最后，只需验证这两种运算对于 $\boldsymbol{V}_1$ 而言是否满足定义 7.1 中(3)的 8 条运算规律．

$\boldsymbol{V}_1$ 是 $\boldsymbol{V}$ 的子集，数域 $F$ 没有改变，$\boldsymbol{V}_1$ 对于 $\boldsymbol{V}$ 中所定义的线性运算而言，定义 7.1 中的运算规律①②⑤⑥⑦⑧自然满足，由 $\boldsymbol{V}_1$ 非空，必有 $\boldsymbol{\alpha}\in\boldsymbol{V}_1$，取 $k=0\in F$，由定理 7.1 的条件(2)可知，$0\boldsymbol{\alpha}=\boldsymbol{0}\in\boldsymbol{V}_1$，可见 $\boldsymbol{V}_1$ 中存在零元素，而它正是 $\boldsymbol{V}$ 中的零元素，满足定义 7.1 中运算规律③. 对于 $\boldsymbol{V}_1$ 中的元素 $\boldsymbol{\alpha}$，取 $k=-1\in F$，则有 $(-1)\boldsymbol{\alpha}=-\boldsymbol{\alpha}\in\boldsymbol{V}_1$ 且使得 $\boldsymbol{\alpha}+(-1)\boldsymbol{\alpha}=\boldsymbol{0}$，也就是说 $\boldsymbol{V}_1$ 中元素存在负元素，满足定义 7.1 中的运算规律④.

综上所述，$\boldsymbol{V}_1$ 对于 $\boldsymbol{V}$ 已有的加法和数乘运算构成数域 $F$ 上的线性空间，从而 $\boldsymbol{V}_1$ 是 $\boldsymbol{V}$ 的子空间．

从定理 7.1 的证明过程中可以看到，线性空间 $\boldsymbol{V}$ 的任何子空间的零元素只能是 $\boldsymbol{V}$ 的零元素，子空间中任何元素 $\boldsymbol{\alpha}$ 的负元素也只能是 $\boldsymbol{\alpha}$ 在 $\boldsymbol{V}$ 中的负元素．

任何线性空间 $\boldsymbol{V}$ 本身是 $\boldsymbol{V}$ 的一个线性子空间．子集合 $\{\boldsymbol{0}\}$ 也构成 $\boldsymbol{V}$ 的一个线性子空间，称为**零子空间**．这两个子空间称为平凡子空间．

**【例 7-5】** 对于实数域 $R$ 上的线性空间 $R^{2\times 2}$，证明其子集合

$$\boldsymbol{V}_1=\left\{\boldsymbol{M}\,|\,\boldsymbol{M}=\begin{pmatrix}0&0\\b&c\end{pmatrix},b,c\in R\right\}$$

是 $R^{2\times 2}$ 的一个子空间．

**证** (1) 2 阶零阵在 $\boldsymbol{V}_1$ 中，故 $\boldsymbol{V}_1$ 非空．

(2) 对于 $\boldsymbol{V}_1$ 中任意元素 $\boldsymbol{A},\boldsymbol{B}$，设 $\boldsymbol{A}=\begin{pmatrix}0&0\\b_1&c_1\end{pmatrix}$，$\boldsymbol{B}=\begin{pmatrix}0&0\\b_2&c_2\end{pmatrix}$，则

$$\boldsymbol{A}+\boldsymbol{B}=\begin{pmatrix}0&0\\b_1+b_2&c_1+c_2\end{pmatrix}\in\boldsymbol{V}_1$$

(3) 对于任意的实数 $k$ 及 $\boldsymbol{V}_1$ 中任意元素 $\boldsymbol{A}=\begin{pmatrix}0&0\\b_1&c_1\end{pmatrix}$，有 $k\boldsymbol{A}=\begin{pmatrix}0&0\\kb_1&kc_1\end{pmatrix}\in\boldsymbol{V}_1$，由定理 7.1 可知，$\boldsymbol{V}_1$ 是 $R^{2\times2}$ 的一个子空间．

【例 7-6】 设 $\boldsymbol{V}$ 是数域 $F$ 上的线性空间，$\boldsymbol{\alpha},\boldsymbol{\beta}\in\boldsymbol{V}$，证明：集合 $\boldsymbol{L}=\{\boldsymbol{\gamma}\mid\boldsymbol{\gamma}=k\boldsymbol{\alpha}+l\boldsymbol{\beta},k,l\in F\}$ 是 $\boldsymbol{V}$ 的一个子空间．

证 取 $k=l=0$，$\boldsymbol{\gamma}=\boldsymbol{0}\in\boldsymbol{L}$，集合 $\boldsymbol{L}$ 非空．

对任意的 $\boldsymbol{\gamma}_1=k_1\boldsymbol{\alpha}+l_1\boldsymbol{\beta}\in\boldsymbol{L}$，$\boldsymbol{\gamma}_2=k_2\boldsymbol{\alpha}+l_2\boldsymbol{\beta}\in\boldsymbol{L}$，$k_1,l_1,k_2,l_2\in F$，对任意的 $k\in F$

$$\boldsymbol{\gamma}_1+\boldsymbol{\gamma}_1=k_1\boldsymbol{\alpha}+l_1\boldsymbol{\beta}+k_2\boldsymbol{\alpha}+l_2\boldsymbol{\beta}=(k_1+k_2)\boldsymbol{\alpha}+(l_1+l_2)\boldsymbol{\beta}\in\boldsymbol{L}$$

$$k\boldsymbol{\gamma}_1=kk_1\boldsymbol{\alpha}+kl_1\boldsymbol{\beta}\in\boldsymbol{L}$$

由定理 7.1 可知，$\boldsymbol{L}$ 是 $\boldsymbol{V}$ 的一个子空间．

称子空间 $\boldsymbol{L}$ 为由向量 $\boldsymbol{\alpha},\boldsymbol{\beta}$ 所**生成的**($\boldsymbol{V}$ 的)**子空间**．

一般地，由 $\boldsymbol{V}$ 中向量组 $\boldsymbol{\alpha}_1,\boldsymbol{\alpha}_2,\cdots,\boldsymbol{\alpha}_m$ 所生成的线性子空间为

$$\boldsymbol{L}=\{\boldsymbol{\gamma}\mid\boldsymbol{\gamma}=k_1\boldsymbol{\alpha}_1+k_2\boldsymbol{\alpha}_2+\cdots+k_m\boldsymbol{\alpha}_m,k_1,k_2,\cdots,k_m\in F\}$$

### 7.1.4 线性子空间的交与和

设 $\boldsymbol{V}$ 是数域 $F$ 上的线性空间，$\boldsymbol{V}_1,\boldsymbol{V}_2$ 都是 $\boldsymbol{V}$ 的子空间．集合 $\boldsymbol{V}_1\cap\boldsymbol{V}_2=\{\boldsymbol{\alpha}\mid\boldsymbol{\alpha}\in\boldsymbol{V}_1$ 且 $\boldsymbol{\alpha}\in\boldsymbol{V}_2\}$ 称为子空间 $\boldsymbol{V}_1$ 与 $\boldsymbol{V}_2$ 的**交**．集合 $\boldsymbol{V}_1+\boldsymbol{V}_2=\{\boldsymbol{\alpha}_1+\boldsymbol{\alpha}_2\mid\boldsymbol{\alpha}_1\in\boldsymbol{V}_1,\boldsymbol{\alpha}_2\in\boldsymbol{V}_2\}$ 称为**子空间 $\boldsymbol{V}_1$ 与 $\boldsymbol{V}_2$ 的和**．

**定理 7.2** 设 $\boldsymbol{V}$ 是数域 $F$ 上的线性空间，$\boldsymbol{V}_1,\boldsymbol{V}_2$ 是 $\boldsymbol{V}$ 的子空间，则 $\boldsymbol{V}_1\cap\boldsymbol{V}_2$，$\boldsymbol{V}_1+\boldsymbol{V}_2$ 也是 $\boldsymbol{V}$ 的子空间．

证 (1) 证明 $\boldsymbol{V}_1\cap\boldsymbol{V}_2$ 是 $\boldsymbol{V}$ 的子空间．

首先，$\boldsymbol{0}\in\boldsymbol{V}_1$，$\boldsymbol{0}\in\boldsymbol{V}_2$，故 $\boldsymbol{0}\in\boldsymbol{V}_1\cap\boldsymbol{V}_2$，即 $\boldsymbol{V}_1\cap\boldsymbol{V}_2$ 是 $\boldsymbol{V}$ 的非空子集．

其次，对任意的 $\boldsymbol{\alpha},\boldsymbol{\beta}\in\boldsymbol{V}_1\cap\boldsymbol{V}_2$，因 $\boldsymbol{V}_1,\boldsymbol{V}_2$ 是 $\boldsymbol{V}$ 的子空间，故 $\boldsymbol{\alpha}+\boldsymbol{\beta}\in\boldsymbol{V}_1$，$\boldsymbol{\alpha}+\boldsymbol{\beta}\in\boldsymbol{V}_2$，于是 $\boldsymbol{\alpha}+\boldsymbol{\beta}\in\boldsymbol{V}_1\cap\boldsymbol{V}_2$.

最后，对于任意的 $k\in F$，有 $k\boldsymbol{\alpha}\in\boldsymbol{V}_1$ 且 $k\boldsymbol{\alpha}\in\boldsymbol{V}_2$，即 $k\boldsymbol{\alpha}\in\boldsymbol{V}_1\cap\boldsymbol{V}_2$，由定理 7.1 可知，$\boldsymbol{V}_1\cap\boldsymbol{V}_2$ 是 $\boldsymbol{V}$ 的子空间．

(2) 证明 $\boldsymbol{V}_1+\boldsymbol{V}_2$ 是 $\boldsymbol{V}$ 的子空间．首先，$\boldsymbol{0}\in\boldsymbol{V}_1$，$\boldsymbol{0}\in\boldsymbol{V}_2$，故 $\boldsymbol{0}\in\boldsymbol{V}_1+\boldsymbol{V}_2$，即 $\boldsymbol{V}_1\cap\boldsymbol{V}_2$ 是 $\boldsymbol{V}$ 的非空子集．

其次，对任意的 $\boldsymbol{\alpha},\boldsymbol{\beta}\in\boldsymbol{V}_1+\boldsymbol{V}_2$，设 $\boldsymbol{\alpha}=\boldsymbol{\alpha}_1+\boldsymbol{\alpha}_2$，$\boldsymbol{\alpha}_1\in\boldsymbol{V}_1$，$\boldsymbol{\alpha}_2\in\boldsymbol{V}_2$，$\boldsymbol{\beta}=\boldsymbol{\beta}_1+\boldsymbol{\beta}_2$，$\boldsymbol{\beta}_1\in\boldsymbol{V}_1$，$\boldsymbol{\beta}_2\in\boldsymbol{V}_2$，于是 $\boldsymbol{\alpha}+\boldsymbol{\beta}=(\boldsymbol{\alpha}_1+\boldsymbol{\beta}_1)+(\boldsymbol{\alpha}_2+\boldsymbol{\beta}_2)$．注意到 $\boldsymbol{\alpha}_1+\boldsymbol{\beta}_1\in\boldsymbol{V}_1$，$\boldsymbol{\alpha}_2+\boldsymbol{\beta}_2\in\boldsymbol{V}_2$，故 $\boldsymbol{\alpha}+\boldsymbol{\beta}\in\boldsymbol{V}_1+\boldsymbol{V}_2$.

最后，对于任意的 $k\in F$，$k\boldsymbol{\alpha}=k\boldsymbol{\alpha}_1+k\boldsymbol{\alpha}_2$，有 $k\boldsymbol{\alpha}_1\in\boldsymbol{V}_1$，$k\boldsymbol{\alpha}_2\in\boldsymbol{V}_2$，即 $k\boldsymbol{\alpha}\in\boldsymbol{V}_1+\boldsymbol{V}_2$，由定理 7.1 可知，$\boldsymbol{V}_1+\boldsymbol{V}_2$ 是 $\boldsymbol{V}$ 的子空间．

定理 7.2 中的子空间 $\boldsymbol{V}_1 \cap \boldsymbol{V}_2$ 及 $\boldsymbol{V}_1+\boldsymbol{V}_2$ 分别称为子空间 $\boldsymbol{V}_1$ 与 $\boldsymbol{V}_2$ 的**交空间**与**和空间**.

**定义 7.3** 设 $\boldsymbol{V}_1,\boldsymbol{V}_2$ 是线性空间 $\boldsymbol{V}$ 的两个子空间，如果和空间 $\boldsymbol{V}_1+\boldsymbol{V}_2$ 中的每个向量 $\boldsymbol{\alpha}$ 都可表成 $\boldsymbol{\alpha}=\boldsymbol{\alpha}_1+\boldsymbol{\alpha}_2$，$\boldsymbol{\alpha}_1\in\boldsymbol{V}_1$，$\boldsymbol{\alpha}_2\in\boldsymbol{V}_2$，且上述表示方法是唯一的，则称和 $\boldsymbol{V}_1+\boldsymbol{V}_2$ 为直和，记作 $\boldsymbol{V}_1\oplus\boldsymbol{V}_2$.

限于篇幅，我们只把直和的两个充要条件罗列如下，供读者参考.

**定理 7.3** 设 $\boldsymbol{V}_1,\boldsymbol{V}_2$ 是线性空间 $\boldsymbol{V}$ 的两个子空间，则 $\boldsymbol{V}_1+\boldsymbol{V}_2$ 为直和的充分必要条件是零向量可表成 $\boldsymbol{0}=\boldsymbol{\alpha}_1+\boldsymbol{\alpha}_2$，$\boldsymbol{\alpha}_1\in\boldsymbol{V}_1$，$\boldsymbol{\alpha}_2\in\boldsymbol{V}_2$ 且表示方法是唯一的. 即由 $\boldsymbol{0}=\boldsymbol{\alpha}_1+\boldsymbol{\alpha}_2$，$\boldsymbol{\alpha}_1\in\boldsymbol{V}_1$，$\boldsymbol{\alpha}_2\in\boldsymbol{V}_2$ 可以推出 $\boldsymbol{\alpha}_1=\boldsymbol{0}$，$\boldsymbol{\alpha}_2=\boldsymbol{0}$.

**定理 7.4** 设 $\boldsymbol{V}_1,\boldsymbol{V}_2$ 是线性空间 $\boldsymbol{V}$ 的两个子空间，则 $\boldsymbol{V}_1+\boldsymbol{V}_2$ 为直和的充分必要条件是 $\boldsymbol{V}_1\cap\boldsymbol{V}_2=\{0\}$.

## 7.2 线性空间的基底、维数与坐标

### 7.2.1 线性空间的基底、维数

在第 3 章中，我们讨论了 $n$ 维数组向量及其运算，介绍了数组向量空间中的一些重要概念，如线性表示、等价、线性相关、线性无关、极大线性无关组等. 向量空间是线性空间的特例，我们可以仿照数组向量的有关定义给出线性空间中向量组的线性表示、向量组等价、向量组的线性相关、向量组的线性无关、向量组的极大无关组等这些概念. 这里给出线性空间的基底与维数的定义.

**定义 7.4** 设 $\boldsymbol{V}$ 是数域 $F$ 上的线性空间，如果 $\boldsymbol{V}$ 中存在 $n$ 个向量 $\boldsymbol{\alpha}_1,\boldsymbol{\alpha}_2,\cdots,\boldsymbol{\alpha}_n$ 满足：

(1) $\boldsymbol{\alpha}_1,\boldsymbol{\alpha}_2,\cdots,\boldsymbol{\alpha}_n$ 线性无关，

(2) $\boldsymbol{V}$ 中任一元素 $\boldsymbol{\alpha}$ 总可由 $\boldsymbol{\alpha}_1,\boldsymbol{\alpha}_2,\cdots,\boldsymbol{\alpha}_n$ 线性表示，

则称 $\boldsymbol{\alpha}_1,\boldsymbol{\alpha}_2,\cdots,\boldsymbol{\alpha}_n$ 为线性空间 $\boldsymbol{V}$ 的一个**基底**，简称为**基**. $\boldsymbol{V}$ 的基中所含向量个数称为线性空间 $\boldsymbol{V}$ 的**维数**，记为 $\dim V$. 维数为 $n$ 的线性空间 $\boldsymbol{V}$ 称为 $n$ **维线性空间**，记为 $\boldsymbol{V}_n$.

零空间是不存在基的线性空间，规定它的维数为零. 线性空间的维数是有限值的线性空间称为**有限维线性空间**. 如果在线性空间 $\boldsymbol{V}$ 中可以找到任意多个线性无关的向量，那么 $\boldsymbol{V}$ 就称为无限维线性空间. 本书只讨论有限维线性空间.

【例 7-7】 设 $\boldsymbol{V}$ 是 2 阶实对称阵全体的集合对于通常的矩阵加法、数乘两种运算所构成的实数域 $R$ 上的线性空间，求出 $\boldsymbol{V}$ 的维数和一个基.

**解** $\boldsymbol{V}$ 中一般元素可以表示为 $\boldsymbol{A}=\begin{pmatrix}a & b\\ b & c\end{pmatrix}$，$a,b,c\in R$，取 $V$ 中元素 $\boldsymbol{A}_1=\begin{pmatrix}1 & 0\\ 0 & 0\end{pmatrix}$，$\boldsymbol{A}_2=\begin{pmatrix}0 & 1\\ 1 & 0\end{pmatrix}$，$\boldsymbol{A}_3=\begin{pmatrix}0 & 0\\ 0 & 1\end{pmatrix}$满足

(1) $\boldsymbol{A}_1=\begin{pmatrix}1 & 0\\ 0 & 0\end{pmatrix}$，$\boldsymbol{A}_2=\begin{pmatrix}0 & 1\\ 1 & 0\end{pmatrix}$，$\boldsymbol{A}_3=\begin{pmatrix}0 & 0\\ 0 & 1\end{pmatrix}$线性无关.

(2) 对于 $\boldsymbol{V}$ 中任一元素 $\boldsymbol{A}=\begin{pmatrix}a & b\\ b & c\end{pmatrix}$，有 $\boldsymbol{A}=a\boldsymbol{A}_1+b\boldsymbol{A}_2+c\boldsymbol{A}_3$，可见 $\boldsymbol{A}_1=\begin{pmatrix}1 & 0\\ 0 & 0\end{pmatrix}$，$\boldsymbol{A}_2=$

$\begin{pmatrix}0&1\\1&0\end{pmatrix}$，$\boldsymbol{A}_3=\begin{pmatrix}0&0\\0&1\end{pmatrix}$为 $\boldsymbol{V}$ 的一个基，进而 $\dim\boldsymbol{V}=3$.

### 7.2.2 向量的坐标

设 $\boldsymbol{\alpha}_1,\boldsymbol{\alpha}_2,\cdots,\boldsymbol{\alpha}_n$ 是数域 $F$ 上 $n$ 维线性空间 $\boldsymbol{V}_n$ 的一个基，则 $\boldsymbol{V}_n$ 中任何一个元素 $\boldsymbol{\alpha}$ 都可由 $\boldsymbol{\alpha}_1,\boldsymbol{\alpha}_2,\cdots,\boldsymbol{\alpha}_n$ 唯一地线性表示，即 $\boldsymbol{\alpha}=x_1\boldsymbol{\alpha}_1+x_2\boldsymbol{\alpha}_2+\cdots x_n\boldsymbol{\alpha}_n$，这样元素 $\boldsymbol{\alpha}$ 与有序数组$(x_1,x_2,\cdots,x_n)$之间存在一一对应的关系．因此，可以用这个有序数组来表示 $\boldsymbol{\alpha}$，由此可引出坐标的概念．

**定义 7.5** 设 $\boldsymbol{\alpha}_1,\boldsymbol{\alpha}_2,\cdots,\boldsymbol{\alpha}_n$ 是数域 $F$ 上 $n$ 维线性空间 $\boldsymbol{V}_n$ 的一个基，对任意的 $\boldsymbol{\alpha}\in\boldsymbol{V}_n$，总有且仅有一组有序数组 $x_1,x_2,\cdots,x_n\in F$，使得 $\boldsymbol{\alpha}=x_1\boldsymbol{\alpha}_1+x_2\boldsymbol{\alpha}_2+\cdots x_n\boldsymbol{\alpha}_n$，称 $x_1,x_2,\cdots,x_n$ 为元素 $\boldsymbol{\alpha}$ 在这组基 $\boldsymbol{\alpha}_1,\boldsymbol{\alpha}_2,\cdots,\boldsymbol{\alpha}_n$ 下的坐标．如果借用矩阵乘法的形式，记

$$x_1\boldsymbol{\alpha}_1+x_2\boldsymbol{\alpha}_2+\cdots+x_n\boldsymbol{\alpha}_n=(\boldsymbol{\alpha}_1,\boldsymbol{\alpha}_2,\cdots,\boldsymbol{\alpha}_n)\begin{pmatrix}x_1\\x_2\\\vdots\\x_n\end{pmatrix}$$

则 $\boldsymbol{\alpha}$ 的坐标可以方便地用一个 $n$ 维列向量(数组向量)表达出来，记为 $\hat{\boldsymbol{\alpha}}=\begin{pmatrix}x_1\\x_2\\\vdots\\x_n\end{pmatrix}$.

【例 7-8】 求实数域 $R$ 上的线性空间 $R^{2\times2}$ 中向量 $\boldsymbol{\alpha}=\begin{pmatrix}2&1\\-1&-3\end{pmatrix}$在基 $\boldsymbol{E}_{11}=\begin{pmatrix}1&0\\0&0\end{pmatrix}$，$\boldsymbol{E}_{12}=\begin{pmatrix}0&1\\0&0\end{pmatrix}$，$\boldsymbol{E}_{21}=\begin{pmatrix}0&0\\1&0\end{pmatrix}$，$\boldsymbol{E}_{22}=\begin{pmatrix}0&0\\0&1\end{pmatrix}$下的坐标 $\hat{\boldsymbol{\alpha}}$.

**解** 向量 $\boldsymbol{\alpha}=\begin{pmatrix}2&1\\-1&-3\end{pmatrix}$在基 $\boldsymbol{E}_{11}=\begin{pmatrix}1&0\\0&0\end{pmatrix}$，$\boldsymbol{E}_{12}=\begin{pmatrix}0&1\\0&0\end{pmatrix}$，$\boldsymbol{E}_{21}=\begin{pmatrix}0&0\\1&0\end{pmatrix}$，$\boldsymbol{E}_{22}=\begin{pmatrix}0&0\\0&1\end{pmatrix}$下的线性表示为 $\boldsymbol{\alpha}=2\boldsymbol{E}_{11}+\boldsymbol{E}_{12}-\boldsymbol{E}_{21}-3\boldsymbol{E}_{22}$，得到向量 $\boldsymbol{\alpha}$ 在这组基下的坐标为

$$\hat{\boldsymbol{\alpha}}=\begin{pmatrix}2\\1\\-1\\-3\end{pmatrix}$$

注意，如果基的排列次序变为 $\boldsymbol{E}_{11},\boldsymbol{E}_{21},\boldsymbol{E}_{12},\boldsymbol{E}_{22}$，则【例 7-7】中向量 $\boldsymbol{\alpha}$ 坐标的各分量也要相应随之改变次序，此时 $\hat{\boldsymbol{\alpha}}=\begin{pmatrix}2\\-1\\1\\-3\end{pmatrix}$．在这里可以看到，基与坐标分别是严格有序的向量组和数组，请读者记住这一点．

### 7.2.3 基变换与坐标变换

在 $n$ 维线性空间 $\mathbf{V}_n$ 中，任意 $n$ 个线性无关的向量都可以取作 $\mathbf{V}_n$ 的基，对不同的基，同一个向量的坐标一般是不同的，下面先看一个例子．

【例 7-9】 已知线性空间 $R^3$ 中的向量 $\boldsymbol{\alpha}=\begin{pmatrix}1\\2\\-1\end{pmatrix}^{\mathrm{T}}$．试求 $\boldsymbol{\alpha}$ 在基 $\boldsymbol{\varepsilon}_1=\begin{pmatrix}1\\0\\0\end{pmatrix}$，$\boldsymbol{\varepsilon}_2=\begin{pmatrix}0\\1\\0\end{pmatrix}$，$\boldsymbol{\varepsilon}_3=\begin{pmatrix}0\\0\\1\end{pmatrix}$ 以及在另一组基 $\boldsymbol{\varepsilon}_1'=\begin{pmatrix}1\\0\\0\end{pmatrix}$，$\boldsymbol{\varepsilon}_2'=\begin{pmatrix}0\\2\\1\end{pmatrix}$，$\boldsymbol{\varepsilon}_3'=\begin{pmatrix}0\\1\\1\end{pmatrix}$ 下的坐标．

解　$\boldsymbol{\alpha}$ 在基 $\boldsymbol{\varepsilon}_1,\boldsymbol{\varepsilon}_2,\boldsymbol{\varepsilon}_3$ 下的坐标为 $\hat{\boldsymbol{\alpha}}=\begin{pmatrix}1\\2\\-1\end{pmatrix}^{\mathrm{T}}$．

设 $\boldsymbol{\alpha}$ 在基 $\boldsymbol{\varepsilon}_1',\boldsymbol{\varepsilon}_2',\boldsymbol{\varepsilon}_3'$ 下的坐标为 $\begin{pmatrix}x_1\\x_2\\x_3\end{pmatrix}^{\mathrm{T}}$，则有 $x_1\boldsymbol{\varepsilon}_1'+x_2\boldsymbol{\varepsilon}_2'+x_3\boldsymbol{\varepsilon}_3'=\boldsymbol{\alpha}$，即 $x_1\begin{pmatrix}1\\0\\0\end{pmatrix}+x_2\begin{pmatrix}0\\2\\1\end{pmatrix}+x_3\begin{pmatrix}0\\1\\1\end{pmatrix}=\begin{pmatrix}1\\2\\-1\end{pmatrix}$，解这个方程组得 $\begin{pmatrix}x_1\\x_2\\x_3\end{pmatrix}=\begin{pmatrix}1\\3\\-4\end{pmatrix}$．

通过【例 7-9】看到，同一向量在不同基下的坐标通常是不同的，现在我们分析一般情况下，随着基的改变，向量的坐标是如何变化的．首先分析两组基之间的关系．

设 $\boldsymbol{\alpha}_1,\boldsymbol{\alpha}_2,\cdots,\boldsymbol{\alpha}_n$ 和 $\boldsymbol{\beta}_1,\boldsymbol{\beta}_2,\cdots,\boldsymbol{\beta}_n$ 是数域 $F$ 上的 $n$ 维线性空间 $\mathbf{V}_n$ 中的两组基，并设

$$\begin{cases}\boldsymbol{\beta}_1=k_{11}\boldsymbol{\alpha}_1+k_{21}\boldsymbol{\alpha}_2+\cdots+k_{n1}\boldsymbol{\alpha}_n\\ \boldsymbol{\beta}_2=k_{12}\boldsymbol{\alpha}_1+k_{22}\boldsymbol{\alpha}_2+\cdots+k_{n2}\boldsymbol{\alpha}_n\\ \vdots\qquad\vdots\qquad\vdots\qquad\qquad\vdots\\ \boldsymbol{\beta}_n=k_{1n}\boldsymbol{\alpha}_1+k_{2n}\boldsymbol{\alpha}_2+\cdots+k_{nn}\boldsymbol{\alpha}_n\end{cases}\tag{7-1}$$

若令 $\boldsymbol{A}=\begin{pmatrix}k_{11}&k_{12}&\cdots&k_{1n}\\k_{21}&k_{22}&\cdots&k_{2n}\\\vdots&\vdots&&\vdots\\k_{n1}&k_{n2}&\cdots&k_{nn}\end{pmatrix}$，则 $\boldsymbol{A}$ 中第 $\boldsymbol{i}$ 列恰是向量 $\boldsymbol{\beta}_i$ 在基 $\boldsymbol{\alpha}_1,\boldsymbol{\alpha}_2,\cdots,\boldsymbol{\alpha}_n$ 下的坐标．显然，矩阵 $\boldsymbol{A}$ 是唯一确定的，并且是可逆的．为了今后应用方便，我们把式(7-1)表达为

$$(\boldsymbol{\beta}_1,\boldsymbol{\beta}_2,\cdots,\boldsymbol{\beta}_n)=(\boldsymbol{\alpha}_1,\boldsymbol{\alpha}_2,\cdots,\boldsymbol{\alpha}_n)\boldsymbol{A}\tag{7-2}$$

通常把式(7-2)称为由基 $\boldsymbol{\alpha}_1,\boldsymbol{\alpha}_2,\cdots,\boldsymbol{\alpha}_n$ 到基 $\boldsymbol{\beta}_1,\boldsymbol{\beta}_2,\cdots,\boldsymbol{\beta}_n$ 的**变换公式**，其中 $n$ 阶矩阵 $\boldsymbol{A}$ 称为由基 $\boldsymbol{\alpha}_1,\boldsymbol{\alpha}_2,\cdots,\boldsymbol{\alpha}_n$ 到基 $\boldsymbol{\beta}_1,\boldsymbol{\beta}_2,\cdots,\boldsymbol{\beta}_n$ 的**过渡矩阵**(或称**变换矩阵**)．

下面研究同一向量在两组基下的坐标之间的关系．设基 $\boldsymbol{\alpha}_1,\boldsymbol{\alpha}_2,\cdots,\boldsymbol{\alpha}_n$ 与基 $\boldsymbol{\beta}_1,\boldsymbol{\beta}_2,\cdots,$

$\boldsymbol{\beta}_n$ 之间的关系如式(7-2)所示，向量 $\boldsymbol{\alpha}$ 在这两组基下的坐标分别为

$$\begin{pmatrix} x_1 \\ x_2 \\ \vdots \\ x_n \end{pmatrix} \text{和} \begin{pmatrix} y_1 \\ y_2 \\ \vdots \\ y_n \end{pmatrix}$$

于是有 $\boldsymbol{\alpha}=(\boldsymbol{\alpha}_1,\boldsymbol{\alpha}_2,\cdots,\boldsymbol{\alpha}_n)\begin{pmatrix} x_1 \\ x_2 \\ \vdots \\ x_n \end{pmatrix}$ 和 $\boldsymbol{\alpha}=(\boldsymbol{\beta}_1,\boldsymbol{\beta}_2,\cdots,\boldsymbol{\beta}_n)\begin{pmatrix} y_1 \\ y_2 \\ \vdots \\ y_n \end{pmatrix}$，即有

$$\boldsymbol{\alpha}=(\boldsymbol{\beta}_1,\boldsymbol{\beta}_2,\cdots,\boldsymbol{\beta}_n)\begin{pmatrix} y_1 \\ y_2 \\ \vdots \\ y_n \end{pmatrix}=(\boldsymbol{\alpha}_1,\boldsymbol{\alpha}_2,\cdots,\boldsymbol{\alpha}_n)\boldsymbol{A}\begin{pmatrix} y_1 \\ y_2 \\ \vdots \\ y_n \end{pmatrix}$$

根据向量在取定基下的坐标的唯一性，得

$$\begin{pmatrix} x_1 \\ x_2 \\ \vdots \\ x_n \end{pmatrix}=\boldsymbol{A}\begin{pmatrix} y_1 \\ y_2 \\ \vdots \\ y_n \end{pmatrix} \tag{7-3}$$

或写成

$$\begin{pmatrix} y_1 \\ y_2 \\ \vdots \\ y_n \end{pmatrix}=\boldsymbol{A}^{-1}\begin{pmatrix} x_1 \\ x_2 \\ \vdots \\ x_n \end{pmatrix} \tag{7-4}$$

式(7-3)或式(7-4)称为**坐标变换公式**．

我们看到，是基变换决定了坐标变换公式．

【例 7-10】 在线性空间 $R^3$ 中求出由基 $\boldsymbol{\alpha}_1=\begin{pmatrix} -2 \\ 1 \\ 3 \end{pmatrix}$，$\boldsymbol{\alpha}_2=\begin{pmatrix} -1 \\ 0 \\ 1 \end{pmatrix}$，$\boldsymbol{\alpha}_3=\begin{pmatrix} -2 \\ -5 \\ -1 \end{pmatrix}$ 到基 $\boldsymbol{\varepsilon}_1=\begin{pmatrix} 1 \\ 0 \\ 0 \end{pmatrix}$，$\boldsymbol{\varepsilon}_2=\begin{pmatrix} 0 \\ 1 \\ 0 \end{pmatrix}$，$\boldsymbol{\varepsilon}_3=\begin{pmatrix} 0 \\ 0 \\ 1 \end{pmatrix}$ 的变换公式，并求向量 $\boldsymbol{\alpha}=\begin{pmatrix} 4 \\ 12 \\ 6 \end{pmatrix}^{\mathrm{T}}$ 在基 $\boldsymbol{\alpha}_1,\boldsymbol{\alpha}_2,\boldsymbol{\alpha}_3$ 下的坐标 $\begin{pmatrix} x_1 \\ x_2 \\ x_3 \end{pmatrix}$．

解 首先容易得到由基 $\boldsymbol{\varepsilon}_1,\boldsymbol{\varepsilon}_2,\boldsymbol{\varepsilon}_3$ 到基 $\boldsymbol{\alpha}_1,\boldsymbol{\alpha}_2,\boldsymbol{\alpha}_3$ 的变换公式为

$$(\boldsymbol{\alpha}_1,\boldsymbol{\alpha}_2,\boldsymbol{\alpha}_3)=(\boldsymbol{\varepsilon}_1,\boldsymbol{\varepsilon}_2,\boldsymbol{\varepsilon}_3)\boldsymbol{A}$$

其中，$\boldsymbol{A}=\begin{pmatrix} -2 & -1 & -2 \\ 1 & 0 & -5 \\ 3 & 1 & -1 \end{pmatrix}$，于是由基 $\boldsymbol{\alpha}_1,\boldsymbol{\alpha}_2,\boldsymbol{\alpha}_3$ 到基 $\boldsymbol{\varepsilon}_1,\boldsymbol{\varepsilon}_2,\boldsymbol{\varepsilon}_3$ 的变换公式为

$$(\boldsymbol{\varepsilon}_1,\boldsymbol{\varepsilon}_2,\boldsymbol{\varepsilon}_3)=(\boldsymbol{\alpha}_1,\boldsymbol{\alpha}_2,\boldsymbol{\alpha}_3)\boldsymbol{A}^{-1}$$

求得 $A^{-1}=\begin{pmatrix} \frac{5}{2} & -\frac{3}{2} & \frac{5}{2} \\ -7 & 4 & -6 \\ \frac{1}{2} & -\frac{1}{2} & \frac{1}{2} \end{pmatrix}$，又因为向量 $\boldsymbol{\alpha}=\begin{pmatrix} 4 \\ 12 \\ 6 \end{pmatrix}^{\mathrm{T}}$ 在基 $\boldsymbol{\varepsilon}_1,\boldsymbol{\varepsilon}_2,\boldsymbol{\varepsilon}_3$ 下的坐标为 $\begin{pmatrix} 4 \\ 12 \\ 6 \end{pmatrix}^{\mathrm{T}}$，依据坐标变换公式得

$$\begin{pmatrix} x_1 \\ x_2 \\ x_3 \end{pmatrix}=A^{-1}\begin{pmatrix} 4 \\ 12 \\ 6 \end{pmatrix}=\begin{pmatrix} 7 \\ -16 \\ -1 \end{pmatrix}$$

## 7.3 线性变换及其矩阵表示

本节讨论向量函数，即对于给定的一个向量，有唯一的向量与之对应的函数．首先给出映射的定义．

### 7.3.1 映射的定义

**定义 7.6** 设 $\boldsymbol{V}_n$ 和 $\boldsymbol{U}_m$ 分别是数域 $F$ 上的 $n$ 维和 $m$ 维的线性空间，如果对于 $\boldsymbol{V}_n$ 中的任一元素 $\boldsymbol{\alpha}$，按照一定的规则 $T$，总有 $\boldsymbol{U}_m$ 中一个确定的元素 $\boldsymbol{\beta}$ 与之对应，那么这个法则 $T$ 称为由 $\boldsymbol{V}_n$ 到 $\boldsymbol{U}_m$ 的**映射**，记作 $T(\boldsymbol{\alpha})=\boldsymbol{\beta}$，称 $\boldsymbol{\beta}$ 为 $\boldsymbol{\alpha}$ 的像，$\boldsymbol{V}_n$ 中元素像的全体构成的集合称为像集，记为 $T(\boldsymbol{V}_n)$，即 $T(\boldsymbol{V}_n)=\{\boldsymbol{\beta}|\boldsymbol{\beta}=T(\boldsymbol{\alpha}),\boldsymbol{\alpha}\in\boldsymbol{V}_n\}$．

**定义 7.7** 如果由 $\boldsymbol{V}_n$ 到 $\boldsymbol{U}_m$ 的映射 $T$ 满足：

(1) 对于任意的 $\boldsymbol{\alpha}_1,\boldsymbol{\alpha}_2\in\boldsymbol{V}_n$，都有 $T(\boldsymbol{\alpha}_1+\boldsymbol{\alpha}_2)=T(\boldsymbol{\alpha}_1)+T(\boldsymbol{\alpha}_2)$，

(2) 对于任意的 $\boldsymbol{\alpha}\in\boldsymbol{V}_n$ 及任意的 $k\in F$，都有 $T(k\boldsymbol{\alpha})=kT(\boldsymbol{\alpha})$，

则称 $T$ 是从 $\boldsymbol{V}_n$ 到 $\boldsymbol{U}_m$ 的**线性映射**．

设 $T_1,T_2$ 都是由 $\boldsymbol{V}_n$ 到 $\boldsymbol{U}_m$ 的映射，如果对于任意的 $\boldsymbol{\alpha}\in\boldsymbol{V}_n$，都有 $T_1(\boldsymbol{\alpha})=T_2(\boldsymbol{\alpha})$，则称映射 $T_1$ 与 $T_2$ 相等，记作 $T_1=T_2$．

线性空间 $\boldsymbol{V}_n$ 到线性空间 $\boldsymbol{V}_n$ 上的线性映射称为**线性变换**．例如，将线性空间 $\boldsymbol{V}_n$ 中任意元素都变成零元素的变换是 $\boldsymbol{V}_n$ 上的线性变换，称其为**零变换**．将线性空间 $\boldsymbol{V}_n$ 中任意元素 $\boldsymbol{\alpha}$ 都变成 $\boldsymbol{\alpha}$ 的变换是 $\boldsymbol{V}_n$ 上的线性变换，称其为**恒等变换**．

### 7.3.2 线性变换的性质

设 $T$ 是线性空间 $\boldsymbol{V}_n$ 上的线性变换，则线性变换 $T$ 具有下列性质：

(1) $T(\boldsymbol{0})=\boldsymbol{0},T(-\boldsymbol{\alpha})=-T(\boldsymbol{\alpha})$；

(2) 若 $\boldsymbol{\beta}=k_1\boldsymbol{\alpha}_1+k_2\boldsymbol{\alpha}_2+\cdots+k_n\boldsymbol{\alpha}_n$，则

$$T(\boldsymbol{\beta})=k_1T(\boldsymbol{\alpha}_1)+k_2T(\boldsymbol{\alpha}_2)+\cdots+k_nT(\boldsymbol{\alpha}_n)$$

(3) 若 $\boldsymbol{\alpha}_1,\boldsymbol{\alpha}_2,\cdots,\boldsymbol{\alpha}_n$ 线性相关，则 $T(\boldsymbol{\alpha}_1),T(\boldsymbol{\alpha}_2),\cdots,T(\boldsymbol{\alpha}_n)$ 也线性相关.

证 (1) $T(\mathbf{0})=T(\mathbf{0}+\mathbf{0})=T(\mathbf{0})+T(\mathbf{0})=\mathbf{0}$，于是有

$$T(\mathbf{0})=\mathbf{0}$$

$$T(-\boldsymbol{\alpha})=T((-1)\boldsymbol{\alpha})=(-1)T(\boldsymbol{\alpha})=-T(\boldsymbol{\alpha})$$

(2) 因为 $\boldsymbol{\beta}=k_1\boldsymbol{\alpha}_1+k_2\boldsymbol{\alpha}_2+\cdots+k_n\boldsymbol{\alpha}_n$，所以

$$T(\boldsymbol{\beta})=T(k_1\boldsymbol{\alpha}_1+k_2\boldsymbol{\alpha}_2+\cdots+k_n\boldsymbol{\alpha}_n)=k_1T(\boldsymbol{\alpha}_1)+k_2T(\boldsymbol{\alpha}_2)+\cdots+k_nT(\boldsymbol{\alpha}_n)$$

(3) 因为 $\boldsymbol{\alpha}_1,\boldsymbol{\alpha}_2,\cdots,\boldsymbol{\alpha}_n$ 线性相关，故存在一组不全为零的数 $k_1,k_2,\cdots,k_n$，使得 $k_1\boldsymbol{\alpha}_1+k_2\boldsymbol{\alpha}_2+\cdots+k_n\boldsymbol{\alpha}_n=\mathbf{0}$，则有 $T(k_1\boldsymbol{\alpha}_1+k_2\boldsymbol{\alpha}_2+\cdots+k_n\boldsymbol{\alpha}_n)=T(\mathbf{0})=\mathbf{0}$，即

$$k_1T(\boldsymbol{\alpha}_1)+k_2T(\boldsymbol{\alpha}_2)+\cdots+k_nT(\boldsymbol{\alpha}_n)=\mathbf{0}$$

因 $k_1,k_2,\cdots,k_n$ 不全为零，故 $T(\boldsymbol{\alpha}_1),T(\boldsymbol{\alpha}_2),\cdots,T(\boldsymbol{\alpha}_n)$ 线性相关.

### 7.3.3 线性变换的矩阵表示

我们注意到 $\mathbf{V}_n$ 中的向量都可以由它的任意一组基来表示，而线性变换是将 $\mathbf{V}_n$ 中的向量仍然映射为 $\mathbf{V}_n$ 中的向量，映射后的像当然也可以由这组基来表示，下面我们研究像和基之间的关系.

设 $T$ 是 $n$ 维线性空间 $\mathbf{V}_n$ 上的线性变换，$\boldsymbol{\alpha}_1,\boldsymbol{\alpha}_2,\cdots,\boldsymbol{\alpha}_n$ 是 $\mathbf{V}_n$ 的一组基，由于 $T(\boldsymbol{\alpha}_1)$，$T(\boldsymbol{\alpha}_2),\cdots,T(\boldsymbol{\alpha}_n)$ 仍然在 $\mathbf{V}_n$ 中，所以 $T(\boldsymbol{\alpha}_1),T(\boldsymbol{\alpha}_2),\cdots,T(\boldsymbol{\alpha}_n)$ 可以唯一地由基 $\boldsymbol{\alpha}_1,\boldsymbol{\alpha}_2,\cdots,\boldsymbol{\alpha}_n$ 线性表示，不妨设

$$\begin{cases}T(\boldsymbol{\alpha}_1)=k_{11}\boldsymbol{\alpha}_1+k_{21}\boldsymbol{\alpha}_2+\cdots+k_{n1}\boldsymbol{\alpha}_n\\T(\boldsymbol{\alpha}_2)=k_{12}\boldsymbol{\alpha}_1+k_{22}\boldsymbol{\alpha}_2+\cdots+k_{n2}\boldsymbol{\alpha}_n\\\quad\vdots\qquad\quad\vdots\qquad\quad\vdots\qquad\qquad\quad\vdots\\T(\boldsymbol{\alpha}_n)=k_{1n}\boldsymbol{\alpha}_1+k_{2n}\boldsymbol{\alpha}_2+\cdots+k_{nn}\boldsymbol{\alpha}_n\end{cases}\tag{7-5}$$

记 $T(\boldsymbol{\alpha}_1,\boldsymbol{\alpha}_2,\cdots,\boldsymbol{\alpha}_n)=(T(\boldsymbol{\alpha}_1),T(\boldsymbol{\alpha}_2),\cdots,T(\boldsymbol{\alpha}_n))$，于是有

$$T(\boldsymbol{\alpha}_1,\boldsymbol{\alpha}_2,\cdots,\boldsymbol{\alpha}_n)=(T(\boldsymbol{\alpha}_1),T(\boldsymbol{\alpha}_2),\cdots,T(\boldsymbol{\alpha}_n))=(\boldsymbol{\alpha}_1,\boldsymbol{\alpha}_2,\cdots,\boldsymbol{\alpha}_n)\mathbf{A}$$

其中

$$\mathbf{A}=\begin{pmatrix}k_{11}&k_{12}&\cdots&k_{1n}\\k_{21}&k_{22}&\cdots&k_{2n}\\\vdots&\vdots&&\vdots\\k_{n1}&k_{n2}&\cdots&k_{nn}\end{pmatrix}$$

称矩阵 $\mathbf{A}$ 为线性变换 $T$ **在基 $\boldsymbol{\alpha}_1,\boldsymbol{\alpha}_2,\cdots,\boldsymbol{\alpha}_n$ 下的矩阵.**

显然，对于给定的基 $\boldsymbol{\alpha}_1,\boldsymbol{\alpha}_2,\cdots,\boldsymbol{\alpha}_n$，矩阵 $\mathbf{A}$ 由线性变换 $T$ 唯一确定，那么，给定一个 $n$ 阶方阵 $\mathbf{A}$，能否唯一地确定一个线性变换 $T$ 呢？

设 $\boldsymbol{\alpha}$ 是线性空间 $\mathbf{V}_n$ 中的任意元素，则 $\boldsymbol{\alpha}$ 可以由基 $\boldsymbol{\alpha}_1,\boldsymbol{\alpha}_2,\cdots,\boldsymbol{\alpha}_n$ 唯一地表示，$\boldsymbol{\alpha}=x_1\boldsymbol{\alpha}_1+x_2\boldsymbol{\alpha}_2+\cdots+x_n\boldsymbol{\alpha}_n$，由线性变换的性质可知

$$T(\boldsymbol{\alpha})=x_1T(\boldsymbol{\alpha}_1)+x_2T(\boldsymbol{\alpha}_2)+\cdots+x_nT(\boldsymbol{\alpha}_n)$$

由此可见，$\mathbf{V}_n$ 中任意元素 $\boldsymbol{\alpha}$ 的像由 $\boldsymbol{\alpha}$ 在基 $\boldsymbol{\alpha}_1,\boldsymbol{\alpha}_2,\cdots,\boldsymbol{\alpha}_n$ 下的坐标 $x_1,x_2,\cdots,x_n$ 及基

$\boldsymbol{\alpha}_1,\boldsymbol{\alpha}_2,\cdots,\boldsymbol{\alpha}_n$ 的像 $T(\boldsymbol{\alpha}_1),T(\boldsymbol{\alpha}_2),\cdots,T(\boldsymbol{\alpha}_n)$ 所唯一确定，从而 $T(\boldsymbol{\alpha}_1),T(\boldsymbol{\alpha}_2),\cdots,T(\boldsymbol{\alpha}_n)$ 完全确定了线性变换 $T$，而 $T(\boldsymbol{\alpha}_1),T(\boldsymbol{\alpha}_2),\cdots,T(\boldsymbol{\alpha}_n)$ 又可由 $\boldsymbol{A}$ 通过式(7-5)唯一确定．因此，给定数域 $F$ 上的 $n$ 阶方阵 $\boldsymbol{A}$，可以唯一确定 $\boldsymbol{V}_n$ 上的一个线性变换 $T$. 这样 $\boldsymbol{V}_n$ 上的线性变换就与 $n$ 阶方阵之间一一对应了．

下面研究如何利用线性变换 $T$ 的矩阵 $\boldsymbol{A}$ 来刻画 $T$.

设 $\boldsymbol{\alpha}=x_1\boldsymbol{\alpha}_1+x_2\boldsymbol{\alpha}_2+\cdots+x_n\boldsymbol{\alpha}_n$，$T(\boldsymbol{\alpha})=y_1\boldsymbol{\alpha}_1+y_2\boldsymbol{\alpha}_2+\cdots+y_n\boldsymbol{\alpha}_n$，注意到

$$\begin{aligned}T(\boldsymbol{\alpha})&=x_1T(\boldsymbol{\alpha}_1)+x_2T(\boldsymbol{\alpha}_2)+\cdots+x_nT(\boldsymbol{\alpha}_n)\\&=(T(\boldsymbol{\alpha}_1),T(\boldsymbol{\alpha}_2),\cdots,T(\boldsymbol{\alpha}_n))\begin{pmatrix}x_1\\x_2\\\vdots\\x_n\end{pmatrix}\\&=(\boldsymbol{\alpha}_1,\boldsymbol{\alpha}_2,\cdots,\boldsymbol{\alpha}_n)\boldsymbol{A}\begin{pmatrix}x_1\\x_2\\\vdots\\x_n\end{pmatrix}\\&=(\boldsymbol{\alpha}_1,\boldsymbol{\alpha}_2,\cdots,\boldsymbol{\alpha}_n)\begin{pmatrix}y_1\\y_2\\\vdots\\y_n\end{pmatrix}\end{aligned}$$

于是有

$$\begin{pmatrix}y_1\\y_2\\\vdots\\y_n\end{pmatrix}=\boldsymbol{A}\begin{pmatrix}x_1\\x_2\\\vdots\\x_n\end{pmatrix}$$

借助选定的基及其坐标，矩阵 $\boldsymbol{A}$ 就可以通过上式简单清晰地刻画线性变换 $T$ 了．

【例 7-11】 在线性空间 $R^3$ 中，线性变换 $T$ 将 $\boldsymbol{\varepsilon}_1=\begin{pmatrix}1\\0\\0\end{pmatrix}$，$\boldsymbol{\varepsilon}_2=\begin{pmatrix}0\\1\\0\end{pmatrix}$，$\boldsymbol{\varepsilon}_3=\begin{pmatrix}0\\0\\1\end{pmatrix}$ 依次变换为 $\boldsymbol{\eta}_1=\begin{pmatrix}1\\0\\0\end{pmatrix}$，$\boldsymbol{\eta}_2=\begin{pmatrix}0\\2\\2\end{pmatrix}$，$\boldsymbol{\eta}_3=\begin{pmatrix}0\\0\\0\end{pmatrix}$，求 $T$ 在自然基 $\boldsymbol{\varepsilon}_1,\boldsymbol{\varepsilon}_2,\boldsymbol{\varepsilon}_3$ 下的矩阵，并写出此线性变换．

**解** 由已知条件得

$$\begin{cases}T(\boldsymbol{\varepsilon}_1)=\boldsymbol{\eta}_1=1\boldsymbol{\varepsilon}_1+0\boldsymbol{\varepsilon}_2+0\boldsymbol{\varepsilon}_3\\T(\boldsymbol{\varepsilon}_2)=\boldsymbol{\eta}_2=0\boldsymbol{\varepsilon}_1+2\boldsymbol{\varepsilon}_2+2\boldsymbol{\varepsilon}_3\\T(\boldsymbol{\varepsilon}_3)=\boldsymbol{\eta}_3=0\boldsymbol{\varepsilon}_1+0\boldsymbol{\varepsilon}_2+0\boldsymbol{\varepsilon}_3\end{cases}$$

所以 $T$ 在基 $\boldsymbol{\varepsilon}_1,\boldsymbol{\varepsilon}_2,\boldsymbol{\varepsilon}_3$ 下的矩阵为

$$A=\begin{pmatrix}1&0&0\\0&2&0\\0&2&0\end{pmatrix}$$

在 $R^3$ 中任取向量 $\boldsymbol{\alpha}=\begin{pmatrix}a_1\\a_2\\a_3\end{pmatrix}=a_1\boldsymbol{\varepsilon}_1+a_2\boldsymbol{\varepsilon}_2+a_3\boldsymbol{\varepsilon}_3$,则

$$T(\boldsymbol{\alpha})=(\boldsymbol{\varepsilon}_1\quad\boldsymbol{\varepsilon}_2\quad\boldsymbol{\varepsilon}_3)\boldsymbol{A}\begin{pmatrix}a_1\\a_2\\a_3\end{pmatrix}=(\boldsymbol{\varepsilon}_1\quad\boldsymbol{\varepsilon}_2\quad\boldsymbol{\varepsilon}_3)\boldsymbol{A}\begin{pmatrix}a_1\\2a_2\\2a_3\end{pmatrix}=a_1\boldsymbol{\varepsilon}_1+2a_2\boldsymbol{\varepsilon}_2+2a_2\boldsymbol{\varepsilon}_3=\begin{pmatrix}a_1\\2a_2\\2a_3\end{pmatrix}$$

【例 7-12】 求【例 7-11】中的线性变换 $T$ 在新基 $\boldsymbol{\alpha}_1=\begin{pmatrix}1\\0\\0\end{pmatrix}$,$\boldsymbol{\alpha}_2=\begin{pmatrix}1\\1\\0\end{pmatrix}$,$\boldsymbol{\alpha}_3=\begin{pmatrix}1\\1\\1\end{pmatrix}$下的矩阵.

**解** 由已知条件得

$$\begin{cases}T(\boldsymbol{\alpha}_1)=T(\boldsymbol{\varepsilon}_1)=\boldsymbol{\eta}_1=\begin{pmatrix}1\\0\\0\end{pmatrix}\\T(\boldsymbol{\alpha}_2)=T(\boldsymbol{\varepsilon}_1+\boldsymbol{\varepsilon}_2)=\boldsymbol{\eta}_1+\boldsymbol{\eta}_2=\begin{pmatrix}1\\2\\2\end{pmatrix}\\T(\boldsymbol{\alpha}_3)=T(\boldsymbol{\varepsilon}_1+\boldsymbol{\varepsilon}_2+\boldsymbol{\varepsilon}_3)=\boldsymbol{\eta}_1+\boldsymbol{\eta}_2+\boldsymbol{\eta}_3=\begin{pmatrix}1\\2\\2\end{pmatrix}\end{cases}$$

将 $T(\boldsymbol{\alpha}_1),T(\boldsymbol{\alpha}_2),T(\boldsymbol{\alpha}_3)$用 $\boldsymbol{\alpha}_1,\boldsymbol{\alpha}_2,\boldsymbol{\alpha}_3$ 线性表示得

$$\begin{cases}T(\boldsymbol{\alpha}_1)=\begin{pmatrix}1\\0\\0\end{pmatrix}=\boldsymbol{\alpha}_1=(\boldsymbol{\alpha}_1,\boldsymbol{\alpha}_2,\boldsymbol{\alpha}_3)\begin{pmatrix}1\\0\\0\end{pmatrix}\\T(\boldsymbol{\alpha}_2)=\begin{pmatrix}1\\2\\2\end{pmatrix}=-\boldsymbol{\alpha}_1+2\boldsymbol{\alpha}_3=(\boldsymbol{\alpha}_1,\boldsymbol{\alpha}_2,\boldsymbol{\alpha}_3)\begin{pmatrix}-1\\0\\2\end{pmatrix}\\T(\boldsymbol{\alpha}_3)=\begin{pmatrix}1\\2\\2\end{pmatrix}=-\boldsymbol{\alpha}_1+2\boldsymbol{\alpha}_3=(\boldsymbol{\alpha}_1,\boldsymbol{\alpha}_2,\boldsymbol{\alpha}_3)\begin{pmatrix}-1\\0\\2\end{pmatrix}\end{cases}$$

于是得到 $T$ 在新基 $\boldsymbol{\alpha}_1,\boldsymbol{\alpha}_2,\boldsymbol{\alpha}_3$ 下的矩阵 $\boldsymbol{B}=\begin{pmatrix}1&-1&-1\\0&0&0\\0&2&2\end{pmatrix}$.

由【例 7-12】可以看出,同一线性变换在不同基下的矩阵一般是不同,它们之间有关系吗?给出下述定理.

**定理 7.5** 在线性空间 $\boldsymbol{V}_n$ 中取定两组基 $\boldsymbol{\alpha}_1,\boldsymbol{\alpha}_2,\cdots,\boldsymbol{\alpha}_n$ 和 $\boldsymbol{\beta}_1,\boldsymbol{\beta}_2,\cdots,\boldsymbol{\beta}_n$，设由基 $\boldsymbol{\alpha}_1,\boldsymbol{\alpha}_2,\cdots,\boldsymbol{\alpha}_n$ 到基 $\boldsymbol{\beta}_1,\boldsymbol{\beta}_2,\cdots,\boldsymbol{\beta}_n$ 的过渡矩阵为 $\boldsymbol{P}$，$\boldsymbol{V}_n$ 中的线性变换 $T$ 在这两组基下的矩阵依次为 $\boldsymbol{A}$ 和 $\boldsymbol{B}$，则 $\boldsymbol{B}=\boldsymbol{P}^{-1}\boldsymbol{AP}$.

**证** 由已知条件可得

$$(\boldsymbol{\beta}_1,\boldsymbol{\beta}_2,\cdots,\boldsymbol{\beta}_n)=(\boldsymbol{\alpha}_1,\boldsymbol{\alpha}_2,\cdots,\boldsymbol{\alpha}_n)\boldsymbol{P}$$
$$T(\boldsymbol{\alpha}_1,\boldsymbol{\alpha}_2,\cdots,\boldsymbol{\alpha}_n)=(\boldsymbol{\alpha}_1,\boldsymbol{\alpha}_2,\cdots,\boldsymbol{\alpha}_n)\boldsymbol{A}$$
$$T(\boldsymbol{\beta}_1,\boldsymbol{\beta}_2,\cdots,\boldsymbol{\beta}_n)=(\boldsymbol{\beta}_1,\boldsymbol{\beta}_2,\cdots,\boldsymbol{\beta}_n)\boldsymbol{B}$$

于是有

$$\begin{aligned}T(\boldsymbol{\beta}_1,\boldsymbol{\beta}_2,\cdots,\boldsymbol{\beta}_n)&=T[(\boldsymbol{\alpha}_1,\boldsymbol{\alpha}_2,\cdots,\boldsymbol{\alpha}_n)\boldsymbol{P}]\\&=T[(\boldsymbol{\alpha}_1,\boldsymbol{\alpha}_2,\cdots,\boldsymbol{\alpha}_n)]\boldsymbol{P}=[(\boldsymbol{\alpha}_1,\boldsymbol{\alpha}_2,\cdots,\boldsymbol{\alpha}_n)\boldsymbol{A}]\boldsymbol{P}\\&=(\boldsymbol{\beta}_1,\boldsymbol{\beta}_2,\cdots,\boldsymbol{\beta}_n)\boldsymbol{P}^{-1}\boldsymbol{AP}\end{aligned}$$

因为在基 $\boldsymbol{\beta}_1,\boldsymbol{\beta}_2,\cdots,\boldsymbol{\beta}_n$ 下的线性变换 $T$ 的矩阵是唯一的，故有 $\boldsymbol{B}=\boldsymbol{P}^{-1}\boldsymbol{AP}$.

定理 7.5 表明，线性空间 $\boldsymbol{V}_n$ 中同一线性变换在两组不同基下的矩阵是相似的，其相似变换矩阵就是相应的过渡矩阵.

用矩阵表示一个线性变换时，我们自然希望能找到较简单的矩阵表示该线性变换. 对角阵是比较简单的一类矩阵，因此，我们总希望能用对角阵来描述某些线性变换. 而同一线性变换在不同基下对应的矩阵是相似的，所以我们要对矩阵进行相似变换，把它化成对角阵，这是相似对角化的研究背景.

## 习　题　七

### A 题

1. 证明：实数域上齐次线性方程组 $\boldsymbol{Ax}=\boldsymbol{0}$ 的所有解向量的集合 $\boldsymbol{V}$，对于通常的向量加法及数乘运算构成实数域 $R$ 上的线性空间(称为线性方程组 $\boldsymbol{Ax}=\boldsymbol{0}$ 的解空间)；并且 $\boldsymbol{V}$ 是线性空间 $R^n$ 的子空间.

2. 验证 2 阶实上三角阵的全体构成的集合

$$\boldsymbol{V}=\left\{\begin{pmatrix}a & b\\0 & c\end{pmatrix}\middle| a,b,c\in R\right\}$$

按矩阵的加法和数乘运算构成实数域 $R$ 上的一个线性空间.

3. 设 $\boldsymbol{\alpha}_0\in R^n$，验证实线性空间 $R^n$ 中与向量 $\boldsymbol{\alpha}_0$ 正交的所有向量的全体构成的集合

$$\boldsymbol{V}=\{\boldsymbol{\alpha}\mid(\boldsymbol{\alpha}_0,\boldsymbol{\alpha})=0,\boldsymbol{\alpha}\in R^n\}$$

是 $R^n$ 的一个子空间.

4. 求实数域 $R$ 上线性空间 $R[x]_3$ 的维数和一个基.

5. 对于线性空间 $R[x]_3$，证明：$g_1=1+x$，$g_2=1-x$，$g_3=1+x+x^2$ 是一个基.

6. 对于线性空间 $R[x]_3$，

(1) 证明：$1,1+x,(1+x)^2$ 是一个基；

(2) 求由基 $1,1+x,(1+x)^2$ 到基 $1,x,x^2$ 的过渡矩阵；

(3) 求 $a_0+a_1x+a_2x^2$ 在基 $1,1+x,(1+x)^2$ 下的坐标.

**B 题**

1. 设 $\boldsymbol{\alpha}_1,\boldsymbol{\alpha}_2,\boldsymbol{\alpha}_3$ 及 $\boldsymbol{\beta}_1,\boldsymbol{\beta}_2,\boldsymbol{\beta}_3$ 是三维向量空间 $\boldsymbol{V}$ 的两个基,且 $\boldsymbol{\beta}_1=\boldsymbol{\alpha}_1-\boldsymbol{\alpha}_2,\boldsymbol{\beta}_2=2\boldsymbol{\alpha}_1+3\boldsymbol{\alpha}_2+2\boldsymbol{\alpha}_3,\boldsymbol{\beta}_3=\boldsymbol{\alpha}_1+3\boldsymbol{\alpha}_2+2\boldsymbol{\alpha}_3$,

(1) 求向量 $\boldsymbol{\alpha}=2\boldsymbol{\beta}_1-\boldsymbol{\beta}_2+3\boldsymbol{\beta}_3$ 在基 $\boldsymbol{\alpha}_1,\boldsymbol{\alpha}_2,\boldsymbol{\alpha}_3$ 下的坐标;

(2) 求向量 $\boldsymbol{\beta}=2\boldsymbol{\alpha}_1-\boldsymbol{\alpha}_2+3\boldsymbol{\alpha}_3$ 在基 $\boldsymbol{\beta}_1,\boldsymbol{\beta}_2,\boldsymbol{\beta}_3$ 下的坐标.

2. 设 $T$ 为 $R^3$ 上的线性变换,已知 $T$ 在自然基 $\boldsymbol{\varepsilon}_1=\begin{pmatrix}1\\0\\0\end{pmatrix},\boldsymbol{\varepsilon}_2=\begin{pmatrix}0\\1\\0\end{pmatrix},\boldsymbol{\varepsilon}_3=\begin{pmatrix}0\\0\\1\end{pmatrix}$ 下的矩阵为 $\boldsymbol{A}=\begin{pmatrix}0&2&6\\-1&0&3\\1&-1&2\end{pmatrix}$,求 $T$ 在基 $\boldsymbol{\eta}_1=\boldsymbol{\varepsilon}_1,\boldsymbol{\eta}_2=\boldsymbol{\varepsilon}_1+\boldsymbol{\varepsilon}_2,\boldsymbol{\eta}_3=\boldsymbol{\varepsilon}_1+\boldsymbol{\varepsilon}_2+\boldsymbol{\varepsilon}_3$ 下的矩阵.

3. 设 $T$ 为 $R^3$ 上的线性变换,且 $T\begin{pmatrix}1\\0\\2\end{pmatrix}=\begin{pmatrix}-1\\0\\3\end{pmatrix},T\begin{pmatrix}1\\1\\0\end{pmatrix}=\begin{pmatrix}0\\2\\1\end{pmatrix},T\begin{pmatrix}1\\1\\1\end{pmatrix}=\begin{pmatrix}-2\\1\\4\end{pmatrix}$,

(1) 求 $T$ 在自然基 $\boldsymbol{\varepsilon}_1,\boldsymbol{\varepsilon}_2,\boldsymbol{\varepsilon}_3$ 下的矩阵表示;

(2) 求 $T$ 在基 $\boldsymbol{\alpha}_1=\begin{pmatrix}-1\\0\\2\end{pmatrix},\boldsymbol{\alpha}_2=\begin{pmatrix}0\\1\\1\end{pmatrix},\boldsymbol{\alpha}_3=\begin{pmatrix}3\\-1\\0\end{pmatrix}$ 下的矩阵表示.

4. 在线性空间 $R[x]_n$,定义求导变换 $D(f(x))=f'(x)$,求其在基 $1,x,\cdots,x^{n-1}$ 下的矩阵.

5. 设 $T$ 为 $R^3$ 上的线性变换,且 $T$ 对基 $\boldsymbol{\alpha}_1=\begin{pmatrix}1\\0\\1\end{pmatrix},\boldsymbol{\alpha}_2=\begin{pmatrix}0\\1\\0\end{pmatrix},\boldsymbol{\alpha}_3=\begin{pmatrix}0\\0\\1\end{pmatrix}$ 的像分别为 $T\boldsymbol{\alpha}_1=\begin{pmatrix}1\\0\\2\end{pmatrix},T\boldsymbol{\alpha}_2=\begin{pmatrix}-1\\2\\-1\end{pmatrix},T\boldsymbol{\alpha}_3=\begin{pmatrix}1\\0\\0\end{pmatrix}$. 试求:

(1) 线性变换 $T$ 在基 $\boldsymbol{\alpha}_1,\boldsymbol{\alpha}_2,\boldsymbol{\alpha}_3$ 下的矩阵 $\boldsymbol{A}$;

(2) 线性变换 $T$ 在自然基 $\boldsymbol{\varepsilon}_1,\boldsymbol{\varepsilon}_2,\boldsymbol{\varepsilon}_3$ 下的矩阵 $\boldsymbol{B}$;

(3) 验证矩阵 $\boldsymbol{A}$ 相似于矩阵 $\boldsymbol{B}$.

第8章

# MATLAB数学实验

本章基于 MATLAB 软件，设计了一系列实验，让学生学会使用 MATLAB 进行线性代数的相关计算，并真正深刻领悟理论知识.

## 8.1 MATLAB 在行列式中的应用

MATLAB 对应求行列式的命令如下：

det(A)　% 计算方阵 A 的行列式

【例 8-1】计算行列式 $\begin{vmatrix} 2 & -6 & 4 & 4 \\ -3 & 4 & 0 & 9 \\ 2 & -2 & 6 & 2 \\ 3 & -3 & 8 & 3 \end{vmatrix}$ 的值.

在 MATLAB 命令窗口输入：

```
>>A= [2,-6,4,4;-3,4,0,9;2,-2,6,2;3,-3,8,3]
>>det(A)
```

执行结果如下：

```
A =   2     -6      4      4
     -3      4      0      9
      2     -2      6      2
      3     -3      8      3
ans = -100
```

【例 8-2】计算行列式 $\begin{vmatrix} a & 2 & 0 & 0 \\ -2 & b & 2 & 0 \\ 0 & -2 & c & 2 \\ 0 & 0 & -2 & d \end{vmatrix}$ 的值，其中 $a,b,c,d$ 是参数.

在 MATLAB 命令窗口输入：

```
>>syms a b c d  % 定义符号变量
>>A=[a,2,0,0;-2,b,2,0;0,-2,c,2;0,0,-2,d]
>>det(A)
```

执行结果如下：

```
A =[  a,   2,   0,   0]
   [ -2,   b,   2,   0]
```

```
  [ 0, -2, c, 2]
  [ 0,  0, -2, d]
ans =4a*b+4a*d+4c*d+a*b*c*d+16
```

【例 8-3】 求方程 $\begin{vmatrix} 1 & 1 & 1 & 1 \\ 2 & 3 & 4 & x \\ 4 & 9 & 16 & x^2 \\ 8 & 27 & 64 & x^3 \end{vmatrix}=0$ 的根 .

(1) 先求行列式的值.

在 MATLAB 命令窗口输入:

```
>>syms x
>>A=[1,1,1,1;2,3,4,x;4,9,16,x^2;8,27,64,x^3]
>>y=det(A)
```

执行结果如下:

```
A =
[1,  1,   1,   1]
[2,  3,   4,   x]
[4,  9,  16, x^2]
[8, 27, 64, x^3]
y=2*x^3-18*x^2+52*x-48
```

(2) 求 3 次方程的根 .

在 MATLAB 命令窗口输入 3 次方程的系数:

```
>>P=[2,-18,52,-48]
>>C=roots(P)
```

执行结果如下:

```
c =
    4.0000
    3.0000
    2.0000
```

可知方程的 3 个根分别为 2,3,4.

【例 8-4】 问 $a$ 取何值时,齐次方程组

$$\begin{cases} ax_1+x_2+x_3=0 \\ x_1+bx_2+x_3=0 \\ x_1+2bx_2+x_3=0 \end{cases}$$

有非零解?

根据齐次方程组有非零解,系数行列式为零,在 MATLAB 命令窗口输入:

```
>>syms x y
>>A=[a,1,1;1,b,1;1,2*b,1];
>>B=det(A)
```

执行结果如下：

```
B =b-a*b
```

显然若 $B=0$，即 $a=1$ 或 $b=0$ 时，齐次方程组有非零解.

## 8.2 MATLAB 在矩阵中的应用

### 8.2.1 矩阵的表示

【例 8-5】输入矩阵 $\boldsymbol{A}=\begin{pmatrix}1 & 1 & 2\\ -1 & 0 & 3\\ 4 & -5 & 6\end{pmatrix}$，可以在命令窗口中输入：

```
>>A=[1 1 2;-1 0 3;4 -5 6]
A =
     1    1    2
    -1    0    3
     4   -5    6
```

### 8.2.2 矩阵的基本运算

1）矩阵的加法

MATLAB 对应求矩阵加法的操作符为“+”.

【例 8-6】$\boldsymbol{A}=\begin{bmatrix}1 & 1 & 1\\ 1 & 1 & -1\\ 1 & -1 & 1\end{bmatrix}$，$\boldsymbol{B}=\begin{bmatrix}1 & 2 & 3\\ -1 & -2 & 4\\ 0 & 5 & 1\end{bmatrix}$，计算 $\boldsymbol{A}+\boldsymbol{B}$.

在 MATLAB 命令窗口中输入：

```
>>A=[1,1,1;1,1,-1;1,-1,1];
>>B=[1,2,3;-1,-2,4;0,5,1];
>>C=A+B
```

执行结果如下：

```
C =
     2    3    4
     0   -1    3
     1    4    2
```

2）矩阵的数乘

MATLAB 对应求矩阵数乘的操作符为“ * ”.

【例 8-7】$\boldsymbol{A}=\begin{bmatrix}1 & 1 & 1\\ 1 & 1 & -1\\ 1 & -1 & 1\end{bmatrix}$，计算 $3\boldsymbol{A}$.

在 MATLAB 命令窗口中输入：

```
>>A=[1,1,1;1,1,-1;1,-1,1];
>>B=3*A
```

执行结果如下：

```
B =

    3   3    3
    3   3   -3
    3  -3    3
```

3）矩阵的乘法

MATLAB 对应求矩阵乘法的操作符为“ * ”.

【例 8-8】 $\boldsymbol{A}=\begin{bmatrix}1 & 1 & 1\\ 1 & 1 & -1\\ 1 & -1 & 1\end{bmatrix}$，$\boldsymbol{B}=\begin{bmatrix}1 & 2 & 3\\ -1 & -2 & 4\\ 0 & 5 & 1\end{bmatrix}$，计算 $\boldsymbol{AB}$.

在 MATLAB 命令窗口中输入：

```
>>A=[1,1,1;1,1,-1;1,-1,1];
>>B=[1,2,3;-1,-2,4;0,5,1];
>>C=A*B
```

执行结果如下：

```
C =

    0   5    8
    0  -5    6
    2   9    0
```

4）方阵的幂

MATLAB 对应求矩阵的幂的操作符为“^”.

【例 8-9】 $\boldsymbol{A}=\begin{bmatrix}1 & 2 & 3\\ -1 & -2 & 4\\ 0 & 5 & 1\end{bmatrix}$，计算 $\boldsymbol{A}^3$.

在 MATLAB 命令窗口中输入：

```
>>A=[1,2,3;-1,-2,4;0,5,1];
>>B =A^3
```

执行结果如下：

```
B =

   -14    42    63
   -21   -77    84
     0   105   -14
```

5）矩阵的转置

MATLAB 对应求矩阵转置的操作符为“ ' ”.

【例 8-10】 $\boldsymbol{A}=\begin{bmatrix}1 & 2 & 3\\-1 & -2 & 4\\0 & 5 & 1\end{bmatrix}$，计算 $\boldsymbol{A}^{\mathrm{T}}$.

在 MATLAB 命令窗口中输入：

```
>>A=[1,2,3;-1,-2,4;0,5,1];
>>B=A'
```

执行结果如下：

```
B =
    1  -1  0
    2  -2  5
    3   4  1
```

6）方阵的行列式

MATLAB 对应求方阵行列式的命令如下：

```
det(A)   % A 代表待求行列式的方阵
```

【例 8-11】 $\boldsymbol{A}=\begin{bmatrix}1 & 2 & 3\\2 & 2 & 1\\3 & 4 & 3\end{bmatrix}$，计算 $\boldsymbol{A}$ 的行列式 .

在 MATLAB 命令窗口中输入：

```
>>A=[1,2,3;2,2,1;3,4,3];
>>B=det(A)
```

执行结果如下：

```
B =
    2.0000
```

7）方阵的逆矩阵

MATLAB 对应求方阵的逆矩阵的命令如下：

```
inv(A)   % A 代表待求逆矩阵的方阵
```

【例 8-12】 $\boldsymbol{A}=\begin{bmatrix}1 & 2 & 3\\2 & 2 & 1\\3 & 4 & 3\end{bmatrix}$，计算 $\boldsymbol{A}$ 的逆矩阵 .

在 MATLAB 命令窗口中输入：

```
>>A=[1,2,3;2,2,1;3,4,3];
>>B=inv(A)
```

执行结果如下：

```
B =
     1.0000    3.0000   -2.0000
    -1.5000   -3.0000    2.5000
     1.0000    1.0000   -1.0000
```

8）矩阵的几种特殊运算

"A\B"左除表示 $\boldsymbol{A}^{-1}\boldsymbol{B}$；"A/B"右除表示 $\boldsymbol{AB}^{-1}$；"A. * B"矩阵元素符号前加"."，其含义是矩阵元素的群运算(对应元素相乘)；round(A)表示对矩阵 $\boldsymbol{A}$ 中所有元素进行四舍五入运算.

【例 8-13】设 $\boldsymbol{A}=\begin{pmatrix}1&2&-1\\0&1&2\\-3&6&4\end{pmatrix}$，$\boldsymbol{B}=\begin{pmatrix}-1&0&1\\0&2&2\\3&5&1\end{pmatrix}$，求 $\boldsymbol{A}\backslash\boldsymbol{B}$，$\boldsymbol{A}/\boldsymbol{B}$，$\boldsymbol{A}.^{*}\boldsymbol{B}$.

在 MATLAB 命令窗口中输入：

```
>>A=[1 2 -1;0 1 2;-3 6 4]
>>B=[-1 0 1;0 2 2;3 5 1]
>>inv(A)*B
ans =
      -1    3/23    31/23
       0    8/23     6/23
       0   19/23    20/23
>>A*inv(B)
ans =
       5     -4       2
      -3      3      -1
      18   -19/2      5
>>A.* B
ans =
      -1    0   -1
       0    2    4
      -9   30    4
```

### 8.2.3 矩阵的初等变换

1. 矩阵的三种初等变换

1) 对调 $i$，$j$ 两行(列).

2) 以数 $k\neq0$ 乘矩阵 $\boldsymbol{A}$ 的第 $i$ 行(列)中所有元素.

3) 把第 $i$ 行(列)所有元素的 $k$ 倍加到第 $j$ 行(列)的元素上去.

用 MATLAB 实现以上初等行变换的命令如下：

```
A([i,j],:)=A([j,i],:)
A(i,:)=k*A(i,:)
A(j,:)=k*A(i,:)+A(j,:)
```

【例 8-14】$\boldsymbol{A}=\begin{bmatrix}1&2&3\\2&2&1\\3&4&3\end{bmatrix}$，计算交换一、二两行得到 $\boldsymbol{B}$，将 $\boldsymbol{B}$ 的第二行乘以 3 得到

$\boldsymbol{C}$，将 $\boldsymbol{C}$ 的第三行乘以 2 加到第一行得到 $\boldsymbol{D}$，求 $\boldsymbol{D}$.

在 MATLAB 命令窗口中输入：

```
>>A=[1,2,3;2,2,1;3,4,3];
>>A([2,1],:)=A([1,2],:)
>>B=A
```

执行结果如下：

```
B =
    2  2  1
    1  2  3
    3  4  3
>>B(2,:)=3*B(2,:)
>>C=B
```

执行结果如下：

```
C =
    2  2  1
    3  6  9
    3  4  3
>>C(1,:)=2*C(3,:)+C(1,:)
>>D=C
```

执行结果如下：

```
D=
    8  10  7
    3   6  9
    3   4  3
```

2. 用矩阵初等变换化矩阵为行最简形

MATLAB 对应化矩阵为行最简形的命令如下：

```
rref(A)   % A 代表待化为行最简形的矩阵
```

【例 8-15】 把矩阵 $\boldsymbol{A}=\begin{pmatrix}1 & 2 & 2 & 1\\ 2 & 1 & -2 & -2\\ 1 & -1 & -4 & -3\end{pmatrix}$ 化为行最简形矩阵.

在 MATLAB 命令窗口中输入：

```
A=[1,2,2,1;2,1,-2,-2;1,-1,-4,-3];
format rat%以分数的形式显示结果
rref(A)
```

执行结果如下：

```
ans =
       1     0     -2     -5/3
       0     1      2      4/3
       0     0      0       0
```

3. 矩阵的秩

MATLAB 对应求矩阵秩的命令如下：

rank(A) %A 为待求秩的矩阵

【例 8-16】 设 $A=\begin{pmatrix} 3 & 2 & 0 & 5 & 0 \\ 3 & -2 & 3 & 6 & -1 \\ 2 & 0 & 1 & 5 & -3 \\ 1 & 6 & -4 & -1 & 4 \end{pmatrix}$，求矩阵 $A$ 的秩，并求 $A$ 的一个最高阶非零子式.

在 MATLAB 命令窗口中输入：

```
A=[3,2,0,5,0;3,-2,3,6,-1;2,0,1,5,-3;1,6,-4,-1,4];
rank(A)
rref(A)
```

执行结果如下：

```
ans = 3
ans = 1    0    1/2    0    7/2
      0    1    -3/4   0    -1/4
      0    0    0      1    - 2
```

观察 $A$ 的最简形，有 3 行非零，也可知矩阵 $A$ 的秩为 3，且最高阶子式可选第 1,2,3 行第 1,2,4 列构成的子式. 命令如下：

```
zishi=A(1:3,[1 2 4])
zishi =
      3      2      5
      3     -2      6
      2      0      5
det(zishi)
ans =-16     % 验证该子式不为零
```

### 8.2.4 特殊矩阵的生成

某些特殊矩阵可以直接调用相应的函数得到，例如：

zeros(m,n)可以生成一个 m 行 n 列的零矩阵.

ones(m,n)可以生成一个 m 行 n 列元素都是 1 的矩阵.

eye(n)可以生成一个 n 阶的单位矩阵.

rand(m,n)可以生成一个 m 行 n 列的随机矩阵.

vander(V)可以生成以向量 V 为基础向量的范德蒙矩阵.

magic(n)可以生成一个 n 阶魔方矩阵.

hilb(n)可以生成一个 n 阶希尔伯特矩阵.

invhilb(n)可以生成 n 阶的希尔伯特矩阵的逆矩阵.

【例 8-17】 随机生成一个 3×4 的矩阵．

在 MATLAB 命令窗口中输入：

```
>>rand(3,4)
ans=
1078/9059      547/1607      1927/2565      1287/1841
 457/917        580/991       388/1521      2752/3089
1049/1093      438/1957       637/1259       542/565
```

【例 8-18】 生成一个以向量(1,2,3,5)为基础向量的范得蒙矩阵．

在 MATLAB 命令窗口中输入：

```
>>vander([1;2;3;5])
ans=
        1        1        1        1
        8        4        2        1
       27        9        3        1
      125       25        5        1
```

## 8.3 MATLAB 在向量空间中的应用

### 8.3.1 向量组的秩

【例 8-19】 求向量组$[0,-1,2,3]^T$,$[1,4,0,-1]^T$,$[3,1,4,2]^T$,$[-2,2,-2,0]^T$ 的秩．

先将向量组转换为其所对应的矩阵，再求其秩．

在 MATLAB 命令窗口中输入：

```
>>A=[0 1 3 -2;-1 4 1 2;2 0 4 -2;3 -1 2 0]
A =
       0        1        3       -2
      -1        4        1        2
       2        0        4       -2
       3       -1        2        0
>>rank(A)
ans =
      3
```

故可知向量组的秩为 3.

### 8.3.2 向量组的线性相关性判断

【例 8-20】 判断向量组 $\boldsymbol{\alpha}_1=[1,1,2,3]^T$,$\boldsymbol{\alpha}_2=[1,-1,1,1]^T$,$\boldsymbol{\alpha}_3=[2,0,3,3]^T$,$\boldsymbol{\alpha}_4=[3,1,5,4]^T$ 是否线性相关？

由 $\boldsymbol{\alpha}_1,\boldsymbol{\alpha}_2,\boldsymbol{\alpha}_3,\boldsymbol{\alpha}_4$ 所组成的矩阵 $\boldsymbol{A}=\begin{pmatrix}1&1&2&3\\1&-1&0&1\\2&1&3&5\\3&1&3&4\end{pmatrix}$，求出 $\boldsymbol{A}$ 的秩或者 $\boldsymbol{A}$ 的行列式，即可判断其线性相关性.

在 MATLAB 命令窗口中输入：

```
>>A=[1 1 2 3;1 -1 0 1;2 1 3 5;3 1 3 4];
>>rank(A)
ans =
      3
```

即 $r(\boldsymbol{A})=3<4$，故 $\boldsymbol{\alpha}_1,\boldsymbol{\alpha}_2,\boldsymbol{\alpha}_3,\boldsymbol{\alpha}_4$ 线性相关.

### 8.3.3 向量组的极大无关组

【例 8-21】 设矩阵 $\boldsymbol{A}=\begin{bmatrix}2&-1&-1&1&2\\1&1&-2&1&4\\4&-6&2&-2&4\\3&6&-9&7&9\end{bmatrix}$，求矩阵 $\boldsymbol{A}$ 的列向量组的一个极大无关组，并把不属于极大无关组的列向量组用极大无关组线性表示.

在 MATLAB 命令窗口中输入：

```
>>A=[2,-1,-1,1,2;1,1,-2,1,4;4,-6,2,-2,4;3,6,-9,7,9];
>>rref(A)
```

执行结果如下：

```
ans = 1     0     -1     0     4
      0     1     -1     0     3
      0     0     0      1     -3
      0     0     0      0     0
```

结果说明向量组的秩为 3，列向量组的极大无关组含 3 个向量，取矩阵 $\boldsymbol{A}$ 的第 1,2,4 列作为列向量组的一个极大无关组，其余向量用极大无关组线性表示为

$$\boldsymbol{\alpha}_3=-\boldsymbol{\alpha}_1-\boldsymbol{\alpha}_2,\quad \boldsymbol{\alpha}_5=4\boldsymbol{\alpha}_1+3\boldsymbol{\alpha}_2-3\boldsymbol{\alpha}_3$$

### 8.3.4 向量的长度（范数）

MATLAB 求向量的长度的命令如下：

```
norm (X)             % 求 X 的范数
```

【例 8-22】 求 $\boldsymbol{\alpha}=(1,2,3,4)$ 的长度.

在 MATLAB 命令窗口中输入：

```
>>a=[1,2,3,4]
```

```
>>norm (a)
ans =
5.477225575051661188297202897956 6
```

# 8.4 MATLAB 在线性方程组中的应用

## 8.4.1 求齐次线性方程组的通解

在 MATLAB 中，函数 null 用来求解零空间，即满足 $\boldsymbol{AX}=\boldsymbol{0}$ 的解空间，实际上是求出解空间的一组基（基础解系）.

格式如下：

```
B=null (A)          % B 的列向量为方程组的正交规范基，满足于 Z^T Z=E
B=null(A,'r')       % B 的列向量为方程组 AX=0 的有理基
```

【例 8-23】 求齐次线性方程组的通解.

$$\begin{cases}x_1+2x_2-x_3-2x_4=0\\2x_1-x_2-x_3+x_4=0\\3x_1+x_2-2x_3-x_4=0\end{cases}$$

**解** 该方程组的矩阵表示形式为 $\begin{pmatrix}1&2&-1&-2\\2&-1&-1&1\\3&1&-2&-1\end{pmatrix}\boldsymbol{X}=\boldsymbol{O}$.

在 MATLAB 命令窗口中输入：

```
A=[1 2 -1 -2;2 -1 -1 1;3 1 -2 -1];
null(A,'r')
ans =
    0.6000         0
    0.2000    1.0000
    1.0000         0
         0    1.0000
```

即两个基础解系分别为 $\boldsymbol{\eta}_1=\begin{pmatrix}0.6\\0.2\\1\\0\end{pmatrix}$，$\boldsymbol{\eta}_1=\begin{pmatrix}0\\1\\0\\1\end{pmatrix}$，故原方程通解为 $y=k_1\boldsymbol{\eta}_1+k_2\boldsymbol{\eta}_2$（$k_1,k_2$ 为任意常数）.

## 8.4.2 求非齐次线性方程组的通解

非齐次线性方程组需要先判断方程组是否有解，若有解，再去求通解，因此步骤如下.

第一步：判断 $\boldsymbol{AX}=\boldsymbol{b}$ 是否有解，若有解则进行第二步；

第二步：求 $\boldsymbol{AX}=\boldsymbol{b}$ 的一个特解；

第三步：求 $\boldsymbol{AX}=\boldsymbol{O}$ 的通解；

第四步：$\boldsymbol{AX}=\boldsymbol{b}$ 的通解等于 $\boldsymbol{AX}=\boldsymbol{O}$ 的通解加上 $\boldsymbol{AX}=\boldsymbol{b}$ 的一个特解.

【例 8-24】 求解方程组

$$\begin{cases} x_1-2x_2+3x_3-x_4=1 \\ 3x_1-x_2+5x_3-3x_4=2 \\ 2x_1+x_2+2x_3-2x_4=3 \end{cases}$$

在 MATLAB 编辑器中建立 M 文件：fcz1. m.

```
A=[1 -2 3 -1;3 -1 5 -3;2 1 2 -2];
b=[1 2 3]';
B=[A b];
n=4;
R_A=rank(A)
R_B=rank(B)
format rat
if R_A==R_B&R_A==n                  % 判断有唯一解
    X=A\b
elseif R_A==R_B&R_A<n               % 判断有无穷解
    X=A\b                           % 求特解
    C=null(A,'r')                   % 求 AX=0 的基础解系
else X='equation no solve'          % 判断无解
end
```

运行后结果显示如下：

```
R_A =
     2
R_B =
     3
X =
  equition no solve
```

说明该方程组无解.

【例 8-25】 求方程组的通解

$$\begin{cases} x_1+x_2-3x_3-x_4=1 \\ 3x_1-x_2-3x_3+4x_4=4 \\ x_1+5x_2-9x_3-8x_4=0 \end{cases}$$

在 MATLAB 命令窗口中输入：

```
A=[1 1 -3 -1;3 -1 -3 4;1 5 -9 -8];
b=[1 4 0]';
B=[A b];
```

```
C=rref(B)                % 求增广矩阵的行最简形,可得最简同解方程组
```

运行结果显示如下:

```
C =

    1       0      -3/2       3/4       5/4
    0       1      -3/2      -7/4      -1/4
    0       0       0         0         0
```

对应齐次方程组的基础解系为

$$\boldsymbol{\xi}_1=\begin{pmatrix}\frac{3}{2}\\\frac{3}{2}\\1\\0\end{pmatrix},\quad \boldsymbol{\xi}_2=\begin{pmatrix}-\frac{3}{4}\\\frac{7}{4}\\0\\1\end{pmatrix}$$

非齐次方程组的特解为

$$\boldsymbol{\eta}^*=\begin{pmatrix}\frac{5}{4}\\-\frac{1}{4}\\0\\0\end{pmatrix}$$

所以原方程组的通解为

$$\boldsymbol{X}=k_1\boldsymbol{\xi}_1+k_2\boldsymbol{\xi}_2+\boldsymbol{\eta}^*$$

## 8.5 MATLAB 在矩阵的特征值与特征向量中的应用

### 8.5.1 求矩阵的特征值与特征向量

MATLAB 求矩阵特征值与特征向量的命令如下:

```
d= eig(A)        % 返回由矩阵 A 的特征值组成的列向量
[V, D]=eig(A)    % D 为 A 的特征值对角阵,V 的列向量为对应特征值的特征向量(且
                   为单位向量)
```

【例 8-26】 求矩阵 $\boldsymbol{A}=\begin{pmatrix}-1&1&0\\-4&3&0\\1&0&2\end{pmatrix}$ 的特征值与特征向量.

在 MATLAB 命令窗口中输入:

```
>>A=[-1 1 0;-4 3 0; 1 0 2]
A =
```

```
    -1      1      0
    -4      3      0
     1      0      2
>>E=eig(A)
E =
    2
    1
    1
>>[V,D]=eig(A)
V =
         0          0.4082       0.4082
         0          0.8165       0.8165
    1.0000         -0.4082      -0.4082
D =
    2      0      0
    0      1      0
    0      0      1
```

## 8.5.2 用 MATLAB 实现实对称矩阵的对角化

实对称矩阵都是可以对角化的，且存在正交矩阵 $\boldsymbol{Q}$，使得 inv($\boldsymbol{Q}$)$\boldsymbol{AQ}$ 为对角阵，对角阵的对角线元素为矩阵 $\boldsymbol{A}$ 的特征值，对于实对称矩阵，特征值分解函数 eig($\boldsymbol{A}$)返回的特征向量矩阵就是正交矩阵.

【例 8-27】 求一个正交的相似变换矩阵，把矩阵 $\boldsymbol{A}=\begin{pmatrix}0&1&1&-1\\1&0&-1&1\\1&-1&0&1\\-1&1&1&0\end{pmatrix}$ 化为对角阵.

在 MATLAB 命令窗口中输入：

```
>>a=[0,1,1,-1;1,0,-1,1;1,-1,0,1;-1,1,1,0];
>>[d,v]=eig(a)
>>d'* d                  % 验证 d 为正交矩阵
>>d'*a*d                 % 验证矩阵可对角化
```

执行结果如下：

```
d = -0.5000     0.2887     0.7887     0.2113
     0.5000    -0.2887     0.2113     0.7887
     0.5000    -0.2887     0.5774    -0.5774
    -0.5000    -0.8660        0          0
```

```
v =    -3.0000        0          0          0
            0     1.0000         0          0
            0         0     1.0000          0
            0         0          0     1.0000
ans =   1.0000    0.0000          0          0
        0.0000    1.0000    -0.0000     0.0000
            0    -0.0000     1.0000          0
            0     0.0000          0     1.0000
ans =  -3.0000         0          0          0
       -0.0000    1.0000          0          0
            0    -0.0000     1.0000     0.0000
            0     0.0000     0.0000     1.0000
```

要求的正交相似变换矩阵为 $\boldsymbol{d}$，对角阵为 $\boldsymbol{v}$.

# 8.6 MATLAB 在二次型中的应用

## 8.6.1 矩阵的正交矩阵

MATLAB 求矩阵的正交矩阵的命令如下：

```
orth(A)          % 将矩阵 A 正交规范化
```

【例 8-28】 求矩阵 $\boldsymbol{A}=\begin{pmatrix}4&0&0\\0&3&1\\0&1&3\end{pmatrix}$ 的正交矩阵 $\boldsymbol{Q}$.

在 MATLAB 命令窗口中输入：

```
>>A=[4 0 0;0 3 1;0 1 3];
>>P=orth(A)
>>P=
          0           1            0
    -985/1393         0     -985/1393
    -985/1393         0      985/1393

format short
>>P
>>P =
          0      1.0000          0
    -0.7071          0     -0.7071
    -0.7071          0      0.7071
```

```
>>Q=P'*P
>>Q=
      1.0000        0       0.0000
        0       1.0000        0
      0.0000        0       1.0000
```

### 8.6.2 用 MATLAB 实现化二次型为标准形

【例 8-29】 求一正交变换化二次型 $f=x_1^2+x_2^2+x_3^2+4x_1x_2+4x_1x_3+4x_2x_3$ 为标准形.

在 MATLAB 命令窗口中输入：

```
>>A=[1,2,2;2,1,2;2,2,1];
>>[P,D]=eig(A)
```

执行结果如下：

```
P =  0.6015     0.5522     0.5774
    0.1775    -0.7970     0.5774
   -0.7789     0.2448     0.5774
D =    -1.0000          0          0
          0        -1.0000        0
          0             0       5.0000
```

$\boldsymbol{V}$ 就是所求的正交矩阵，使得 $\boldsymbol{V}'\boldsymbol{AV}=\boldsymbol{D}$，所以令 $\boldsymbol{X}=\boldsymbol{PY}$，化简后的二次型为 $f=-y_1^2-y_2^2+5y_3^2$.

### 8.6.3 用 MATLAB 实现二次型正定性的判别

判别二次型正定性的代码如下：

```
function y=zhd(a)   % 返回 1 代表正定,-1 代表负定,0 代表既非正定又非负定
y=0;
d=eig(a);
if sum(d> 0)==size(a)    % 判别特征值是否全为正

    y=1;
else
    y=-1;
    for i=1:size(a)
      b=a(1:i,1:i);
      if (-1)^i*det(b)<=0   % 判别矩阵的奇数阶主子式是否为负,偶数阶是否为
                              正.
```

```
        y=0;
        return
      end
    end
end
```

【例 8-30】 判别二次型 $f=-5x_1^2-6x_2^2-4x_3^2+4x_1x_2+4x_1x_3$ 的正定性．

解 $f$ 的矩阵为 $\boldsymbol{A}=\begin{pmatrix}-5 & 2 & 2\\ 2 & -6 & 0\\ 2 & 0 & -4\end{pmatrix}$.

在 MATLAB 命令窗口中输入：

```
>>a=[-5,2,2;2,-6,0;2,0,-4]
>>zhd(a)
```

执行结果如下：

```
ans =   -1
```

说明二次型是负定的．

# 附录A 部分习题参考答案

## 习 题 一

**A 题**

1. (1) $-7$;(2) $-13$.

2. (1) 5;(2) 11.

3. (1) $i=8,k=3$;(2) $i=6,k=3$.

4. $x^4$ 的系数为 2,$x^3$ 的系数为$-1$.

5. (1) 18;(2) $-21$;(3) 5;(4) $1-a^4$.

6. (1) $4abcdef$;(2) $-2(a^3+b^3)$;(3) $4a_1a_2a_3$;(4) 0. 提示:将行列式拆成两个行列式,前一个行列式分别在第一、二、三、四列中提出 $a,b,c,d$.

7. (1) $\frac{1}{2}n(n+1)$;(2) $a^n-a^{n-2}$;(3) $(-2)^{n-1}$;(4) $(-1)^{n-1}(n-1)$.

8. (1) $1+(-1)^{n+1}a_1a_2\cdots a_n$;(2) $a\prod_{i=1}^{n}x_i$;(3) $n!(n-1)!(n-2)!\cdots 2!1!$;

(4) $\prod_{i=1}^{n}a_i\cdot\left(1+\sum_{i=1}^{n}\frac{1}{a_i}\right)$.

9. $x_1=1,x_2=2,\cdots,x_{n-1}=n-1$ 为方程的全部根.

10. (1) 4; (2) 18.

11. $\lambda=1$.

**B 题**

1. (1) 1200;(2) $-1344$. 提示:把第二、三、四行加到第一行,然后用范德蒙行列式.

2. (1) $a_1x^{n-1}+a_1x^{n-1}+a_2x^{n-2}+\cdots+a_{n-1}x+a_n$;(2) $n+1$;(3) $2^{n+1}-2$.

3. (1) $-9$;(2) 18.

## 习 题 二

**A 题**

1. (1) $\boldsymbol{A}+\boldsymbol{B}=\begin{pmatrix}6&3\\3&4\end{pmatrix}$;(2) $\boldsymbol{A}-\boldsymbol{B}=\begin{pmatrix}4&3\\-3&-2\end{pmatrix}$;(3) $\boldsymbol{A}+\boldsymbol{C}+2\boldsymbol{B}=\begin{pmatrix}8&4\\5&6\end{pmatrix}$

2. (1) $\begin{pmatrix}6\\-2\\11\end{pmatrix}$;(2) 1;(3) $\begin{pmatrix}-4&8&4\\-2&4&2\\-1&2&1\end{pmatrix}$;(4) $\begin{pmatrix}2&2&-3\\6&-2&3\\-2&-1&6\end{pmatrix}$;(5) $\begin{pmatrix}2&-4&-2\\-3&-2&-1\\-3&3&6\end{pmatrix}$

3. (1) $\begin{pmatrix} 3 & -1 \\ -2 & 1 \end{pmatrix}$;(2) $\begin{pmatrix} -\frac{4}{3} & -\frac{1}{3} & 1 \\ \frac{2}{3} & -\frac{1}{3} & 0 \\ -1 & -1 & 1 \end{pmatrix}$;(3) $\begin{pmatrix} 1 & -1 & 0 & 0 \\ 0 & 1 & -1 & 0 \\ 0 & 0 & 1 & -1 \\ 0 & 0 & 0 & 1 \end{pmatrix}$;

(4) $\begin{pmatrix} -\frac{2}{3} & \frac{1}{3} & \frac{1}{3} & \frac{1}{3} \\ \frac{1}{3} & -\frac{2}{3} & \frac{1}{3} & \frac{1}{3} \\ \frac{1}{3} & \frac{1}{3} & -\frac{2}{3} & \frac{1}{3} \\ \frac{1}{3} & \frac{1}{3} & \frac{1}{3} & -\frac{2}{3} \end{pmatrix}$;(5) $\begin{pmatrix} 1 & -2 & 0 & 0 \\ -2 & 5 & 0 & 0 \\ 0 & 0 & 2 & -3 \\ 0 & 0 & -3 & 5 \end{pmatrix}$;

(6) $\begin{pmatrix} 0 & 0 & \cdots & 0 & \frac{1}{n} \\ 1 & 0 & \cdots & 0 & 0 \\ 0 & \frac{1}{2} & \cdots & 0 & 0 \\ \vdots & \vdots & & \vdots & \vdots \\ 0 & 0 & \cdots & \frac{1}{n-1} & 0 \end{pmatrix}$.

4. (1) $\boldsymbol{X}=\begin{pmatrix} 3 & 0 \\ -4 & 1 \end{pmatrix}$;(2) $\boldsymbol{X}=\begin{pmatrix} 1 & 6 & -3 \\ 1 & 1 & 0 \\ 0 & -2 & 1 \end{pmatrix}$;(3) $\boldsymbol{X}=\begin{pmatrix} -1 & -1 & 0 \\ 1 & 2 & -1 \\ 1 & 0 & -2 \end{pmatrix}$.

5. $\boldsymbol{B}=\begin{pmatrix} 1 & \frac{4}{3} & \frac{2}{3} \\ 0 & \frac{1}{3} & \frac{2}{3} \\ 2 & \frac{10}{3} & \frac{5}{3} \end{pmatrix}$.

6. $(\boldsymbol{A}-\boldsymbol{E})^{-1}=\begin{pmatrix} 0 & 0 & 1 \\ 0 & 1 & 0 \\ 1 & 0 & 0 \end{pmatrix}$.

7. $\boldsymbol{A}^{-1}$ 的第 $i$ 行和第 $j$ 行对换得到矩阵 $\boldsymbol{B}^{-1}$.

8. $\boldsymbol{A}^*$ 的第 $j$ 行的 $-2$ 倍加到第 $\boldsymbol{j}$ 行得到矩阵 $\boldsymbol{B}^*$.

9. $\boldsymbol{C}^*=\begin{pmatrix} \boldsymbol{O} & 2\boldsymbol{B}^* \\ 3\boldsymbol{A}^* & \boldsymbol{O} \end{pmatrix}$.

10. $A^{-1}=\frac{A-3E}{2}$；$(A-2E)^{-1}=\frac{A-E}{4}$.

11. $\frac{27}{4}$.

12. (1) $\begin{pmatrix}-1 & 0 & 2\\ 0 & -1 & 0\\ 2 & 0 & -2\end{pmatrix}$；(2) $\begin{pmatrix}5 & 0 & 0\\ 0 & 1 & 0\\ 2 & 0 & 0\end{pmatrix}$.

15. $(A^{-1}+B^{-1})^{-1}=B(A+B)^{-1}A$.

16. $|A+B|=0$.

17. $\begin{pmatrix}1 & 0 & 3 & 1\\ 0 & 1 & 2 & -1\\ -1 & 2 & -1 & -1\\ 1 & 1 & 5 & -1\end{pmatrix}$.

18. $[(A^{*})^{\mathrm{T}}]^{-1}=\begin{pmatrix}-1 & 0 & 0\\ 0 & -1 & -2\\ 0 & -3 & -5\end{pmatrix}$.

19. $A^{-1}=\begin{pmatrix}0 & 1 & 0\\ -\frac{1}{2} & 0 & -6\\ 0 & 0 & 1\end{pmatrix}$.

20. $AB=\begin{pmatrix}1 & 1 & 0\\ 2 & 5 & 8\\ 1 & 2 & 3\end{pmatrix}$.

**B 题**

1. $A=A^{9}=\begin{pmatrix}1 & 0 & 0\\ 2 & 0 & 0\\ 6 & -1 & -1\end{pmatrix}$.

3. $\begin{pmatrix}-A & O\\ O & -A\end{pmatrix}$.

4. $|A^{8}|=10^{16}$；$A^{4}=\begin{pmatrix}625 & 0 & 0 & 0\\ 0 & 625 & 0 & 0\\ 0 & 0 & 16 & 0\\ 0 & 0 & 64 & 16\end{pmatrix}$.

5. $B=\begin{pmatrix}6 & 0 & 0 & 0\\ 0 & 6 & 0 & 0\\ 6 & 0 & 6 & 0\\ 0 & 3 & 0 & -1\end{pmatrix}$.

6. $\boldsymbol{A}^{-1}=\begin{pmatrix} 1/6 & 0 & 0 & 0 & 0 & 0 \\ 0 & 0 & 0 & 1 & 0 & 0 \\ 0 & 0 & 0 & -1 & 1 & 0 \\ 0 & 0 & 0 & 0 & -1 & 1 \\ 0 & -3 & 2 & 0 & 0 & 0 \\ 0 & 2 & -1 & 0 & 0 & 0 \end{pmatrix}$.

## 习 题 三

**A 题**

1. $[2,-1,-1]^{\mathrm{T}}$.

2. 300.

3. (1) 线性无关;(2) 线性相关;(3) 线性无关.

4. $a=-1$.

5. $a=-1$ 或 2 时,线性相关.

6. $a=2b$ 时,线性相关.

7. $l\neq t$ 时线性无关.

13. $a=-1$ 或 $b=0$.

14. 向量组 $\boldsymbol{\alpha}_1,\boldsymbol{\alpha}_2,\boldsymbol{\alpha}_3,\boldsymbol{\alpha}_4,\boldsymbol{\alpha}_5$ 的秩为 3,$\boldsymbol{\alpha}_1,\boldsymbol{\alpha}_2,\boldsymbol{\alpha}_4$ 为向量组的一个极大无关组.

$\boldsymbol{\alpha}_3=2\boldsymbol{\alpha}_1+\boldsymbol{\alpha}_2,\boldsymbol{\alpha}_5=\boldsymbol{\alpha}_1+\boldsymbol{\alpha}_2+\boldsymbol{\alpha}_4$.

15. (1) 线性相关;(2) 向量组的秩为 4,$\boldsymbol{\alpha}_1,\boldsymbol{\alpha}_2,\boldsymbol{\alpha}_4,\boldsymbol{\alpha}_5$ 为一个极大无关组.

16. $a=-10$ 或 $a=0$ 时,向量组 $\boldsymbol{\alpha}_1,\boldsymbol{\alpha}_2,\boldsymbol{\alpha}_3,\boldsymbol{\alpha}_4$ 线性相关.

$a=-10$ 时,向量组的秩为 3,$\boldsymbol{\alpha}_1,\boldsymbol{\alpha}_2,\boldsymbol{\alpha}_3$ 是其一个极大无关组,$\boldsymbol{\alpha}_4=-\boldsymbol{\alpha}_1-\boldsymbol{\alpha}_2-\boldsymbol{\alpha}_3$;$a=0$ 时,向量组的秩为 1,$\boldsymbol{\alpha}_1$ 是它的一个极大无关组,$\boldsymbol{\alpha}_2=2\boldsymbol{\alpha}_1,\boldsymbol{\alpha}_3=3\boldsymbol{\alpha}_1,\boldsymbol{\alpha}_4=4\boldsymbol{\alpha}_1$.

17. $a=3,b=0$.

18. 向量组的秩为 3.

19. (1) $\boldsymbol{\beta}_1=(1,1,1)^{\mathrm{T}},\boldsymbol{\beta}_2=(-1,0,1)^{\mathrm{T}},\boldsymbol{\beta}_3=\dfrac{1}{3}(1,-2,1)^{\mathrm{T}}$;

(2) $\boldsymbol{\beta}_1=(1,0,-1,1)^{\mathrm{T}},\boldsymbol{\beta}_2=\dfrac{1}{3}(1,-3,2,1)^{\mathrm{T}},\boldsymbol{\beta}_3=\dfrac{1}{5}(-1,3,3,4)^{\mathrm{T}}$.

20. 因为$(x_1,2x_2,-3x_1)^{\mathrm{T}}=x_1(1,0,-3)^{\mathrm{T}}+x_2(0,2,0)^{\mathrm{T}}$,所以向量集合 $\mathbf{V}$ 是向量 $\boldsymbol{\alpha}_1=(1,0,-3)^{\mathrm{T}}$ 和 $\boldsymbol{\alpha}_2=(0,2,0)^{\mathrm{T}}$ 的生成空间,即 $\mathbf{V}$ 是向量空间.

$\mathbf{V}=\{x_1\boldsymbol{\alpha}_1+x_2\boldsymbol{\alpha}_2\mid x_1,x_2\in R\}$,又因为 $\boldsymbol{\alpha}_1,\boldsymbol{\alpha}_2$ 线性无关,所以 $\boldsymbol{\alpha}_1,\boldsymbol{\alpha}_2$ 为向量空间 $\mathbf{V}$ 的一个基,由此知 $\mathbf{V}$ 是 2 维向量空间.

21. $(2,3,-1)$.

22. $\begin{pmatrix} \frac{1}{2} & 1 & \frac{1}{2} \\ \frac{1}{2} & 0 & \frac{1}{2} \\ -\frac{1}{2} & 0 & \frac{1}{2} \end{pmatrix}$.

23. $[-1,5,-1]$.

**B 题**

1. (1) $\boldsymbol{B}=\begin{pmatrix} 0 & 0 & 0 \\ 1 & 0 & 3 \\ 0 & 1 & -1 \end{pmatrix}$;(2) $|\boldsymbol{A}+\boldsymbol{E}|=|\boldsymbol{B}+\boldsymbol{E}|=-3$.

2. $a=15,b=5$.

3. $a\neq-1$ 时,向量组Ⅰ和向量组Ⅱ的秩均为 3,都和 $R^3$ 等价,从而等价;
   $a=-1$ 时,向量组Ⅰ的秩为 2,向量组Ⅱ的秩为 3,两个向量组不等价.

4. 线性相关.

## 习 题 四

**A 题**

1. (1) 基础解系 $\boldsymbol{\xi}_1=\begin{pmatrix} -2 \\ 1 \\ 0 \\ 0 \end{pmatrix}, \boldsymbol{\xi}_2=\begin{pmatrix} 1 \\ 0 \\ 0 \\ 1 \end{pmatrix}$;通解 $\boldsymbol{X}=k_1\begin{pmatrix} -2 \\ 1 \\ 0 \\ 0 \end{pmatrix}+k_2\begin{pmatrix} 1 \\ 0 \\ 0 \\ 1 \end{pmatrix}, k_1,k_2\in R$.

(2) 基础解系 $\boldsymbol{\xi}=\begin{pmatrix} 4 \\ -9 \\ 4 \\ 3 \end{pmatrix}$;通解 $\boldsymbol{X}=k\begin{pmatrix} 4 \\ -9 \\ 4 \\ 3 \end{pmatrix}, k\in R$.

(3) 基础解系 $\boldsymbol{\xi}=\begin{pmatrix} 0 \\ 0 \\ -1 \\ 1 \end{pmatrix}$;通解 $\boldsymbol{X}=k\begin{pmatrix} 0 \\ 0 \\ -1 \\ 1 \end{pmatrix}, k\in R$.

(4) 基础解系 $\boldsymbol{\xi}_1=\begin{pmatrix} 8 \\ -6 \\ 1 \\ 0 \end{pmatrix}, \boldsymbol{\xi}_2=\begin{pmatrix} -7 \\ 5 \\ 0 \\ 1 \end{pmatrix}$;通解 $\boldsymbol{X}=k_1\begin{pmatrix} 8 \\ -6 \\ 1 \\ 0 \end{pmatrix}+k_2\begin{pmatrix} -7 \\ 5 \\ 0 \\ 1 \end{pmatrix}, k_1,k_2\in R$.

2. $X=k_1\begin{pmatrix} 1 \\ -1 \\ 1 \\ 0 \end{pmatrix}+k_2\begin{pmatrix} 0 \\ -1 \\ 0 \\ 1 \end{pmatrix}, k_1,k_2\in R$.

3. (1) 有唯一解;(2) 无解;(3) 无解;(4) 有无穷多解.

4. (1) $a\neq -1$ 且 $a\neq 3$;(2) $a=-1$.

5. (1) $\begin{pmatrix}x_1\\x_2\\x_3\\x_4\end{pmatrix}=\begin{pmatrix}0\\1\\0\\0\end{pmatrix}+k_1\begin{pmatrix}1\\-2\\0\\0\end{pmatrix}+k_2\begin{pmatrix}0\\1\\1\\0\end{pmatrix}$, $k_1,k_2\in R$.

(2) $\boldsymbol{X}=\begin{pmatrix}1\\0\\1\\0\end{pmatrix}+k\begin{pmatrix}1\\5\\7\\0\end{pmatrix}$, $k\in R$.

(3) $\boldsymbol{X}=\begin{pmatrix}0\\0\\2\\0\end{pmatrix}+k\begin{pmatrix}-4\\0\\1\\5\end{pmatrix}$, $k\in R$.

6. (1) 当 $\lambda\neq -2$ 且 $\lambda\neq 1$ 时,$R(\boldsymbol{A})=R(\boldsymbol{B})=3$,线性方程组有唯一解.

(2) 当 $\lambda=-2$ 时,$R(\boldsymbol{A})=2$,$R(\boldsymbol{B})=3$,线性方程组无解.

(3) 当 $\lambda=1$ 时,$R(\boldsymbol{A})=R(\boldsymbol{B})=1<3$,线性方程组无穷多解,其通解为

$$\boldsymbol{X}=\begin{pmatrix}-2\\0\\0\end{pmatrix}+k_1\begin{pmatrix}-1\\1\\0\end{pmatrix}+k_2\begin{pmatrix}-1\\0\\1\end{pmatrix},k_1,k_2\in R$$

7. (1) 当 $\lambda\neq -2$,$m=5$ 时,线性方程组有唯一解. 当 $m\neq 5$ 时,线性方程组无解. 当 $\lambda=-2$,$m=5$ 时,线性方程组有无穷多解.

(2) 在有无穷多解时,通解为

$$\boldsymbol{X}=\begin{pmatrix}-20\\13\\0\end{pmatrix}+k\begin{pmatrix}7\\-5\\1\end{pmatrix},k\in R$$

11. $\begin{cases}x_1-2x_3+2x_4=0\\x_2+3x_3-4x_4=0\end{cases}$.

12. $\begin{cases}x_2-x_3=-2\\x_1+2x_2-x_4=-2\end{cases}$.

13. $\boldsymbol{X}=k\begin{pmatrix}1\\0\\1\\1\end{pmatrix}$, $k\in R$.

17. $\lambda=1$.

18. (1) $a=-4$ 且 $b\neq 0$.

(2) $a\neq -4$.

(3) $a=-4$ 且 $b=0$,$\boldsymbol{\beta}=\left(k-\frac{1}{2}\right)\boldsymbol{\alpha}_1-2k\boldsymbol{\alpha}_2+\boldsymbol{\alpha}_3$,$k\in R$.

19. (1) $\boldsymbol{\alpha}_1$ 可由 $\boldsymbol{\alpha}_2$,$\boldsymbol{\alpha}_3$ 线性表示.

(2) $\boldsymbol{\alpha}_4$ 不能由 $\boldsymbol{\alpha}_1$,$\boldsymbol{\alpha}_2$,$\boldsymbol{\alpha}_3$ 线性表示.

20. $\boldsymbol{X}=\begin{pmatrix}1\\1\\1\\1\end{pmatrix}+k\begin{pmatrix}1\\-2\\1\\0\end{pmatrix}$,$k\in R$.

**B题**

1. (1) 当 $a=0$ 时,$R(\mathbf{A})=1<n$,方程组有非零解. 此时,方程组的通解为

$$\boldsymbol{x}=k_1\begin{pmatrix}-1\\1\\0\\\vdots\\0\end{pmatrix}+k_2\begin{pmatrix}-1\\0\\1\\\vdots\\0\end{pmatrix}+\cdots+k_{n-1}\begin{pmatrix}-1\\0\\0\\\vdots\\1\end{pmatrix},\quad k_1,k_2,\cdots,k_{n-1}\in R$$

(2) 当 $a=-\frac{n(n+1)}{2}$ 时,$R(\mathbf{A})=n-1<n$,方程组有非零解,此时,方程组的通解为

$$\boldsymbol{x}=k\begin{pmatrix}1\\2\\\vdots\\n\end{pmatrix},\quad k\in R$$

2. 非齐次线性方程组 $\boldsymbol{Ax}=\boldsymbol{b}$ 的通解为

$$\boldsymbol{x}=\boldsymbol{\eta}+k_1\boldsymbol{\xi}_1+k_2\boldsymbol{\xi}_2=\begin{pmatrix}0\\1\\0\end{pmatrix}+k_1\begin{pmatrix}-1\\3\\2\end{pmatrix}+k_2\begin{pmatrix}2\\-3\\1\end{pmatrix},\quad k_1,k_2\in R$$

非齐次线性方程组为 $9x_1+5x_2-3x_3=5$.

3. (2) $a=2$,$b=-3$. 此时,方程组的通解为

$$\boldsymbol{x}=\begin{pmatrix}2\\-3\\0\\0\end{pmatrix}+k_1\begin{pmatrix}-2\\1\\1\\0\end{pmatrix}+k_2\begin{pmatrix}4\\-5\\0\\1\end{pmatrix},\quad k_1,k_2\in R$$

4. $a=1$ 或 $a=2$.

(1) 当 $a=1$ 时,公共解为 $\boldsymbol{x}=k\begin{pmatrix}-1\\0\\1\end{pmatrix}$,$k\in R$;

(2) 当 $a=2$ 时,公共解为 $\boldsymbol{x}=\begin{pmatrix}0\\-1\\1\end{pmatrix}$.

5. 通解为 $\boldsymbol{X}=k_1\boldsymbol{\alpha}_1+k_2\boldsymbol{\alpha}_2+\cdots k_n\boldsymbol{\alpha}_n$,$(k_1,k_2,\cdots,k_n\in R)$. 其中,$\boldsymbol{\alpha}_1=(a_{11},a_{12},\cdots,a_{1,2n})^{\mathrm{T}}$,$\boldsymbol{\alpha}_2=(a_{21},a_{22},\cdots,a_{2,2n})^{\mathrm{T}}$,$\cdots$,$\boldsymbol{\alpha}_n=(a_{n1},a_{n2},\cdots,a_{n,2n})^{\mathrm{T}}$.

## 习 题 五

### A 题

2. (1) $\lambda_1=\lambda_2=4$,$\lambda_3=2$,$\boldsymbol{\alpha}_1=k_1\begin{pmatrix}1\\0\\0\end{pmatrix}+k_2\begin{pmatrix}0\\1\\1\end{pmatrix}$($k_1$、$k_2$ 为不同时为零的任意常数),$\boldsymbol{\alpha}_2=k_3\begin{pmatrix}0\\-1\\1\end{pmatrix}$($k_3$ 为不为零的任意常数).

(2) $\lambda_1=-1$,$\lambda_2=0$,$\lambda_3=9$,$\boldsymbol{\alpha}_1=k_1\begin{pmatrix}1\\-1\\0\end{pmatrix}$,$\boldsymbol{\alpha}_2=k_2\begin{pmatrix}1\\1\\-1\end{pmatrix}$,$\boldsymbol{\alpha}_3=k_3\begin{pmatrix}1\\1\\2\end{pmatrix}$($k_1$、$k_2$、$k_3$ 为不为零的任意常数).

(3) $\lambda_1=\lambda_2=2$,$\lambda_3=1$,$\boldsymbol{\alpha}_1=k_1\begin{pmatrix}5\\1\\0\end{pmatrix}+k_2\begin{pmatrix}3\\0\\1\end{pmatrix}$($k_1$、$k_2$ 为不同时为零的任意常数),$\boldsymbol{\alpha}_2=k_3\begin{pmatrix}2\\-1\\2\end{pmatrix}$($k_3$ 为不为零的任意常数).

(4) $\lambda_1=1$,$\lambda_2=\lambda_3=2$, $\boldsymbol{\alpha}_1=k_1\begin{pmatrix}-1\\1\\1\end{pmatrix}$($k_1$ 为不为零的任意常数),$\boldsymbol{\alpha}_2=k_2\begin{pmatrix}-1\\1\\0\end{pmatrix}+k_3\begin{pmatrix}1\\0\\1\end{pmatrix}$($k_2$、$k_3$ 为任意不同时为零的常数).

(5) $\lambda_1=1$,$\lambda_2=3$,$\lambda_3=6$,$\boldsymbol{\alpha}_1=k_1\begin{pmatrix}5\\-5\\1\end{pmatrix}$,$\boldsymbol{\alpha}_2=k_2\begin{pmatrix}0\\3\\-5\end{pmatrix}$,$\boldsymbol{\alpha}_3=k_3\begin{pmatrix}0\\0\\1\end{pmatrix}$($k_1$、$k_2$、$k_3$ 为不为零的任意常数).

4. $|\boldsymbol{A}^*+4\boldsymbol{E}|=20$.

5. $a=0$.

6. $k=1$,$k=-2$.

7. $a=2$;当 $b=1$ 时,$\lambda=1$;当 $b=-2$ 时,$\lambda=4$.

8. $a\in R$,$b=0$.

9. (1) $a=-3, b=0, \lambda=-1$;(2) $\boldsymbol{A}$ 不可能与对角阵相似.

10. $\boldsymbol{A}$ 与 $\boldsymbol{B}$ 相似. 因为 $\boldsymbol{A}$ 与 $\boldsymbol{B}$ 都与 $\begin{pmatrix} 3 & & \\ & 3 & \\ & & 0 \end{pmatrix}$ 相似.

11. $x=4, y=5, \boldsymbol{P}=\begin{pmatrix} -1 & 2 & -1 \\ 0 & 1 & 2 \\ 1 & 2 & 0 \end{pmatrix}$.

12. $a+b=0$.

13. $\boldsymbol{A}=\dfrac{1}{3}\begin{pmatrix} -1 & 0 & 2 \\ 0 & 1 & 2 \\ 2 & 2 & 0 \end{pmatrix}$.

14. (2) $\lambda=\sum\limits_{i=1}^{n} a_i^2$, $\boldsymbol{p}_1=\begin{pmatrix} -\dfrac{a_2}{a_1} \\ 1 \\ 0 \\ 0 \\ \vdots \\ 0 \end{pmatrix}$, $\boldsymbol{p}_2=\begin{pmatrix} -\dfrac{a_3}{a_1} \\ 0 \\ 1 \\ 0 \\ \vdots \\ 0 \end{pmatrix}$, $\cdots$, $\boldsymbol{p}_{n-1}=\begin{pmatrix} -\dfrac{a_n}{a_1} \\ 0 \\ 0 \\ 0 \\ \vdots \\ 1 \end{pmatrix}$, $\boldsymbol{p}_n=\begin{pmatrix} a_1 \\ a_2 \\ a_3 \\ a_4 \\ \vdots \\ a_n \end{pmatrix}$.

15. $\boldsymbol{A}^{100}=\begin{pmatrix} 1 & 0 & 5^{100}-1 \\ 0 & 5^{100} & 0 \\ 0 & 0 & 5^{100} \end{pmatrix}$.

16. $\boldsymbol{P}=\begin{pmatrix} -\dfrac{\sqrt{2}}{2} & \dfrac{\sqrt{6}}{6} & \dfrac{\sqrt{3}}{3} \\ \dfrac{\sqrt{2}}{2} & \dfrac{\sqrt{6}}{6} & \dfrac{\sqrt{3}}{3} \\ 0 & -\dfrac{\sqrt{6}}{3} & \dfrac{\sqrt{3}}{3} \end{pmatrix}$, $\boldsymbol{\Lambda}=\begin{pmatrix} 0 & & \\ & 0 & \\ & & 3 \end{pmatrix}$.

**B 题**

1. $\lambda_1=\lambda_2=9, \lambda_3=3$, $\boldsymbol{\alpha}_1=k_1\begin{pmatrix} -1 \\ 1 \\ 0 \end{pmatrix}+k_2\begin{pmatrix} -1 \\ 0 \\ 1 \end{pmatrix}$ ($k_1$、$k_2$ 为不同时为零的任意常数), $\boldsymbol{\alpha}_2=k_3\begin{pmatrix} 1 \\ 1 \\ 1 \end{pmatrix}$ ($k_3$ 为不为零的任意常数).

2. $3\boldsymbol{A}=\begin{pmatrix} -1 & 2 & 2 \\ 2 & -1 & 2 \\ 2 & 2 & -1 \end{pmatrix}$.

## 习 题 六

**A 题**

1. (1) $f=(x_1,x_2,x_3)\begin{pmatrix}2&1&3\\1&4&4\\3&4&3\end{pmatrix}\begin{pmatrix}x_1\\x_2\\x_3\end{pmatrix}$，$f$ 的秩为 3；

(2) $f=(x_1,x_2,x_3,x_4)\begin{pmatrix}0&0.5&0.5&0\\0.5&0&0&0.5\\0.5&0&0&0.5\\0&0.5&0.5&0\end{pmatrix}\begin{pmatrix}x_1\\x_2\\x_3\\x_4\end{pmatrix}$，$f$ 的秩为 2；

(3) $f=(x,y,z)\begin{pmatrix}1&1&-5\\1&2&-7\\-5&-7&-7\end{pmatrix}\begin{pmatrix}x\\y\\z\end{pmatrix}$，$f$ 的秩为 3.

2. (1) $\begin{pmatrix}x_1\\x_2\\x_3\end{pmatrix}=\begin{pmatrix}\frac{\sqrt{3}}{3}&-\frac{\sqrt{2}}{2}&-\frac{\sqrt{6}}{6}\\\frac{\sqrt{3}}{3}&\frac{\sqrt{2}}{2}&-\frac{\sqrt{6}}{6}\\\frac{\sqrt{3}}{3}&0&\frac{\sqrt{6}}{6}\end{pmatrix}\begin{pmatrix}y_1\\y_2\\y_3\end{pmatrix}$，$f=-2y_1^2+y_2^2+y_3^2$；

(2) $\begin{pmatrix}x_1\\x_2\\x_3\end{pmatrix}=\begin{pmatrix}-\frac{\sqrt{2}}{2}&-\frac{\sqrt{6}}{6}&\frac{\sqrt{3}}{3}\\\frac{\sqrt{2}}{2}&-\frac{\sqrt{6}}{6}&\frac{\sqrt{3}}{3}\\0&\frac{\sqrt{6}}{6}&\frac{\sqrt{3}}{3}\end{pmatrix}\begin{pmatrix}y_1\\y_2\\y_3\end{pmatrix}$，$f=2y_1^2+2y_2^2+8y_3^2$；

(3) $\begin{pmatrix}x_1\\x_2\\x_3\end{pmatrix}=\begin{pmatrix}\frac{\sqrt{3}}{3}&-\frac{\sqrt{2}}{2}&-\frac{\sqrt{6}}{6}\\\frac{\sqrt{3}}{3}&\frac{\sqrt{2}}{2}&-\frac{\sqrt{6}}{6}\\\frac{\sqrt{3}}{3}&0&\frac{\sqrt{6}}{6}\end{pmatrix}\begin{pmatrix}y_1\\y_2\\y_3\end{pmatrix}$，$f=3y_2^2+3y_3^2$.

3. (1) $\begin{pmatrix}x_1\\x_2\\x_3\end{pmatrix}=\begin{pmatrix}1&0&0\\1&-1&0\\\frac{1}{4}&0&-\frac{\sqrt{2}}{2}\end{pmatrix}\begin{pmatrix}y_1\\y_2\\y_3\end{pmatrix}$，$f=\frac{3}{2}y_1^2-y_2^2-4y_3^2$；

(2) $\begin{pmatrix} x_1 \\ x_2 \\ x_3 \end{pmatrix} = \begin{pmatrix} 1 & -1 & -1 \\ 1 & 1 & -1 \\ 0 & 0 & 1 \end{pmatrix} \begin{pmatrix} y_1 \\ y_2 \\ y_3 \end{pmatrix}$，$f=y_1^2-y_2^2-y_3^2$.

4. 正交变换为$\begin{pmatrix} x \\ y \\ z \end{pmatrix} = \begin{pmatrix} 0 & \frac{4}{\sqrt{18}} & -\frac{1}{3} \\ \frac{\sqrt{2}}{2} & -\frac{1}{\sqrt{18}} & -\frac{2}{3} \\ \frac{\sqrt{2}}{2} & \frac{1}{\sqrt{18}} & \frac{2}{3} \end{pmatrix} \begin{pmatrix} u \\ v \\ w \end{pmatrix}$，标准方程为 $2v^2+11w^2=2$.

5. $a=-2$.

6. (1) $f$ 是正定二次型；(2) $f$ 是负定二次型．

7. (1) $-\frac{\sqrt{10}}{\sqrt{3}}<t<\frac{\sqrt{10}}{\sqrt{3}}$；(2) $t>2$.

8. (1) $\lambda_1=\lambda_2=-2$，$\lambda_3=0$；(2) $k>2$.

14. $1+a_1a_2a_3\neq0$.

15. (B).

**B 题**

2. (1) $a=-\frac{1}{2}$；(2) $k>\frac{3}{2}$.

3. (1) $y_1^2+y_2^2+\cdots+y_k^2-y_{k+1}^2-y_{k+2}^2-\cdots-y_n^2$；(2) $|\boldsymbol{B}|=5^k$.

## 习 题 七

**A 题**

4. $1,x,x^2$ 是空间 $R[x]_3$ 的一个基底，$R[x]_3$ 的维数为 3 维．

6. (2) 过渡矩阵为$\begin{pmatrix} 1 & -1 & 1 \\ 0 & 1 & -2 \\ 0 & 0 & 1 \end{pmatrix}$；

(3) $a_0+a_1x+a_2x^2$ 在基 $1,1+x,(1+x)^2$ 下的坐标为$\begin{pmatrix} a_0-a_1+a_2 \\ a_1-2a_2 \\ a_2 \end{pmatrix}$.

**B 题**

1. (1) 向量 $\boldsymbol{\alpha}=2\boldsymbol{\beta}_1-\boldsymbol{\beta}_2+3\boldsymbol{\beta}_3$ 在基 $\boldsymbol{\alpha}_1,\boldsymbol{\alpha}_2,\boldsymbol{\alpha}_3$ 下的坐标为$\begin{pmatrix} 3 \\ 4 \\ 4 \end{pmatrix}$；

(2) 向量 $\boldsymbol{\beta}=2\boldsymbol{\alpha}_1-\boldsymbol{\alpha}_2+3\boldsymbol{\alpha}_3$ 在基 $\boldsymbol{\beta}_1,\boldsymbol{\beta}_2,\boldsymbol{\beta}_3$ 下的坐标为 $\begin{pmatrix}\frac{11}{2}\\-5\\\frac{13}{2}\end{pmatrix}$.

2. $T$ 在基 $\boldsymbol{\eta}_1=\boldsymbol{\varepsilon}_1,\boldsymbol{\eta}_2=\boldsymbol{\varepsilon}_1+\boldsymbol{\varepsilon}_2,\boldsymbol{\eta}_3=\boldsymbol{\varepsilon}_1+\boldsymbol{\varepsilon}_2+\boldsymbol{\varepsilon}_3$ 下的矩阵为

$$\boldsymbol{B}=\begin{pmatrix}1&1&1\\0&1&1\\0&0&1\end{pmatrix}^{-1}\boldsymbol{A}\begin{pmatrix}1&1&1\\0&1&1\\0&0&1\end{pmatrix}=\begin{pmatrix}1&3&6\\-2&-1&0\\1&0&2\end{pmatrix}$$

3. (1) $T$ 在自然基 $\boldsymbol{\varepsilon}_1,\boldsymbol{\varepsilon}_2,\boldsymbol{\varepsilon}_3$ 下的矩阵为

$$\begin{pmatrix}-1&0&-2\\0&2&1\\3&1&4\end{pmatrix}\begin{pmatrix}1&1&1\\0&1&1\\2&0&1\end{pmatrix}^{-1}=\begin{pmatrix}3&-3&-2\\2&0&-1\\-3&4&3\end{pmatrix}$$

(2) $T$ 在基 $\boldsymbol{\alpha}_1,\boldsymbol{\alpha}_2,\boldsymbol{\alpha}_3$ 下的矩阵为

$$\begin{pmatrix}-1&0&3\\0&1&-1\\2&1&0\end{pmatrix}^{-1}\begin{pmatrix}3&-3&-2\\2&0&-1\\-3&4&3\end{pmatrix}\begin{pmatrix}-1&0&3\\0&1&-1\\2&1&0\end{pmatrix}=-\frac{1}{7}\begin{pmatrix}-46&-29&69\\29&9&-47\\1&2&-5\end{pmatrix}$$

4. $\boldsymbol{A}=\begin{pmatrix}0&1&0&\cdots&0\\0&0&2&\cdots&0\\0&0&0&\cdots&0\\\vdots&\vdots&\vdots&&\vdots\\0&0&0&\cdots&n-1\\0&0&0&\cdots&0\end{pmatrix}$.

5. (1) $\boldsymbol{A}=\begin{pmatrix}1&-1&1\\0&2&0\\1&0&-1\end{pmatrix}$;

(2) $\boldsymbol{B}=\begin{pmatrix}1&0&0\\0&1&0\\1&0&1\end{pmatrix}\begin{pmatrix}1&-1&1\\0&2&0\\1&0&-1\end{pmatrix}\begin{pmatrix}1&0&0\\0&1&0\\1&0&1\end{pmatrix}^{-1}=\begin{pmatrix}0&-1&1\\0&2&0\\2&-1&0\end{pmatrix}$.

# 附录B 综合训练题

## 一、填空题

1. 设四阶行列式 $\begin{vmatrix} 1 & 2 & 3 & 4 \\ 2 & 3 & 4 & 1 \\ 3 & 4 & 1 & 2 \\ 4 & 1 & 2 & 3 \end{vmatrix}$，$A_{ij}$ 是元素 $a_{ij}$ 的代数余子式，则 $A_{31}+A_{33}=$ ________，$A_{32}+A_{34}=$ ________.

2. 线性方程组 $\begin{cases} ax_1+x_2-2x_3=0 \\ x_1-ax_2+3x_3=0 \\ 3x_1-4x_2+ax_3=0 \end{cases}$ 有非零解的充要条件是 $a$ 满足________.

3. $D=\begin{vmatrix} 1 & 2 & \cdots & n \\ 2 & 3 & \cdots & n+1 \\ \vdots & \vdots & & \vdots \\ n & n+1 & \cdots & 2n-1 \end{vmatrix}=$ ________.

4. 设行列式 $D=\begin{vmatrix} 2 & 2 & 3 \\ 1 & 1 & 2 \\ 2 & x & y \end{vmatrix}$，其第一行各元素的代数余子式的和为 1，则 $D=$ ________.

5. 设 $\boldsymbol{A}=(a_{ij})$ 是 3 阶非零矩阵，$|\boldsymbol{A}|$ 为 $\boldsymbol{A}$ 的行列式，$A_{ij}$ 为 $a_{ij}$ 的代数余子式，若 $a_{ij}+A_{ij}=0(i,j=1,2,3)$，则 $|\boldsymbol{A}|=$ ________.

6. 设 $a,b,c$ 是方程 $x^3+px+q=0$ 的三个根，则行列式 $\begin{vmatrix} a & b & c \\ c & a & b \\ b & c & a \end{vmatrix}=$ ________.

7. 已知 $n$ 阶行列式 $|\boldsymbol{A}|=a$，将 $|\boldsymbol{A}|$ 中的每一列减去其余各列得行列式 $|\boldsymbol{B}|$，则 $|\boldsymbol{B}|=$ ________.

8. 设 $\boldsymbol{A}=\begin{pmatrix} 0 & a & b \\ a & 0 & c \\ b & c & 0 \end{pmatrix}$，$\boldsymbol{B}=\begin{pmatrix} 0 & 0 & 0 \\ 0 & k & 0 \\ 0 & 0 & l \end{pmatrix}$，$\boldsymbol{E}=\begin{pmatrix} 1 & 0 & 0 \\ 0 & 1 & 0 \\ 0 & 0 & 1 \end{pmatrix}$，其中 $k>0,l>0$，则当满足 ________条件时，$\boldsymbol{AB}+\boldsymbol{E}$ 为可逆矩阵.

9. 已知 $\boldsymbol{A}=\begin{pmatrix} 1 & 2 & -2 \\ 2 & -1 & t \\ 3 & 1 & -1 \end{pmatrix}$，$\boldsymbol{B}$ 是一个 3 阶非零矩阵，使 $\boldsymbol{AB}=0$，$t=$ ______，$R(\boldsymbol{B})=$ ______.

10. 设 $\boldsymbol{\alpha}$、$\boldsymbol{\beta}$ 为 $n$ 维行向量($n\geqslant3$)，且 $\boldsymbol{A}=\boldsymbol{\alpha}^{\mathrm{T}}\boldsymbol{\beta}$，则 $R(\boldsymbol{A}^*)=$ ________.

11. 设$\boldsymbol{A}=\begin{pmatrix}1&2&-2\\2&1&2\\3&0&4\end{pmatrix}$，$\boldsymbol{\alpha}=\begin{pmatrix}k\\1\\1\end{pmatrix}$，已知$\boldsymbol{A\alpha}$与$\boldsymbol{\alpha}$线性相关，则$k=$________.

12. 已知阵$\boldsymbol{A}=(a_{ij})_{n\times n}=(\boldsymbol{\alpha}_1,\boldsymbol{\alpha}_2,\cdots,\boldsymbol{\alpha}_n)$的秩$R(\boldsymbol{A})=n-1$，并且$a_{11}$的代数余子式$A_{11}\neq 0$，则向量组$\boldsymbol{\alpha}_1,\boldsymbol{\alpha}_2,\cdots,\boldsymbol{\alpha}_{n-1}$的线性相关性为________.

13. 设$\boldsymbol{\alpha}_1,\boldsymbol{\alpha}_2,\boldsymbol{\alpha}_3$是三维列向量，$\boldsymbol{A}=(\boldsymbol{\alpha}_1,\boldsymbol{\alpha}_2,\boldsymbol{\alpha}_3)$，$|\boldsymbol{A}|=5$，$\boldsymbol{B}=(\boldsymbol{\alpha}_1-\boldsymbol{\alpha}_2-\boldsymbol{\alpha}_3,\boldsymbol{\alpha}_2-\boldsymbol{\alpha}_1-\boldsymbol{\alpha}_3,\boldsymbol{\alpha}_3-\boldsymbol{\alpha}_1-\boldsymbol{\alpha}_2)$，则$|\boldsymbol{B}|=$________.

14. 已知$\boldsymbol{A}$是3阶矩阵，$\boldsymbol{\alpha}_1,\boldsymbol{\alpha}_2,\boldsymbol{\alpha}_3$是三维线性无关的列向量，且$\boldsymbol{A\alpha}_1=\boldsymbol{\alpha}_1+2\boldsymbol{\alpha}_3$，$\boldsymbol{A\alpha}_2=\boldsymbol{\alpha}_2+2\boldsymbol{\alpha}_3$，$\boldsymbol{A\alpha}_3=2\boldsymbol{\alpha}_1+2\boldsymbol{\alpha}_2-\boldsymbol{\alpha}_3$，则$|\boldsymbol{A}|=$________.

15. 设$\boldsymbol{\alpha}=(1,0,1)^{\mathrm{T}}$，$\boldsymbol{A}=\boldsymbol{\alpha\alpha}^{\mathrm{T}}$，则$|\boldsymbol{A}^n-\boldsymbol{E}|=$________.

16. 已知$\boldsymbol{A}$为4阶正交矩阵，且$|\boldsymbol{A}|<0$，$\boldsymbol{B}$为4阶矩阵，且$|\boldsymbol{B}-\boldsymbol{A}|=5$，则$|\boldsymbol{E}-\boldsymbol{AB}^{\mathrm{T}}|=$________.

17. 已知矩阵$\boldsymbol{Q}=\begin{pmatrix}1&2&3\\2&4&t\\3&6&9\end{pmatrix}$，$\boldsymbol{P}$是3阶非零矩阵，且满足$\boldsymbol{PQ}=0$，则当$t\neq 6$时，$\boldsymbol{P}$的秩为________.

18. 设$n$阶矩阵$\boldsymbol{A}$的各行元素之和均为零，且$\boldsymbol{A}$的秩为$n-1$，则齐次线性方程组$\boldsymbol{AX}=\boldsymbol{0}$的通解为________.

19. 设线性方程组$\begin{pmatrix}a&1&1\\1&a&1\\1&1&a\end{pmatrix}\begin{pmatrix}x_1\\x_2\\x_3\end{pmatrix}=\begin{pmatrix}1\\1\\-2\end{pmatrix}$有无穷多解，则$a=$________.

20. 设矩阵$\boldsymbol{A}_{m\times n}$满足$m<n$，$|\boldsymbol{AA}^{\mathrm{T}}|\neq 0$，则$\boldsymbol{AX}=0$的基础解系由________个线性无关的解向量构成.

21. 已知矩阵$\boldsymbol{A}=\begin{pmatrix}0&b_1&1-b_1\\a&b_2&1-b_1\\a&b_3&1-b_1\end{pmatrix}$有特征值$-1,0,1$，且属于0的一个特征向量为$\begin{pmatrix}1\\1\\-1\end{pmatrix}$，则$a=$________，$b_1=$________，$b_2=$________，$b_3=$________.

22. 设$\boldsymbol{A},\boldsymbol{B}$为$n$阶方阵，其中$\boldsymbol{A}$可以相似对角化，$\boldsymbol{A}^2+\boldsymbol{A}=0$，$\boldsymbol{B}^2+\boldsymbol{B}=\boldsymbol{E}$，$R(\boldsymbol{AB})=2$，则$|2\boldsymbol{A}+\boldsymbol{E}|=$________.

23. 设$n$阶方阵$\boldsymbol{A}$与$\boldsymbol{B}$相似，且$\boldsymbol{A}^2=2\boldsymbol{E}$，则$|\boldsymbol{AB}+\boldsymbol{A}-\boldsymbol{B}-\boldsymbol{E}|=$________.

24. 已知矩阵$\boldsymbol{A}=\begin{pmatrix}2&0&3\\3&3&a\\0&0&3\end{pmatrix}$只有两个线性无关的特征向量，则$a$应满足的条件为________.

25. 已知3阶方阵$\boldsymbol{A}=(a_{ij})$的特征值为$1,-2,3$，$A_{ij}$为$|\boldsymbol{A}|$中元素$a_{ij}$的代数余子式，

则 $A_{11}+A_{22}+A_{33}=$__________.

26. 已知 $n$ 阶实对称矩阵 $\boldsymbol{A}$ 的特征值为 $1,2,\cdots,n$，若矩阵 $t\boldsymbol{E}-\boldsymbol{A}$ 为正定矩阵，则 $t$ 的取值范围是__________.

27. 已知正负惯性指标均为 1 的二次型 $f=\boldsymbol{X}^{\mathrm{T}}\boldsymbol{A}\boldsymbol{X}$ 通过合同变换 $\boldsymbol{X}=\boldsymbol{P}\boldsymbol{Y}$ 化为 $f=\boldsymbol{Y}^{\mathrm{T}}\boldsymbol{B}\boldsymbol{Y}$，其中 $\boldsymbol{A}=\begin{pmatrix}1 & 1 & -a\\ 1 & a & -1\\ -a & -1 & 1\end{pmatrix}$，则 $a=$__________.

28. 设 $\boldsymbol{\alpha}=(1,0,-1)^{\mathrm{T}}$，矩阵 $\boldsymbol{A}=\boldsymbol{\alpha}\boldsymbol{\alpha}^{\mathrm{T}}$，$n$ 为正整数，则 $|\boldsymbol{\alpha}\boldsymbol{E}-\boldsymbol{A}^{n}|=$__________.

29. 二次型 $f(x_1,x_2,x_3)=(x_1+x_2)^2+(x_2-x_3)^2+(x_3+x_1)^2$ 的秩为__________.

30. 设 $\boldsymbol{P}$ 为 3 阶可逆矩阵，$\boldsymbol{A}=\begin{pmatrix}0 & -1 & 0\\ 1 & 0 & 0\\ 0 & 0 & -1\end{pmatrix}$，$\boldsymbol{B}=\boldsymbol{P}^{-1}\boldsymbol{A}\boldsymbol{P}$，则 $\boldsymbol{B}^{2004}-2\boldsymbol{A}^{2}=$__________.

31. 若三维列向量 $\boldsymbol{\alpha},\boldsymbol{\beta}$ 满足 $\boldsymbol{\alpha}^{\mathrm{T}}\boldsymbol{\beta}=2$，则矩阵 $\boldsymbol{\beta}\boldsymbol{\alpha}^{\mathrm{T}}$ 的非零特征值为__________.

32. 设 $\boldsymbol{X}$ 为三维单位列向量，$\boldsymbol{E}$ 为 3 阶单位矩阵，则矩阵 $\boldsymbol{E}-\boldsymbol{X}\boldsymbol{X}^{\mathrm{T}}$ 的秩为__________.

## 二、选择题

1. 行列式 $\begin{vmatrix}0 & a & b & 0\\ a & 0 & 0 & b\\ 0 & c & d & 0\\ c & 0 & 0 & d\end{vmatrix}=(\quad)$.

(A) $(ad-bc)^2$　　(B) $-(ad-bc)^2$

(C) $a^2d^2-b^2c^2$　　(D) $b^2c^2-a^2d^2$

2. 已知 4 阶行列式 $D$ 中第三列元素依次为 $-1,2,0,1$，它们的余子式依次分别为 $5,3,-7,4$，则 $D=(\quad)$.

(A) $-15$　　(B) 15　　(C) 0　　(D) 1

3. 已知 $x$ 的一次多项式 $D=\begin{vmatrix}-1 & 0 & x & 1\\ 1 & 1 & -1 & -1\\ 1 & -1 & 1 & -1\\ 1 & -1 & -1 & 1\end{vmatrix}$，则式中一次项的系数为$(\quad)$.

(A) 4　　(B) $-4$　　(C) 1　　(D) $-1$

4. 已知 $n$ 阶行列式 $D=\begin{vmatrix}2 & 2 & 2 & \cdots & 2\\ 0 & 1 & 1 & \cdots & 1\\ 0 & 0 & 1 & \cdots & 1\\ \vdots & \vdots & \vdots & & \vdots\\ 0 & 0 & 0 & \cdots & 1\end{vmatrix}$，则 $D$ 中所有元素的代数余子式的和为$(\quad)$.

(A) 0　　(B) 1　　(C) 2　　(D) n

5. 已知 4 阶行列式 $D$ 的某一列的元素及其余子式都等于 $a$，则 $D=(\quad)$.

(A) 0　　(B) $a^2$　　(C) $-a^2$　　(D) $4a^2$

6. 设 $\boldsymbol{A}=(a_{ij})_{3\times3}$ 满足 $\boldsymbol{A}^*=\boldsymbol{A}^{\mathrm{T}}$，其中：$\boldsymbol{A}^*$ 为 $\boldsymbol{A}$ 的伴随矩阵，$\boldsymbol{A}^{\mathrm{T}}$ 为 $\boldsymbol{A}$ 的转置矩阵．若 $a_{11},a_{12},a_{13}$ 为三个相等的正数，则 $a_{11}$ 为（　　）.

(A) $\dfrac{\sqrt{3}}{3}$　　(B) 3　　(C) $\dfrac{1}{3}$　　(D) $\sqrt{3}$

7. 如果 $\boldsymbol{A}\boldsymbol{A}^{\mathrm{T}}=\boldsymbol{A}^{\mathrm{T}}\boldsymbol{A}=\boldsymbol{E}$，那么矩阵 $\boldsymbol{A}$ 的行列式 $|\boldsymbol{A}|$ 满足（　　）.

(A) $|A|=0$　　(B) $|A|\neq0$　　(C) $|A|=k,k>1$　　(D) $|A|=k,k<1$

8. 设矩阵 $\boldsymbol{A}=\begin{pmatrix} a & 1 & a^2 \\ 1 & a & 1 \\ 1 & 1 & a \end{pmatrix}$，$\boldsymbol{B}$ 为 3 阶非零方阵，且 $\boldsymbol{AB}=0$，则必有（　　）.

(A) $a=1$ 且 $|\boldsymbol{B}|=0$　　(B) $a=1$ 且 $|\boldsymbol{B}|\neq0$

(C) $a=-2$ 且 $|\boldsymbol{B}|=0$　　(D) $a=-2$ 且 $|\boldsymbol{B}|\neq0$

9. 设 $\boldsymbol{A}$ 是 $n$ 阶矩阵，$|\boldsymbol{A}|=a\neq0$，则 $|(k\boldsymbol{A})^*|=$（　　）.

(A) $k^na^{n-1}$　　(B) $k^{n-1}a^{n+1}$

(C) $k^{n^2-n}a^{n-1}$　　(D) $k^{n-1}a^n$

10. 设 $\boldsymbol{A}$ 为 $n(n\geqslant2)$ 阶可逆矩阵，交换 $\boldsymbol{A}$ 的第 1 行与第 2 行得到矩阵 $\boldsymbol{B}$，$\boldsymbol{A}^*$，$\boldsymbol{B}^*$ 分别是 $\boldsymbol{A}$，$\boldsymbol{B}$ 的伴随矩阵，则（　　）.

(A) 交换 $\boldsymbol{A}^*$ 的第 1 列与第 2 列得到 $\boldsymbol{B}^*$

(B) 交换 $\boldsymbol{A}^*$ 的第 1 行与第 2 行得到 $\boldsymbol{B}^*$

(C) 交换 $\boldsymbol{A}^*$ 的第 1 列与第 2 列得到 $-\boldsymbol{B}^*$

(D) 交换 $\boldsymbol{A}^*$ 的第 1 行与第 2 行得到 $-\boldsymbol{B}^*$

11. 设向量组Ⅰ：$\boldsymbol{\alpha}_1,\boldsymbol{\alpha}_2,\cdots,\boldsymbol{\alpha}_r$ 可由向量组Ⅱ：$\boldsymbol{\beta}_1,\boldsymbol{\beta}_2,\cdots,\boldsymbol{\beta}_s$ 线性表示，则（　　）.

(A) 当 $r<s$ 时，向量组（Ⅱ）必线性相关

(B) 当 $r>s$ 时，向量组（Ⅱ）必线性相关

(C) 当 $r<s$ 时，向量组（Ⅰ）必线性相关

(D) 当 $r>s$ 时，向量组（Ⅰ）必线性相关

12. 设向量 $\boldsymbol{\beta}$ 可由向量组 $\boldsymbol{\alpha}_1,\boldsymbol{\alpha}_2,\cdots,\boldsymbol{\alpha}_m$ 线性表示，但不能由向量组（Ⅰ）$\boldsymbol{\alpha}_1,\boldsymbol{\alpha}_2,\cdots,\boldsymbol{\alpha}_{m-1}$ 线性表示，记向量组（Ⅱ）$\boldsymbol{\alpha}_1,\boldsymbol{\alpha}_2,\cdots,\boldsymbol{\alpha}_{m-1},\boldsymbol{\beta}$，则（　　）.

(A) $\boldsymbol{\alpha}_m$ 不能由向量组（Ⅰ）线性表示，也不能由向量组（Ⅱ）线性表示

(B) $\boldsymbol{\alpha}_m$ 不能由向量组（Ⅰ）线性表示，但可由向量组（Ⅱ）线性表示

(C) $\boldsymbol{\alpha}_m$ 可由向量组（Ⅰ）线性表示，也可由向量组（Ⅱ）线性表示

(D) $\boldsymbol{\alpha}_m$ 可由向量组（Ⅰ）线性表示，但不能由向量组（Ⅱ）线性表示

13. 已知 $n$ 维向量组 $\boldsymbol{\alpha}_1,\boldsymbol{\alpha}_2,\boldsymbol{\alpha}_3$ 线性无关，向量 $\boldsymbol{\beta}_1$ 可由 $\boldsymbol{\alpha}_1,\boldsymbol{\alpha}_2,\boldsymbol{\alpha}_3$ 线性表示，而向量 $\boldsymbol{\beta}_2$ 不能由 $\boldsymbol{\alpha}_1,\boldsymbol{\alpha}_2,\boldsymbol{\alpha}_3$ 线性表示，则对任意常数 $k$ 必有（　　）.

(A) $\boldsymbol{\alpha}_1,\boldsymbol{\alpha}_2,\boldsymbol{\alpha}_3,k\boldsymbol{\beta}_1+\boldsymbol{\beta}_2$ 线性无关　　(B) $\boldsymbol{\alpha}_1,\boldsymbol{\alpha}_2,\boldsymbol{\alpha}_3,\boldsymbol{\beta}_1+k\boldsymbol{\beta}_2$ 线性无关

(C) $\boldsymbol{\alpha}_1,\boldsymbol{\alpha}_2,\boldsymbol{\alpha}_3,k\boldsymbol{\beta}_1+\boldsymbol{\beta}_2$ 线性相关　　(D) $\boldsymbol{\alpha}_1,\boldsymbol{\alpha}_2,\boldsymbol{\alpha}_3,\boldsymbol{\beta}_1+k\boldsymbol{\beta}_2$ 线性相关

14. 设 $\boldsymbol{A}$ 为 3 阶矩阵，矩阵 $\boldsymbol{A}$ 可逆，且 $\boldsymbol{P}^{-1}\boldsymbol{AP}\begin{pmatrix} 1 & 0 & 0 \\ 0 & 1 & 0 \\ 0 & 0 & 2 \end{pmatrix}$，其中 $\boldsymbol{P}=[\boldsymbol{\alpha}_1,\boldsymbol{\alpha}_2,\boldsymbol{\alpha}_3]$，令 $\boldsymbol{Q}=$

$[\boldsymbol{\alpha}_1+\boldsymbol{\alpha}_2,\boldsymbol{\alpha}_2,\boldsymbol{\alpha}_3]$，则 $\boldsymbol{Q}^{-1}\boldsymbol{A}\boldsymbol{Q}$ 等于(　　).

(A) $\begin{pmatrix}1&0&0\\0&2&0\\0&0&1\end{pmatrix}$　　(B) $\begin{pmatrix}1&0&0\\0&1&0\\0&0&2\end{pmatrix}$

(C) $\begin{pmatrix}2&0&0\\0&1&0\\0&0&2\end{pmatrix}$　　(D) $\begin{pmatrix}2&0&0\\0&2&0\\0&0&1\end{pmatrix}$

15. 设向量组 $\boldsymbol{\alpha}_1,\boldsymbol{\alpha}_2,\boldsymbol{\alpha}_3$ 线性无关，则下列向量组线性相关的是(　　).

(A) $\boldsymbol{\alpha}_1-\boldsymbol{\alpha}_2,\boldsymbol{\alpha}_2-\boldsymbol{\alpha}_3,\boldsymbol{\alpha}_3-\boldsymbol{\alpha}_1$　　(B) $\boldsymbol{\alpha}_1+\boldsymbol{\alpha}_2,\boldsymbol{\alpha}_2+\boldsymbol{\alpha}_3,\boldsymbol{\alpha}_3+\boldsymbol{\alpha}_1$

(C) $\boldsymbol{\alpha}_1-2\boldsymbol{\alpha}_2,\boldsymbol{\alpha}_2-2\boldsymbol{\alpha}_3,\boldsymbol{\alpha}_3-2\boldsymbol{\alpha}_1$　　(D) $\boldsymbol{\alpha}_1+2\boldsymbol{\alpha}_2,\boldsymbol{\alpha}_2+2\boldsymbol{\alpha}_3,\boldsymbol{\alpha}_3+2\boldsymbol{\alpha}_1$

16. 向量组 $\boldsymbol{\alpha}_1,\boldsymbol{\alpha}_2,\boldsymbol{\alpha}_3,\boldsymbol{\alpha}_4$ 线性无关，则向量组 $\boldsymbol{\beta}_1=2\boldsymbol{\alpha}_1+\boldsymbol{\alpha}_3+\boldsymbol{\alpha}_4,\boldsymbol{\beta}_2=\boldsymbol{\alpha}_2-\boldsymbol{\alpha}_4,\boldsymbol{\beta}_3=\boldsymbol{\alpha}_3+\boldsymbol{\alpha}_4,\boldsymbol{\beta}_4=\boldsymbol{\alpha}_2+\boldsymbol{\alpha}_3,\boldsymbol{\beta}_5=2\boldsymbol{\alpha}_1+\boldsymbol{\alpha}_2+\boldsymbol{\alpha}_3$ 的秩为(　　).

(A) 1　　(B) 2　　(C) 3　　(D) 4

17. 若向量组 $\boldsymbol{\alpha},\boldsymbol{\beta},\boldsymbol{\gamma}$ 线性无关，$\boldsymbol{\alpha},\boldsymbol{\beta},\boldsymbol{\delta}$ 线性相关，则(　　).

(A) $\boldsymbol{\alpha}$ 必可由 $\boldsymbol{\beta},\boldsymbol{\gamma},\boldsymbol{\delta}$ 线性表示　　(B) $\boldsymbol{\beta}$ 必可由 $\boldsymbol{\alpha},\boldsymbol{\gamma},\boldsymbol{\delta}$ 线性表示

(C) $\boldsymbol{\delta}$ 必可由 $\boldsymbol{\alpha},\boldsymbol{\beta},\boldsymbol{\gamma}$ 线性表示　　(D) $\boldsymbol{\delta}$ 必不可由 $\boldsymbol{\alpha},\boldsymbol{\beta},\boldsymbol{\gamma}$ 线性表示

18. 已知 $\boldsymbol{\alpha}_1,\boldsymbol{\alpha}_2,\boldsymbol{\alpha}_3$ 是齐次线性方程组 $\boldsymbol{AX}=\boldsymbol{0}$ 的基础解系，则 $\boldsymbol{AX}=\boldsymbol{0}$ 的基础解系还可以表示为(　　).

(A) 一个与 $\boldsymbol{\alpha}_1,\boldsymbol{\alpha}_2,\boldsymbol{\alpha}_3$ 等价的向量组　　(B) 一个与 $\boldsymbol{\alpha}_1,\boldsymbol{\alpha}_2,\boldsymbol{\alpha}_3$ 等秩的向量组

(C) $\boldsymbol{\alpha}_1,\boldsymbol{\alpha}_1+\boldsymbol{\alpha}_2,\boldsymbol{\alpha}_1+\boldsymbol{\alpha}_2+\boldsymbol{\alpha}_3$　　(D) $\boldsymbol{\alpha}_1-\boldsymbol{\alpha}_2,\boldsymbol{\alpha}_2-\boldsymbol{\alpha}_3,\boldsymbol{\alpha}_3-\boldsymbol{\alpha}_1$

19. 非齐次线性方程组 $\boldsymbol{AX}=\boldsymbol{b}$ 中未知数的个数为 $n$，方程的个数为 $m$，系数矩阵的秩为 $r$，则(　　).

(A) $r=m$ 时，方程组 $\boldsymbol{AX}=\boldsymbol{b}$ 有解　　(B) $r=n$ 时，方程组 $\boldsymbol{AX}=\boldsymbol{b}$ 有唯一解

(C) $m=n$ 时，方程组 $\boldsymbol{AX}=\boldsymbol{b}$ 有唯一解　　(D) $r<n$ 时，方程组 $\boldsymbol{AX}=\boldsymbol{b}$ 有无穷多解

20. 设 $\boldsymbol{A}=(a_{ij})_{m\times n}$ 的秩 $R(\boldsymbol{A})=m<n$，则(　　).

(A) $\boldsymbol{A}$ 的任意 $m$ 个列向量所成列向量组线性无关

(B) $\boldsymbol{A}$ 的任意 $m$ 阶子式不为零

(C) 通过行变换必可将 $\boldsymbol{A}$ 化为 $(\boldsymbol{E}_m,\boldsymbol{O})$ 的形式

(D) 若 $\boldsymbol{XA}=\boldsymbol{O}$，则 $\boldsymbol{X}=\boldsymbol{O}$

21. 设 3 阶矩阵 $\boldsymbol{A}=\begin{pmatrix}a&b&b\\b&a&b\\b&b&a\end{pmatrix}$，若 $\boldsymbol{A}$ 的伴随矩阵的秩等于 1，则必有(　　).

(A) $a=b$ 或 $a+2b=0$　　(B) $a=b$ 或 $a+2b\neq0$

(C) $a\neq b$ 且 $a+2b=0$　　(D) $a\neq b$ 且 $a+2b\neq0$

22. 要想使 $\boldsymbol{\xi}_1=(1,0,2)^{\mathrm{T}},\boldsymbol{\xi}_2=(0,1,-1)^{\mathrm{T}}$ 都是齐次线性方程组 $\boldsymbol{AX}=\boldsymbol{O}$ 的解，只要系数矩阵 $\boldsymbol{A}$ 为(　　).

(A) $\begin{pmatrix}0&1&-1\\4&-2&-2\\0&1&1\end{pmatrix}$　　(B) $\begin{pmatrix}2&0&-1\\0&1&1\end{pmatrix}$

(C) $\begin{pmatrix} -1 & 0 & 2 \\ 0 & 1 & -1 \end{pmatrix}$ (D) $(-2\ \ 1\ \ 1)$

23. 设$\boldsymbol{A}$为$n$阶方阵，且$R(\boldsymbol{A})=n-1$，$\boldsymbol{\alpha}_1,\boldsymbol{\alpha}_2$是$\boldsymbol{AX}=\boldsymbol{O}$的两个不同的解向量，则$\boldsymbol{AX}=\boldsymbol{O}$的通解为(　　).

(A) $k\boldsymbol{\alpha}_1$ (B) $k\boldsymbol{\alpha}_2$ (C) $k(\boldsymbol{\alpha}_1-\boldsymbol{\alpha}_2)$ (D) $k(\boldsymbol{\alpha}_1+\boldsymbol{\alpha}_2)$

24. 设$\boldsymbol{A}=\begin{pmatrix} 1 & 1 & 1 & 1 \\ 1 & 1 & 1 & 1 \\ 1 & 1 & 1 & 1 \\ 1 & 1 & 1 & 1 \end{pmatrix}$，$\boldsymbol{B}=\begin{pmatrix} 4 & 0 & 0 & 0 \\ 0 & 0 & 0 & 0 \\ 0 & 0 & 0 & 0 \\ 0 & 0 & 0 & 0 \end{pmatrix}$，则$\boldsymbol{A}$与$\boldsymbol{B}$(　　).

(A) 合同且相似 (B) 合同但不相似 (C) 不合同但相似 (D) 不合同且不相似

25. 设$\boldsymbol{A}$是$n$阶实对称矩阵，$\boldsymbol{P}$是$n$阶可逆矩阵．已知$n$维列向量$\boldsymbol{\alpha}$是$\boldsymbol{A}$的属于特征值$\lambda$的特征向量，则矩阵$(\boldsymbol{P}^{-1}\boldsymbol{AP})^{\mathrm{T}}$属于特征值$\lambda$的特征向量是(　　).

(A) $\boldsymbol{P}^{-1}\boldsymbol{\alpha}$ (B) $\boldsymbol{P}^{\mathrm{T}}\boldsymbol{\alpha}$ (C) $\boldsymbol{P\alpha}$ (D) $(\boldsymbol{P}^{-1})^{\mathrm{T}}\boldsymbol{\alpha}$

26. 设矩阵

$$\boldsymbol{B}=\begin{pmatrix} 0 & 0 & 1 \\ 0 & 1 & 0 \\ 1 & 0 & 0 \end{pmatrix}$$

已知矩阵$\boldsymbol{A}$相似于$\boldsymbol{B}$，则秩$(\boldsymbol{A}-2\boldsymbol{E})$与秩$(\boldsymbol{A}-\boldsymbol{E})$之和等于(　　).

(A) 2 (B) 3 (C) 4 (D) 5

27. 设$\boldsymbol{A}$为4阶实对称矩阵，且$\boldsymbol{A}^2+\boldsymbol{A}=0$，若$\boldsymbol{A}$的秩为3，则$\boldsymbol{A}$相似于(　　).

(A) $\begin{pmatrix} 1 & & & \\ & 1 & & \\ & & 1 & \\ & & & 0 \end{pmatrix}$ (B) $\begin{pmatrix} 1 & & & \\ & 1 & & \\ & & -1 & \\ & & & 0 \end{pmatrix}$

(C) $\begin{pmatrix} 1 & & & \\ & -1 & & \\ & & -1 & \\ & & & 0 \end{pmatrix}$ (D) $\begin{pmatrix} -1 & & & \\ & -1 & & \\ & & -1 & \\ & & & 0 \end{pmatrix}$

28. 矩阵$\boldsymbol{A}=\begin{pmatrix} 1 & a & 1 \\ a & b & a \\ 1 & a & 1 \end{pmatrix}$与$\boldsymbol{B}=\begin{pmatrix} 2 & 0 & 0 \\ 0 & b & 0 \\ 0 & 0 & 0 \end{pmatrix}$相似的充要条件是(　　).

(A) $a=0,b=2$ (B) $a=0$，$b$为任意常数

(C) $a=2,b=0$ (D) $a=2$，$b$为任意常数

29. 已知二次型$f(x_1,x_2,x_3)$在正交变换$\boldsymbol{X}=\boldsymbol{PY}$下的标准形为$2y_1^2+y_2^2-y_3^2$，其中$\boldsymbol{P}=[e_1,e_2,e_3]$．若$\boldsymbol{Q}=[e_1,-e_3,e_2]$，则二次型$f(x_1,x_2,x_3)$在正交变换$\boldsymbol{X}=\boldsymbol{QY}$下的标准形为(　　).

(A) $2y_1^2-y_2^2+y_3^2$ (B) $2y_1^2+y_2^2-y_3^2$

(C) $2y_1^2-y_2^2-y_3^2$ (D) $2y_1^2+y_2^2+y_3^2$

30. 设二次型 $f(x_1,x_2,x_3)=x_1^2-x_2^2+2ax_1x_3+4x_2x_3$ 的负惯性指数是1,则 $a$ 的取值范围为(　　).

(A) $-2\leqslant a\leqslant 2$　　(B) $-1\leqslant a\leqslant 1$　　(C) $-\sqrt{2}\leqslant a\leqslant\sqrt{2}$　　(D) $-\sqrt{3}\leqslant a\leqslant\sqrt{3}$

**三、计算**

1. 计算 $n$ 阶行列式 $D_n=\begin{vmatrix}1 & 2 & 3 & \cdots & n\\ 1 & 3 & 3 & \cdots & n\\ 1 & 2 & 5 & \cdots & n\\ \vdots & \vdots & \vdots & & \vdots\\ 1 & 2 & 3 & \cdots & 2n-1\end{vmatrix}$.

2. 计算 $n$ 阶行列式 $D_n=\begin{vmatrix}1+a_1 & a_2 & \cdots & a_n\\ a_1 & 1+a_2 & \cdots & a_n\\ \vdots & \vdots & & \vdots\\ a_1 & a_2 & \cdots & 1+a_n\end{vmatrix}$.

3. 计算 $n$ 阶行列式

$$D_n=\begin{vmatrix}a_1^{n-1} & a_2^{n-1} & a_3^{n-1} & \cdots & a_n^{n-1}\\ a_1^{n-2}b_1 & a_2^{n-2}b_2 & a_3^{n-2}b_3 & \cdots & a_n^{n-2}b_n\\ \vdots & \vdots & \vdots & & \vdots\\ a_1b_1^{n-2} & a_2b_2^{n-2} & a_3b_3^{n-2} & \cdots & a_nb_n^{n-2}\\ b_1^{n-1} & b_2^{n-1} & b_3^{n-1} & \cdots & b_n^{n-1}\end{vmatrix},\quad a_i\neq 0,i=1,2,\cdots,n.$$

4. 计算 $n$ 阶行列式 $D_n=\begin{vmatrix}x_1^2+1 & x_1x_2 & \cdots & x_1x_n\\ x_2x_1 & x_2^2+1 & \cdots & x_2x_n\\ \vdots & \vdots & & \vdots\\ x_nx_1 & x_nx_2 & \cdots & x_n^2+1\end{vmatrix}$.

5. 设 $f(x)=\begin{vmatrix}1 & 1 & 1 & \cdots & 1 & 1\\ 1 & 2 & 3 & \cdots & n & x\\ 1 & 2^2 & 3^2 & \cdots & n^2 & x^2\\ \vdots & \vdots & \vdots & & \vdots & \vdots\\ 1 & 2^n & 3^n & \cdots & n^n & x^n\end{vmatrix}$,计算 $f'(x)$零点的个数及所在区间.

6. 设 $D=\begin{vmatrix}1 & 2 & 3 & 4 & 5\\ 5 & 5 & 5 & 3 & 3\\ 3 & 2 & 5 & 4 & 2\\ 2 & 2 & 2 & 1 & 1\\ 4 & 6 & 5 & 2 & 3\end{vmatrix}$,求(1) $A_{31}+A_{32}+A_{33}$;(2) $A_{34}+A_{35}$.

7. 设 $\boldsymbol{A}=\begin{pmatrix}1 & a & 1\\ 1 & 2 & 5\\ -1 & 3 & 4\end{pmatrix}$,$\boldsymbol{B}=\begin{pmatrix}1 & 3 & 1\\ 0 & 4 & 5\\ 1 & 0 & 0\end{pmatrix}$,且 $R(\boldsymbol{AB})=2$,求 $a$.

8. 设$A=\begin{pmatrix}1&0&0&0\\-2&3&0&0\\0&-4&5&0\\0&0&-6&7\end{pmatrix}$，且$B=(E+A)^{-1}(E-A)$，求$(E+B)^{-1}$.

9. 设$A,B$均为3阶方阵，且满足$ABA+AB^2=2E$，同时$-2,-1,1$是$A$的特征值，求$|AB+B^2|$.

10. 设$\alpha=(1,-3,2)^T$，$A=E+k\alpha\alpha^T$，求数$k\neq 0$，使得$A$是正交矩阵.

11. 已知3阶矩阵$A$的特征值为$\lambda_1=1,\lambda_2=2,\lambda_3=3$，对应的特征向量依次为$\xi_1=(1,1,1)^T$，$\xi_2=(1,2,4)^T$，$\xi_3=(1,3,9)^T$，又$\beta=2\xi_1-2\xi_2+\xi_3$，求$A^n\beta$（$n$为正常数）.

12. 已知$R^n$中的两个基分别为$\alpha_1=(a,1,1)^T$，$\alpha_2=(0,b,1)^T$，$\alpha_3=(0,0,c)^T$与$\beta_1=(-1,-1,x)^T$，$\beta_2=(y,-1,1)^T$，$\beta_3=(-1,z,1)^T$，且由基$\alpha_1,\alpha_2,\alpha_3$到基$\beta_1,\beta_2,\beta_3$的过渡矩阵为

$$P=\begin{pmatrix}-1&1&-1\\0&1&2\\0&2&0\end{pmatrix}$$

求$a,b,c,x,y,z$的值.

13. 已知向量组$\alpha_1,\alpha_2,\alpha_3$线性无关，$\beta_1=(m-1)\alpha_1+3\alpha_2+\alpha_3$，$\beta_2=\alpha_1+(m+1)\alpha_2+\alpha_3$，$\beta_3=-\alpha_1-(m+1)\alpha_2+(1-m)\alpha_3$，求向量组$\beta_1,\beta_2,\beta_3$的秩.

14. 已知向量组$\alpha_1,\alpha_2,\alpha_3$为$R^3$内的一个基，$\beta_1=2\alpha_1+2k\alpha_3$，$\beta_2=2\alpha_2$，$\beta_3=\alpha_1+(k+1)\alpha_3$.

(1) 证明向量组$\beta_1,\beta_2,\beta_3$也是$R^3$内的一个基；

(2) 当$k$为何值时，存在非零向量$\xi$在基$\alpha_1,\alpha_2,\alpha_3$与基$\beta_1,\beta_2,\beta_3$下的坐标相同，并求所有$\xi$.

15. 设矩阵$A=\begin{pmatrix}1&2&1&2\\0&1&t&t\\1&t&0&1\end{pmatrix}$，且线性方程组$AX=O$的基础解系中含有两个解向量，求$AX=O$的通解.

16. 已知3阶矩阵$A$的第一行是$(a,b,c)$，$a,b,c$不全为零，矩阵$B=\begin{pmatrix}1&2&3\\2&4&6\\3&6&k\end{pmatrix}$，（$k$为常数）且$AB=O$，求线性方程组$AX=O$的通解.

17. 设线性方程组$\begin{cases}x_1+\lambda x_2+\mu x_3+x_4=0\\2x_1+x_2+x_3+2x_4=0\\3x_1+(2+\lambda)x_2+(4+\mu)x_3+4x_4=1\end{cases}$，已知$(1,-1,1,-1)^T$是该方程组的一个解，试求：

(1) 方程组的全部解，并用对应的齐次线性方程组的基础解系表示全部解；

(2) 该方程组满足$x_2=x_3$的全部解.

18. 设四元齐次线性方程组(Ⅰ)$\begin{cases}2x_1+3x_2-x_3=0\\x_1+2x_2+x_3-x_4=0\end{cases}$,且已知另一四元齐次线性方程组(Ⅱ)的基础解系为$\boldsymbol{\alpha}_1=(2,-1,a+2,1)^{\mathrm{T}}$,$\boldsymbol{\alpha}_2=(-1,2,4,a+8)^{\mathrm{T}}$.

(1) 求齐次线性方程组(Ⅰ)的一个基础解系;

(2) 当$a$为何值时,方程组(Ⅰ)与(Ⅱ)有非零公共解?在有公共解时,求出全部非零公共解.

19. 已知下列非齐次线性方程组:

(Ⅰ)$\begin{cases}x_1+x_2-2x_4=-6\\4x_1-x_2-x_3-x_4=1\\3x_1-x_2-x_3=3\end{cases}$　　(Ⅱ)$\begin{cases}x_1+mx_2-x_3-x_4=-5\\nx_2-x_3-2x_4=-11\\x_3-2x_4=-t+1\end{cases}$

(1) 求解方程组(Ⅰ),用其导出组的基础解系表示通解;

(2) 方程组(Ⅱ)中的参数$m,n,t$为何值时,方程组(Ⅰ)与(Ⅱ)同解?

20. 设$\boldsymbol{\alpha}_1,\boldsymbol{\alpha}_2,\boldsymbol{\alpha}_3,\boldsymbol{\alpha}_4,\boldsymbol{\beta}$均为四维列向量,$\boldsymbol{A}=(\boldsymbol{\alpha}_1,\boldsymbol{\alpha}_2,\boldsymbol{\alpha}_3,\boldsymbol{\alpha}_4)$,已知线性方程组$\boldsymbol{AX}=\boldsymbol{\beta}$的通解为

$$\boldsymbol{X}=\begin{pmatrix}1\\-1\\2\\1\end{pmatrix}+k_1\begin{pmatrix}1\\2\\0\\1\end{pmatrix}+k_2\begin{pmatrix}-1\\1\\1\\0\end{pmatrix}\quad(k_1,k_2\text{ 为任意常数})$$

令$\boldsymbol{C}=(\boldsymbol{\alpha}_1,\boldsymbol{\alpha}_2,\boldsymbol{\alpha}_3)$,试求线性方程组$\boldsymbol{CY}=\boldsymbol{\beta}$的通解.

21. 设$\boldsymbol{A}$为3阶实矩阵,$R(\boldsymbol{A})=2$,且$\boldsymbol{A}\begin{pmatrix}1&1\\0&0\\-1&1\end{pmatrix}=\begin{pmatrix}-1&1\\0&0\\1&1\end{pmatrix}$.

(1) 求$\boldsymbol{A}$的特征值与特征向量;(2) 求$\boldsymbol{A}$.

22. 已知二次型$f(x_1,x_2,x_3)=\boldsymbol{X}^{\mathrm{T}}\boldsymbol{AX}$在正交变换$\boldsymbol{X}=\boldsymbol{QY}$下的标准形为$y_1^2+y_2^2$,且$\boldsymbol{Q}$的第3列为$\begin{pmatrix}\frac{\sqrt{2}}{2}\\0\\\frac{\sqrt{2}}{2}\end{pmatrix}$.(1) 求矩阵$\boldsymbol{A}$;(2) 证明$\boldsymbol{A}+\boldsymbol{E}$为正定矩阵,其中$\boldsymbol{E}$为3阶单位矩阵.

23. 设二次型$f(x_1,x_2,x_3)=ax_1^2+ax_2^2+(a-1)x_3^2+2x_1x_3-2x_2x_3$.

(1) 求二次型$f$的矩阵的所有特征值;

(2) 若二次型$f$的规范形为$y_1^2+y_2^2$,求$a$的值.

24. 设矩阵

$$\boldsymbol{A}=\begin{pmatrix}0&1&0&0\\1&0&0&0\\0&0&y&1\\0&0&1&2\end{pmatrix}$$

(1) 已知$\boldsymbol{A}$的一个特征值为3,试求$y$;(2) 求矩阵$\boldsymbol{P}$,使$(\boldsymbol{AP})^{\mathrm{T}}(\boldsymbol{AP})$为对角矩阵.

25. 设向量 $\boldsymbol{\alpha}=(a_1,a_2,\cdots,a_n)^{\mathrm{T}}$，$\boldsymbol{\beta}=(b_1,b_2,\cdots,b_n)^{\mathrm{T}}$ 都是非零向量，且满足条件 $\boldsymbol{\alpha}^{\mathrm{T}}\boldsymbol{\beta}=0$. 记 $n$ 阶矩阵 $\boldsymbol{A}=\boldsymbol{\alpha}\boldsymbol{\beta}^{\mathrm{T}}$. 求：(1) $\boldsymbol{A}^2$；(2) 矩阵 $\boldsymbol{A}$ 的特征值和特征向量.

26. 设有 $n$ 元实二次型 $f(x_1,x_2,\cdots,x_n)=(x_1+a_1x_2)^2+(x_2+a_2x_3)^2+\cdots+(x_{n-1}+a_{n-1}x_n)^2+(x_n+a_nx_1)^2$
其中，$a_i(i=1,2,\cdots,n)$ 为实数. 试问：当 $a_1,a_2,\cdots,a_n$ 满足何种条件时，二次型 $f(x_1,x_2,\cdots,x_n)$ 为正定二次型?

27. 已知二次型 $f(x_1,x_2,x_3)=(1-a)x_1^2+(1-a)x_2^2+2x_3^2+2(1+a)x_1x_2$ 的秩为 2.

(1) 求 $a$ 的值；

(2) 求正交变换 $\boldsymbol{X}=\boldsymbol{Q}\boldsymbol{Y}$，将 $f(x_1,x_2,x_3)$ 化成标准形；

(3) 求方程 $f(x_1,x_2,x_3)=0$ 的解.

28. 设 3 阶对称矩阵 $\boldsymbol{A}$ 的特征向量值 $\lambda_1=1,\lambda_2=2,\lambda_3=-2$，$\boldsymbol{\alpha}_1=(1,-1,1)^{\mathrm{T}}$ 是 $\boldsymbol{A}$ 的属于 $\lambda_1$ 的一个特征向量，记 $\boldsymbol{B}=\boldsymbol{A}^5-4\boldsymbol{A}^3+\boldsymbol{E}$，其中 $\boldsymbol{E}$ 为 3 阶单位矩阵.

(1) 验证 $\boldsymbol{\alpha}_1$ 是矩阵 $\boldsymbol{B}$ 的特征向量，并求 $\boldsymbol{B}$ 的全部特征值与特征向量；

(2) 求矩阵 $\boldsymbol{B}$.

**四、证明**

1. 证明 $n$ 阶行列式

$$D_n=\begin{vmatrix} \cos\alpha & 1 & 0 & \cdots & 0 & 0 \\ 1 & 2\cos\alpha & 1 & \cdots & 0 & 0 \\ 0 & 1 & 2\cos\alpha & \cdots & 0 & 0 \\ \vdots & \vdots & \vdots & & \vdots & \vdots \\ 0 & 0 & 0 & \cdots & 2\cos\alpha & 1 \\ 0 & 0 & 0 & \cdots & 1 & 2\cos\alpha \end{vmatrix}=\cos n\alpha$$

2. 设 $a>b>c>0$，试用范德蒙行列式证明

$$D=\begin{vmatrix} a & a^2 & bc \\ b & b^2 & ac \\ c & c^2 & bc \end{vmatrix}<0$$

3. 设 $a,b,c,d$ 为互异实数，证明：$\begin{vmatrix} 1 & 1 & 1 & 1 \\ a & b & c & d \\ a^2 & b^2 & c^2 & d^2 \\ a^4 & b^4 & c^4 & d^4 \end{vmatrix}=0$ 的充要条件是 $a+b+c+d=0$.

4. 一个 $n$ 阶行列式 $D_n=|a_{ij}|$ 的元素满足 $a_{ij}=-a_{ji}$，$i,j=1,2,\cdots n$，则称 $D_n$ 为反对称行列式，证明：奇数阶反对称行列式为零.

5. 设 $f(x)=a_0+a_1x+\cdots+a_nx^n$，证明：若 $f(x)$ 有 $n+1$ 个不同的零点，则 $f(x)=0$.

6. 设 $\boldsymbol{A}=\boldsymbol{E}-\boldsymbol{\xi}\boldsymbol{\xi}^{\mathrm{T}}$，其中 $\boldsymbol{E}$ 是 $n$ 阶单位阵，$\boldsymbol{\xi}$ 是 $n$ 维非零列向量，$\boldsymbol{\xi}^{\mathrm{T}}$ 是 $\boldsymbol{\xi}$ 的转置. 证明：

(1) $\boldsymbol{A}^2=\boldsymbol{A}$ 的充要条件是 $\boldsymbol{\xi}^{\mathrm{T}}\boldsymbol{\xi}=1$；

(2) 当 $\boldsymbol{\xi}^{\mathrm{T}}\boldsymbol{\xi}=1$ 时，$\boldsymbol{A}$ 是不可逆矩阵.

7. 设矩阵 $\boldsymbol{A}$ 可逆，且 $\boldsymbol{A}$ 的每行元素之和均等于常数 $a$，试证：

(1) $a\neq 0$；(2) $\boldsymbol{A}^{-1}$ 的每行元素之和都等于$\frac{1}{a}$.

8. 已知 $\boldsymbol{A}^3=2\boldsymbol{E}$，$\boldsymbol{B}=\boldsymbol{A}^2-2\boldsymbol{A}+2\boldsymbol{E}$，证明：$\boldsymbol{B}$ 可逆，并求其逆阵．

9. 设矩阵 $\boldsymbol{A}=\begin{pmatrix} a_{11} & a_{12} & \cdots & a_{1n} \\ a_{21} & a_{22} & \cdots & a_{2n} \\ \vdots & \vdots & & \vdots \\ a_{n1} & a_{n2} & \cdots & a_{nn} \end{pmatrix}$ 是 $n$ 阶非零矩阵，且 $a_{ij}$ 全为实数．如果 $\boldsymbol{A}$ 的每一个元素 $a_{ij}$ 都等于它自己的代数余子式，证明：$\boldsymbol{A}$ 的秩等于 $n$.

10. 设向量 $\boldsymbol{\alpha}_1,\boldsymbol{\alpha}_2,\cdots,\boldsymbol{\alpha}_n$ 是 $n$ 维非零列向量，若 $\boldsymbol{A\alpha}_i=\boldsymbol{\alpha}_{i+1}(i=1,2,\cdots,n-1)$，$\boldsymbol{A\alpha}_n=\boldsymbol{o}$，证明：$\boldsymbol{\alpha}_1,\boldsymbol{\alpha}_2,\cdots,\boldsymbol{\alpha}_n$ 线性无关．

11. 设 $\boldsymbol{A}$ 是 $n\times m$ 矩阵，$\boldsymbol{B}$ 是 $m\times n$ 矩阵，其中 $n<m$，若 $\boldsymbol{AB}=\boldsymbol{E}$，证明：$\boldsymbol{B}$ 的列向量组线性无关.

12. 设 $\boldsymbol{\alpha},\boldsymbol{\beta}$ 是三维列向量，$\boldsymbol{A}=\boldsymbol{\alpha\alpha}^{\mathrm{T}}+\boldsymbol{\beta\beta}^{\mathrm{T}}$，证明：

(1) 矩阵 $\boldsymbol{A}$ 的秩不超过 2，即 $R(\boldsymbol{A})\leqslant 2$；(2) 若 $\boldsymbol{\alpha},\boldsymbol{\beta}$ 线性相关，则 $R(\boldsymbol{A})<2$.

13. 设向量组 $\boldsymbol{\alpha}_1,\boldsymbol{\alpha}_2,\cdots,\boldsymbol{\alpha}_m(m>1)$ 线性无关，记 $\boldsymbol{\alpha}_{m+1}=\boldsymbol{\alpha}_1+\boldsymbol{\alpha}_2+\cdots+\boldsymbol{\alpha}_m$，证明：$\boldsymbol{\alpha}_1,\boldsymbol{\alpha}_2,\cdots,\boldsymbol{\alpha}_m,\boldsymbol{\alpha}_{m+1}$ 中任意 $m$ 个向量线性无关．

14. 设 $\boldsymbol{\alpha}_1,\boldsymbol{\alpha}_2,\cdots,\boldsymbol{\alpha}_{n-1}$ 为 $n-1$ 个线性无关的 $n$ 维列向量，$\boldsymbol{\xi}_1,\boldsymbol{\xi}_2$ 是和 $\boldsymbol{\alpha}_1,\boldsymbol{\alpha}_2,\cdots,\boldsymbol{\alpha}_{n-1}$ 均正交的 $n$ 维列向量，证明：$\boldsymbol{\xi}_1,\boldsymbol{\xi}_2$ 线性相关．

15. 设向量 $\boldsymbol{\alpha}_1,\boldsymbol{\alpha}_2,\cdots,\boldsymbol{\alpha}_t$ 是齐次线性方程组 $\boldsymbol{AX}=\boldsymbol{O}$ 的一个基础解系，向量 $\boldsymbol{\beta}$ 不是线性方程组 $\boldsymbol{AX}=\boldsymbol{0}$ 的解，即 $\boldsymbol{A\beta}\neq\boldsymbol{o}$. 试证：向量组 $\boldsymbol{\beta},\boldsymbol{\beta}+\boldsymbol{\alpha}_1,\boldsymbol{\beta}+\boldsymbol{\alpha}_2,\cdots,\boldsymbol{\beta}+\boldsymbol{\alpha}_t$ 线性无关．

16. 设 $\boldsymbol{A}=(a_{ij})_{m\times n}$，$\boldsymbol{\beta}=(b_1,b_2,\cdots,b_n)$，如果方程组（Ⅰ）：$\boldsymbol{AX}=\boldsymbol{o}$ 的解全是方程组（Ⅱ）：$b_1x_1+b_2x_2+\cdots+b_nx_n=0$ 的解．证明：$\boldsymbol{\beta}$ 可由 $\boldsymbol{A}$ 的行向量组 $\boldsymbol{\alpha}_1,\boldsymbol{\alpha}_2,\cdots,\boldsymbol{\alpha}_m$ 线性表示．

17. 设线性方程组为

$$\begin{cases} x_1+a_1x_2+a_1^2x_3=a_1^3 \\ x_1+a_2x_2+a_2^2x_3=a_2^3 \\ x_1+a_3x_2+a_3^2x_3=a_3^3 \\ x_1+a_4x_2+a_4^2x_3=a_4^3 \end{cases}$$

证明：若 $a_1,a_2,a_3,a_4$ 两两不相等，则此方程组无解．

18. 设 $\boldsymbol{A}$ 为 $m$ 阶实对称矩阵且正定，$\boldsymbol{B}$ 为 $m\times n$ 实矩阵，$\boldsymbol{B}^{\mathrm{T}}$ 为 $\boldsymbol{B}$ 的转置矩阵．试证：$\boldsymbol{B}^{\mathrm{T}}\boldsymbol{AB}$ 为正定矩阵的充分必要条件是 $\boldsymbol{B}$ 的秩 $R(\boldsymbol{B})=n$.

19. 设二次型 $f(x_1,x_2,x_3)=2(a_1x_1+a_2x_2+a_3x_3)^2+(b_1x_1+b_2x_2+b_3x_3)^2$，记

$$\boldsymbol{\alpha}=\begin{pmatrix} a_1 \\ a_2 \\ a_3 \end{pmatrix},\boldsymbol{\beta}=\begin{pmatrix} b_1 \\ b_2 \\ b_3 \end{pmatrix}$$

(1) 证明：二次型 $f$ 对应的矩阵为 $2\boldsymbol{\alpha}^{\mathrm{T}}\boldsymbol{\alpha}+\boldsymbol{\beta}^{\mathrm{T}}\boldsymbol{\beta}$；

(2) 若 $\boldsymbol{\alpha},\boldsymbol{\beta}$ 正交且均为单位向量，证明二次型 $f$ 在正交变换下的标准形为 $2y_1^2+y_2^2$.

20. 证明 $n$ 阶矩阵 $\begin{pmatrix}1&1&\cdots&1\\1&1&\cdots&1\\\vdots&\vdots&&\vdots\\1&1&\cdots&1\end{pmatrix}$ 与 $\begin{pmatrix}0&\cdots&0&1\\0&\cdots&0&2\\\vdots&&\vdots&\vdots\\0&\cdots&0&n\end{pmatrix}$ 相似.

21. 设 $\boldsymbol{A}$ 是 $n$ 阶方阵，$\boldsymbol{Ax}=\boldsymbol{o}$ 只有零解，证明：对任意正整数 $k$，$\boldsymbol{A}^k\boldsymbol{x}=\boldsymbol{o}$ 只有零解.

## 部分综合训练题参考答案

### 一、填空题

1. $-32$，$-48$.　2. $a^3-5a-17=0$.　3. 0.　4. 1.　5. $-1$.　6. 0.
7. $2^{n-1}(2-n)a$.　8. $c^2kl\neq 1$.　9. $t=1,R(B)=1$.　10. 0.　11. $k=-1$.
12. 线性相关.　13. $|\boldsymbol{B}|=-20$.　14. $|\boldsymbol{A}|=-9$.　15. $2^n-1$.
16. $-5$.　17. 1.　18. $k(1,1,\cdots,1)^{\mathrm{T}}$.　19. $-2$.　20. $n-m$.
21. $a=1,b_1=\dfrac{1}{2},b_2=-\dfrac{1}{2},b_3=-\dfrac{1}{2}$.　22. 1.　23. 1.　24. $a\neq -9$.
25. $-5$.　26. $t>n$.　27. $a=-2$.　28. $a^2(a-2^n)$.　29. $R(f)=2$.
30. $\begin{pmatrix}3&&\\&3&\\&&-1\end{pmatrix}$.　31. 2.　32. 2.

### 二、选择题

| | | | | |
|---|---|---|---|---|
| 1. (B) | 2. (A) | 3. (B) | 4. (B) | 5. (A) |
| 6. (A) | 7. (B) | 8. (A) | 9. (C) | 10. (C) |
| 11. (D) | 12. (B) | 13. (A) | 14. (B) | 15. (A) |
| 16. (C) | 17. (C) | 18. (C) | 19. (A) | 20. (D) |
| 21. (C) | 22. (D) | 23. (C) | 24. (A) | 25. (B) |
| 26. (C) | 27. (D) | 28. (B) | 29. (A) | 30. (A) |

### 三、计算

1. $(n-1)!$.　2. $1+\sum\limits_{i=1}^{n}a_i$.　3. $(a_1a_2\cdots a_n)^{n-1}\prod\limits_{1\leqslant j<i\leqslant n}\left(\dfrac{b_i}{a_i}-\dfrac{b_j}{a_j}\right)$.　4. $1+\sum\limits_{i=1}^{n}x_i^2$.

5. $f'(x)$零点个数为 $n-1$，分别在区间$(1,2)$，$(2,3)$，$\cdots$，$(n-1,n)$内.

6. (1) 0；(2) 0.　7. $-\dfrac{2}{9}$.　8. $\begin{pmatrix}1&0&0&0\\-1&2&0&0\\0&-2&3&0\\0&0&-3&4\end{pmatrix}$.　9. 4.

10. $k=-\dfrac{1}{7}$.　11. $\boldsymbol{A}^n\boldsymbol{\beta}=\begin{pmatrix}2-2^{n+1}+3^n\\2-2^{n+2}+3^{n+1}\\2-2^{n+3}+3^{n+2}\end{pmatrix}$.

12. $a=1,b=-2,c=-\dfrac{1}{2},x=-1,y=1,z=-5$.

13. $m=-2$ 时，秩等于 2；$m=2$ 时，秩等于 1；$m\neq 2,m\neq -2$ 时，秩等于 3.

14. (2) $k=0$ 时存在非零向量 $\boldsymbol{\xi}$ 在基 $\boldsymbol{\alpha}_1,\boldsymbol{\alpha}_2,\boldsymbol{\alpha}_3$ 与基 $\boldsymbol{\beta}_1,\boldsymbol{\beta}_2,\boldsymbol{\beta}_3$ 下的坐标相同，$\boldsymbol{\xi}=c(-1,0,1)^{\mathrm{T}}$，其中 $c$ 为任意常数.

15. $\boldsymbol{X}=k_1\begin{pmatrix}1\\-1\\1\\0\end{pmatrix}+k_2\begin{pmatrix}0\\-1\\0\\1\end{pmatrix}$，$k_1,k_2$ 为任意实数.

16. $\boldsymbol{X}=k\begin{pmatrix}1\\2\\3\end{pmatrix}$，$k$ 为任意实数.

17.

(1) 当 $\lambda\neq\dfrac{1}{2}$ 时，线性方程组有无穷多解，通解为 $\boldsymbol{X}=\begin{pmatrix}0\\-\dfrac{1}{2}\\\dfrac{1}{2}\\0\end{pmatrix}+k\begin{pmatrix}-2\\1\\-1\\2\end{pmatrix}$，$k$ 为任意实数；

当 $\lambda=\dfrac{1}{2}$ 时，线性方程组有无穷多解，通解为 $\boldsymbol{X}=\begin{pmatrix}-\dfrac{1}{2}\\1\\0\\0\end{pmatrix}+k_1\begin{pmatrix}1\\-3\\1\\0\end{pmatrix}+k_2\begin{pmatrix}-1\\-2\\0\\2\end{pmatrix}$，$k_1,k_2$ 为任意实数.

(2) 当 $\lambda\neq\dfrac{1}{2}$ 时，线性方程组有唯一解，$\boldsymbol{X}=\begin{pmatrix}-1\\0\\0\\1\end{pmatrix}$；

当 $\lambda=\dfrac{1}{2}$ 时，线性方程组有无穷多解，通解为 $\boldsymbol{X}=\begin{pmatrix}-\dfrac{1}{4}\\\dfrac{1}{4}\\\dfrac{1}{4}\\0\end{pmatrix}+k\begin{pmatrix}-\dfrac{3}{2}\\-\dfrac{1}{2}\\-\dfrac{1}{2}\\2\end{pmatrix}$，$k$ 为任意实数.

18. (1) 方程组(Ⅰ)的基础解系为

$$\boldsymbol{\xi}_1=(5,-3,1,0)^{\mathrm{T}},\quad \boldsymbol{\xi}_2=(-3,2,0,1)^{\mathrm{T}}$$

(2) 当 $a=-1$ 时，方程组(Ⅱ)有非零解，全部公共解为

$$k_1\begin{pmatrix}2\\-1\\1\\1\end{pmatrix}+k_2\begin{pmatrix}-1\\2\\4\\7\end{pmatrix},\quad k_1,k_2\in R$$

19. (1) 通解为 $\boldsymbol{X}=\begin{pmatrix}-2\\-4\\-5\\0\end{pmatrix}+k\begin{pmatrix}1\\1\\2\\1\end{pmatrix}$，$k$ 为任意实数；(2) $m=2,n=4,t=6$.

20. 通解为 $\boldsymbol{Y}=\begin{pmatrix}0\\-3\\2\end{pmatrix}+k\begin{pmatrix}-1\\1\\1\end{pmatrix}$，$k$ 为任意实数.

21. (1) $A$ 的特征值分别为 $1,-1,0$，对应的特征向量分别为 $\begin{pmatrix}1\\0\\1\end{pmatrix},\begin{pmatrix}-1\\0\\1\end{pmatrix},\begin{pmatrix}0\\1\\0\end{pmatrix}$；

(2) $\boldsymbol{A}=\begin{pmatrix}0&0&1\\0&0&0\\1&0&0\end{pmatrix}$.

22. (1) $\boldsymbol{A}=\begin{pmatrix}\frac{1}{2}&0&-\frac{1}{2}\\0&1&0\\-\frac{1}{2}&0&\frac{1}{2}\end{pmatrix}$.

23. (1) $\lambda_1=a,\lambda_2=a-2,\lambda_3=a+1$；(2) $a=2$.

24. (1) $y=2$；

(2) $\boldsymbol{P}=(\boldsymbol{p}_1,\boldsymbol{p}_2,\boldsymbol{p}_3,\boldsymbol{p}_4)=\begin{pmatrix}1&0&0&0\\0&1&0&0\\0&0&-\frac{1}{\sqrt{2}}&\frac{1}{\sqrt{2}}\\0&0&\frac{1}{\sqrt{2}}&\frac{1}{\sqrt{2}}\end{pmatrix}$，$(\boldsymbol{AP})^{\mathrm{T}}(\boldsymbol{AP})=\begin{pmatrix}1&0&0&0\\0&1&0&0\\0&0&1&0\\0&0&0&9\end{pmatrix}$.

25. (1) $\boldsymbol{A}^2=\boldsymbol{O}$；

(2) $\boldsymbol{A}$ 的特征向量为 $k_1\begin{pmatrix}-\frac{b_2}{b_1}\\1\\\vdots\\0\end{pmatrix}+\cdots+k_{n-1}\begin{pmatrix}-\frac{b_n}{b_1}\\0\\\vdots\\1\end{pmatrix}$，$k_1,\cdots,k_{n-1}$ 为不全为零的常数.

26. $f$ 为正定二次型$\Leftrightarrow \begin{vmatrix} 1 & a_1 & 0 & \cdots & 0 & 0 \\ 0 & 1 & a_2 & \cdots & 0 & 0 \\ \vdots & \vdots & \vdots & & \vdots & \vdots \\ 0 & 0 & 0 & \cdots & 1 & a_{n-1} \\ a_n & 0 & 0 & \cdots & 0 & 1 \end{vmatrix} = 1+(-1)^{n+1}a_1a_2\cdots a_n \neq 0$.

27. (1) $a=0$;

(2) $\boldsymbol{Q}=\begin{pmatrix} \frac{\sqrt{2}}{2} & 0 & \frac{\sqrt{2}}{2} \\ \frac{\sqrt{2}}{2} & 0 & -\frac{\sqrt{2}}{2} \\ 0 & 1 & 0 \end{pmatrix}$,经正交线性变换 $\boldsymbol{X}=\boldsymbol{QY}$,二次型化为标准形:

$$f(x_1,x_2,x_3)=2y_1^2+2y_2^2$$

(3) $\begin{pmatrix} x_1 \\ x_2 \\ x_3 \end{pmatrix} = k\begin{pmatrix} 1 \\ -1 \\ 0 \end{pmatrix}$,其中 $k$ 为任意常数.

28. (1) $\boldsymbol{B\alpha}_1=(\boldsymbol{A}^5-4\boldsymbol{A}^3+\boldsymbol{E})\boldsymbol{\alpha}_1=\lambda_1^5\boldsymbol{\alpha}_1-4\lambda_1^3\boldsymbol{\alpha}_1+\boldsymbol{\alpha}_1=(\lambda_1^5-4\lambda_1^3+1)\boldsymbol{\alpha}_1=-2\boldsymbol{\alpha}_1$,则 $\boldsymbol{\alpha}_1$ 是矩阵 $\boldsymbol{B}$ 的属于$-2$ 的特征向量. 同理可得

$$\boldsymbol{B\alpha}_2=(\lambda_2^5-4\lambda_2^3+1)\boldsymbol{\alpha}_2=\boldsymbol{\alpha}_2,\ \boldsymbol{B\alpha}_3=(\lambda_3^5-4\lambda_3^3+1)\boldsymbol{\alpha}_3=\boldsymbol{\alpha}_3$$

所以 $\boldsymbol{B}$ 的全部特征值为 2,1,1.

$\boldsymbol{B}$ 的属于 1 的特征向量为 $\boldsymbol{\alpha}_2=k_1(1,0,-1)^{\mathrm{T}}+k_2(0,1,0)^{\mathrm{T}}$,其中 $k_1,k_2$ 为不全为零的任意常数.

$\boldsymbol{B}$ 的属于$-2$ 的特征向量为 $k_3(1,-1,1)^{\mathrm{T}}$,其中 $k_3$ 不为零.

(2) 令 $\boldsymbol{P}=\begin{pmatrix} 1 & 0 & 1 \\ 0 & 1 & -1 \\ -1 & 0 & 1 \end{pmatrix}$,由(1)可得 $\boldsymbol{P}^{-1}\boldsymbol{BP}=\begin{pmatrix} 1 & 0 & 0 \\ 0 & 1 & 0 \\ 0 & 0 & -2 \end{pmatrix}$,则 $\boldsymbol{B}=\begin{pmatrix} 0 & 1 & -1 \\ 1 & 0 & 1 \\ -1 & 1 & 0 \end{pmatrix}$.